U0798147

现代生物技术前沿

Protein Targeting, Transport and Translocation

蛋白质定向、转运和转位

〔美〕R. E. 达尔贝〔瑞典〕G. 范海涅　主编
万　平　张彦琼　译
贺福初　朱云平　校

科学出版社
北　京

图字：01-2008-2199号

内 容 简 介

从生物技术到分子生物学，到细胞凋亡、免疫学、信号转导以及其他学科，都已证明蛋白质定位研究具有重要的意义。本书汇集了蛋白质定位研究中的许多重要问题，把最新的知识组织在一起，对这些问题进行了深入、系统的讲述，旨在使读者对蛋白质定位的重要性产生印象，并对蛋白质定位的基本原理也予以重视。全书共17章，包括精美的图表和大量的参考文献。

本书不仅是生物化学、生物技术、分子生物学和细胞生物学等研究领域的科研人员的重要参考资料，也适于研究生和（或）本科生作为高级教程使用。

图书在版编目（CIP）数据

蛋白质定向、转运和转位 /（美）达尔贝（Dalbey，R. E.），（瑞典）范海涅（von Heijne，G.）主编；万平，张彦琼译. —北京：科学出版社，2009.4（2017.4重印）
（现代生物技术前沿）

ISBN 978-7-03-023184-0

Ⅰ. 蛋… Ⅱ. ①达… ②范… ③万… ④张… Ⅲ. 蛋白质研究 Ⅳ. Q51
中国版本图书馆CIP数据核字（2009）第158912号

责任编辑：莫结胜 / 责任校对：陈丽珠
责任印制：赵 博 / 封面设计：陈 敬

科学出版社出版
北京东黄城根北街 16 号
邮政编码：100717
http://www.sciencep.com
北京华宇信诺印刷有限公司印刷
科学出版社发行 各地新华书店经销
*
2009年4月第 一 版 开本：787 × 1092 1/16
2009年5月第一次印刷 印张：21
2025年3月第四次印刷 字数：458 000

定价：98.00元

（如有印装质量问题，我社负责调换）

对于从事蛋白质定位研究的人员来说，这本书将是一个重要的里程碑和指南。

——Günter Blobel（1999年诺贝尔生理学或医学奖获得者）

CONTRIBUTORS

James C.A. Bardwell, Department of Molecular, Cellular and Developmental Biology, University of Michigan, Ann Arbor, Michigan 48105-1048, USA

Jason H. Brickner, Department of Biochemistry and Biophysics, University of California, San Francisco, California 94143-0448, USA

Minyong Chen, Department of Chemistry, The Ohio State University, 100 West 18th Avenue, Columbus, Ohio 43210, USA

Ross E. Dalbey, Department of Chemistry, Ohio State University, 305 Johnston Laboratory, 176 W Nineteenth Avenue, Columbus, Ohio 43210, USA

Vincent Dammai, Section of Molecular Biology, Division of Biology, University of California, San Diego, La Jolla, California 92093-0322, USA

Arnold J.M. Driessen, Department of Microbiology, Groningen Biomolecular Sciences and Biotechnology Institute, University of Groningen, Kerklaan 30, 9751 NN Haren, PO Box 14, 9750 AA Haren, The Netherlands

Benjamin Glick, Department of Molecular Genetics and Cell Biology, Cummings Life Science Center, University of Chicago, 920 E 58th Street, Chicago, Illinois 60637, USA

Dirk Görlich, Zentrum für Molekulare Biologie Universität Heidelberg (ZMBH), Im Neuenheimer Feld 282, 69120 Heidelberg, Germany

Todd R. Graham, Department of Biological Sciences, Vanderbilt University, Nashville, Tennessee 37235-1634, USA

Nora G. Haigh, Department of Medical Biochemistry and Genetics, Texas A&M University System Health Science Center, 116 Reynolds Medical Building, 1114 TAMU, College Station, Texas 77843-1114, USA

Partha Hazra, Section of Molecular Biology, Division of Biology, University of California, San Diego, La Jolla, California 92093-0322, USA

Lisa Heins, Botanisches Institut der Christian Albrechts Universität, Am Botanischen Garten 1-9, Olshausenstrasse 40, 24098 Kiel, Germany

Stefan Jäkel, Zentrum für Molekulare Biologie, Universität Heidelberg (ZMBH), Im Neuenheimer Feld 282, 69120 Heidelberg, Germany

Arthur E. Johnson, Department of Medical Biochemistry and Genetics, Texas A&M University System Health Science Center, 116 Reynolds Medical Building, 1114 TAMU, College Station, Texas 77843-1114, USA

Zlatka Kostova, Institut für Biochemie der Universität Stuttgart, Pfaffenwaldring 55, 70569 Stuttgart, Germany

Andreas Kuhn, University of Hohenheim, Institute for Microbiology and Molecular Biology, Garbenstrasse 30, D-70599, Stuttgart, Germany

Soojin Lee, Section of Molecular Biology, Division of Biology, University of California, San Diego, La Jolla, California 92093-0322, USA

Tommy Nilsson, Cell Biology Programme, European Molecular Biology Laboratory, Meyerhofstrasse 1, D-69012, Heidelberg, Germany

Steven F. Nothwehr, Division of Biological Sciences, University of Missouri, Columbia, Missouri 65211, USA

Joachim Ostermann, McGill University, Department of Anatomy and Cell Biology, 3640 University Avenue, H3A 2B2, Montreal, Quebec, Canada

Nikolaus Pfanner, Institut für Biochemie und Molekularbiologie Universität Freiburg, Hermann-Herder-Strasse 7, 79104 Freiburg, Germany

Thorsten Prinz, Institut für Biochemie und Molekularbiologie Universität Freiburg, Hermann-Herder-Strasse 7, 79104 Freidburg, Germany

James Reigembal, Department of Molecular, Cellular and Developmental Biology, University of Michigan, Ann Arbor, Michigan 48105-1048, USA

Colin Robinson, University of Warwick, Department of Biological Sciences, Coventry CV4 7AL, UK

Carmela Sidrauski, Department of Biochemistry and Biophysics, University of California, San Francisco, California 94143-0448, USA

Jürgen Soll, Botanisches Institut der Universität Kiel, Am Botanischen Garten 1-9, 24118 Kiel, Germany

Martin Spiess, Department of Biochemistry, Biozentrum, University of Basel, Klingelbergstrasse 70, CH-4056 Basel, Switzerland

Tobias Stauber, Cell Biology Programme, European Molecular Biology Laboratory, Meyerhofstrasse 1, D-69012, Heidelberg, Germany

Ivet Suriapranata, Section of Molecular Biology, Division of Biology, University of California, San Diego, La Jolla, California 92093-0322, USA

Suresh Subramani, Department of Biology, University of California, San Diego, La Jolla, California 92093-0322, USA

Kaye N. Truscott, Institut für Biochemie und Molekularbiologie Universität Freiburg, Hermann-Herder-Strasse 7, 79104 Freiburg, Germany

Chris van der Does, Department of Microbiology, Groningen Biomolecular Sciences and Biotechnology Institute, University of Groningen, Kerklaan 30, 9751 NN Haren, PO Box 14, 9750 AA Haren, The Netherlands

Gunnar von Heijne, Department of Biochemistry, Arrhenius Laboratory, Stockholm University, S-106 91 Stockholm, Sweden

Peter Walter, Department of Biochemistry and Biophysics, University of California, San Francisco, California 94143-0448, USA

Martin Wiedmann, Cellular Biochemistry and Biophysics Program, Memorial Sloan-Kettering Cancer Center, 1275 York Avenue, New York, New York 10021, USA

Dieter H. Wolf, Institut für Biochemie, Universität Stuttgart, Pfaffenwaldring 55, 70569 Stuttgart, Germany

译 者 序

1999年，Günter Blobel因发现蛋白质具有内在的信号支配它们在细胞内的转运和定位而荣获诺贝尔生理学或医学奖。今天，从生物技术到分子生物学，到细胞凋亡、免疫学、信号转导等学科，都已证明蛋白质定位研究具有重要的意义。

长期以来，国内外一直缺少一本深入、系统讲述蛋白质定位问题的专著。《蛋白质定向、转运和转位》这本书汇集了蛋白质定位研究中的许多重要问题，如：研究蛋白质转运和转位的常规技术；引导蛋白质到达亚细胞空间的定向信号；细菌和真核细胞内质网中蛋白质如何插入和通过细胞膜；分泌蛋白或质膜蛋白在进入内质网腔后如何形成二硫键；蛋白质的解折叠反应；蛋白质如何被转运到线粒体、叶绿体和过氧化物酶体；核蛋白的输入和输出，以及调控过程。这本书的主编R.E.达尔贝（Ross E. Dalbey）和G.范海涅（Gunnar von Heijne）是蛋白质定位研究领域国际知名学者。主编在强调蛋白质定位广泛的重要性的同时，对蛋白质定位的基本原理也予以充分重视。诺贝尔奖获得者Günter Blobel这样评价此书："对于从事蛋白质定位研究的人员来说，这本书将是一个重要的里程碑和指南。"

全书共17章，包括精美的图表和大量的参考文献。本书不仅适于科研人员作为重要的参考资料，也适于研究生和（或）本科生作为高级教程使用。

在本书的翻译过程中，得到了贺福初院士和朱云平研究员的大力支持，特此表示衷心感谢。由于译者水平有限，译文中难免存在不当之处，恳请广大读者批评指正。

万 平 张彦琼

2008年10月14日于北京

序

1971 年，我们提出了一个假说，认为分泌蛋白含有一段共有的 N 端序列元件。据预测，细胞质内的结合因子不仅与这段序列结合，而且介导正在进行翻译的核糖体附着到内质网（ER）膜上。翻译完成后，核糖体亚基可能进入游离核糖体库，准备开始新一轮的翻译。

这个假说试图解释编码分泌蛋白的 mRNA 是在与内质网结合的核糖体上被翻译，而不是在游离核糖体上被翻译这个现象。这个假说强调，所有的核糖体都是一样的，这个观点与当时流行的观点相悖，当时流行的观点认为，核糖体在组成上和对各种 mRNA 的选择能力方面可能彼此不同。尽管在当时少数被测序的分泌蛋白中并没有发现存在共同的 N 端序列元件，但这并没有阻止我们提出自己的假说。我们可以想象，这种共有序列元件在自然界中可能只是短暂地存在，在肽链完全生成之前就被切除，因此在成熟的分泌蛋白中不存在。

不久前证实，由结合在内质网上的核糖体翻译出的新生肽链在与嘌呤霉素培育后被“定向地”排放到膜的反面（微粒体小泡的囊内）。定向排放被认为是穿越了膜中的间断点而实现的。可是这种间断点直到 1975 年仍未被证实。后来所谓的信号假说，将 1971 年提出的观点进一步发展了，它涉及一个镶嵌在内质网中的通道，这个通道由内在膜蛋白组成，它的功能是特异地允许新生分泌蛋白通过，到达内质网膜的反面。新生分泌蛋白的 N 端序列被认为与核糖体大亚基上的几个位点相对应，作为配体对蛋白质传导通道进行装配（或打开）。蛋白质传导通道由内在膜蛋白组成，这个观点是信号假说引起最大争议的一个方面，直到 1991 年和 1992 年，权威的电生理实验确认它的存在，持续了至少 15 年的争论才停止。

1972 年，当编码 IgG 轻链的 mRNA 在一个无膜翻译系统中被翻译时，首次证实了分泌蛋白 N 端瞬时延伸的现象。但这个被检测到的 N 端延伸序列仍被怀疑不是用于蛋白质转位，而是具有其他的功能，例如它可能协助新生分泌蛋白进行折叠。直到 1975 年，我们成功地发展了一种体外翻译-转位偶联系统，才获得了有力的证据，证明 N 端延伸是膜转位过程中的一种信号的功能。研究人员发现，IgG 轻链的 N 端延伸只有在翻译的同时加入微粒体小泡时才被切除，在翻译后加入微粒体小泡 N 端延伸不被切除。这表明，微粒体膜中嵌有一种信号肽酶，它的活性位点暴露在膜的反面。更重要的是还发现，被信号肽酶加工过的新生肽链可以免受额外附加的蛋白酶的作用，这表明它们被转位到微体小泡的腔中，外加的蛋白酶无法接触到它们。

一旦这个翻译-转位系统被建立起来，对穿过内质网转位的分泌蛋白的特性进行鉴定只不过是一个时间早晚的问题。1971 年预测出存在结合因子，1978 至 1980 年间，它首次被鉴定出来。出乎意料的是，这个结合因子被证明是一种核糖核蛋白颗粒（ribonucleoprotein particle），含有一种 RNA 和 6 种不同的蛋白质。正如 1971 年所预测的，这个结合因子，现在被称为信号识别颗粒（SRP），识别信号序列并使正在进行翻译的核糖体结合到微体膜上。此后，一种仅定位于内质网上行使 SRP 受体功能的异源二聚体膜蛋白被分离并鉴定。至此，参与信号序列识别，并将蛋白质定向到内质网的组分被确定。接下来，切除信号序列的酶被分离，它是由 5 种不同的内质网膜嵌合蛋白组成的复合体。后来有关蛋白质传导通道特性方面最重要的研究进展是，1989 年证明蛋白质转位只发生在脂蛋白体（proteoliposome）中，脂蛋白体是将微粒体膜溶解于清洁剂中而重建出来的。最终，采用遗传学和生物化学方法识别并鉴定了蛋白质传导通道。最近，对分离到的蛋白质传导通道和核糖体-新生肽链复合体（ribosome-nascent chain complex）进行了重建，随后利用低温电子显微镜和 15.4Å 分辨率的三维图像进行了分析，结果显示，蛋白质传导通道与核糖体大亚基通道排列在一起，形成一个相当紧凑的结构，这个结构显然与转位肽链紧密接触。与核糖体大亚基 RNA 不同片段和蛋白质附着的位点至少有四个，它们已被辨认清楚。

1975 年的信号假说有另一个观点，认为新生的内在膜蛋白含有一个同分泌蛋白功能相同的信号序列。这个信号序列被认为可启动新生膜蛋白的转位。另外有一段序列元件被称为终止转移序列，推测它可以使蛋白质传导通道沿脂双分子层方向横向打开，阻止新生肽链继续转位到膜的反面，从而允许终止转移序列从水溶性的通道转移到脂双分子层中。1977/1978 年的实验数据支持了这些观点，在该实验中水疱性口炎病毒（vesicular stomatitis virus，VSV）的膜糖蛋白（G）mRNA 在翻译-转运偶联系统中进行了翻译。正如这些实验所证明的，膜蛋白不对称地整合到脂双分子层内不是一个自发过程，与当时广泛接受的观点一致，这是一个受催化的过程。

1975 年的信号假说还有一个观点是，通过细胞内其他膜而转位的蛋白质所具有的信号序列不同于定位到内质网的信号序列。70 年代晚期至 80 年代早期，在研究穿越细菌质膜的蛋白质转位，线粒体、叶绿体和过氧化物酶体的蛋白质输入，以及通过核膜核孔复合体的核输入和核输出时确实发现了这些序列。通过多种方式，研究内质网转位的实验体系被作为其他研究体系的范例。首先建立无细胞转位系统，随后通过遗传学和生物化学实验鉴定出每种情况下的多种特性。类似的策略也用于研究蛋白质在不同亚细胞空间之间的转运。该书不同章节总结了这些研究工作，展示了当前的进展。

尽管所有的转位系统都涉及信号序列、同种识别因子、定向和穿膜问题，但自然界对于这个普遍的主题已创造出各种令人着迷和精致的变化形式。细菌显然是这个游戏的主角。一个近期的例子是革兰氏阴性致病菌。这些细菌将一个单独的小蛋白质聚合成一个针状结构，穿入真核细胞的质膜，将一些蛋白质通过一个非常狭窄的通道从细菌的细胞质经过三层膜输送到真核细胞的细胞质中。

许多重要的问题亟待解答，细胞内大分子运输的几个研究领域尚处于开始探索阶段。例如，已知蛋白质转运穿过核孔复合物并不是核输入或输出的起点或终点。在核输出之前，核输入之后还存在核内转运的过程。另一个很大程度上未被探索的领域是，各种新生膜蛋白片段如何与蛋白质传导通道相互作用在膜上实现多种定向。利用 X 射线结晶照相术和低温电子显微镜技术对各种转运系统的结构进行分析刚刚开始，需要继续深入研究它们的功能。

细胞内大分子运输领域的研究绝不会停滞不前。相反，它只是刚刚进入一个快速发展的时期。该书将成为这个时期中一个重要的里程碑，也会成为此领域研究人员的良好指南。无疑，对细胞大分子运输系统的深入了解，将使我们更加透彻地认识一个细胞，乃至所有细胞的组成。

Günter Blobel

前　言

自从1989年 Tony Pugsley 出版 *Protein Targeting Book* 一书之后，就再没有 一本教科书深入地讲述过蛋白质定位问题。因此我们觉得是时候把最新的知识编成一本书，使其不仅适用于科学家，也可以用作研究生和（或）本科生的高级教程。我们坚信，只有当一本书在教学中发挥作用时它才真正有价值。

仅在过去的10年里，在蛋白质定向和蛋白质转运领域里就进行了大量的研究。许多重要的进展就是在这段时间里产生的。例如，组成定向因子和转位系统的多数组分已被鉴定，其中部分蛋白质的结构已被高分辨率地解析。现在已知，使得蛋白质在细胞内各处运动的机制是多种多样且极为复杂的。

1999年，Günter Blobel“因发现蛋白质具有内在的信号支配它们在细胞内的转运和定位”而荣获诺贝尔生理学或医学奖，由此，蛋白质定向领域得到了广泛的关注。21世纪初期，在距离 Blobel 开始他开创性的实验仅仅30年以后，从生物技术和分子生物学，到细胞凋亡、免疫学、信号转导以及其他学科，都已证实了蛋白质定向领域的研究作为其基础的重要性。本书旨在使读者对这种广泛的重要性有所认识，同时对蛋白质定向转运的基本原理也有所了解。

我们对所有撰稿人的辛勤工作，以及他们为使本书的出版所投入的研究表示衷心的感谢。

R. E. 达尔贝

G. 范海涅

目　　录

1 导　论

Ross E. Dalbey 和 Gunnar von Heijne

所有活细胞都含有能够在不同亚细胞膜结构或液态空间内执行特殊功能的蛋白质。最近估计，一个典型细胞中大约有一半的蛋白质被运输到细胞膜内或通过细胞膜。蛋白质是如何在细胞质中被合成，然后插入或通过膜，并被正确地转运到它们的亚细胞目的地的呢？在最近的 40 年里这些问题已成为细胞生物学中的一个中心主题，George Palade（1974 年诺贝尔生理学或医学奖获得者）的先驱性工作确定了真核细胞中分泌途径的基本结构，继而 Günter Blobel（1999 年诺贝尔生理学或医学奖获得者）发现了蛋白质的内部信号决定了蛋白质在细胞内的定位的机制。

细菌至少具有一层膜使细胞内部与外界分开。革兰氏阳性细菌仅有一层细胞膜，革兰氏阴性细菌额外还有一层外膜。因此，在革兰氏阳性细菌中有三个区室：细胞质、质膜和胞外基质；而在革兰氏阴性细菌中有五个区室：细胞质、质膜、周质、外膜和胞外基质。

与多数细菌细胞不同，真核细胞除具有质膜外，还有内膜（图 1.1）。这些内膜是各细胞器和囊泡的组分。嵌入膜内或位于膜周围液态空间中的蛋白质在这些空间中实现特殊的功能。因此，细胞核中具有参与 DNA 复制、转录和 RNA 剪接的系统；线粒体专门进行呼吸作用，产生 ATP；叶绿体含有参与光合作用的蛋白质，可利用二氧化碳和水合成高能化合物；高尔基体中含有能够对输出的蛋白质进行糖基化修饰的酶；溶酶体/液泡中含有参与细胞内消化的消化酶；过氧化物酶体含有脂肪酸氧化酶，以及产生并代谢过氧化氢的酶。

除少数由线粒体和叶绿体基因组编码的蛋白质外，多数蛋白质都是在细胞质中合成的。蛋白质是如何从细胞质被转运到细胞内或细胞外的特定位置上的呢？在一个典型的细胞里，大约有 20％的蛋白质位于由一层膜包围的非胞质液态空间里。另外还有 25％～30％的蛋白质位于膜内。

蛋白质利用定向序列和一套转位系统从细胞质直接进入到内质网（ER）、线粒体、过氧化物酶体和叶绿体。输出蛋白质通常以一种带有 N 端信号肽的前体形式被合成出来，这种前体形式带有一段能引导蛋白质进入输出途径的 N 端信号肽。这种 N 端信号肽使蛋白质定向到内质网膜，内质网膜中有识别信号肽的转位装置（见第 5 章）。过氧化物酶体蛋白有两种引导蛋白质输入的定向序列：一种是 N 端信号肽，另一种是 C 端引导序列（见第 12 章）。线粒体的定向序列通过识别线粒体表面受体，引导蛋白质到线粒体膜上（见第 10 章）。叶绿体定向信号引导叶绿体蛋白质进入叶绿体（见第 11 章）。

除从细胞质输送蛋白质到各细胞器中外，那些由线粒体或叶绿体基因组编码的蛋白质则是从线粒体基质或叶绿体基质中输出。线粒体和叶绿体的输出装置与细菌中的输出装置有一些共同特征，这是由于在数百万年前，它们均来源于共同的细菌祖先。

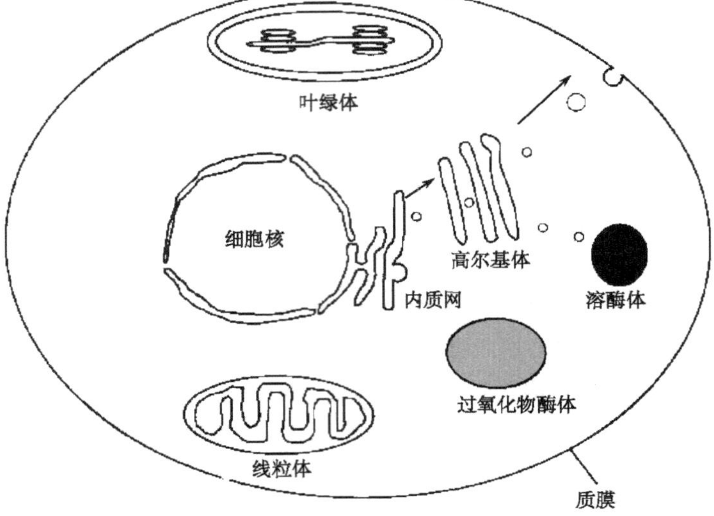

图 1.1　真核细胞。图示一个典型真核细胞中所含有的细胞器和细胞膜结构。每一种细胞器具有特殊的功能。多数蛋白质在核糖体上合成。某些蛋白质从细胞质被直接定向到目标位置。这包括通过信号肽定位到内质网、线粒体、叶绿体或过氧化物酶体的蛋白质。还有一些蛋白质定向到分泌途径，通过内质网进一步进入高尔基体、溶酶体/液泡、分泌小泡、质膜或胞外基质。叶绿体和线粒体有自己的基因组，可用于合成少数蛋白质。叶绿体合成的蛋白质保留在基质或被运输到类囊体膜或类囊体腔中。线粒体合成的蛋白质保留在基质或被运输到线粒体内膜。

定位到高尔基体、溶酶体/液泡和质膜的蛋白质首先插入到内质网。在内质网，蛋白质二硫键异构酶使蛋白质异构产生二硫键（见第 7 章）。此外，含有天冬氨酸连接糖基的糖蛋白则是形成一个含有 14 个残基的寡糖核心。该寡糖核心最初在内质网中被加工，之后在高尔基体中被剪切和修饰。错误折叠的蛋白质被识别出来，从内质网腔中返回到细胞质中，并被泛素化和被蛋白酶体降解（见第 9 章）。正确折叠的蛋白质则由内质网进入高尔基体的顺面，并进一步通过液泡运输分泌途径。

液泡在内质网形成并通过高尔基体（从顺面到反面）的过程正在被阐明。SNARE 假说（见第 16 章）认为，液泡是由高尔基体顺面囊腔到中部囊腔，再从中部囊腔到反面囊腔的顺时针前行的。供体液泡与它的目标液泡融合需要多种蛋白质的参与（NSF、SNAP、SNARE 等）。另一种假说认为，液泡并不经过上述运输过程，而是在顺面高尔基体囊腔成熟后进入中部囊腔，中部囊腔成熟后再进入反面囊腔。此过程中的囊腔成熟，是因为高尔基体囊腔中的某些组分被逆向运输的液泡去除（见第 15 和 16 章）。

细胞核蛋白质的输入和输出机制不同于内质网、线粒体、叶绿体和过氧化物酶体蛋白的输入机制，细胞核蛋白质的出入要通过核孔复合体。它支持双向转运（第 13 章）。输入到细胞核的蛋白质具有典型的带正电荷的核定位信号。一些可溶性的因子对于运输也是必需的。

深入理解蛋白质定向和转运机制对于生物学和医学中的许多领域都是很重要的。在生物技术中提到的生长激素、胰岛素、白细胞介素和凝集因子 VIII 很少能工程化地分泌到培养基中。在免疫学方面，有关分泌途径的知识对于理解抗原中的肽如何被细胞表面主要的组织相容复合蛋白识别出来是十分有用的。在细胞凋亡中，蛋白质在质膜、线粒体和细胞核之间的转运对于凋亡的调节至关重要。最后，核运输对于信号转导和细胞周期调节非常重要。

这本书汇集了蛋白质定位领域中的许多重要问题。首先，描述了用于研究蛋白质转运和运输的常规技术（第 2 章）。其次，对引导输入蛋白质到达亚细胞空间的定向信号进行了综述（第 3 章）。第三，对如何将细菌和真核细胞内质网中蛋白质插入和穿过细胞膜的机制进行了诠释（第 4～6 章）。第四，描述了分泌蛋白或质膜蛋白在进入内质网腔后异构产生二硫键的过程（第 7 章）。第五，介绍未折叠蛋白反应，即细胞对未折叠蛋白在内质网腔中堆积所产生的反应（第 8 章），质量控制机制可以降解折叠错误的蛋白质（第 9 章）。第六，描述蛋白质输入到线粒体、叶绿体和过氧化物酶体的过程（第 10～12 章）。第七，对核输入输出蛋白质进行了综述，并解释了整个过程中的调控机制（第 13 章）以及蛋白质沿分泌途径（从内质网到高尔基体，再到液泡或质膜）的运动过程（第 14～16 章）。

致谢

本工作得到自然科学基金会（合同号：MCB－9808843）对 R. E. D. 的资助，以及瑞典科学委员会和瑞典癌症基金会对 G. V. H. 的资助。

2 研究蛋白质定向、转位和转运的方法

Ross E. Dalbey，Minyong Chen 和 Martin Wiedmann

2.1 引言

在过去的30年里，采用生物化学、遗传学、细胞生物学、分子生物学和电子显微技术对蛋白质定向、转位和转运的机制已进行了广泛研究。本章将涉及用于蛋白质输出的研究技术。我们将这些技术分为四类：细胞内、遗传学、细胞外和细胞生物学技术。当检验一种蛋白质在完整细胞内的运动时，细胞内技术是必需的，并且常常使用遗传学方法来识别突变体。遗传学技术是细胞内技术的分支，它在蛋白质转运研究领域中起着最重要的作用。遗传学技术已揭示了许多在蛋白质输出过程中转运复合体的蛋白质组分。细胞外技术也起到重要作用，它用于确定被纯化蛋白质的功能，目的在于通过实验重现蛋白质转运的过程。应用细胞生物学技术，已可利用电子显微镜和荧光显微镜观察一个蛋白质在细胞中的运动。

2.2 细胞内研究：对整个细胞和亚细胞器的脉冲跟踪研究

2.2.1 细菌

在大肠杆菌中，多数输出到膜外和胞外空间的蛋白质都首先合成N端带有一段信号肽的前体。这些蛋白质的输出需要Sec复合体，Sec复合体由SecA、SecY、SecE、SecG、SecD、SecF（Schatz and Beckwith. 1990；Wickner et al.，1991）和YajC（Duong and Wickner，1997）组成。蛋白质的输出还需要电化学膜电势（Geller et al.，1986）和水解ATP（Chen and Tai，1985；Geller et al.，1986）。

2.2.1.1 利用药物和Sec突变体研究蛋白质输出

为了研究细胞内的蛋白质输出，典型的做法是用［^{35}S］-蛋氨酸对蛋白质进行短时间标记（15秒），并在各时间段内跟踪没有放射性的蛋氨酸。被标记的蛋白质用各自的抗血清进行免疫沉淀，再用SDS-PAGE（十二烷基硫酸钠-聚丙烯酰胺凝胶电泳）和磷酸成像进行分析。在这些脉冲跟踪（pulse-chase）实验中，前体蛋白被迅速地插入到膜中并被信号肽酶加工，信号肽酶是一种整合到膜中的蛋白酶，它可切除信号肽。向细菌培养基中添加的CCCP（carbonyl cyanide p-chlorophenylhydrazone）是一种膜电化学电势的解偶联剂，它可引起没有被转移的蛋白质在膜上的积累（Daniels et al.，1981；Date et al.，1980）。添加的叠氮化物是SecA的一种抑制剂，可引起依赖于Sec的蛋白质的积累（Ohver et al.，1990）。这些药物对于前体蛋白输出的影响可以通过检验被输

出的蛋白质是否以前体形式发生堆积而得知。通常，发生堆积的前体蛋白可比较容易地通过 SDS-PAGE 和荧光照相而被检测到。

采用 Sec 突变体进行细胞内研究，这种方法可用于确定一种蛋白质是否通过 Sec 复合体被输出。例如，SecA（Oliver and Beckwith，1981）和 SecY（Ito et al.，1983）的热敏感（t. s.）突变体，SecE（Schatz et al.，1989）、SecG（Nishiyama et al.，1994）和 SecD（Gardel et al.，1987）的冷热敏感（c. s.）突变体已被分离。t. s. 和 c. s. 突变体在不适宜的温度条件下生长一段时间以耗尽（合成的突变体）或钝化（可折叠的突变体）Sec 蛋白。细胞在不适宜的温度条件下生长时，可以观察到蛋白质转位的动力学状态。如果新合成的前体蛋白在不适宜的温度条件下发生堆积，那么这种蛋白质就是 Sec 依赖型的。如果在这些突变体中没有发现染色体易位，那么分析 SecE 缺失株就很有用了，因为缺失 SecE 会使 Sec 复合体发生很大程度上的失活。这种菌株含有受控于 araBAD启动子的 SecE 蛋白（Traxler and Murphy，1996）并可在无树胶醛醣环境中生长，它可导致 SecE、SecY、SecG 和 SecF 的严重缺失（Yang et al.，1997）。

2.2.1.2 测定膜蛋白插入的方法

对于不含信号肽的细菌内膜蛋白，需要直接测定转运蛋白质的跨膜疏水结构域。通过测定膜蛋白质在原生质球中能否接近蛋白酶可确定蛋白质是否插入到膜中。细胞经溶菌酶和渗透压休克处理转变成原生质球，使外膜从内膜上剥离（Osborn et al.，1972）。这使得加入的蛋白酶可以接触到内膜的外表面。原生质球在有或无蛋白酶的条件下保存在冰上。对膜蛋白中周质结构域的消化可减少全长蛋白质的量，这表明膜蛋白被插入细胞膜中。例如，全长前导肽酶的 C 端结构域两次跨越细胞膜，它可被蛋白酶消化，这表明其 C 端插入质膜（Dalbey and Wickner，1986）。一个典型的方法就是使用细胞质蛋白质，如核酮糖激酶，作为对照来监测原生质球的整体性，结果表明它没有被水解。常规用 OmpA 监测大肠杆菌中原生质体形成的效率。在完整的细胞中，OmpA 不被蛋白酶消化，而是在原生质球中被消化。

如果要检测多起源膜蛋白的膜插入过程，则需要使用其他方法，因为多起源膜蛋白可能含有多个暴露于原生质球一侧的疏水环。在这些蛋白质中可能发生多次转运。原生质球的蛋白酶作图研究可以揭示一个多向性膜蛋白是否穿越细胞膜。可是，确定膜蛋白中哪一个疏水环能够穿越细胞膜并不都是这样简单。为了获得这方面的信息，可使用三种不同方法。第一种方法，将碱性磷酸化酶融合到膜蛋白的不同原生质球环状区中。碱性磷酸化酶只有被输出到原生质球区室中时才有活性（Manoil and Beckwith，1986）。因此，碱性磷酸化酶的活性可以指示特定蛋白质结构域的拓扑结构。与此不同，有些研究者向原生质球的环状结构中引入短的（少于 10 残基长度）不带电肽段，这些肽段作为抗体的抗原决定簇（Konninger et al.，1999）。免疫沉淀法联合蛋白酶标测法，可确定一个环状结构是否容易被蛋白酶识别而易位于膜上。如果抗原决定簇发生易位，则表明该蛋白质已被蛋白酶消化，因此也就不再与相应的抗体发生免疫沉淀反应。第三种方法是识别膜蛋白上独有的蛋白酶切割位点。将能够识别该位点的蛋白酶加入原生质球中，当这个切割位点暴露且定位于周质空间时，蛋白酶就可对膜蛋白进行位点特异性的切割（Ehrmann et al.，1997）。

2.2.1.3 细菌质膜和液态组分的分离

亚细胞分离的研究可确定一种蛋白质是否定位于正确的细胞器中。在大肠杆菌中，通过对细菌细胞进行渗透压休克能够较为容易地获得胞质中的组分（Neu and Heppel，1965）。通过超声波或采用 French 压迫细胞使细胞裂解后，通过差速离心将细胞膜分离出来。内膜和外膜通过等密度蔗糖梯度离心彼此分开。大肠杆菌的四个亚细胞器（细胞质、内膜、周质和外膜）会出现交叉污染。特定细胞器中唯一存在的标志蛋白可用来判断是否发生交叉污染及是否分离出正确的细胞器。OmpA 是外膜的标志蛋白；麦芽糖结合蛋白或碱性磷酸化酶前体是胞质的标志蛋白；NADH 氧化酶是内膜的标志蛋白；6-磷酸葡萄糖脱氢酶是细胞质的标志蛋白。

2.2.2 真核细胞

蛋白质向内质网腔中的转运可以通过监测酵母细胞中信号肽的切除和糖基化来确定。

完成细胞膜转运之后，前体蛋白的信号肽被信号肽酶切除。此外，许多蛋白质在转运过程中发生糖基化，位于内质网中的寡糖转移酶将大量甘露糖寡糖加到被转移的前体蛋白中 Asn-X-Ser/Thr 位点上（Silberstein and Gilmore，1996）。这一修饰导致输出蛋白质数量的增加，可在 SDS-PAGE 中看到。

在酵母中已鉴定出两种不同的输出途径。在第一个途径中，蛋白质进行共翻译转运，转运需要 Sec61p 复合体，Sec61p 复合体的功能是作为一个蛋白引导通道（Simon and Blobel，1991；Hanein et al.，1996）。在第二个途径中，蛋白质在从核糖体释放后进入翻译后转运。除了 Sec61p 复合体外，翻译后转运还需要 Sec62p、Sec63p、Sec71p 和 Sec72p（Corsi and Schekman，1996）。

2.2.2.1 利用 Sec 突变体研究分泌途径

如细菌那样，在酵母中 Sec 突变体在确定转运/加工步骤时非常有用。例如，遗传学研究结果表明 Sec61p 是转运通道的成员之一（Deshaies and Schekman，1987），而 Sec11 对于几种输出蛋白质的信号肽加工很重要（Bohni et al.，1988）。

在一种温度敏感的 Sec61α 突变体中，分泌的前体蛋白，如 pre-pro-alpha 因子和羧肽酶，在细胞液中发生了积累（Deshaies and Schekman，1987）。这一现象是在用细胞质提取物进行一种蛋白酶的实验时被观察到的，细胞质提取物中的内质网囊泡（又称微体）保持完整。在这些实验中，转运到内质网腔中的蛋白质对蛋白酶具有抗性；而细胞质中的蛋白质对蛋白酶敏感。在非允许的温度条件下，用脉冲标记 Sec61α 突变体，用 Potter-Elvehjem glass-Teflon 匀浆器破碎原生质体得到无细胞提取物。加入蛋白酶消化胞质中的 pre-pro-alpha 因子和羧肽酶前体。在温度敏感的 Sec11-7 突变体中，在严格的温度条件下，在内质网腔中被糖基化并被输出的蛋白质转化酶发生了积累（Bohni et al.，1988）。衣霉素（tunicamycin）可抑制转化酶对天冬氨酸残基糖基化过程的作用，在放射性标记之前加入衣霉素可导致 58 kDa 的转化酶前体的出现。该前体相当于带有未被切割的前导序列的未糖基化的成熟蛋白质。后来的研究表明，Sec11 编码信号肽酶复合体的一个亚基，这个亚基是细菌、线粒体和叶绿体信号肽酶的同源物（Dalbey et al.，1997）。当一个蛋白质输入到内质网后，它可以停留在那里，也可移入高尔基体、质膜、液泡中或分泌到细胞外。Sec 突变体可影响分泌途径中的许多环节，目前已分离到许多不同的 Sec 突变体。

其中一个突变体是 *vps15* 基因。分离到的一种 *vps15* 突变体无法将可溶的液泡水解酶，如羧肽酶 Y（CPY）、蛋白酶 A 和蛋白酶 B 定向到液泡（Herman et al.，1991；Robinson et al.，1988）。结果，这些蛋白质以无活性的形式被分泌出去。在这个突变体和许多其他 vps 突变体中，蛋白质的糖基化和其他蛋白质的分泌未受影响。

2.2.2.2 蛋白质在内质网和高尔基体中的糖基修饰

在哺乳动物细胞中，天冬氨酸偶联的糖蛋白的加工状态为这些蛋白质在细胞中的定位提供了非常有用的信息。如图 2.1 所示，*N*-连接的核心寡糖是发生在 ER 腔中。

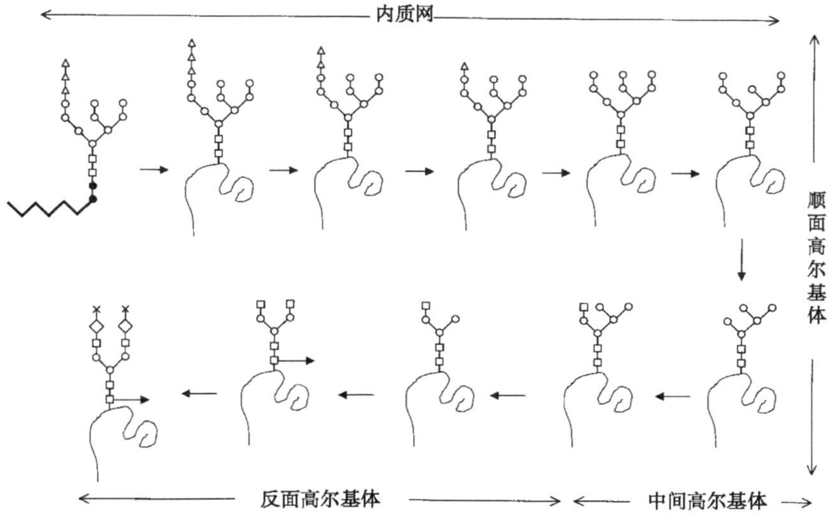

图 2.1 内质网和高尔基体中核心糖基化分泌蛋白的生物合成和剪裁。核心寡糖（core oligosaccharide）由 2 个 *N*-乙酰葡萄糖胺、9 个甘露糖和 3 个葡萄糖残基组成，在内质网腔中，核心寡糖在延长的多肽中从多萜醇磷酸位置被转移到天冬氨酸残基上。葡萄糖酶 I 和 II 位于内质网中，它的功能是去除 *N*-连接的核心寡糖的葡萄糖残基。第一个甘露糖残基被一种内质网 α-甘露糖苷酶 I 去除。之后的甘露糖被高尔基体顺面囊膜中的 α-甘露糖苷酶 I 切除，产生一个 5 甘露糖核心。*N*-乙酰葡萄糖胺由 *N*-乙酰葡萄糖胺转移酶 I 导入。接下来甘露糖进一步被甘露糖苷酶 II 切除，*N*-乙酰葡萄糖胺由 *N*-乙酰葡萄糖胺转移酶 II（位于高尔基体中间部位）催化加入，半乳糖、海藻糖和唾液酸在反面高尔基体囊中被加上。□，*N*-乙酰葡萄糖胺；○，甘露糖；△，葡萄糖；→，海藻糖；◇，半乳糖；×，唾液酸；●，磷酸盐。引自 Goldberg and Kornfeld（1983）*J Biol Chem* 258：3160。

之后一部分寡糖被葡萄糖苷酶I和II去除，葡萄糖苷酶I和II的作用是去除末端的葡萄糖残基。内质网中的α甘露糖苷酶I随后可去除一个甘露糖残基。蛋白质被转入到顺面高尔基体内以后其上的糖基被进一步切除，之后在中间的高尔基体中由 *N*-乙酰葡萄糖胺转移酶I的催化加上 *N*-乙酰葡萄糖胺。经过中间高尔基体中的甘露糖苷酶I和II的进一步切除后，*N*-乙酰葡萄糖胺残基被另一种 *N*-乙酰葡萄糖胺转移酶，*N*-乙酰葡萄糖胺转移酶II加入。最终，在反面高尔基体中被引入半乳糖残基和唾液酸残基。寡糖或其他基团被集中到一起后，通过脉冲跟踪实验可以对这些修饰进行特定的跟踪。例如，海藻糖、半乳糖和唾液酸被集中到了高尔基体反面囊腔中。此外，内切糖苷酶 H（endo H）的敏感性可用于提供某个蛋白质定位方面的信息。分泌蛋白中的寡糖在它们进入中间高尔基体腔之前对内切糖苷酶 H 敏感，当蛋白质进入到中间高尔基体腔后，寡糖被 *N*-乙酰氨基葡萄糖转移酶和甘露糖苷酶I和II修饰。到达高尔基体中间囊腔后，寡糖对内切糖苷酶 H 产生抗性。

2.2.2.3 真核细胞细胞器和细胞膜的分离

采用生物化学方法确定蛋白质在亚细胞器上的准确定位需要破坏细胞形态，且需要将膜分离出来，因为真核细胞含有许多不同的膜。这些膜包括质膜、内质网膜、核膜、高尔基复合体膜、过氧化物酶体膜、溶酶体膜、线粒体膜，以及植物细胞中叶绿体膜和叶绿体中的类囊体膜。已有证据表明膜定位是蛋白质共定位到其目标膜上的过程。为了分离细胞器，首先要用尽可能温和的方法使细胞破碎。典型的方法是使用 Potter-Elvehjem glass-Teflon 组织匀浆器。这种方法非常温和，足以保持细胞器的完整性。密度梯度离心用于分离各种细胞膜和细胞器。例如，从粗裂解物中通过密度梯度离心可纯化到叶绿体和线粒体，纯化叶绿体时采用 Percoll 梯度，而纯化线粒体时采用蔗糖梯度（Meisinger et al.，2000）。内质网膜，又称微体，通常用 Potter-Elvehjem 匀浆机将狗的胰腺匀浆，然后在低速离心下沉淀微体，再通过凝胶过滤柱进行过滤。用各细胞器的标志酶来鉴定其分离纯度。

2.2.3 小结：细胞内研究

- 用药物和 Sec 突变体可揭示膜转位是否需要质子动力势能以及 Sec 蛋白的作用。
- 蛋白酶与膜的接触以及信号肽加工方面的研究为跨越细菌和内质网膜的蛋白质定位提供确定方法。
- 天冬氨酸连接的寡糖修饰可用于跟踪在分泌途径中的糖蛋白定位。
- 通过确定输出蛋白质是否与相应亚细胞组分一同被分离，可监测该蛋白质是否定向到细胞器、细胞内膜结构或液态组分。

2.3 遗传学方法

2.3.1 细菌

蛋白质转运的遗传学研究起始于 20 世纪 70 年代晚期的 Beckwith 研究小组。这些研究在鉴定组成转运复合体的蛋白质组分方面起到了重要的作用，并且提供信号序列中有关蛋白质输出的信息。

2.3.1.1 *sec* 突变体

Beckwith 和他的同事们将麦芽糖结合蛋白（maltose binding protein，MBP）的前体与由 *lacZ* 基因编码的β-乳糖苷酶融合在一起，β-乳糖苷酶使细胞以乳糖作为碳源。由 *malE* 基因编码的前体麦芽糖结合蛋白 PreMBP 是一种周质蛋白质，它对于以麦芽糖作为碳源的细胞是必需的。当向大肠杆菌培养物中添加麦芽糖时，MalE-LacZ 融合蛋白的表达是有毒性的；因此，细胞对麦芽糖敏感（图 2.2A）。毒性很可能是由于 LacZ 融合蛋白过量表达，不能被转运而积压在 Sec 复合体中，导致蛋白质分泌复合体受阻造成的。事实上，融合蛋白中β-乳糖苷酶部分不能被完全输出到膜外。MalE-LacZ 融合蛋白仍有部分序列插入到膜中，因此推测β-乳糖苷酶可能形成一种有活性的四聚体。含有这些融合蛋白的细胞是 *lac*$^-$ 的，不能生长在乳糖培养基中。*lac*$^+$ 回复突变可以使细胞能够在乳糖培养基中生长，因此，*lac*$^+$ 回复突变细胞中融合蛋白又可定位到细胞质中。

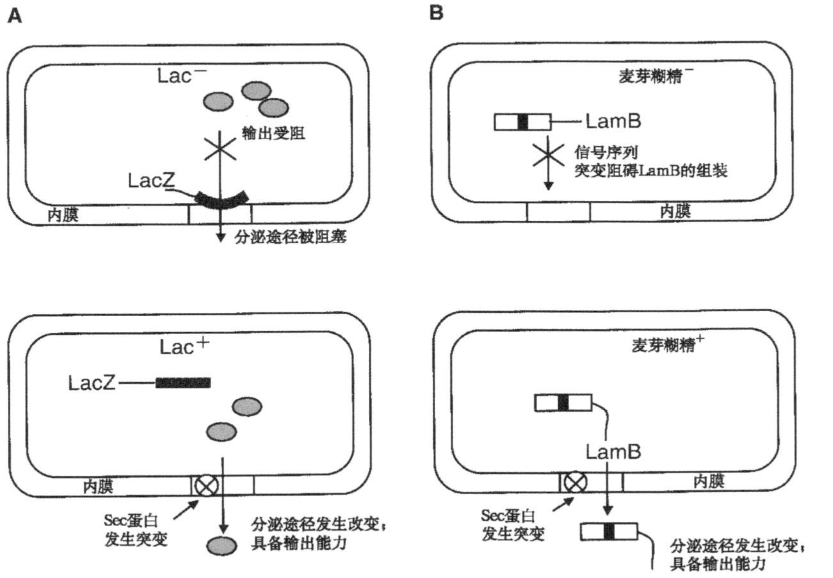

图 2.2 分离细菌中输出途径中突变体的遗传学策略。A. 基因融合方法。麦芽糖诱导融合蛋白的表达，并干扰分泌途径；细胞死亡。突变可使信号序列或一种对于蛋白质分泌必需的 Sec 组分失活，使干扰不再发生。筛选出的细胞可在以乳糖为碳源的环境中生长。B. 抑制物的方法将一段有缺陷的信号序列加到 LamB 中，LamB 对于麦芽糖糊精的跨膜运输是必需的。由于 LamB 有一个输出缺陷，细胞不能生长在以麦芽糖糊精为碳源的培养基中。回复信号序列的或其 Sec 组分可使突变体 LamB 到达外膜的突变体被挑选出来。这些细胞可生长在以麦芽糖糊精为碳源的培养基中。

之后从 MalE-LacZ 阳性细胞中选出麦芽糖抗性细胞，被命名为 *sec* 突变体。这些回复突变是 *lac*$^-$，因此可以在乳糖培养基中生长。这些突变产生在 *secA*（Oliver and

Beckwith，1981）或 *secB*（Kumamoto and Beckwith，1983）基因中。某些 *secA* 突变体具有一种条件性的致死表现型。在不适宜的温度条件（42℃）下，*secA* 突变体的输出蛋白质以前体蛋白的形式发生堆积（Oliver and Beckwith，1981）。*secB* 突变体没有温度敏感性，实际上，*secB* 缺失的大肠杆菌突变体可以在基本培养基（minimal media）中生长，只是蛋白质合成很慢，因此降低对 SecB 的需求。用类似的方法利用碱性磷酸化酶的 LacZ 融合蛋白来分离 *secD* 中的冷敏感突变体（Gardel et al.，1987）。最终，一种包含 SecA-LacZ 融合的 LacZ 方法被用于分离 SecE 中的条件致死突变体，其中 SecE 可通过使输出蛋白质的整体缺陷而增加 SecA 的转录（Riggs et al.，1988）。

2.3.1.2 *prl* 突变体

Silhavy、Bassford、Emr 和他们的同事们用一种不同的方法鉴定分泌途径中的组分。他们的方法是分离作为信号序列突变体抑制物的蛋白质定位（*prl*）突变体。

Silhavy 和 Emr 对 LamB 进行了研究，它是一种外膜蛋白，它运输麦芽糖糊精跨越外膜。信号序列发生突变的 LamB 不被输出，保留在细胞质中。这些细胞在吸收麦芽糖糊精方面有缺陷。之后筛选出可以生长在麦芽糖糊精中的回复突变体。Bassford 的方法是向野生型 malE 基因中引入经 MalE-LacZ 融合法鉴定的信号序列突变，然后分离可以在麦芽糖中生长的回复突变体。分离到 5 个 *prl* 突变体：*prlA*、*prlB*、*prlC*、*prlD* 和 *prlG*（Emr et al.，1981；Fikes and Bassford，1989；Stader et al.，1989）。*PrlA*、*PrlD* 和 *prlG* 是最令人感兴趣的。在突变体 *prlA*、*prlD* 和 *prlG* 中分别鉴定出与它们相同的基因 *secY*、*secA* 和 *secE*。其他方法可导致 *sec* 基因进一步产生突变（见表 2.1 关于 *sec* 和信号肽酶基因的列表）。Ito 等（1983）对大肠杆菌基因进行的定位突变得到一个 *secY* 突变体，该突变体在不适宜的温度下堆积前体蛋白（Ito et al.，1983）。

表 2.1　*Sec* 和信号肽酶基因

基因	图位（min）	蛋白质	突变体表现型
secA（*prlD*）	2.5	ATP 酶，分子马达；102 kDa 外膜蛋白	热敏感（t. s.）或冷敏感（c. s.）致死性输出缺陷；抑制信号序列突变
secB	81	输出分子伴侣 16.6 kDa	在基本培养基中非必需；某些蛋白质有输出缺陷
secD	9.5	67 kDa 内膜蛋白	冷敏感（c. s.）致死性输出缺陷
secE（*prlG*）	90	13.6 kDa 内膜蛋白；膜通道组分	冷敏感（c. s.）致死性输出缺陷
secF	9.5	35 kDa 内膜蛋白	冷敏感（c. s.）致死性输出缺陷
secG	69	11.4 kDa 内膜蛋白	非致死性
secY（*prlA*）	72	49 kDa 内膜蛋白；膜通道组分	热敏感（t. s.）或冷敏感（c. s.）致死性输出缺陷；抑制信号序列突变
lepB	55.5	信号肽酶 I；36 kDa 内膜蛋白	致死性，信号肽加工缺陷
lspA	0.5	信号肽酶 II；18 kDa 内膜蛋白	致死性，信号肽加工缺陷

2.3.1.3 抑制物的抑制物

分离分泌途径中新组分的第三种方法是在其他基因中鉴定抑制物的抑制物。在这种方法中，在其他突变体蛋白质中分离出与 Sec 蛋白发生相互作用的抑制物。例如，利用一株温度敏感的 *secA* 突变株，分离到 *secY* 中的抑制物，这些抑制物使得细胞在非适宜温度条件下可以存活（Brickman et al.，1984）。鉴定出的 *secA* 突变体在 *secY* 中也被发现，它们最初是作为信号肽突变体的抑制物被发现的（见前面 *prl* 部分）。这就是为什么它们被称为抑制物的抑制物的原因。可是，其他抑制物突变体给出错误引导，因为许多抑制物突变体的突变发生在核糖体基因中，它们并不参与蛋白质的转运（Ferro-Novick et al.，1984）。这些及其他结果（Lee et al.，1989；Oliver，1985）表明，仅仅减慢蛋白质的合成速度就可在非适宜温度条件下抑制一种温度敏感的 *sec* 突变体的致死表现型。

对含有 MalE-LacZ 蛋白的麦芽糖抗性或 lac^+ 细胞进行筛选也涉及 MalE-LacZ 蛋白中信号序列的疏水核发生改变的突变体（Bedouelle et al.，1980）。采用 LamB-LacZ 融合的方法，在前体 LamB 中也发现了类似的信号肽突变体（Emr et al.，1980）。尽管信号序列突变体被作为“功能获得型”突变体，从融合蛋白中被分离出来，但在结合到完整基因的过程中，突变还是会影响 MBP 或 LamB 的输出。相反，由研究一个输出缺陷 MalE 突变体开始，研究者们得到了回复突变体，这些突变体可将 MBP 输出到周质中，因此这些细胞可利用麦芽糖糊精作为碳源（Bankaitis et al.，1984）。许多这样的突变体含有可提高信号序列疏水性的突变。遗传学研究是非常重要的，因为它证明蛋白质输出的信息主要位于蛋白质的 N 端区域（综述见 Michaelis and Beckwith，1982）。

2.3.2 真核细胞

2.3.2.1 *sec* 突变体

Schekman 及其同事们采用一种 Ludox 密度富集策略分离到分泌途径中的温度敏感型突变体（Novick et al.，1980）。通过寻找由于正常分泌蛋白的内在化而使细胞密度提高的细胞来鉴定出这些突变体。在 37℃非适宜温度条件下，积累大量转化酶的 *sec* 突变体被鉴定出来。采用这种技术分离出的许多突变体已被鉴定，并且在分泌途径的不同步骤被阻断（图 2.3）。

除了采用遗传学策略分离 *sec* 突变体，Deshaies 和 Schekman（1987）还使用了一种基因融合的方法（Deshaies and Schekman，1987），它类似于 Beckwith 及其合作者们在研究细菌系统时改进的方法。该方法中，细胞生长在无组氨酸的环境中。细胞质中的组氨醇脱氢酶（HD）对于在无组氨酸的环境中生长的细胞来说是必需的。将分泌的转化酶和 HD 融合，在分泌过程中融合蛋白被输入到内质网腔中，使细胞在无组氨酸的条件下无法生长。然后在无组氨酸的基本培养基中筛选可生长的回复突变体。这些回复突变体的胞质中保留有一些 HD，HD 在胞质中可行使功能。用这种方法在 *sec61*（Deshaies and Schekman，1987）、*sec62* 和 *sec63*（Rothblatt et al.，1989）中产生了一种温度突变体。用酵母文库亚克隆该细胞，从而对 *sec* 基因进行鉴定，并分离在较高温度下可以生长的转化细胞。

2.3.2.2 *vps*和 *vpl* 突变体

采用将一种液泡前体蛋白与分泌蛋白转换酶融合的方法，已分离到在分泌途径最后阶段影响液泡分选的缺陷型突变体。转换酶通常从酵母中被分泌出来，使细胞可以在以蔗糖为碳源的培养基中生长。当液泡转换酶融合蛋白进入液泡时，它使细胞不能在含有蔗糖的培养基中生长。利用这个系统，Emr 和 Stevens 的研究小组分离到许多分选到液泡中的缺陷型突变体（Bankaitis et al.，1986；Rothman and Stevens，1986）。Emr 的实验室称其为液泡蛋白分选（vacuolar protein sorting，*vps*）突变体。他们分离到可将转换酶融合蛋白分泌到细胞外培养基，使细胞可在蔗糖培养基中生长的突变体。Stevens 的实验室利用羧肽酶 Y 采用一种类似的策略分离液泡蛋白定位（vacuolar protein localization，*vpl*）突变体。一些主要的 *vps* 突变体如图 2.3 所示。

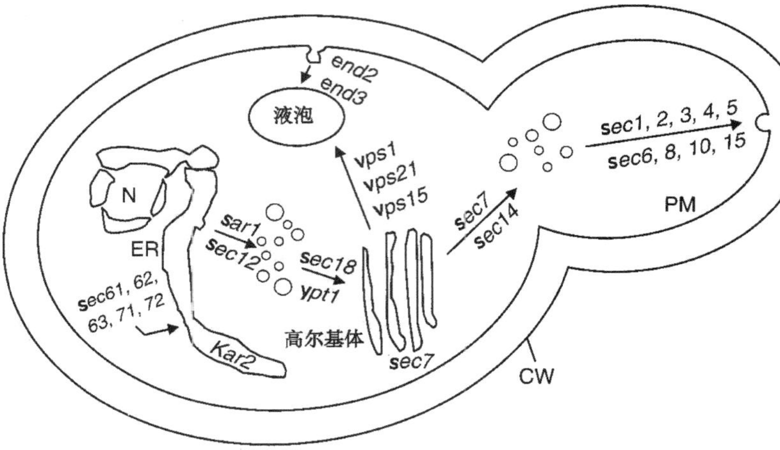

图 2.3 酵母（*Saccharomyces cerevisiae*）中参与蛋白质运输的基因。只显示了不同途径中的一部分突变体。*sec* 基因编码参与分泌途径的蛋白质，而 *vps* 基因编码液泡蛋白分选蛋白。*end* 突变体（文中未描述）参与内吞作用。ER，内质网；N，细胞核；PM，质膜；CW，细胞壁。引自 Pugsley (1989) Protein Targeting，Academic Press。

2.3.3 小结：遗传学方法

- 在鉴别细菌和真核细胞中参与蛋白质输出组分方面，遗传学技术是非常有效的方法。
- 这些技术也明确了在输出蛋白质的过程中起到关键作用的区域。

2.4 研究转运和运输体外方法

2.4.1 转运进入膜囊泡

无细胞系统在确定蛋白质转运复合体组分的功能方面非常有用。它可以确定能量和分子伴侣对于转运是必需的，以及转运是否发生在翻译后。在细胞内研究广泛开展之前，已经可以利用体外系统确定内质网中的蛋白质输出途径。

2.4.1.1 内质网

在经典的研究中，Blobel 和 Dobberstein 利用胰腺微体成功地进行了翻译后转运（Blobel and Dobberstein，1975a，1975b）。通常采用无细胞转录-翻译系统对放射标记的输出蛋白质进行研究（图 2.4）。目前经常使用放射性氨基酸如 [^{35}S] -蛋氨酸来标记新合成的蛋白质。通过使用信号肽酶去除前体蛋白的信号序列来检测转运到微体囊泡中的蛋白质，信号肽酶在微体内部一侧具有活性。而且，当蛋白酶加入到反应混合物时，被转运的蛋白质对蛋白酶的消化具有抵抗能力，一旦加入去污剂将膜囊泡破坏后，被转运的蛋白质则对消化作用敏感。利用生物化学方法可将内质网微体系统切开。Warren 和 Dobberstein（1978）发现，微体经高盐缓冲液冲洗后会使其转运功能丧失；若加入盐冲洗液可使微体恢复蛋白质转运功能。Walter 和 Blobel（1980）对冲洗液中的组分进行了纯化，将鉴定出的组分命名为信号识别颗粒（signal recognition particle，SRP）（Walter and Blobel，1981a，1981b；Walter et al.，1981），SRP 对于蛋白质的转运非常重要。真核生物的 SRP 由 6 条多肽和 1 条 7S RNA 组成，SRP 可终止蛋白质合成。采用体外系统，Blobel 和 Dobberstein 的研究小组还分离到 SRP 受体（停泊蛋白）。分离过程如下：用胰肽酶 E 处理内质网得到 SRP 受体或停泊蛋白的蛋白酶水解片段。

当把该片段从膜中去除后，微体便失去转运功能（Meyer et al.，1982）。重新加入该片段又导致转运功能的恢复。后来发现这个片段是 SRP 受体 α-亚基的一部分，SRP 受体 α-亚基是一种 72 kDa 的膜蛋白（Gilmore et al.，1982）。有关膜定向的信息是通过一种浮选方法来获得的（图 2.5）。这种方法采用一种转录-翻译系统将新生肽链进行放射性标记，然后与膜一起孵育。之后孵育混合物再与高浓度的蔗糖混合，放到蔗糖梯度的底部。经超速离心，膜将漂浮于蔗糖梯度的低密度区中。收集离心后的梯度组分，将每一蛋白质组分用三氯乙酸进行沉淀，并进行 SDS-PAGE 分析，检测新生肽链是否与膜漂浮在一起。如果蛋白质与膜漂浮在一起，则说明蛋白质定向到膜上。用碱处理结合有蛋白质的膜，以确定蛋白质是整合到脂双层膜中还是在外周与膜结合（Fujiki et al.，1982）。采用这种方法，Nicchitta 等（1995）检测到催乳素前体蛋白的新生肽链是定向于内质网膜的。

2.4.1.2 细菌

有关细菌的体外研究远远晚于真核细胞的体外研究。直到 20 世纪 80 年代才进行了第一次体外研究（Chen and Tai，1985；Geller et al.，1986；Muller and Blobel，1984a，1984b）。蛋白质转运系统需要倒置膜囊泡（inverted membrane vesicles，INV 或 IMV）和前体蛋白作为底物。与内质网微体的体外研究一样（图 2.4），通过信号肽加工和蛋白酶保护来检测转运的发生。使用体外系统可以确定细胞质蛋白、ATP 或质子驱动力（proton motive force，PMF）对于转运过程是否是必需的。进入到细菌倒置膜囊泡中的蛋白质是在合成后进行转运的（Chen et al.，1985），转运过程需要 ATP 和 PMF（Chen and Tai，1985；Geller et al.，1986）。在无细胞系统中，经过纯化的 SecB 促进

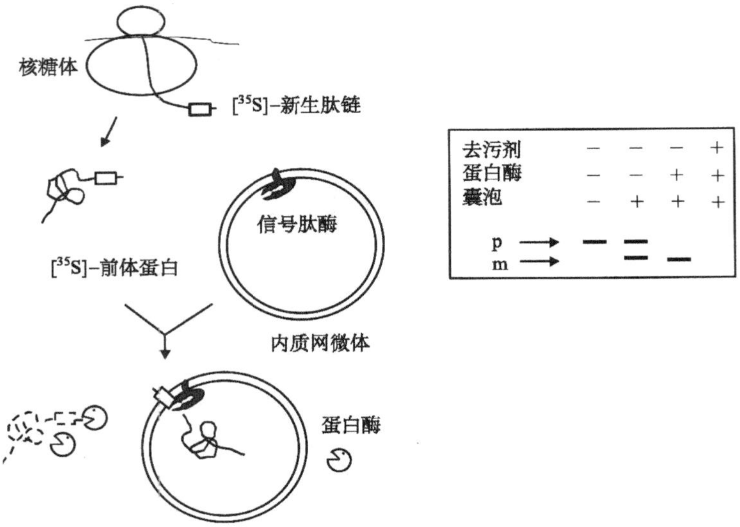

去污剂	−	−	−	+
蛋白酶	−	−	+	+
囊泡	−	+	+	+

图 2.4 体外检测前体蛋白转运的方法。在蛋白质合成时或后，向无细胞系统中加入膜，合成 [^{35}S] 标记的前体蛋白。信号肽酶 (SPase) 可切除前体蛋白中的信号肽，使前体蛋白转变为成熟蛋白质，通过观察这个转变过程可监测蛋白质的转运。加入蛋白酶以确定输出蛋白质是否被转运到囊泡的腔中。用 SDS-PAGE 将 [^{35}S] 标记的蛋白质分离出来，并进行放射自显影。去污剂可使膜发生溶解，将蛋白酶作为对照加入膜中，以证明被标记的蛋白质可受到膜的保护而不被蛋白酶消化。

MBP 的转运（Weiss et al.，1988），SecA 对于体外蛋白质转运是必需的（Cabelli et al.，1988）。通过 SecA 琥珀突变去除膜上的 SecA，导致大肠杆菌无 SecA S100 中发生严重的蛋白质转运阻塞。加入纯化的 SecA 后转运恢复正常。对细菌无细胞系统的生物化学分析加深了对 SecA 和 SecB 功能的认识（Hartl et al.，1990）。[^{125}I] -SecB 对含有 SecA 的内膜囊泡具有高亲和力，[^{125}I] -proOmpA 以一种依赖于 SecB 的方式高亲和地接合到囊泡上。这表明在蛋白质输出过程中 SecB 起到定向作用。更进一步来讲，具有 N 端和 C 端生长环的前体蛋白在细胞质中进行翻译后跨膜转运（Schiebel et al.，1991）。当以低的 ATP 浓度降低转运速度时，可以观察到这些抗蛋白酶转运的中间过程。在转运过程中，当内膜存在时 [^{125}I] -SecA 与 ATP 结合要经过一个构象变化的过程。这导致出现一个 30 kDa 抗蛋白酶带的出现，就像一个 30kDa 的 SecA 结构域插入到膜内并被膜保护免受蛋白酶消化时所看到的情形（Economou and Wickner，1994）。除了以上研究，采用试剂无法透过的膜进行实验，结果表明在转运过程中 SecA 蛋白部分地暴露于周质表面（Kim et al.，1994）。

虽然本部分内容强调了内质网和细菌蛋白质的体外转运，但信号肽加工、蛋白质保护和共分级的研究方法也被用于线粒体和叶绿体蛋白质的定向和转运。

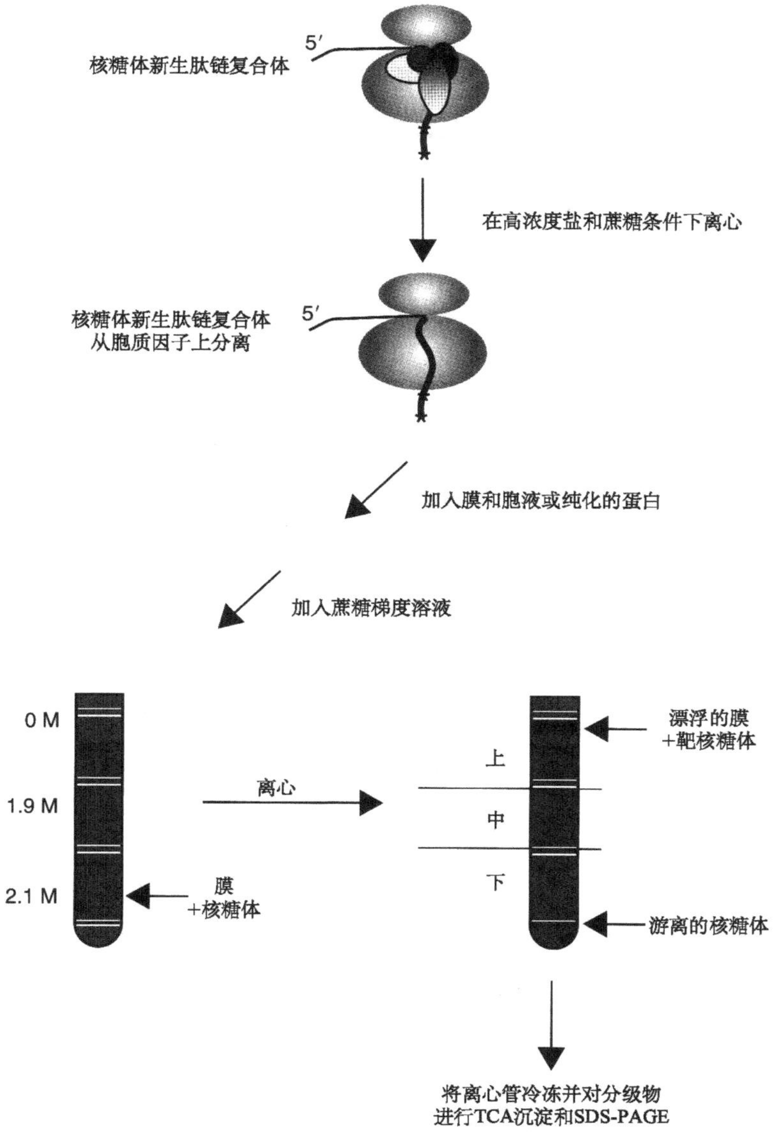

图 2.5　浮选法。通过翻译缺少终止子的 mRNA 得到核糖体新生肽复合体。在高浓度盐和蔗糖条件下离心，去除胞液，脱盐后可向体系中加入膜、胞液或纯化过的蛋白质。利用蔗糖梯度离心检测核糖体新生肽复合体向膜的定向，并用 SDS-PAGE 和放射自显影对分级物进行分析。

2.4.2　光致交联和荧光技术用于检测转运过程

利用交联技术已确定细胞质中可与新生输出蛋白质发生相互作用的蛋白质组分。首先将这些研究中的输出蛋白质进行放射性标记，然后采用截短的 mRNA 技术跟踪转运过程（Gilmore et al.，1991）（图 2.6）。由于被截短的 mRNA 中缺少终止密码子，新生蛋白质仍结合在核糖体上。这导致等长的新生肽链结合在核糖体上。

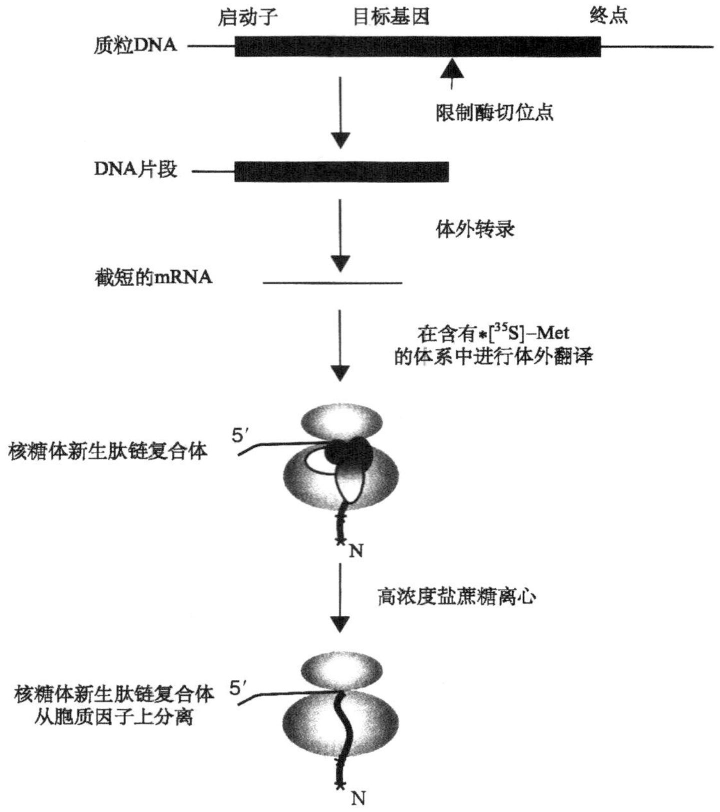

图 2.6　截短 mRNA 技术。采用 PCR 技术扩增 DNA 片段，产生的 PCR 片段含有启动子区和基因 5′端的蛋白质编码区，但缺少终止密码子。在合成被截短的 mRNA 时，这个 DNA 片段作为模板。然后把被截短的 mRNA 加入到来自麦芽细菌、网状细胞或大肠杆菌溶解物的无细胞翻译系统中，蛋白质用［^{35}S］-蛋氨酸（*）标记。被截短的 mRNA 经翻译产生与核糖体结合的新生肽链。最后，利用高浓度的盐蔗糖溶液通过离心将核糖体新生肽链复合体从胞质中分离出来。

2.4.2.1　利用转运介质进行光致交联

为鉴定胞质中与新生输出肽链发生相互作用的蛋白质，可将一个光敏探针插入新生肽链中。用紫外光照射含有样品的光敏探针，产生一种可起反应的核素，核素可以与相互作用的伴侣蛋白发生反应。利用 SDS-PAGE 和免疫沉淀可以鉴定交联产生中发生相互作用的蛋白质。如果信号序列被交联，那么新生肽链的长度必须超过 70 个残基，因为新生肽链中有 35～40 个残基存在于核糖体的多肽通道。这种交联实验表明，信号序列与真核系统中 54 kDa 的 SRP 亚基发生相互作用（Krieg et al.，1986；Kurzchalia et al.，1986)。新生肽链也可交联到真核细胞质中与新生多肽结合的复合体（nascent-polypeptide-associated complex，Nac）上（Wiedmann et al.，1994)。细菌的信号序列可与触发因子发生相互作用，在某些情况下也可与细菌的 SRP Ffh 相互作用（Beck et al.，2000；Valent et al.，1998)。

光致交联还被用于鉴定转运因子。如上所述，采用被截短的新生肽链在有膜存在的情况下可产生转运中间物（Gilmore et al.，1991)。被截短的新生肽链无法从核糖体释放出来，所以无法完成转运过程。利用修饰的 ammoacyl-tRNA 可将光交联探针整合到新合成的蛋白质中（Brunner，1996)。图 2.7 表示的是赖氨酸-tRNA 与交联剂 4-（3-

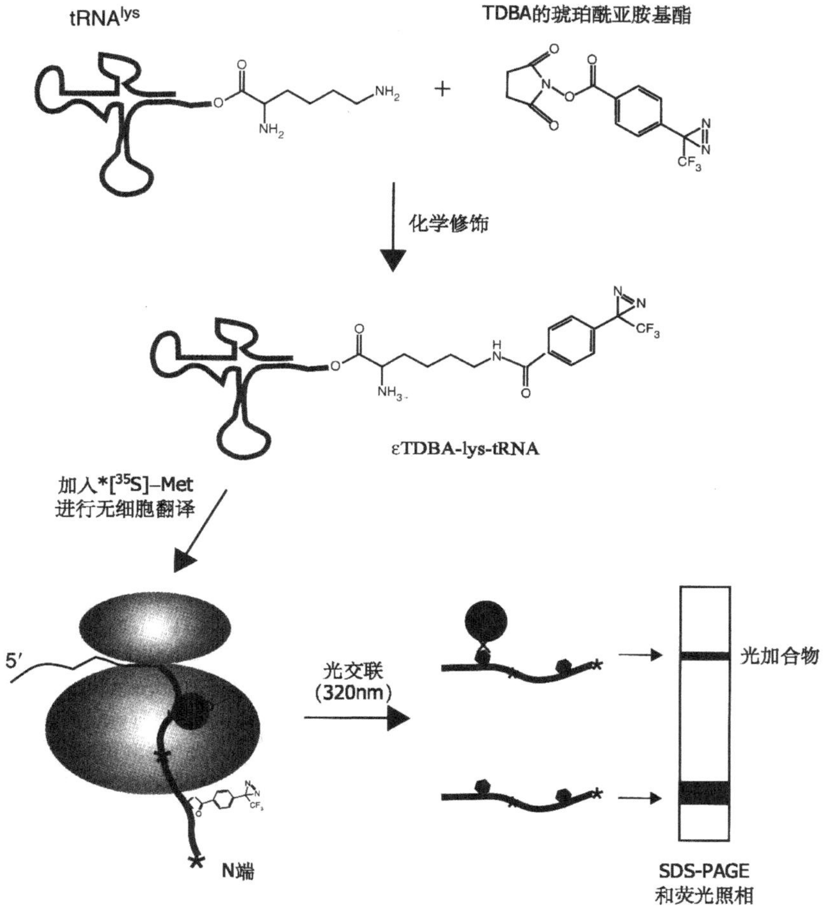

图 2.7 光致交联方法。Lys-tRNA 在 ε-氨基被 4-（3-trifluoro-methyldiazirino)苯甲酰基-*N*-羟-succinimido 酯修饰。在与 TDBA [4-（3-trifluoromethyldiazirino) benzoic acid] 的琥珀酰亚胺基酯反应后，被修饰的 tRNA 必须经层析法纯化，因为上述反应不会停止。被截短的 mRNA 在无细胞系统及 [^{35}S] -蛋氨酸（*）存在的条件下被翻译，新生肽链附着在核糖体上。在新生肽链中，光敏赖氨酸衍生物被整合到正常情况下赖氨酸所在的位置。在 320 nm 波长放射条件下产生聚炔，它可与邻近的蛋白质反应，因而在新生多肽和邻近蛋白质之间形成交联。

trifluoro-methyldiazirino）苯甲酰基（benzoyl）-*N*-羟（hydroxy）-succinimido ester 结合在一起的情况。将这种光敏赖氨酸类似物整合到正常新生多肽中赖氨酸所在的位置。转运介质产生后，光照导致高活性聚炔的生成，它可与邻近蛋白质发生作用（Brunner，1996）。mRNA 技术还有另一种应用。即采用位点特异性光交联法向新生肽链中引入琥珀密码子，再使用由光敏化探针控制的琥珀突变型抑制因子 tRNA。此方法的优点在于可以将探针放置在整合膜蛋白的特异位点上。它也证明了 Sec61α（Do et al.，1996；Mothes et al.，1997）和 TRAM（Do et al.，1996）可与插入到内质网中的多肽发生相互作用。在细菌系统中，SecY、SecA 与输出蛋白质的相互作用也可用此方法呈现（Houben et al.，2000）。

2.4.2.2 向输出蛋白质中引入一个荧光探针

利用 mRNA 技术可向新生输出蛋白质和 Lys-tRNA 中引入荧光报道分子，Lys-tRNA 是荧光探针的接合部位。Johnson 及其同事们将 NBD（7-nitrobenz-2-oxa-l，3-diazole）接合到赖氨酸上，并用 NBD 的荧光特性测定它在极性或无极性环境中是否存在。在非极性环境中，一个 NBD 探针的荧光寿命远远长于在水环境中的寿命。采用这种荧光方法，他们发现信号序列可以通过水溶性的核糖体通道（Crowley et al.，1993），在膜转运过程中可能通过水溶性环境（Crowley et al.，1994）。在转运过程中，核糖体与膜的结合似乎很紧密，因为含有荧光探针的信号序列无法接触到水溶性的细胞质；加入亲水性的碘离子 NBD 荧光猝灭剂对 NBD 荧光猝灭也作用甚微。

2.4.3 蛋白质转运的重新构建

Bill Wickner 的研究小组采用经纯化的蛋白脂质体重建了蛋白质转运系统。首先将细菌的内膜囊泡溶于 n-烷基-［3-D-吡喃葡萄糖-noside 和甘油中（Driessen and Wickner，1990），然后纯化出 SecYE 复合体（Brundage et al.，1990）。采用快速的清洁剂稀释方法将纯化的 SecYE 蛋白重新构建到蛋白脂质体中（Racker，1979）。简而言之，就是先利用烷基-β-D-吡喃葡萄糖-noside 纯化出 SecYE，再把 SecYE 与大肠杆菌磷脂悬浮液混合。此后，用清洁剂稀释样品浓度，直至低于临界胶质浓度，再加入 $CaCl_2$ 使蛋白脂质体溶解。用 EGTA（ethylenediamine tetraacetic acid）使其发生钙螯合化后，对大的单层蛋白脂质体进行分离，再用超声波破坏样品中蛋白脂质体的聚集团块。以蛋白脂质体为载体，proOmpA 以 SecA 和 ATP 依赖的方式被转运。Wickner 及其同事们发现内膜囊泡转运所需的 SecYE 是蛋白脂质体转运中的 2 倍（Brundage et al.，1990）。对于纯化的 SecYE 进一步鉴定，结果发现另一种多肽 Band I（SecG）。利用与所加蛋白酶的趋近性，可检测 proOmpA 前体蛋白向蛋白脂质体的转运。这项结果发表不久，Akimara 等（1991）又发表了仅利用完整的膜组分 SecY、E 及周质膜蛋白 SecA 就可成功构建蛋白质转运系统的研究结果。结合对于细菌的重建研究，内质网研究领域的科学家们试图重建微体的蛋白质转运系统。作为首创性的研究，Nicchitta 和 Blobel 将内质网膜溶解，并得到在蛋白质转运中有活性的蛋白脂质体（Nicchitta and Blobel，1990；Nicchitta et al.，1991）。这些研究之所以重要是因为它们表明利用内质网完整的膜蛋白组分可以重新构建蛋白质转运系统。此后，Görlich 和 Rapoport（1993）用含有 Sec61 α、β 和 γ 亚基的 Sec61p 纯化复合体进行了一项具有划时代意义的研究，结果表明，这些蛋白质以及 SRP 受体对于转运已足够了。Rapoport 实验室还证明，存在一些蛋白质亚型，它们的转运需要另外一条与膜蛋白相关的途径（translocating chain associating membrane protein，TRAM）。重建研究的重要性在于，它展示了蛋白质转运系统所需的基本组分。此外，这些组分可用来模拟蛋白质转运，同时也易于研究，这是因为很少有蛋白质组分会干扰或使分析复杂化。

2.4.4 蛋白质向脂囊泡中的转运

上面描述的重建研究表明，膜上的蛋白质组分协助了蛋白质转运过程。然而在某些情况下，蛋白质直接插入到无蛋白质的脂囊泡内。Geller 和 Wickner（1985）报道，在体外 M13 外壳蛋白可以插入到脂质体中，因为当加入食糜胰蛋白酶包裹的脂质体时，外壳可被降解。Kuhn 和 Vogel 也证实了这种自发的插入机制（Soekarjo et al.，1996）。但在他们的研究中，都观察到插入到膜中的 M13 外壳蛋白数量很少。最近，de Kruijff 的实验室利用 Pf3 外壳蛋白进行实验，Pf3 外壳蛋白是一种含有 44 个残基的单跨膜蛋白，结果表明它可自发地插入到大的单层囊泡中。由于产生一段抗蛋白酶片段，证明有一个 Pf3 外壳突变体直接插入到脂质体中，这个突变体含有一段带有 3 个亮氨酸残基的加长的跨膜片段。例如，当 Pf3 外壳的 N 端插入并穿过膜到达脂囊泡的内侧时，在囊泡外侧加入蛋白酶 K，蛋白酶 K 可切割蛋白质中位于细胞质中的尾巴部分，从而导致其分子质量发生微小改变。因此，至少在体外，对于某些带有短的转运区的蛋白质，膜通道对于转运显然不是必需的。

2.4.5 利用经透化处理的细胞检测核运输

经透化处理的细胞对于研究细胞溶质因子和三磷酸核苷酸在核运输中的必要性非常有用。用低浓度的洋地黄皂甙使细胞通透化，质膜上发生穿孔，导致细胞组分释放，仅留下完整的核膜和其他细胞器。使用荧光显微镜，借助一种可进入通透细胞的标记蛋白来检测蛋白质向核内的输入。利用经透化处理的 HeLa 细胞，Görlich 及其同事们鉴定了 importin α 和 importin β，它们可使被荧光标记的核浆素以一种 Ran-GTPase 和能量依赖的方式进入细胞核。

2.4.6 高尔基体运输系统的重建

对高尔基复合体运输系统的重建是通过研究在中国仓鼠卵巢（CHO）细胞内病毒 G 蛋白的运输来进行的（Balch et al.，1984）。供体高尔基体分离物来自一株被 VSV 感染的 15B 突变体，这个突变体缺少 UDP-GlcNAc糖基转移酶 I，使寡糖链的加工不完全（图 2.8）。受体高尔基体分离物来自一株未被感染的突变体，这株突变体含有 UDP-GlcNAc糖基转移酶 I。在这个体外系统中观察到［^{3}H］-GlcNAc 结合到 G 蛋白上，因此这肯定是供体和受体高尔基体腔中的组分运送来的。Rothman 及其同事们认为这是由于未被完全糖基化的 G 蛋白从供体运送到受体的结果。另一种原因可能是，UDP-糖基转移酶 I 受体的中间腔转移到供体的中间腔中，供体的中间腔中含有未被完全修饰的寡糖核心。这项工作十分重要，因为它表明重建具有生化功能的囊泡运输是可能的，并且可以对参与高尔基体内部运输的许多蛋白质进行纯化。

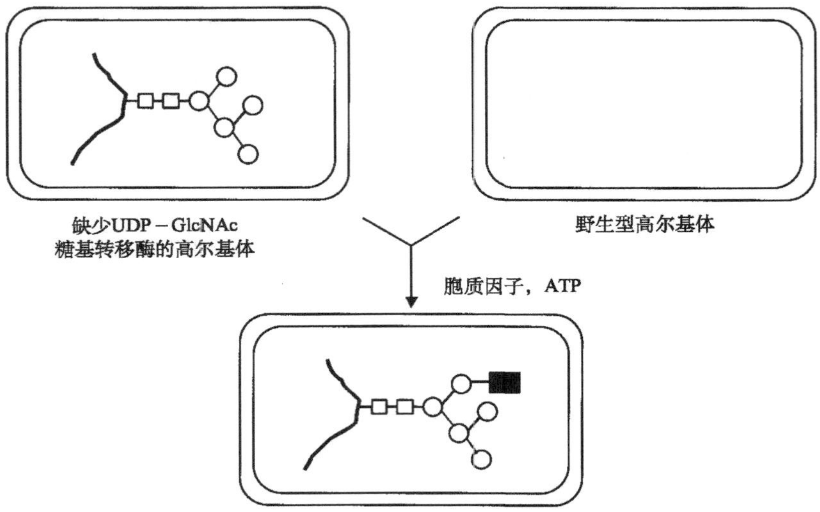

图 2.8 利用无细胞系统监测从顺面高尔基体腔到中间高尔基体腔的蛋白质运输。用水疱性口膜炎病毒感染 CHO 细胞突变体。VSV-G 蛋白有一个未被完全修饰的核，这是由于 CHO 细胞缺少 *N*-乙酰葡糖胺糖苷酶 I，以及不能将 [^{3}H] -GlcNAc 附着到核心寡聚多糖上造成的。受体腔来自未被感染的野生型 CHO 细胞。因此，[^{3}H] -GlcNAc 附着到 G 蛋白上必是由于组分由供体运输到受体造成的。引自 Balch et al.（1984）Cell 39：405。

2.4.7 小结：体外转运和运输的研究

- Sec 蛋白的功能可以通过体外系统来确定。
- 光致交联研究鉴定出在定向和膜转运过程中与输出蛋白质发生相互作用的蛋白质。
- 通过利用纯化的组分重新构建的蛋白质转运系统，可以确定膜蛋白转运所需的基本蛋白质。
- 将荧光标记蛋白输入到透化处理的哺乳动物细胞中，可检测蛋白质向核内的运输。
- 通过仔细分析重建的高尔基体运输系统，有可能纯化出经过高尔基体运输所需的蛋白质。

2.5 细胞生物学技术

研究蛋白质的输出有赖于蛋白质在细胞内定位的检测方法。利用电子显微镜可以清楚地看到真核细胞中的细胞器和囊泡。使用这种方法时，标本被制成薄切片，在低温下包埋在塑料中，最大限度地减少结构的改变，并用重金属盐染色。此外，免疫金电子显微镜被用于确定蛋白质在细胞中的位置（Clark，1991）。这种方法利用抗体对目标蛋白质进行处理，抗体上附着有小的金颗粒（直径一般为 50Å 或 100Å）。对照抗体用来与细胞器或囊泡中的目标蛋白质反应，使其与不同大小的金颗粒相连。小的和大的黑点代表电子显微摄像中的金颗粒，经过比较可用来确定蛋白质在细胞内的定位。检测活细胞中输出蛋白质的定位也是有益的工作。为实现这个目的，可采用荧光显微技术（Spector，1998）。通过添加抗体和对荧光标记的抗体进行内在化实现了蛋白质的可视化，经过几次冲洗，利用荧光显微镜可确定蛋白质的位置。还有一种方法是，先向蛋白质中加入一种未标记的初级抗体，再加入用荧光黄或若丹明标记的二级抗体。然后将荧光图像与对照抗体的图像进行比较，例如与同一细胞区室内对照抗体的定位进行比较。其他应用抗体的方法还有识别抗原决定簇标签（Harlow，1999）。经常是将一个短的抗原决定簇标签（由一段短的氨基酸序列组成）融合到目标蛋白质中。插入的标签不能影响蛋白质的结构/功能。然后用抗体荧光染色，通过加入经荧光标记的抗体来确定蛋白质的定位，荧光标记可加在初级或二级抗体的标签上。

在过去的 5 年里，细胞生物学使用绿色荧光蛋白（GFP）作为跟踪活细胞中蛋白质运输的研究工具（Lippincott-Schwartz et al.，2000）。当用紫外光照射 GFP 时，它可发出可见的绿光。如果 GFP 被融合到输出蛋白质中，融合蛋白在细胞中表达，可用荧光显微镜监测它的定位。融合的 GFP 很少影响输出蛋白质在细胞内的功能。最近，GFP 融合蛋白被用于阐明活细胞中的膜运输。

小结：细胞生物学技术

- 将金标记的抗体结合到输出蛋白质上，使用电子显微镜检测它们的亚细胞定位。
- 使用光学显微镜可以检测到结合于输出蛋白质上的荧光标记抗体。
- 利用 GFP 与输出蛋白质的融合蛋白检测活细胞中输出蛋白质的定位。

2.6 致谢

本项工作得到 NSF 提供给 R. E. D. 的基金 MCB-9808843 支持。

2.7 参考文献

Akimaru, J., Matsuyama, S., Tokuda, H. and Mizushima, S. (1991) Reconstitution of a protein translocation system containing purified SecY, SecE and SecA from *Escherichia coli*. *Proc Natl Acad Sci USA* **88**: 6545-6549.

Balch, W. F., Dunphy. W. G., Braell, W. A. and Rothman, J. E. (1984) Reconstitution of the transport of protein between successive compartments of the Golgi measured by the coupled incorporation of N-acetylglucosamine. *Cell* **39**: 405-416.

Bankaitis, V. A., Rasmussen, B. A. and Bassford, P. J., Jr. (1984) Intragenic suppressor mutations that restore export of maltose binding protein with a truncated signal peptide. *Cell* **37**: 243-252.

Bankaitis, V. A., Johnson, L. M. and Emr, S. D. (1986) Isolation of yeast mutants defective in protein targeting to the vacuole. *Proc Natl Acad Sci USA* **83**: 9075-9079.

Beck, K., Wu, L. F., Brunner, J. and Muller, M. (2000) Discrimination between SRP and SecA/SecB-dependent substrates involves selective recognition of nascent chains by SRP and trigger factor. *EMBO J* **19**: 134-143.

Bedouelle, H., Bassford, P. J., Jr., Fowler, A. V. et al. (1980) Mutations which alter the function of the signal sequence of the maltose binding protein of *Escherichia coli*. *Nature* **285**: 78-81.

Blobel, G. and Dobberstein, B. (1975a) Transfer of proteins across membranes. I. Presence of proteolytically processed and unprocessed nascent immunoglobulin light chains on membrane-bound ribosomes of murine myeloma. *J Cell Biol* **67**: 835-851.

Blobel, G. and Dobberstein, B. (1975b) Transfer to proteins across membranes. II. Reconstitution of functional rough microsomes from heterologous components. *J Cell Biol* **67**: 852-862.

Bohni, P. C., Deshaies, R. J. and Schekman, R. W. (1988) SEC11 is required for signal peptide processing and yeast cell growth. *J Cell Biol* **106**: 1035-1042.

Brickman, E. R., Oliver, D. B., Garwin, J. L., Kumamoto, C. and Beckwith, J. (1984) The use of extragenic suppressors to define genes involved in protein export in *Escherichia coli*. *Mol Gen Genet* **196**: 24-27.

Brundage, L., Hendrick, J. P. Schiebel, E., Driessen, A. J. and Wickner, W. (1990) The purified *E. coli* integral membrane protein SecY/E is sufficient for reconstitution of SecA-dependent precursor protein translocation. *Cell* **62**: 649-657.

Brunner, J. (1996) Use of photocrosslinkers in cell biology. *Trends Cell Biol* **6**: 154-157.

Cabelli, R. J., Chen, L., Tai, P. C. and Oliver, D. B. (1988) SecA protein is required for secretory protein translocation into *E. coli* membrane vesicles. *Cell* **55**: 683-692.

Chen, L., Rhoads, D. and Tai, P. C. (1985) Alkaline phosphatase and OmpA protein can be translocated post-translationally into membrane vesicles of *Escherichia coli*. *J Bacteriol* **161**: 973-980.

Chen, L. and Tai, P. C. (1985) ATP is essential for protein translocation into *Escherichia coli* membrane vesicles. *Proc Natl Acad Sci USA* **82**: 4384-4388.

Clark, M. W. (1991) Immunogold labeling of yeast ultrathin sections. *Methods Enzymol* **194**: 608-626.

Corsi, A. K. and Schekman, R. (1996) Mechanism of polypeptide translocation into the endoplasmic reticulum. *J Biol Chem* **271**: 30299-30302.

Crowley, K. S., Reinhart, G. D. and Johnson, A. E. (1993) The signal sequence moves through a ribosomal tunnel into a noncytoplasmic aqueous environment at the ER membrane early in translocation. *Cell* **73**: 1101-1115.

Crowley, K. S., Liao, S., Worrell, V. E., Reinhart, G. D. and Johnson, A. E. (1994) Secretory proteins move through the endoplasmic reticulum membrane via an aqueous, gated pore. *Cell* **78**: 461-471.

Dalbey, R. E. and Wickner, W. (1986) The role of the polar, carboxyl-terminal domain of *Escherichia coli* leader peptidase in its translocation across the plasma membrane. *J Biol Chem* **261**: 13844-13849.

Dalbey, R. E., Lively, M. O., Bron, S. and van Dijl, J. M. (1997) The chemistry and enzymology of the type I signal peptidases. *Protein Sci* **6**: 1129-1138.

Daniels, C. J., Bole, D. G., Quay, S. C. and Oxender, D. L. (1981) Role for membrane potential in the secretion of protein into the periplasm of *Escherichia coli*. *Proc Natl Acad Sci USA* **78**: 5396-5400.

Date, T., Goodman, J. M. and Wickner, W. T. (1980) Procoat, the precursor of M13 coat protein, requires an electrochemical potential for membrane insertion. *Proc Natl Acad Sci USA* **77**: 4669-4673.

Deshaies, R. J. and Schekman, R. (1987) A yeast mutant defective at an early stage in import of secretory protein precursors into the endoplasmic reticulum. *J Cell Biol* **105**: 633-645.

Do, H., Falcone, D., Lin, J., Andrews, D. W. and Johnson, A. E. (1996) The co-translational integration of membrane proteins into the phospholipid bilayer is a multistep process. *Cell* **85**: 369-378.

Driessen, A. J. and Wickner, W. (1990) Solubilization and functional reconstitution of the protein-translocation enzymes of *Escherichia coli*. *Proc Natl Acad Sci USA* **87**: 3107-3111.

Duong, F. and Wickner, W. (1997) The SecDFyajC domain of preprotein translocase controls preprotein movement by regulating SecA membrane cycling. *EMBO J* **16**: 4871-4879.

Economou, A. and Wickner, W. (1994) SecA promotes preprotein translocation by undergoing ATP-driven cycles of membrane insertion and deinsertion. *Cell* **78**: 835-843.

Ehrmann, M., Bolek, P., Mondigler, M., Boyd, D. and Lange, R. (1997) TnTIN and TnTAP: mini-transposons for site-specific proteolysis *in vivo*. *Proc Natl Acad Sci USA* **94**: 13111-13115.

Emr, S. D., Hedgpeth, J., Clement, J. M., Silhavy, T. J. and Hofnung, M. (1980) Sequence analysis of mutations that prevent export of lambda receptor, an *Escherichia coli* outer membrane protein. *Nature* **285**: 82-85.

Emr, S. D., Hanley-Way, S. and Silhavy, T. J. (1981) Suppressor mutations that restore export of a protein with a defective signal sequence. *Cell* **23**: 79-88.

Ferro-Novick, S., Honma, M. and Beckwith, J. (1984) The product of gene secC is involved in the synthesis of exported proteins in *E. coli*. *Cell* **38**: 211-217.

Fikes, J. D. and Bassford, P. J., Jr. (1989) Novel secA alleles improve export of maltose-binding protein synthesized with a defective signal peptide. *J Bacteriol* **171**: 402-409.

Fujiki, Y., Hubbard, A. L., Fowler, S. and Lazarow, P. B. (1982) Isolation of intracellular membranes by means of sodium carbonate treatment: application to endoplasmic reticulum. *J Cell Biol* **193**: 97-102.

Gardel, C., Benson, S., Hunt, J., Michaelis, S. and Beckwith, J. (1987) secD, a new gene involved in protein export in *Escherichia coli*. *J Bacteriol* **169**: 1286-1290.

Geller, B. L. and Wickner, W. (1985) M13 procoat inserts into liposomes in the absence of other membrane proteins. *J Biol Chem* **260**: 13281-13285.

Geller, B. L., Movva, N. R. and Wickner, W. (1986) Both ATP and the electrochemical potential are required for optimal assembly of pro-OmpA into *Escherichia coli* inner membrane vesicles. *Proc NatlAcad Sci USA* **83**: 4219-4222.

Gilmore, R., Blobel, G. and Walter, P. (1982) Protein translocation across the endoplasmic reticulum. I. Detection in the microsomal membrane of a receptor for the signal recognition particle. *J Cell Bio* **195**: 463-469.

Gilmore, R., Collins, P., Johnson, J., Kellaris, K. and Rapiejko, P. (1991) Transcription of full-length and truncated mRNA transcripts to study protein translocation across the endoplasmic reticulum. *Methods Cell Biol* **134**: 223-239.

Görlich, D. and Rapoport, TA. (1993) Protein translocation into proteoliposomes reconstituted from purified components of the endoplasmic reticulum membrane. *Cell* **75**: 615-630.

Görlich, D., Prehn, S., Laskey, R. A. and Hartmann, E. (1994) Isolation of a protein that is essential for the first step of nuclear protein import. *Cell* **79**: 767-778.

Görlich, D., Vogel, F., Mills, A. D., Hartmann, E. and Laskey, R. A. (1995) Distinct functions for the two importin subunits in nuclear protein import. *Nature* **377**: 246-248.

Hanein, D., Matlack, K. E., Jungnickel, B. et al. (1996) Oligomeric rings of the Sec61p complex induced by ligands required for protein translocation. *Cell* **87**: 721-732.

Harlow, E. and Lane, D. (1999) *Using Antibodies: A Laboratory Manual*. Cold Spring Harbor, NY: Cold Spring Harbor Laboratory Press.

Hartl, F. U., Lecker, S., Schiebel, E., Hendrick, J. P. and Wickner, W. (1990) The binding cascade of SecB to SecA to SecY/E mediates preprotein targeting to the *E. coli* plasma membrane. *Cell* **63**: 269-279.

Herman, P. K., Stack, J. H., DeModena, J. A. and Emr, S. D. (1991) A novel protein kinase homolog essential for protein sorting to the yeast lysosome-like vacuole. *Cell* **64**: 425-437.

Houben, E. N., Scotti, P. A., Valent, Q. A. et al. (2000) Nascent Lep inserts into the *Escherichia coli* inner membrane in the vicinity of YidC, SecY and SecA. *FEBS Lett* **476**: 229-233.

Ito, K., Wittekind, M., Nomura, M., Shiba, K., Yura, T., Miura, A. and Nashimoto, H. (1983) A temperature-sensitive mutant of *E. coli* exhibiting slow processing of exported proteins. *Cell* **32**: 789-797.

Kim, Y. J., Rajapandi, T and Oliver, D. (1994) SecA protein is exposed to the periplasmic surface of the *E. coli* inner membrane in its active state. *Cell* **78**: 845-853.

Konninger, U. W., Hobbie, S., Benz, R. and Braun, V. (1999) The haemolysin-secreting ShlB protein of the outer membrane of *Serratia marcescens*: determination of surface-exposed residues and formation of ion-permeable pores by ShlB mutants in artificial lipid bilayer membranes. *Mol Microbiol* **132**: 1212-1225.

Krieg, U. C., Walter, P. and Johnson, A. E. (1986) Photocrosslinking of the signal sequence of nascent preprolactin to the 54-kilodalton polypeptide of the signal recognition particle. *Proc Natl Acad Sci USA* **83**: 8604-8608.

Kumamoto, C. A. and Beckwith, J. (1983) Mutations in a new gene, secB, cause defective protein localization in *Escherichia coli*. *J Bacteriol* **154**: 253-260.

Kurzchalia, T. V., Wiedmann, M., Girshovich, A. S. et al. (1986) The signal sequence of nascent preprolactin interacts with the 54K polypeptide of the signal recognition particle. *Nature* **320**: 634-636.

Lee, C., Li, P., Inouye, H., Brickman, E. R. and Beckwith, J. (1989) Genetic studies on the inability of beta-galactosidase to be translocated across the *Escherichia coli* cytoplasmic membrane. *J Bacteriol* **171**: 4609-4616.

Lippincott-Schwartz, J., Roberts, T. H. and Hirschberg, K. (2000) Secretory protein trafficking and organelle dynamics in living cells. *Annu Rev Cell Dev Biol* **16**: 557-589.

Manoil, C. and Beckwith, J. (1986) A genetic approach to analyzing membrane protein topology. *Science* **233**: 1403-1408.

Meisinger, C., Sommer, T. and Pfanner, N. (2000) Purification of *Saccharomyces cerevisiae* mitochondria devoid of microsomal and cytosolic contammations. *Anal Biochem* **287**: 339-342.

Meyer, D. I., Krause, E. and Dobberstein, B. (1982) Secretory protein translocation across membranes—the role of the 'docking protein'. *Nature* **297**: 647-650.

Michaelis, S. and Beckwith, J. (1982) Mechanism of incorporation of cell envelope proteins in *Escherichia coli*. *Annu Rev Microbiol* **36**: 435-465.

Mothes, W., Heinrich, S. U., Graf, R. et al. (1997) Molecular mechanism of membrane protein integration into the endoplasmic reticulum. *Cell* **89**: 523-533.

Muller, M. and Blobel, G. (1984a) *In vitro* translocation of bacterial proteins across the plasma membrane of *Escherichia coli*. *Proc Natl Acad Sci USA* **81**: 7421-7425.

Muller, M. and Blobel, G. (1984b) Protein export in *Escherichia coli* requires a soluble activity. *Proc NatlAcad Sci USA* **81**: 7737-7741.

Neu, H. C. and Heppel, L. A. (1965) The release of enzymes from *Escherichia coli* by osmotic shock and during the formation of spheroplasts. *J Biol Chem* **240**: 3685-3692.

Nicchitta, C. V. and Blobel, G. (1990) Assembly of translocation-Competent proteoliposomes from detergent-solubilized rough microsomes. *Cell* **60**: 259-269.

Nicchitta, C. V., Migliaccio, G. and Blobel, G. (1991) Biochemical fractionation and assembly of the membrane components that mediate nascent chain targeting and translocation. *Cell* **65**: 587-598.

Nicchitta, C. V., Murphy, E. C. 3rd, Haynes, R. and Sheiness, G. S. (1995) Stage- and ribosome-specific alterations in nascent-chain-Sec61p interaction accompany translocation across the ER membrane. *J Cell Biol* **129**: 957-970.

Nishiyama, K., Hanada, M. and Tokuda, H. (1994) Disruption of the gene encoding p12 (SecG) reveals the direct involvement and important function of SecG in the protein translocation of *Escherichia coli* at low temperature. *EMBO J* **13**: 3272-3277.

Novick, P., Field, C. and Schekman, R. (1980) Identification of 23 complementation groups required for post-translational events in the yeast secretory pathway. *Cell* **21**: 205-215.

Oliver, D. B. (1985) Identification of five new essential genes involved in the synthesis of a secreted protein in *Escherichia coli*. *J Bacteriol* **161**: 285-291.

Oliver, D. B. and Beckwith, J. (1981) *E. coli* mutant pleiotropically defective in the export of secreted proteins. *Cell* **25**: 765-772.

Oliver, D. B., Cabelli, R. J., Dolan, K. M. and Jarosik, G. P. (1990) Azide-resistant mutants of *Escherichia coli* alter the SecA protein, an azide-sensitive component of the protein export machinery. *Proc NatlAcad Sci USA* **87**: 8227-8231.

Osborn, M. J. , Gander, J. E. , Parisi, E. and Carson, J. (1972) Mechanism of assembly of the outer membrane of *Salmonella typhimurium*. Isolation and characterization of cytoplasmic and outer membrane. *J Biol Chem* **247**: 3962-3972.

Racker, E. (1979) Reconstitution of membrane processes. *Methods Enzymol* **55**: 699-711.

Ridder, A. N. , Morein, S. , Stam, J. G. et al. (2000) Analysis of the role of interfacial tryptophan residues in controlling the topology of membrane proteins. *Biochemistry* **39**: 6521-6528.

Riggs, P. D. , Derman, A. I. and Beckwith, J. (1988) A mutation affecting the regulation of a *sec-lacZ* fusion defines a new sec gene. *Genetics* **118**: 571-579.

Robinson, J. S. , Klionsky, D. J. , Banta, L. M. and Emr, S. D. (1988) Protein sorting in *Saccharomyces cerevisiae*: isolation of mutants defective in the delivery and processing of multiple vacuolar hydrolases. *Mol Cell Biol* **8**: 4936-4948.

Rothblatt, J. A. , Deshaies, R. J. , Sanders, S. L. , Daum, G. and Schekman, R. (1989) Multiple genes are required for proper insertion of secretory proteins into the endoplasmic reticulum in yeast. *J Cell Biol* **109**: 2641-2652.

Rothman, J. H. and Stevens, T. H. (1986) Protein sorting in yeast: mutants defective in vacuole biogenesis mislocalize vacuolar proteins into the late secretory pathway. *Cell* **47**: 1041-1051.

Schatz, P. J. and Beckwith, J. (1990) Genetic analysis of protein export in *Escherichia coil Annu Rev Genet* **24**: 215-248.

Schatz, P. J. , Riggs, P. D. , Jacq, A. , Fath, M. J. and Beckwith, J. (1989) The secE gene encodes an integral membrane protein required for protein export in *Escherichia coli*. *Genes Der* **3**: 1035-1044.

Schiebel, E. , Driessen, A. J. , Hartl, F. U. and Wickner, W. (1991) Delta mu H+ and ATP function at different steps of the catalytic cycle of preprotein translocase. *Cell* **64**: 927-939.

Silberstein, S. and Gilmore, R. (1996) Biochemistry, molecular biology, and genetics of the oligosaccharyltransferase. *Faseb J* **10**: 849-858.

Simon, S. M. and Blobel, G. (1991) A protein-conducting channel in the endoplasmic reticulum. *Cell* **65**: 371-380.

Soekarjo, M. , Eisenhawer, M. , Kuhn, A. and Vogel, H. (1996) Thermodynamics of the membrane insertion process of the M13 procoat protein, a lipid bilayer traversing protein containing a leader sequence. *Biochemistry* **35**: 1232-1241.

Spector, D. E. A. (1998) *Cells: A Laboratory Manual*, Vol. 2. Cold Spring Harbor, NY. Cold Spring Harbor Laboratory Press.

Stader, J. , Gansheroff, L. J. and Silhavy, T. J. (1989) New suppressors of signalsequence mutations, priG, are linked tightly to the secE gene of *Escherichia coli*. *Genes Dev* **3**: 1045-1052.

Traxler, B. and Murphy, C. (1996) Insertion of the polytopic membrane protein MalF is dependent on the bacterial secretion machinery. *J Biol Chem* **271**: 12394-12400.

Valent, Q. A. , Scotti, P. A. , High, S. et al. (1998) The *Escherichia coli* SRP and SecB targeting pathways converge at the translocon. *EMBO J* **17**: 2504-2512.

Walter, P. and Blobel, G. (1980) Purification of a membrane-associated protein complex required for protein translocation across the endoplasmic reticulum. *Proc NatlAcad Sci USA* **77**: 7112-7116.

Walter, P. and Blobel, G. (1981a) Translocation of proteins across the endoplasmic reticulum. II. Signal recognition protein (SRP) mediates the selective binding to microsomal membranes of *in-vitro*-assembled polysomes synthesizing secretory protein. *J Cell Biol* **91**: 551-556.

Walter, P. and Blobel, G. (1981b) Translocation of proteins across the endoplasmic reticulum. III. Signal recognition protein (SRP) causes signal sequence-dependent and site-specific arrest of chain elongation that is released by microsomal membranes. *J Cell Biol* **91**: 557-561.

Walter, P. , Ibrahimi, I. and Blobel, G. (1981) Translocation of proteins across the endoplasmic reticulum. I. Signal recognition protein (SRP) binds to *in-vitro*-assembled polysomes synthesizing secretory protein. *J Cell Biol* **91**: 545-550.

Warren, G. and Dobberstein, B. (1978) Protein transfer across microsomal membranes reassembled from separated membrane components. *Nature* **273**: 569-571.

Weiss, J. B., Ray, P. H. and Bassford, P. J., Jr. (1988) Purified secB protein of *Escherichia coli* retards folding and promotes membrane translocation of the maltose-binding protein *in vitro*. *Proc Natl Acad Sci USA* **85**: 8978-8982.

Wickner, W., Driessen, A. J. and Hartl, F. U. (1991) The enzymology of protein translocation across the *Escherichia coli* plasma membrane. *Annu Rev Biochem* **60**: 101-124.

Wiedmann, B., Sakai, H., Davis, T. A. and Wiedmann, M. (1994) A protein complex required for signal-sequence-specific sorting and translocation. *Nature* **370**: 434-440.

Yang, Y. B., Yu, N. and Tai, P. C. (1997) SecE-depleted membranes of *Escherichia coli* are active. SecE is not obligatorily required for the *in vitro* translocation of certain protein precursors. *J Biol Chem* **272**: 13660-13665.

2.8 推荐读物

Danese, P. N. and Silhavy, T. J. (1998) Targeting and assembly of periplasmic and outer membrane proteins in *Escherichia coli Annu Rev Genet* **32**: 59-94.

Ellgaard, L., Molinari, M. and Helenius, A. (1999) Setting the standards: quality control in the secretory pathway. *Science* **286**: 1882-1888.

Franzusoff, A., Rothblatt, J. and Schekman, R. (1991) Analysis of polypeptide transit through yeast secretory pathway. *Methods Enzymol* **194**: 662-674.

Lippincott-Schwartz, J., Roberts, T. and Hirschberg, K. (2000) Secretory. protein trafficking and organelle dynamics in living cells. *Annu Rev Cell Dev Biol* **16**: 557-589.

Tartakoff, A. M. (1991) Vectorial transport of proteins into and across membranes. *Methods Cell Biol* **34**: 1- 426.

3 定向序列

GUNNAR VON HEIJNE

3.1 概要

定向序列指导蛋白质到达正确的亚细胞器。它们通常在多肽链的 N 端向外延伸，但也并不总是这样。定向序列可被位于细胞质或与细胞器结合的受体所识别，并且在很多情况下，一旦完成定位该序列即被切除。本章将对“初级”定向信号进行综述，包括分泌信号肽、核定位信号、线粒体定向肽、过氧化物酶体定向序列和叶绿体转运肽。

3.2 信号肽在 20 世纪 70 年代早期被发现

Cesar Milstein 和他的同事们（Milstein et al.，1972）最先用实验方法鉴定出一条信号肽。在研究免疫球蛋白轻链的生物合成时，他们发现一个分子质量略大于成熟蛋白质的前体蛋白。为了避免来自内质网微体膜的污染，他们建立了一个体外无细胞系统，成熟蛋白质是从这个系统的血清中分离得到的。而在用附着于微体囊泡上的核糖体进行翻译时，可得到相同分子质量的成熟蛋白质。据此，他们得出结论：“与细胞内在多核糖体上合成的蛋白质不同，分泌蛋白通常在微体上合成。这次分离并没有了解到信号装置的作用。似乎对于我们来说一个前体蛋白 N 端的一段短的氨基酸序列可能是一种提供信号的简单方式。” Blobel 和 Sabatini（1971）从间接的证据中推测出在 N 端存在信号肽，提出“信号假说”，Milstein 紧随其后便开展了相关工作。Schechter 等利用各种带有放射性的氨基酸在体外合成免疫球蛋白轻链，并采用 Edman 降解法测定它们在前体蛋白中的位置，几年后首次证明信号肽多为疏水性的（Schechter et al.，1975）。cDNA测序技术使得搜集足够的信号肽成为可能，并开始确定信号肽的整体结构（von Heijne，1983）。1979 年，第一个线粒体导向序列被鉴定（Maccecchini et al.，1979），1977 年鉴定出第一个叶绿体转移肽（Dobberstein et al.，1977）。

3.3 定向分泌蛋白的信号肽

真核、细菌和古细菌的蛋白质分泌有赖于 N 端信号肽。信号肽通常被信号肽酶切除，尽管一些蛋白质带有不被切除的信号肽。至少有两条不同的依赖于 N 端信号肽的分泌途径：Sec（“分泌”）途径（详见第 4 章）和 Tat（“双精氨酸移位”）途径（详见第 11 章）。在细菌中，存在第三种分泌机制，称为 III 型分泌或“一般分泌途径”。III 型分泌信号位于蛋白质的 C 端。

3.3.1 Sec 信号肽具有三个不同的区域

第一个被研究的信号肽是 Sec 信号肽。尽管真核和原核生物的 Sec 信号肽稍有差别 (von Heijne and Abrahmsén，1989)，但它们却具有相同的结构：一个短的、带正电荷的 N 端（n 区），一个位于中心的疏水区（h 区），和一个略带极性的 C 端区（c 区）（见图 3.1，最上部）。

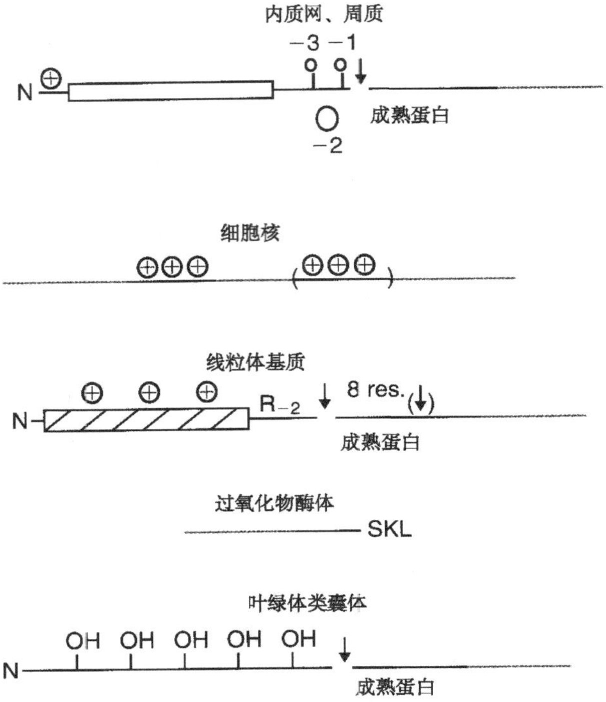

图 3.1 本章讨论的五类主要的蛋白质。

Sec 信号肽最保守的部分是 c 区，包含信号肽酶切割位点。小的残基总是被发现于与切割位点相关的 1 和 3 位置上，并且它们可嵌入酶活性位点附近的浅陷处。c 区以一种伸展的 β 折叠构象结合到信号肽酶，而 h 区在结合到信号识别颗粒（SRP；见第 4 章）时形成 α 螺旋。带正电荷的 n 区可能结合到 SRP 4.5S RNA 带负电的磷酸基上（Batey et al.，2000）。目前，已得到人（Clemons et al.，1999）和一种细菌（Keenan et al.，1998）的与 SRP 结合的信号序列的高分辨结构。

3.3.2 细菌脂蛋白具有不同的 c 区

细菌脂蛋白的信号肽具有与 Sec 信号肽相同的 n 区和 h 区，但不具有 Sec 信号肽的 c 区，取而代之的是一个被称为“lipobox”的保守序列 L（A，S，I）（G，A）+C（“+”表示切割位点）(von Heijne，1989)。lipobox 被脂蛋白信号肽酶切割，在切割反应中，一个脂锚被同时加到成熟肽链 N 端的半胱氨酸上（Sankaran and Wu，1994）。

3.3.3 Tat 信号肽在 n 区含有一个 RR 基序

Tat 途径在类囊体中被发现，随后发现它也存在于多数细菌中（Berks et al.，2000）。这样命名是由于在 Tat 信号肽 n 区总是存在着一个明显的 RR 模体（Berks，1996）。Tat 信号肽 h 区的疏水性比 Sec 信号肽的低（Cristobal et al.，1999），Tat 信号肽在 c 区常常有一个带正电荷的残基，即一个“Sec-回避信号”（Sec-avoidance signal）（Bogsch et al.，1997）。Tat 信号肽不被 SRP 或其他 Sec 途径组分识别。还不清楚 Tat 信号肽是如何被 Tat 途径组分识别的。虽然 Sec 和 Tat 途径在组成上没有明显的联系，而在整体上两种信号肽却如此相似，因此它们很像是同一事物的两种变异而不是两种截然不同的信号肽。

3.3.4 信号肽被各种蛋白酶降解

信号肽被切除后，进一步同时被细胞膜上和细胞质中的肽酶降解。在大肠杆菌中，寡肽酶 IV 和寡肽酶 A 对信号肽进行降解（Miller and Conlin，1994）。大肠杆菌有一种亚型，它的信号肽被 prepilin 肽酶在 n 区切割（Lory，1994）。

在真核细胞中，未被鉴定的内质网肽酶首先对信号肽进行切割（Weihofen et al.，2000）。已发现信号肽的疏水片段结合到细胞表面 MHC 复合物上（O'Callaghan et al.，1998），并且还发现更多的极性 N 端片段与细胞质中的钙调节蛋白结合，暗示着一种可能的信号功能（Martoglio et al.，1997）。

3.4 含有碱性残基串的核输入、输出信号

第 13 章讨论出入核孔的蛋白质。所谓的核定位信号（NLS）能够与一种可溶性细胞质受体（importin α）结合。NLS 包含一个（monopartite NLS）或两个（bipartite NLS）由碱性残基组成的短片段，暴露在折叠蛋白表面（Hodel et al.，2001）。尽管 NLS 容易发生变异，但仍具有 K（K/R）X（K/R）核心保守序列（Cokol et al.，2000）。最近已测定出与两种不同 NLS 结合的 importin α 的结构（Coati and Kuriyan，2000；Coati et al.，1998）。

3.5 线粒体输入信号介导蛋白质通过双层线粒体膜

几乎所有的核编码线粒体蛋白都是穿过线粒体外膜上的 Tom 复合体和线粒体内膜上的 Tim 复合体而进入线粒体的（见第 10 章）。定向信号在输入过程的多个阶段与相关组分发生相互作用，而它的结构特征相当简单。

3.5.1 基质输入信号形成带正电荷的两性 α 螺旋

多数可溶性基质蛋白具有 N 端线粒体定向肽，在蛋白质输入时定向肽被一种基质定位蛋白酶切割。序列分析、突变研究和通过核磁共振（NMR）进行结构测定表明，定向肽形成一种带正电荷的两性 α 螺旋的能力对于行使输入功能是十分重要的（Abe et al.，2000)。定向肽中带正电荷的残基对于定向肽与输入途径中蛋白质的酸性残基之间发生相互作用及内膜上膜电势驱动的跨膜输入具有重要作用（Voos et al.，1999）。通过生物化学和结构学方法已鉴定出：短的线粒体定向肽（mTP）具有与 Tom20 和 Tom70 受体结合的高亲和力（Brix et al.，1999；Muto et al.，2001）。

含有两个亚基的基质加工肽酶（matrix processing peptidase）往往从 C 端的某残基开始切割，直到精氨酸残基，尽管只有大约 2/3 的定向肽在 3 位或 2 位上有精氨酸（Schneider et al.，1998）。还不清楚另外 1/3 定向肽的切割点是如何选择的。牛线粒体细胞色素 bcl 复合物的 X 射线衍射结构第一次为解释基质加工肽酶如何识别其底物提供了线索，细胞色素 bcl 复合物的两个亚基是肽酶两个亚基的同源物（Iwata et al.，1998）。在被输入到线粒体基质的蛋白质中，大约有 1/3 的蛋白质被过渡加工肽酶（intermediate processing peptidase）进行第二次切割。这种酶进一步从 N 端切除 8 个残基，但还没有很好地理解它的底物专一性（Chew et al.，2000）。

线粒体内膜上的载体家族蛋白质以及其他一些内膜蛋白穿过 Tom 复合体之后，则是通过另一条与到达线粒体基质不同的途径到达内膜的（见第 10 章）。Tom20 受体可识别存在于跨膜片段中带正电荷具有环状结构的定向信息。之后在膜插入步骤中，这些环状结构被转运通过内膜（Brix et al.，1999；Endres et al.，1999；Koehler et al.，1999；Leuenberger et al.，1999）。

3.5.2 分选到膜间隙的蛋白质依赖于双重分选信号

许多膜间隙蛋白具有双重定向信号，即在典型的基质定向肽的后面还有一个类似于 Sec 的信号肽。长期以来，关于这些蛋白质的分选机制一直存在着不同的观点。根据“保守分选”（conservative sorting）模型，第一个信号肽指导蛋白质进入到基质，之后被切除掉，暴露出的第二个信号肽启动蛋白质从基质穿过内膜再输出到膜间。相反，“停止转运”（stop-transfer）模型认为第二个信号肽作为停止转运信号，使前体蛋白停靠在内膜上。目前，矛盾可以这样解释：这两种机制都可能存在，只不过不同的蛋白质采用不同的机制（Chauwin et al.，1998；Voos et al.，1999）。

3.6 两种过氧化物酶体输入信号

过氧化物酶以翻译后（post-translational）转运的方式输入折叠好的蛋白质（见第 12 章）。许多胞质蛋白和过氧化物酶体膜蛋白都可能采用这种方式（Fujiki，2000）。已鉴定出两种过氧化物酶体定向信号（PTS）（Sacksteder and Gould，2000）：一种是普遍存在的 C 端 Ser-Lys-Leu（SKL）模体（PTS1 信号），另一种不太普遍的信号由一个弱保守的 N 端延伸组成（PTS2 信号）。最近测定了 PTS1 受体与一个结合的 SKL 肽的高分辨结构（Gatto et al.，2000）。

3.7 叶绿体基质和类囊体输入信号

叶绿体有三层膜：两层被膜和内部的类囊体膜（见第 11 章）。分选信号因此也需要有不同类型，到目前为止只有两类蛋白质研究得比较清楚：一类是那些定向到基质中的蛋白质，另一类是输入到类囊体中的蛋白质。对于其他位置的分选信号，例如，由于只发现少量定位于外膜和内膜的蛋白质，所以对于它们的定向信号特征还没有一个清晰的描绘。

3.7.1 基质定向信号（“转运肽”）缺乏酸性氨基酸但富含羟基化氨基酸

N 端“转运肽”（transit peptide）将蛋白质定向到叶绿体输入装置，并确保蛋白质穿过两层被膜进入基质。它们具有不同的氨基酸组成，很少含有酸性氨基酸，但含有较多的羟基化残基（Emanuelsson et al.，1999）。某些羟基化残基的磷酸化可能对于蛋白质的输入很重要（Waegemann and Soil，1996），但转运肽是如何被识别的还不清楚。位于转运肽和成熟蛋白质之间的基质加工肽酶（the stromal processing peptidase）尽管已发现某些氨基酸具有较弱的偏好性（Emanuelsson et al.，1999），但切割位点同样不是很保守。

3.7.2 类囊体输入定向肽类似于细菌的信号序列

一旦被输入基质，一些叶绿体蛋白需要进一步分选到类囊体腔。已发现至少有三种不同的类囊体输入途径，它们类似于在细菌（如大肠杆菌）中鉴定的途径。因此类囊体具有典型的 Sec 组分（一个依赖于 SRP 的输入途径）和一个 Tat 组分（见第 11 章）。类囊体输入信号类似于它们在细菌中的对应物，具有典型的 n 区、h 区和 c 区。因此含有两个定向信号的类囊体蛋白由转运肽和类囊体信号序列（Sec 或 Tat）组成。类囊体加工肽酶是细菌信号肽酶的同源物，并且具有相同的底物专一性，要求底物在相对于切割位点 1 和 3 处是小残基（Halpin et al.，1989）。

3.8 蛋白质的定位可以被准确预测

随着大规模基因组测序的进行，对蛋白质定位进行预测已成为从序列数据进行功能预测的一个重要方面。到目前为止，已提出三种基本的定位预测方法：①在氨基酸序列中寻找定向信号；②从成熟蛋白质中寻找与亚细胞定位相关的特征（整体的氨基酸组成，糖基化优势位点等）；③寻找原核生物的同源物，与那些功能相关的基质真核蛋白相比，许多细胞器蛋白质都与其原核祖先的相似性较高。

3.8.1 利用定向信号的预测效果较好，但只能检测到部分信号

理论上，预测方法“模仿”上面提到的细胞识别方法，应当能够区分出不同亚细胞定位的蛋白质。这种预测方法已有很长的历史，最早是用于检测分泌蛋白中的信号肽（McGeoch，1985；von Heijne，1986）。目前最成功的方法基于“机器学习”方法，如神经网络和隐马尔可夫模型（Baldi and Brunak，1998）。一个好的例子就是被称为 TargetP 的方法（Emanuelsson et al.，2000）。在 TargetP 中，训练了三种不同的神经网络识别信号肽和线粒体定向肽，叶绿体转运肽已被整合到一个单独的预测方法中，这种方法提取一个蛋白质 N 端的 100 个残基作为输入，并产生一个输出表示该蛋白质最有可

能的定位（包括该蛋白质不定位于其他位点的可能性）。TargetP 对于分泌蛋白预测得很好（灵敏度和特异性都达到约 95%），对于线粒体和叶绿体蛋白的预测效果也比较好(灵敏度和特异性可达到约 85%)。通过调整预测的阈值可提高预测的可信度，但这样做将增加全部蛋白质中“无法预测”的比例。TargetP 也可预测定向肽中最大可能的切割位点，尽管这些预测不太可靠（信号肽切割位点预测准确率大约为 75%，而对定向肽和转运肽的预测准确率更差）。

TargetP 及相似方法的明显缺点是，要识别的定向肽必须在氨基酸序列和组成上有明显的不同，并且需要提供大量实验结果用于方法的训练。另外，一些只能在折叠蛋白中才能被识别的信号，例如核定位信号或溶酶体定向信号等目前还不能被预测。

3.8.2 “综合”预测方法可以预测许多不同的亚细胞定位，但在整体预测准确性方面表现不佳

从统计学角度看，在做蛋白质定位预测时不必局限于寻找亚细胞分选特征。因此，如果核蛋白因某些非定位原因在本质上与其他亚细胞蛋白存在差异，例如在氨基酸组成上存在差异，那么这种差异可作为预测的基础。基于这种原理的最佳方法就是 PSORT（Nakai and Horton. 1999），尽管最近已出现了一些其他类似的方法（Chou and Elrod，1999；Drawid and Gerstein，2000）。在 PSORT 方法中，所有相关信息被整合在一起，如各种定向信号（如 TargetP 或类似方法识别的信号）、预测跨膜片段、氨基酸组成、预测糖基化位点频率等。最终的预测结果是通过对所有这些特征进行评估而做出的，或采用一种基于规则的方法（“如果存在一个可预测的信号肽，并且蛋白质的总体氨基酸组成更类似于溶酶体而不是分泌蛋白，预测结果就为溶酶体”）或采用一种纯粹的统计学方法。对于不同亚细胞位点，预测的结果会有所不同，需要参考已发表的工作，仔细考虑预测中存在的困难。

3.8.3 蛋白质定位有时可通过“系统发育谱”进行预测

由于许多细胞器是真核细胞吞噬细菌后，通过内共生进化而来的，所以常常发现与真核蛋白相比，细胞器蛋白更相似于原核生物的蛋白质。这一点已被建议作为鉴定蛋白质在基因组序列数据中可能位置的一个依据（Marcotte et al.，2000）。在最近的应用中，“系统发育谱”（如在所有测序过的基因组中某个特定蛋白质出现或不出现的列表）用于决定某种特定蛋白质的系统发育谱是否与未知蛋白质更相似，如比起非线粒体蛋白，它与已知的线粒体蛋白更相似。采用这种方法，可根据进化关系而不是序列特征对蛋白质定位进行预测。显然，这种方法对具有典型定向序列的蛋白质的预测效果不如 TargetP，但只要能收集到足够数量的已知蛋白质和它们相应的系统进化谱，这种预测方法还是具有明显优势的。此外，这种方法可适用于所有亚细胞蛋白的预测。

3.9 参考文献

Abe，Y.，Shodai，T.，Muto，T. et al.（2000）Structural basis of presequence recognition by the mitochondrial protein import receptor Tom20. *Cell* **100**: 551-560.

Baldi, P. and Brunak, S. (1998) *Bioinformatics: The Machine Learning Approach*. Boston, MA: MIT Press.

Batey, R. T., Rambo, R. P., Lucast, L., Rha, B. and Doudna, J. A. (2000) Crystal structure of the ribonucleoprotein core of the signal recognition particle. *Science* **287**: 1232-1239.

Berks, B. C. (1996) A common export pathway for proteins binding complex redox cofactors? *Mol Microbiol* **22**: 393-404.

Berks, B. C., Sargent, F. and Palmer, T. (2000) The Tat protein export pathway. *Mol Microbiol* **35**: 260-274.

Blobel, G. and Sabatini, D. D. (1971) Ribosome-membrane interaction in eukarvotic cells. *Biomembranes* **2**: 193-195.

Bogsch, E., Brink, S. and Robinson, C. (1997) Pathway specificity, for a ΔpH-dependent precursor thylakoid lumen protein is governed by a 'Sec-avoidance' motif in the transfer peptide and a 'Sec-incompatible' mature protein. *EMBO J* **16**: 3851-3859.

Brix, J., Rudiger, S., Bukau, B., SchneiderMergener, J. and Planner N. (1999) Distribution of binding sequences for the mitochondrial import receptors Tom20, Tom22, and Tom70 in a presequence-carrying preprotein and a non-cleavable preprotein. *J Biol Chem* **274**: 16522-16530.

Chauwin, J. F., Oster, G. and Glick, B. S. (1998) Strong precursor-pore interactions constrain models for mitochondrial protein import. *Biophys J* **74**: 1732-1743.

Chew, A., Sirugo, G., Alsobrook, J. P. and Isaya, G. (2000) Functional and genomic analysis of the human mitochondrial intermediate peptidase, a putative protein partner of frataxin. *Genomics* **65**: 104-112.

Chou, K. C. and Elrod, D. W. (1999) Protein subcellular location prediction. *Protein Eng* **12**: 107-118.

Clemons, W. M., Gowda, K., Black, S. D., Zwieb, C. and Ramakrishnan. V. (1999) Crystal structure of the conserved subdomain of human protein SRP54M at 2.1Å resolution: evidence for the mechanism of signal peptide binding. *J Mol Biol* **292**: 697-705.

Cokol, M., Nair, R. and Rost, B. (2000) Finding nuclear localization signals. *EMBO Reports* **1**: 411-415.

Conti, E. and Kuriyan, J. (2000) Crystallographic analysis of the specific yet versatile recognition of distinct nuclear localization signals by karyopherin alpha. *Structure Fold Des* **8**: 329-338.

Conti, E., Uy, M., Leighton, L., Blobel, G. and Kuryian, J. (1998) Crystallographic analysis of the recognition of a nuclear localization signal by the nuclear import factor karyopherin α. *Cell* **94**: 192-204.

Cristobal, S., de Gier, J. W., Nielsen, H. and von Heijne, G. (1999) Competition between Sec- and TAT-dependent protein translocation in *Escherichia coli*. *EMBO J* **18**: 2982-2990.

Dobberstein, B., Blobel, G. and Chua, N. H. (1977) *In vitro* synthesis and processing of a putative precursor for the small subunit of ribulose-1, 5-bisphosphate carboxylase of *Chlamydomonas reinhardtii*. *Proc Natl Acad Sci USA* **74**: 1082-1085.

Drawid, A. and Gerstein, M. (2000) A Bayesian system integrating expression data with sequence patterns for localizing proteins: comprehensive application to the yeast genome. *J Mol Biol* **301**: 1059-1075.

Emanuelsson, O., Nielsen, H. and von Heijne, G. (1999) ChloroP, a neural network-based method for predicting chloroplast transit peptides and their cleavage sites. *Protein Sci* **8**: 978-984.

Emanuelsson, O., Nielsen, H., Brunak, S. and von Heijne, G. (2000) Predicting subcellular localization of proteins based on their N-terminal amino acid sequence. *J Mol Biol* **300**: 1005-1016.

Endres, M., Neupert, W. and Brunner, M. (1999) Transport of the ADP-ATP carrier of mitochondria from the TOM complex to the TIM22.54 complex. *EMBO J* **18**: 3214-3221.

Fujiki, Y. (2000) Peroxisome biogenesis and peroxisome biogenesis disorders. *FEBS Lett* **476**: 42-46.

Gatto, G. J., Jr, Geisbrecht, B. V., Gould, S. J. and Berg, J. M. (2000) Peroxisomal targeting signal-1 recognition by the TPR domains of human PEX5. *Nat Struct Biol* **7**: 1091-1095.

Halpin, C., Elderfield, P. D., James, H. E. et al. (1989) The reaction specificities of the thylakoidal processing peptidase and *Escherichia coli* leader peptidase are identical. *EMBO J* **8**: 3917-3921.

Hodel, M., Corbett, A. and Hodel, A. (2001) Dissection of a nuclear localization signal. *J Biol Chem* **276**: 1317-1325.

Iwata, S., Lee, J. W., Okada, K. et al. (1998) Complete structure of the 11-subunit bovine mitochondrial cytochrome bc_1 complex. *Science* **281**: 64-71.

Keenan, R. J., Freymann, D. M., Walter, P. and Stroud, R. M. (1998) Crystal structure of the signal sequence binding subunit of the signal recognition particle. *Cell* **94**: 181-191.

Koehler, C. M., Merchant, S. and Schatz, G. (1999) How membrane proteins travel across the mitochondrial intermembrane space. *Trends Bicchem Sci* **24**: 428-432.

Leuenberger, D., Bally, N. A., Schatz, G. and Koehler, C. M. (1999) Different import pathways through the mitochondrial intermembrane space for inner membrane proteins. *EMBO J* **18**: 4816-4822.

Lory, S. (1994) Leader peptidases of type IV prepilins and related proteins. In: von Heijne, G. (ed.) *Signal Peptidases*, pp. 31-48. Austin, TX: R. G. Landes Co.

Maccecchini, M. L., Rudin, Y., Blobel, G. and Schatz, G. (1979) Import of proteins into mitochondria: precursor forms of the extramitochondrially made F1-ATPase subunits in yeast. *Proc NatlAcad Sci USA* **76**: 343-347.

Marcotte, E., Xenarios, I., van Der Bfiek, A. and Eisenberg, D. (2000) Localizing proteins in the cell from their phylogenetic profiles. *Proc Natl Acad Sci USA* **97**: 12115-12120.

Martoglio, B., Graf. R. and Dobberstein, B. (1997) Signal peptide fragments of preprolactin and HIV-1 p-gpl60 interact with calmodulin. *EMBO J* **16**: 6636-6645.

McGeoch, D. J. (1985) On the predictive recognition of signal peptide sequences. *Virus Res* **3**: 271-286.

Miller, C. and Conlin, C. (1994) Signal peptide hydrolases In: von Heijne, G. (ed.) *Signal Peptidases, pp.* 49-57. Austin, TX: R. G. Landes Co.

Milstein, C., Brownlee, G. G., Harrison, TM. and Mathews, M. B. (1972) A possible precursor of immunoglobufin fight chains. *Nature New Biol* **239**: 117-120.

Muto, T., Obita, T., Abe, Y. et al. (2001) NMR identification of the Tom20 binding segment in mitochondrial presequences. *J Mol Biol* **1306**: 137-143.

Nakai, K. and Horton, P. (1999) PSORT: a program for detecting sorting signals in proteins and predicting their subcellular localization. *Trends Biochem Sci* **24**: 34-35.

O'Callaghan, C., Tormo, J., Willcox, B. et al. (1998) Structural features impose tight peptide binding specificity in the nonclassical MHC molecule HLA-E. *Molec Cell* **1**: 531-541.

Paetzel, M., Dalbey, R. E. and Strynadka, N. C. J. (1998) Crystal structure of a bacterial signal peptidase in complex with a β-lactam inhibitor. *Nature* **396**: 186-190.

Sacksteder, K. A. and Gould, S. J. (2000) The genetics of peroxisome biogenesis. *Annu Rev Genet* **34**: 623-652.

Sankaran, K. and Wu, H. (1994) Signal peptidase II - Specific signal peptidase for bacterial lipoproteins. In: von Heijne, G. (ed.) *Signal Peptidases*, pp. 17-29. Austin, TX: R. G. Landes Co.

Schechter, I., McKean, D. J., Guyer, R. and Terry, W. (1975) Partial amino acid sequence of the precursor of immunoglobulin light chain programmed by messenger RNA *in vitro*. *Science* **188**: 160-162.

Schneider, G., Sjöling, S., Wallin, E. et al. (1998) Feature-extraction from endopeptidase cleavage sites in mitochondrial targeting peptides. *Protein Struct Funct Genet* **30**: 49-60.

von Heijne, G. (1983) Patterns of amino acids near signal-sequence cleavage sites. *Eur J Biochem* **133**: 17-21.

von Heijne, G. (1986) A new method for predicting signal sequence cleavage sites. *Nucleic Acids Res* **14**: 4683-4690.

von Heijne, G. (1989) The structure of signal peptides from bacterial lipoproteins. *Protein Eng* **2**: 531-534.

von Heijne, G. and Abrahmsén, L. (1989) Species-specific variation in signal peptide design: implications for protein secretion in foreign hosts. *FEBS Lett* **244**: 439-446.

Voos, W., Martin, H., Krimmer, T. and Pfanner, N. (1999) Mechanisms of protein translocation into mitochondria. *BBA Rev Biomembranes* **1422**: 235-254.

Waegemann, K. and Soll, J. (1996) Phosphorylation of the transit sequence of chloroplast precursor proteins. *J Biol*

Chem **271**: 6545-6554.

Weihofen, A., Lemberg, M. K., Ploegh, H. L., Bogyo, M. and Martoglio, B. (2000) Release of signal peptide fragments into the cytosol requires cleavage in the transmembrane region by a protease activity that is specifically blocked by a novel cysteine protease inhibitor. *J Biol Chem* **275**: 30951-30956.

4 细菌蛋白质的输出

ARNOLD J. M. DRIESSEN 和 CHRIS VAN DER DOES

4.1 引言

革兰氏阴性细菌，如大肠杆菌，其细胞中可划分出多个空间，即胞质通过胞质膜与周质分隔，周质又通过外膜与外围环境分隔开。周质和外膜蛋白在胞质中合成，因此需要穿过胞质膜到达它们的最终目的地。蛋白质分泌涉及另一个跨膜运输步骤，这里不作深入讨论（综述见 Thanassi and Hultgren，2000）。革兰氏阳性细菌无外膜，而是被一层厚的细胞壁包裹。在这些细菌中，蛋白质的分泌只需穿过一层膜即可。分析表明，枯草芽孢杆菌（*Bacillus subtilis*）蛋白质组中有多达 10% 的蛋白质由分泌蛋白组成（Tjalsma et al.，2000）。细菌的胞质膜是进行能量传导的场所，如呼吸作用、ATP 合成、溶质运输和鞭毛运动。跨膜质子电化学梯度（或质子驱动力，proton motive force，PMF）在能量传导中是一个核心能量介质。这表明输出到质膜外的蛋白质必须在不妨碍质子和离子屏障功能的前提下才能进行。在过去的 20 年里，利用在大肠杆菌中使用过的遗传学和生物化学工具对细菌蛋白质输出的分子机制已进行了非常细致的研究。这些研究表明，跨越真核细胞内质网的蛋白质转运（见第 5 章）和叶绿体类囊体膜的蛋白质转运（见第 11 章）具有惊人的相似性。参与细菌蛋白质输出的组分对于新合成的膜蛋白整合到脂双分子层中也是必需的（见第 6 章）。

细菌蛋白质转运的主要途径被称为分泌途径（secretion pathway），简写为“Sec 途径”（图 4.1）。分泌蛋白在核糖体中以前体的形式合成，带有一段 N 端延伸的信号肽。这些前体蛋白或直接被定向，或通过分子伴侣，如 SecB 或信号识别颗粒（SRP）及其受体（见第 6 章）被定向到一个与膜结合的复合体上，该复合体同时具有分子马达和蛋白引导通道的功能。

这个系统被统称为“移位酶”，它由一个受前体蛋白激活的 ATP 酶、SecA 和一个大的整合跨膜结构域组成，跨膜结构域包括 SecY 和 SecE 多肽的核心部分，另外还以 SecG、SecD、SecF 和 YajC 作为亚基。前体蛋白以未折叠状态穿过膜，转运过程需要 ATP 和 PMF 作为能量来源。要更好地发挥转运功能，需特殊磷脂的参与（van Voorst and de Kruijff，2000）。最终，前体蛋白中的信号序列在膜的周质一侧被信号肽酶切除（见第 3 章）。释放出的成熟肽在周质分子伴侣的帮助下折叠成天然构象（见第 7 章），一些蛋白质随后将整合到外膜中。移位酶在蛋白质整合到膜的过程中所起的作用在第 6 章中讨论。本章讲述细菌蛋白质的输出机制。

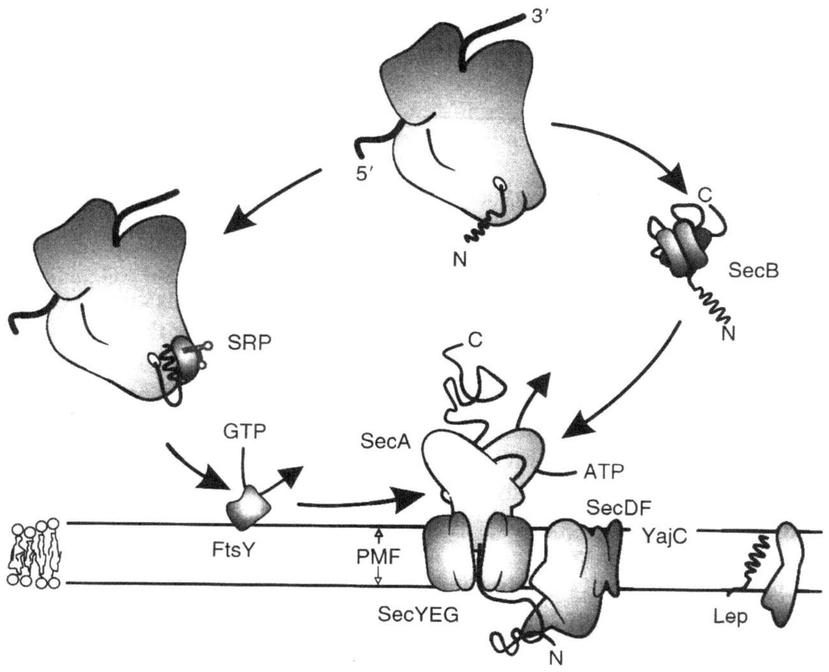

图 4.1 细菌移位酶组成示意图。核糖体新合成的带有信号序列的蛋白质至少通过三种不同途径与移位酶结合。在后翻译（post-translationally）转运途径中，前体蛋白可能直接与移位酶结合，也可能以 SecB 作为一个定向因子。在共翻译（co-translationally）转运途径中，前体蛋白与信号识别颗粒（SRP）结合，并通过 FtsY 与移位酶结合。后者需要 SRP 和 FtsY 都对 GTP 进行水解。蛋白质的跨膜转运需要穿过一个蛋白引导的通道，此通道由一个 SecYEG 寡聚复合体组成。蛋白质转运的驱动力来自 SecA 水解 ATP 释放的能量。一旦消耗 ATP 转运开始，PMF 也可驱动转运。在转运过程中，信号肽被信号肽酶（Lep）切除。SecD、SecF 和 YajC 是参与蛋白质转运的膜蛋白，但它们的确切功能还不清楚。

4.2 蛋白质向细菌转运酶的定向转运

分泌蛋白以前体形式在细胞质中被合成，前体中通常带有一段可被切除的 N 端信号序列（见第 3 章）（von Heijne，1998）。信号序列的长度在 18 至 30 个氨基酸之间，并且不表现出氨基酸序列的保守性。然而信号序列具有相同的物理特性，并由三部分构成。① N 结构域：N 端结构域，大小为 1 至 5 个氨基酸，净电荷为正。不带有正电荷的前体蛋白也可被移位酶识别，但移位缓慢。N 结构域可与 ATPase、SecA 和带负电的磷脂相互作用（van Voorst and de Kruijff，2000）。由于 N 结构域带正电荷，因此在转运时它受到跨膜电势 Δψ 的阻碍，在大肠杆菌中跨膜电势 Δψ 在膜内侧为负，在膜外侧为正。这导致在胞质中信号序列用 N 端进行定向。② H 结构域：是信号序列中的疏水核心，由 7 到 15 个疏水残基组成，这段序列可能折叠成 α 螺旋。H 结构域被认为插入到脂双分子层中。在这个结构域的中间部分经常可以发现有甘氨酸和脯氨酸。这些残基可能打断螺旋结构而形成发卡样结构，便于信号序列插入膜或穿过转运通道。在脂双分子层中，甘氨酸和脯氨酸采取 α 螺旋构象，导致发卡结构“解环”，使信号序列进一步插入（van Dalen et al.，1999）。N 和 H 结构域在蛋白质输出过程中有功能上的重叠，SecA 在识别信号序列时同时需要它们（Akita et al.，1990）。N 结构域中带正电的残基与带负电的磷脂之间的相互作用可促进 H 结构域 α 螺旋构象的形成。③ C 结构域：带有极性的 C 结构域长度为 3 至 7 个残基，含有信号肽酶切点。大肠杆菌含有一种可作用于规则信号序列的信号肽酶，还有另一种酶，它可用来切割脂基修饰的脂前体蛋白的信号序列（Dalbey et al.，1997）。在某些细菌中，发现多种具有重叠底物专一性的信号肽酶。它识别与切割位点 1 和 3 位置有关的带有中性侧链的残基。C 结构域经 H 结构域定向被信号肽酶在正确的位置切割。细菌分泌蛋白、类囊体腔蛋白和内质网腔蛋白的信号肽在功能上可互换（von Heijne，1998），这表明在这些细胞器中存在着相似的蛋白质转运机制。信号肽将蛋白质定向到移位酶，并在蛋白质转运期间或之后被去除。这个过程对于成熟蛋白质从膜上释放是必需的。被释放的信号肽由多种肽酶降解并从膜上去除。

4.2.1 共翻译转运和翻译后转运

当一个带有 N 端信号序列的蛋白质被核糖体翻译时，它可被定向到移位酶，定向的方式可以是共翻译转运的，也可以是翻译后转运的。在共翻译转运过程中，前体蛋白直接以与核糖体结合的新生肽链形式到达移位酶，而在翻译后转运过程中，前体蛋白的全长肽链首先被合成后再进行定向和转运。下面详细讨论细菌中的这些途径。

4.2.1.1 蛋白质的共翻译转运

蛋白质的共翻译转运首先在哺乳动物的内质网中发现（见第 5 章）。这个定向途径中的两个重要组分是信号识别颗粒（SRP）和 SRP 受体。SRP 是一种核糖核蛋白，它由 6 种蛋白质（SRP72、68、54、19、14 和 9）在一条含 300 个核苷的 RNA 骨架上组装而成。SRP 与信号序列与核糖体大亚基结合后，翻译终止。之后，核糖体-新生肽链复合体通过 SRP 与 SRP 受体结合，SRP 受体由一个外周 GTPase（SRα）和一个跨膜 GTPase（SRβ）组成。当与 GTP 结合时，SRP 受体将 SRP 从 RNC 复合体中释放出去，随后信号序列和核糖体结合到 Sec61p 上。Sec61p 是真核生物中蛋白引导孔的同源物。GTP 水解可将 SRP 从其受体上释放，又回到细胞质中重新循环使用。

细菌中也存在 SRP 及其受体。大肠杆菌 SRP 比真核生物中的同源物小得多，仅由一个被称为 Ffh（代表 fifty-four-homolog）的 48 kDa GTP 酶和一个类似于真核 7S RNA 的 4.5S RNA 组成（综述见 Herskovits et al.，2000）。这两种组分都很重要，对于蛋白质的转运是必需的。然而细菌中的 SRP 途径主要参与 α 螺旋膜蛋白向移位酶的共翻译转运，通过该转运完成膜的整合（见第 6 章）。Ffh 和 4.5S RNA 形成一个复合体，可与新生前体蛋白的信号肽发生特异性的相互作用（Luirink et al.，1992）。细菌中哺乳动物 SRα 的同源物被称为 FtsY（Gill and Salmond，1990）。FtsY 是一种可溶的 GTP 酶，可结合到膜表面。FtsY 对于细菌的存活非常重要。在细菌中还没有发现哺乳动物中 SRβ 的同源物，但 FtsY 可能同时行使 SRα 和 SRβ 亚基的功能，因为它可在没有受体参与的情况也可结合到膜上。在某些细菌中，FtsY 以 α 螺旋跨膜结构域的方式锚定到膜上。大肠杆菌以一种不依赖于 GTP 的方式紧密地与 FtsY 结合。4.5S RNA 与 Ffh 的结合控制着 SRP 与 FtsY 的结合和解离（Peluso et al.，2000）。

Ffh 含有三个区：N 端 N 结构域，中间的 G 结构域和 C 端的 M 结构域。G 结构域与 $p21^{Ras}$ GTP 酶家族关系密切，含有 GTP 结合位点。N 结构域通过接触面识别或控制 G 结构域与核苷的结合。然而，Ffh 的 GTP 酶循环与其他 GTP 酶不同。G 结构域无核苷的侧链活性位点被有效地屏蔽，并提供一个相对稳定的非核苷结合状态（Freymann et al.，1999）。Ffh 可被化学交联到疏水的信号序列上。Ffh M 结构域中的信号序列含有大量重叠排列的蛋氨酸残基，这些残基的疏水侧链（Freymann et al.，1999）和 RNA 保守的结构域 IV 形成一个表面，它利用疏水和静电相互作用识别信号序列（Batey et al.，2000）。信号序列可识别由蛋白质和 RNA 共同形成的表面。

革兰氏阴性细菌的 SRP RNA 序列比真核生物中的同源物短，且不含 5′和 3′ RNA Alu 结构域。在真核生物中，这个区域与 SRP9/14 异源二聚体结合后，阻止前体蛋白在与转运体结合之前发生于核糖体上的延长。在细菌中，翻译的停止也许并不重要，因为在细菌中蛋白质的转运距离比较短，并且转运速率较快。但在古细菌和革兰氏阳性菌中，如 *Bacillus subtilis*，SRP RNA 具有更复杂的结构，且有 5′和 3′ RNA Alu 结构域。这些生物缺少 SRP9/14 的同源物，但在 *B. subtilis* 中存在一种类似组蛋白的 HBsu 蛋白，它可与 SRP-RNA 的 Alu 结构域相互作用。因此，转运停止可能是革兰氏阳性细菌的一个特征（Herskovits et al.，2000）。

正如我们从哺乳动物系统中已了解到的那样（见第 5 章和第 8 章），共翻译转运蛋白引导核糖体-新生肽复合体定向于转运体，并将信号序列插入膜内，再使延长的多肽链转运穿过质膜。图 4.2 为新生前体蛋白共翻译转运到移位酶示意图。

4.2.1.2 蛋白质的翻译后转运

在大肠杆菌中，多数前体蛋白都以翻译后转运的方式定位于相应的细胞器（Randall，1983）。这些蛋白质在分子伴侣的协助下以未折叠前体蛋白的形式存留在胞质中。SecB 是一个分子伴侣，它在蛋白质转运过程中行使功能（综述见 Fekkes and Driessen，1999）。SecB 存在于多数革兰氏阴性细菌，是一种强酸性的同源四聚体蛋白，对于前体蛋白的有效转运是必需的（Kumamoto and Beckwith，1983）。但它的功能对于大肠杆菌的生存不是必需的。在体内，SecB 是具有选择性的，它主要与富含 β-折叠结构的外膜蛋白和易聚集的蛋白质发生相互作用（Kumamoto and Francetic，1993）。这些蛋白质保持一种易转运的状态，如松散的折叠态和非聚集态。在体外，SecB 没有选择性，可与任何处于非天然构象的蛋白质发生相互作用（Randall and Hardy，1986）。

SecB 是如何区分分泌蛋白和胞质蛋白的呢？信号序列并不向 SecB 提供结合位点，但可阻碍蛋白质成熟区的折叠。SecB 偏向于与前体蛋白中成熟区未折叠部分结合。典型的 SecB 结合模体为 9 个氨基酸残基长，富含芳香族和碱性氨基酸，极少有酸性氨基酸（Knoblauch et al.，1999）。由信号序列控制的慢折叠过程有助于 SecB 识别折叠蛋白典型的信号肽序列区域（Liu et al.，1989）。在新生肽链的长度超过 150 个残基后，

SecB 与核糖体上的新生肽链结合。这些长结合区同时与四聚体 SecB 上的多个位点结合，产生很强的相互作用亲和力（K_d = 5～50 nmol/L）。没有底物在其结合位点的 SecB 的三维结构已被确定。其三维结构显示，SecB 四聚体的每个面上都有一个长的暴露于表面的通道，上面有肽结合位点（Xu et al.，2000）。推测长松散多肽片段包裹在分子伴侣上，以便同时与肽结合沟上的两个位点结合。

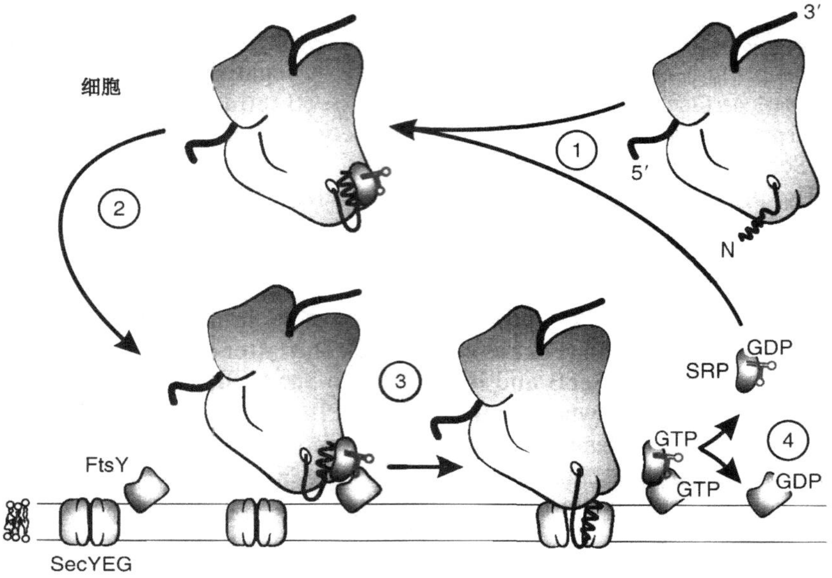

图 4.2　SRP 调节的新生前体蛋白共翻译转运到移位酶的示意图。①前体蛋白在胞质核糖体上合成。在核糖体上合成的长约 70 个氨基酸的信号序列能被 SRP 复合体识别。②核糖体-新生肽复合体随后由 SRP 定向到膜结合的 FtsY 上。③这种结合提高了 Ffh 和 FtsY 与 GTP 的结合亲和力，结合的顺序还未明确，GTP 与膜上 FtsY 和（或）SRP 的结合使核糖体-新生肽链复合体从 SRP 上解离出来，并将 SRP 释放到 SecYEG 复合体。核糖体大亚基也通过 23S rRNA 直接结合到 SecYEG 复合体上。④之后的 GTP 水解使 SRP 从 FtsY 上解离，重新回到胞质中，而 FtsY 仍结合在膜上。在这个阶段，核糖体和 SecA 协同将前体蛋白转运穿过膜。核糖体继续将多肽链延长，直到翻译完成，而SecA 驱动多肽转运穿过膜，这将在后面讨论。为了简化，SecA 未在图中表示出来。

一般的分子伴侣，如 GroEL 和 DnaK 在转运过程中可替代 SecB 起到稳定前体蛋白的作用，但它们无法替代 SecB 在蛋白质输出过程中的定向功能。这一点特别涉及 SecB 与 SecA 结合的能力（Hartl et al.，1990）。在胞质中，这种相互作用的亲和力很低，但在膜中，SecB 以高亲和力与 SecA 结合，而 SecA 又连接前体蛋白引导 SecYEG 通道。SecB 四聚体的每个亚基都有一个暴露的带负电的可溶性表面（Xu et al.，2000），通过静电作用与 SecA 二聚体中带正电的 C 端结合（Fekkes et al.，1997）。

对前体蛋白的转运活性以及从膜上将 SecB 释放的功能不包含在 SecB 的结构中。这些过程依赖于 SecA 的催化活性。SecB-前体蛋白复合体结合在有 SecYEG 的 SecA 上，前体蛋白中暴露的信号序列与 SecA 结合后导致 SecB-SecA 更紧密的相互作用（Fekkes et al.，1997）。SecB-SecA 之间的紧密相互作用导致前体蛋白从 SecB 上释放出去，并转移到 SecA 上。当 SecA 与 ATP 结合启动转运过程后，SecB 从这个三重复合体上释放后又回到胞质中，重新与新合成的前体蛋白结合。图 4.3 为 SecB 催化循环对前体蛋白定向调节示意图。

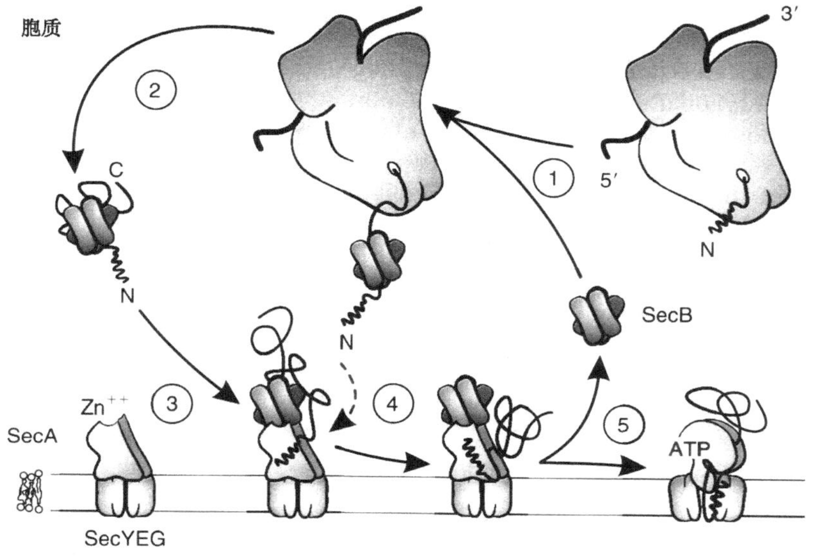

图 4.3　前体蛋白依赖于 SecB 定向到移位酶的过程示意图。①SecB 结合到新生前体蛋白成熟结构域上。②使它的解折叠状态保持稳定。③SecB-前体蛋白二元复合体定向到结合有 SecYEG 的 SecA 上，SecB 以高亲和力结合到 SecA 的 C 端锌结合结构域。在膜上提供转运位点之前，SecB 也可能先以低亲和力与 SecA 结合并停留在胞质中。④信号序列与 SecA 的结合加剧了 SecB-SecA 相互作用，并导致前体蛋白在与 SecA 结合的状态下由 SecB 转移到 SecA。⑤SecB 则从膜上释放，与 ATP 结合。在此情况下，SecA 的 C 端不再与 SecB 结合。

4.2.2　SRP 和 SecB 途径在移位酶处交汇

前体蛋白是如何选择 SRP 定向途径和依赖于 SecB 的定向途径呢？定向途径的选择是在信号序列刚刚从核糖体合成后就确定了。SRP 专一性地与疏水的信号序列结合。SRP 对弱疏水信号序列的识别受到与核糖体结合的分子伴侣引发因子的阻碍，在体外，胞质中的一种肽酰脯氨酰顺反异构酶（peptidyl-prolyl-cis/trans-isomerase）可催化蛋白质折叠（Beck et al.，2000）。不被 SRP 识别的前体蛋白或被 SecB 结合，或通过信号肽直接定向到移位酶，SecB 只与长的新生肽链相互作用。信号肽在疏水性方面的微小差别因此决定了随后的定向途径。的确，信号序列疏水性的增加使前体蛋白选择依赖于 SRP 的转运途径，而信号序列疏水性的降低使前体蛋白选择 SecB 途径。两条定向途径在移位酶处交汇（Valent et al.，1998）（图 4.1）。

4.2.3 小结：细菌蛋白质转运中的移位酶

- 转运到周质和外膜的分泌蛋白在胞质中以前体的形式被合成，多数在N端有一段可被切割的信号序列。
- 新生前体蛋白的疏水性信号序列被信号识别颗粒（SRP）识别，并在质膜上与SRP受体结合。
- GTP水解将新生前体蛋白与SRP分开，新生前体蛋白转移到移位酶。
- 摆脱SRP结合的前体蛋白在细胞质中彻底完成合成，并与分子伴侣SecB结合。SecB使前体蛋白保持在适于转运的状态，并将它定向到SecA，它是移位酶的外围亚基。

4.3 移位酶——一种多亚基整合膜蛋白复合体

细菌移位酶（图4.1）由两部分组成：一个部分是由一组膜蛋白构成的被称为SecYEG复合体的蛋白引导孔，另一个部分是负责指挥转运多肽链运动的单元。对于翻译后转运而言，SecYEG需要与SecA结合（Manting and Driessen，2000），而在共翻译转运和膜插入方式中，SecYEG还可与核糖体结合（Prinz et al.，2000）。不同于真核生物中的共翻译转运，细菌中蛋白质转运与核糖体上肽链的延伸不偶联（Neumann-Haefelin et al.，2000），并且需要SecA参与（Lill et al.，1989）。SecY和SecE是转运孔的核心组分。它们通常与第三种蛋白质——SecG结合，形成异源三聚体——SecYEG复合物（Brundage et al.，1990），并与另一种由SecD、SecF和YajC多肽组成的三聚体形成一个超大分子移位酶复合体（Duong and Wickner，1997b）。在大肠杆菌中，Sec YEG复合体是移位酶整合膜结构域丰度最高的形式，在每个细胞中约有100到500个拷贝。SecD和SecF以亚化学计量方式存在，而SecA则大量存在。

4.3.1 SecA水解ATP为细菌蛋白质输出提供能量

人们在筛选分泌过程中的多向性缺陷蛋白时发现了*SecA*基因（Oliver and Beckwith，1982）。它编码一种含有901个氨基酸的可溶性蛋白。它是最保守的Sec蛋白，在所有细菌中都被发现。SecA在前体蛋白转运过程中起核心作用（综述见Manting and Driessen，2000）。在细胞中，SecA可在胞质和质膜之间循环利用，在质膜中，它同磷脂以低亲和力结合，或以高亲和力与SecYEG复合体结合。后者代表了SecA蛋白的功能状态，即在消耗ATP的情况下驱动前体蛋白的转运。如前面所讨论的，SecA结合到SecB，并通过识别信号序列与前体蛋白结合。此外，SecA还可以从SRP那里接收新生前体蛋白，或在没有分子伴侣参与的情况下直接与前体蛋白结合。

SecA是唯一参与前体蛋白转运的ATP酶。它的作用是将ATP水解与前体蛋白跨膜转运过程偶联起来（Schiebel et al.，1991）。SecA以同源二聚体的形式行使功能。每一个单体含有两个结构域：一个68kDa的N端结构域（N结构域）和一个34 kDa的C端结构域（C结构域）。N结构域包含一个高亲和力核苷结合位点（NBD1），它具有典型的Walker A和B区。NBD1对于SecA的功能是十分重要的，并控制SecA的ATP

酶活性（Mitchell and Oliver，1993）。C结构域包含另一个核苷结合位点（NBD2），它不作为水解位点，而作为调节结构域（Nakatogawa et al.，2000）。SecA 的 C 结构域也参与二聚化。在胞质中，N 端 ATP 酶结构域通过与 C 端结构域相互作用而被抑制（Karamanou et al.，1999）。当 SecA 与 SecYEG 复合体和前体蛋白相互作用时，C 端结构域被释放，N 端结构域的 ATP 酶活性被激活。这种 ATP 酶活性被称为“SecA 转运 ATP 酶”，因为它与前体蛋白的跨膜转运相偶联（Lill et al.，1989）。SecA 与主要的通道亚基 SecY 之间的相互作用涉及两种蛋白质中的多个区域。SecA 是一种胞质蛋白，它的 N 结构域和 C 结构域可与不能透过膜的试剂接触，也可接触到从膜表面加入的蛋白酶（van der Does et al.，1996；Ramamurthv and Oliver，1997）。这提示结合有 Sec YEG的 SecA 存在一种复杂的膜拓扑形式。通过蛋白质形成的转运通道孔，可以从膜的周质一侧接触到 SecA（见下部分）。当结合有 SecYEG 的 SecA 在有前体蛋白存在的情况下被 ATP 激活时，或仅有非水解的 ATP 类似物存在时，SecA 对蛋白酶具有强的抵抗力（Economou and Wickner，1994）。可被蛋白质水解的片段对应于 N 和 C 结构域，这表明在前体蛋白转运过程中，SecA 发生了构象改变。当用 triton X-100 将膜破坏后，这些片段对蛋白酶的抵抗能力消失，这表明 SecA 在它的催化循环中几乎完全插入到膜中（Economou and Wickner，1994）。根据这个模型，SecA 插入和退出膜的循环导致与之结合的多肽转运穿过膜。使这个假说复杂化的主要原因是，在没有膜存在的条件下，使用去污剂也可形成稳定的 SecA 片段，去污剂并没有干涉 SecA-SecYEG 相互作用（van der Does et al.，1998）。另一个原因是，在催化过程中，由于 SecA 太大（矩形蛋白，长约 10 nm，宽约 9 nm）以致不能穿过磷脂膜中，所以 SecA 并没有接触到磷脂（van Voorst et al.，1998）。其他解释认为，SecA 介导的蛋白质转运模型就是 C-和 N 结构域依赖核苷的铰链状运动，通过这一运动将结合在 SecA 上的前体蛋白推进转运通道中（见下“蛋白质输出的动能学”）。

4.3.2 异源三聚体 SecYEG 复合体形成蛋白引导通道核心

编码 SecY 的基因是在筛选突变体时发现的，这些突变体可以特异性地抑制信号序列突变体的分泌缺陷（Emr et al.，1981）。这个遗传位点在蛋白质定位中被命名为 *prlA*（见历史注释 1）。SecE 起初是在筛选影响 SecA 基因表达突变体时发现的（Schatz et al.，1989）。导致蛋白质分泌缺陷的突变体通常引起细胞中 SecA 水平的升高。SecY 和 SecE 突变体引起多向性蛋白质输出缺陷，并且常常在生长中对冷敏感。SecY 和 SecE 都对细菌的生存能力和蛋白质输出十分重要（Bieker and Silhavy，1989，1990）。SecY 有 10 个跨膜 α 螺旋，SecE 要小得多（图 4.4）。在大肠杆菌中，SecE 有 3 个跨膜 α 螺旋，但在多数细菌中 SecE 只有一个跨膜结构域。SecY 和 SecE 形成一个稳定的复合体，但在没有 SecE 时，SecY 被 FtsH 降解，FtsH 是一种依赖于 ATP 的膜结合蛋白酶（Kihara et al.，1995）。接下来的生物化学实验表明，仅利用 SecYE 复合体并补充纯化的 SecA 就可重新构建出脂质体，这种脂质体在依赖于 ATP 的前体蛋白转运过程中具有功能（历史注释 2）（Brundage et al.，1990）。因此 SecY 和 SecE 是转运中唯一需要的细菌膜蛋白。在细胞中，SecY 不仅结合到 SecE，而且结合到另一种小的膜蛋白 SecG 上。SecG 含有 2 个跨膜 α 螺旋（图 4.4）。最早通过遗传筛选没有鉴定出

SecG，但发现它可刺激 SecYE 调节的转运（Nishiyama et al.，1993），并且与 SecYE 共同被纯化出来（Brundage et al.，1990）。

SecG 对于细菌的生存能力不是至关重要的，但对蛋白质的有效输出是必需的，尤其是在低温条件下。当 SecA 被转运配体激活时，SecG 的两个 α 螺旋跨膜结构域发生显著的拓扑倒转（Nishiyama et al.，1996）。

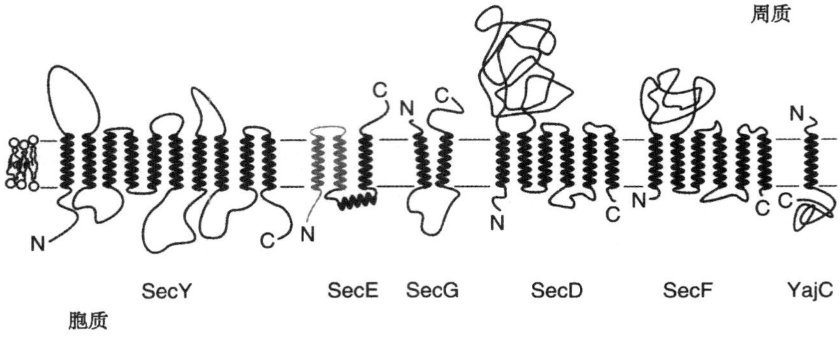

图 4.4　细胞移位酶中整合膜蛋白亚基的拓扑结构。SecY、SecE 和 SecG 形成一个稳定的异源三聚体复合物，它可与另外一个由 SecD、SecF 和 YajC 多肽组成的异源三聚体复合物结合。SecE 在肠杆菌科中由 3 个 α 螺旋跨膜片段组成，但在多数细菌中它仅由一个 α 螺旋跨膜片段组成，这个 α 螺旋跨膜片段与大肠杆菌 SecE 的第三个膜结构域是同源物。大肠杆菌 SecE 的前两个 α 螺旋跨膜片段（以灰色表示）可被去除且不影响酶活性，但它们对维持 SecE 的稳定性是必需的。

多方证据表明，SecYEG 复合体形成一个含水的蛋白引导孔。向分离出的大肠杆菌膜中加入前体蛋白可以打开含水的蛋白引导孔，离子因此可穿过膜。离子的传导性与 SecYE 复合体的表达水平有关（Kawasaki et al.，1993）。SecY 和 SecA 都可与前体蛋白发生化学交联，被“黏附”在转运通道中（Joly and Wickner，1993）。在转运过程，前体蛋白尽可能避免与磷脂发生交联，这表明它被一个含蛋白质的环境保护起来，避免与脂相接触（Eichler et al.，1997）。移位酶也允许大的底物穿过膜，比如前体蛋白通过稳定的二硫键与 20 个氨基酸形成的三圈环形结构结合后可被运输穿过膜（Tani et al.，1990）。因此，移位酶参与了跨膜蛋白引导孔的生成，这个孔不是由磷脂而是由蛋白质组成的。由一种非水解性 ATP 类似物 5′-（β，γ-imidotriphosphate）（AMP-PNP）诱导的前体蛋白转运停止状态加剧了移位酶中相邻 SecE 分子之间的交联（Kaufinann et al.，1999）。当采用化学计量的异源三聚体 SecYEG 复合体进行实验时，后来的实验表明每个移位酶中 SecYEG 复合体多于一个，结构分析肯定了这个假设。实际上，蛋白引导通道由 4 个 SecYEG 复合体排成一行组成。通过单颗粒负染高分辨电子显微镜观察和计算机分析已得到通道的图像（Manting et al.，2000）。这些结果表明，通道为一种圆锥形蛋白质结构，5 nm 宽，直径 10.5～12 nm，染料填满了中心孔或凹陷。这个通道样结构类似于真核生物 Sec61p 复合体中因核糖体结合被诱导形成的环样结构，Sec61p 复合体被认为含有 3 到 4 个 Sec61 异源三聚体（Hanein et al.，1996）。通过对核糖体-Sec61p 电子显微图像的三维重建，已肯定 Sec61p 的中心孔是蛋白引导通道的一部分。核糖体大亚基的出口通道与 Sec61p 复合体可能的蛋白引导孔排列在一起，形成一个连续的蛋白质管道（Beckmann et al.，1997）。纯化的 SecYEG 复合体形成更小的结构，装配成一个或两个异源三聚体复合物。

在体外，只有在 SecA 和 AMP-PNP 存在时，或出现 SecA 和 ATP 以及 SecYEG 复合体中“黏附”一个前体蛋白时才形成通道样结构（Manting et al.，2000）。通常当 ATP 与结合有 SecYEG 的 SecA 结合时，前体蛋白的转运开始发生，但在体外，AMP-PNP 的结合阻碍了前体蛋白诱导 SecA 发生构象改变。这种由核苷诱导的 SecA 构象变化产生了一个大的跨膜转运孔，这个孔似乎由许多较小的结构多拷贝组成，并且只有在转运的条件下稳定。

在移位酶中存在一个大孔，它对于细菌细胞来说可能是有害的，根据它的大小可以预测这个孔是否允许小的溶质和质子通过。由于 SecYEG 复合体的寡聚化需要 SecA 处于一种活化状态，大的通道结构可能适合 SecA 蛋白。

4.3.3 蛋白质的有效输出需要第二种异源三聚体整合膜蛋白复合体

secD 基因是在筛选一种突变体时被鉴定出来的，在这些突变体中，原本被输出的前体蛋白被融合到快速折叠蛋白 β-半乳糖苷酶中（Gardel et al.，1990）。这些融合蛋白对细胞有毒害，因为 β-半乳糖苷酶不能被转运，相反它还“堵塞”移位酶。这些突变体在生长中是冷敏感的，并在细胞中积累前体蛋白（历史注释 3）。对基因组中 *secD* 基因附近区域进一步分析，鉴定出第二个基因 *secF*，删除这个基因可产生与 *secD* 菌株同样的冷敏感表现型。

SecD 和 SecF 是整合膜蛋白，都具有 6 个跨膜 α 螺旋和一个大的外周结构域（图 4.4）。SecD 和 SecF 同源物几乎发现于所有原核生物中，包括古细菌，有时它们融合为一个多肽。SecD 和 SecF 与 RND（resistance/nodulation/cell division）家族在结构上具有某些相似性（Tseng et al.，1999）。*YajC* 是 *secDF* 操纵元中的第三个可读框，编码一个仅有一个跨膜片段和一个大的胞质结构域的小的膜蛋白（图 4.4）。YajC 既不对生长重要，也不参与蛋白质输出，但它与 SecD 和 SecF 以一种异源三聚体整合膜蛋白复合体的形式被共同纯化出来。当使用温和去污剂时，SecDFYajC 复合体和 SecYEG 复合体被共同纯化出来（Duong and Wickner，1997b），但在生物化学重新构建实验中，SecDFYajC 没有催化活性。另一方面，SecD 和 SecF 被消耗尽的细胞在蛋白质输出方面存在严重缺陷，几乎不能存活，这说明了 SecD 和 SecF 功能的重要性（Pogliano and Beckwith，1994）。这种重要的功能无法用体外方法检测到，因为它主要用于检测前体蛋白转运到膜囊泡中。例如，已发现 SecD 在膜的外周侧参与蛋白质的释放（Matsuyama et al.，1993）。另一项研究证明，SecDFYajC 复合体控制 ATP 驱动的 SecA 催化循环，并减慢前体蛋白的前后运动（Duong and Wickner，1997a）。这种对 SecA 催化循环的影响肯定是间接的，因为古细菌中不含有 SecA 而含有 SecD 和 SecF（Pohlschröder et al.，1997）。SecD 和 SecF 也参与维持 PMF。SecD 和 SecF 与 RND 家族为同源物，这暗示了另外一种功能，例如从移位酶形成的含水的蛋白引导孔中去除信号肽或磷脂。

4.3.4 蛋白质转运机制在细菌、古细菌和真核生物中的保守性

蛋白引导通道的异源三聚体组织形式在所有三界生物中都高度保守（Pohlschröder et al.，1997）（见第 5 和 11 章）（图 4.5）。SecY 和 SecE 的同源物也已在古细菌和真核生物中鉴定出。SecY 的第一个真核生物同源物是通过遗传学方法筛选转运缺陷在酿酒酵母（*Saccharomyces cerevisiae*）中鉴定出来的。这个 *SEC61* 基因对于细胞的生存能力十分重要，并且对于蛋白质转运通过内质网是必需的。SecE 的同源物 Sss1p 被鉴定为是一株 SEC61 温度敏感株的抑制物。*S. cerevisiae* 转运体已被纯化，它由 Sec61p、Sss1p 和 Sbh1p 组成。Sbh1p 对于转运不重要，尽管它与细菌的 SecG 可能是功能上的同源物，但它们并不相似。根据与核糖体结合的特性，从犬胰腺微体中纯化出哺乳动物的 Sec61p。这个复合体由 SecY 和 SecE 组成，SecY 和 SecE 是 Sec61α、Sec61γ 和 Sec61β 的同源物，Sec61β 与酵母的 Sbh1p 相似。*S. cerevisiae* 的内质网含有另一种，但不是重要的转运体——Ssh1p 复合体。α 和 β 亚基，Ssh1p 和 Sbh2p，与 Sec61α 和 Sec61β 是同源物，而 γ 亚基 Ssslp 在两种三体复合物中是相同的。

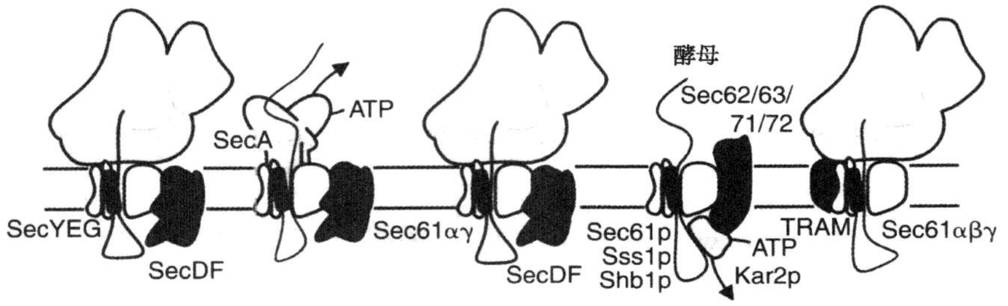

图 4.5 蛋白引导通道在所有生物中都保守。细菌的 SecY 和 SecE 蛋白是 Sec61α（Sec61p）和 Sec61γ（Ssslp）蛋白的同源物，Sec61α（Sec61p）和 Sec61γ（Ssslp）蛋白为真核生物内质网和古细菌蛋白引导通道蛋白。SecG 和 Sec61β（Sbh1p）分别发现于细菌和真核生物中，但它们不具有显著的序列相似性。尽管蛋白引导通道具有保守的异源三聚体组织形式，驱动细菌和酵母中的后翻译蛋白转运机制却是不同的。SecA（细菌、蓝细菌、质体和植物类囊体）水解 ATP 以一种逐步的方式推动前体蛋白通过转运孔，而 BiP/Kar2p 水解 ATP 拉动前体蛋白穿过通道，这个过程受到 Sec62、Sec63、Sec71 和 Sec72 的协助。SecD 和 SecF 为附属蛋白，只在真细菌和古细菌中被发现，在真核生物中只发现 TRAM 蛋白。在蛋白质以共翻译方式转运穿过细菌和内质网膜的过程中，核糖体直接与转运通道结合。与真核生物共翻译转运过程不同，细菌核糖体上肽链的延伸不足以推动蛋白质完全穿过细菌质膜，还需要 SecA 的催化。在描述核糖体- SecYEG 复合物结合时，为了简明没有表示出 SecA。古细菌的移位酶模型为理论上的，仅根据遗传学数据库中已鉴定出的同源蛋白建立的。

在高等植物的叶绿体、蓝细菌和藻类中也已鉴定出 SecY 和 SecE 的同源物。拟南芥同时含有一个 Sec61α 和一个 SecY 同源物。Sec61α 出现在内质网中，SecY 在叶绿体的类囊体膜中发挥功能（见第 11 章）。在古细菌中，转运体的组分与细菌的 SecY 和 SecE 亚基相比更接近于真核生物的 Sec61α 和 Sec61γ 蛋白。

在各种系统中，蛋白质转运的机制有很大不同（图 4.5）。在酵母中，蛋白质还可进行翻译后转运。该转运过程需要 Sec61p、Sec62p 和 Sec63p 的参与，Sec63p 是一种内质网囊中的 ATPase Kar2p/BiP，它“拉”着蛋白质穿过膜（见第 5 章）。哺乳动物中也存在 Sec62p 和 Sec63p 的同源物，它们与 Sec61 复合体结合。细菌中的转运可以是共翻译或翻译后的方式，都由 SecA 驱动多肽片段穿过膜。与 Kar2p/BiP 形成对比，SecA 推着前体蛋白穿过膜。在叶绿体中，SecA 和 SRP 的同源物已被鉴定出来，在这些细胞器中，一种类似于细菌移位酶的蛋白质参与基质蛋白到类囊体腔的转运。最后，在古细菌中蛋白质是如何被输出的还不清楚。至今，对基因组的分析还无法鉴定出 SecA 或 BiP/Kar2p 的同源物。由于在所有古细菌中都存在 SRP 及其受体，因此蛋白质在这些有机体中的输出可能是共翻译方式。

4.3.5 折叠氧化还原蛋白的转运

除了 Sec 途径，细菌中还存在另外一种途径——双精氨酸转运（twin arginine translocation，Tat）途径（Berks et al.，2000）。Tat 途径是一种特殊的转运途径，主要用于转运完全折叠的氧化还原蛋白，这些蛋白质常常结合辅助因子。Tat 是典型的信号肽，但含有一个保守的双精氨酸模体［S/T］RRxFLK，并且 H 区域的疏水性较弱。这个保守的模体可能作为一种 Sec 避免（Sec-avoidance）模体，但其他信号可能也起到这种选择功能。*TatABCD* 和 *tatE* 基因编码 Tat 蛋白输出途径中的蛋白质（Sargent et al.，1998；Weiner et al.，1998）。整合膜蛋白 TatA、TatB 和 TatC 可能组成 Tat 移位酶。对于 Tat 移位酶的能量需求如何调节转运过程还不清楚，但在类囊体中 Tat 移位酶的同源物可调节 ΔpH 依赖的折叠蛋白的输入（见第 11 章）。

4.3.6 小结：移位酶——一种多亚基整合膜蛋白复合体

- 移位酶是一种多亚基复合体，由两个模块组成，一个是由 SecYEG 组成的蛋白引导孔，另一个是 SecA ATP 酶，后者指导多肽链的运动。
- 在共翻译转运中，移位酶与核糖体结合。
- 前体蛋白以一种未折叠的方式穿过由蛋白质排列而成的通道，这个通道由寡聚的 SecYEG 复合体装配而成。
- 细菌、古细菌、植物类囊体膜和真核生物内质网的蛋白引导通道是高度保守的，而它们在蛋白质转运与能量偶联机制方面却是不同的。
- 折叠的氧化还原蛋白通过一种专一的输出系统通过质膜被转运。

4.4 蛋白质输出的能量学

蛋白质输出不是一个自发过程，需要消耗能量。蛋白质以未折叠的状态被转运穿过膜，这个过程由 ATP 水解和 PMF 释放的能量驱动。这些能量来源在蛋白质转运反应的不同阶段发挥作用。ATP 用于转运的起始，而 PMF 在以后的阶段中驱动转运。

4.4.1 ATP 驱动蛋白质转运的机制

ATP 是蛋白质转运过程中的主要能量来源。ATP 是如何被用于驱动蛋白质穿过膜的呢？依赖于 ATP 的蛋白质输出涉及许多循环事件，在最近的十几年中，采用生物化学方法，利用分离到的大肠杆菌膜囊泡进行的研究部分地揭示了该循环过程（Schiebel et al.，1991；van der Wolk et al.，1997）。SecA 作为一种 ATP 依赖的动力蛋白驱动未折叠的蛋白质穿过膜（图 4.6）。在无转运配体时，与 SecYEG 结合的 SecA 处于 ADP 结合状态。前体蛋白与 SecA 结合后，促进 ADP 转换为 ATP，并引发 SecA 在构象上的转变，由一种紧密的 ADP 结合状态转变为更为伸展的 ATP 结合状态（den Blaauwen et al.，1996）。SecA 构象的转变与环形信号序列的跨膜转运及早期成熟结构域的伸展相偶联，早期成熟结构域的伸展使信号序列能被信号肽酶加工，信号肽酶的催化位点暴露在周质中。

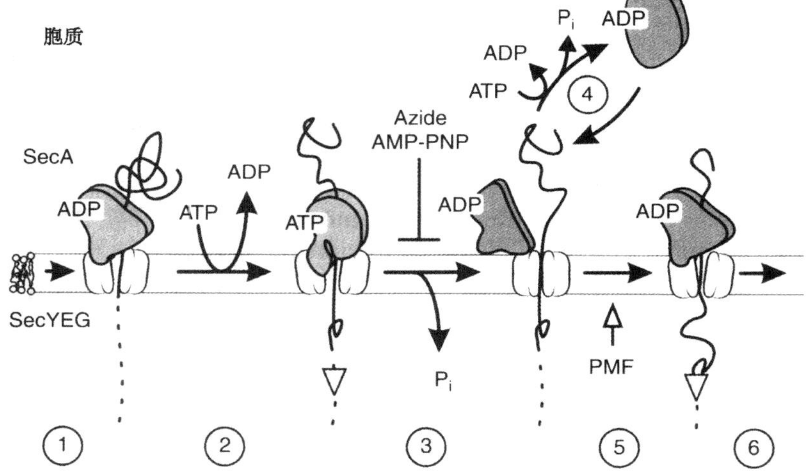

图 4.6 SecA 介导的蛋白质转运模型示意图。多肽片段的转运以一种逐步的方式进行，与 SecA 反应循环有关。①转运中间物与结合有 ADP 的 SecA 结合。②在这个限速步骤中，ATP 转换成 ADP，SecA 构象发生改变，同时将与其结合的约 2.5 kDa 的前体蛋白片段（或一段长约 20 个氨基酸的片段）转运穿过膜。这个过程很短，只有用 AMP-PNP 或叠氮钠对该步进行限制时才形成转运中间物。③ATP 水解假说认为，SecA 的构象可发生逆转，并释放前体蛋白。④与 SecYEG 结合的 SecA 可转换成胞质中的 SecA，转换过程需要一个 ATP 分子。⑤SecA 结合到一个转运中间物上，使 2.5 kDa 蛋白质被转运。经过一个 SecA 反应循环，被转运蛋白质总的大小约为 5kDa。⑥ATP 的再结合以及随后的 ATP 依赖的 SecA 催化循环进行，使得前体蛋白逐步被转运。当 SecA 不与前体蛋白结合时，PMF 可驱动转运过程，但被其转运蛋白质的大小未知。

ATP的水解可使SecA构象发生逆转。当SecA恢复到与膜表面紧密结合的状态时，前体蛋白被释放到SecYEG复合体。之后SecA可再次与被部分转运的前体蛋白结合。不需要输入核苷，SecA与前体蛋白结合已足够驱动2～2.5 kDa的多肽转运穿过膜。下一步，结合有SecA的ADP与ATP发生转换，这导致前面所述的构象变化，并伴随着另一个2～2.5 kDa的多肽的转运。因此，一个完整的SecA催化循环可以通过两个连续的过程分步转运5 kDa的多肽片段，即SecA在与多肽结合时转运约2.5 kDa的多肽，ATP结合到SecA上时又转运2.5 kDa的多肽。叠氮化物是大肠杆菌细胞生长的抑制剂。*SecA*基因中的突变可使细胞对叠氮化物产生抗性（Oliver et al.，1990）。叠氮化物通过阻断SecA对ATP酶的转运来抑制蛋白质输出（Oliver et al.，1990）。

SecA是移位酶中一个可解离的亚基。它可以从膜上被释放出来，重新回到胞质中并与前体蛋白结合，然后再结合到SecYEG复合体上。目前还不清楚SecA从膜上被释放在ATP驱动的转运过程中是否是一个本质特征。这个过程需要水解ATP（Economou et al.，1995），表明SecA与SecYEG复合体之间有一种非常强的相互作用。SecY（PrlA）突变体可转运信号序列有缺陷的前体蛋白，也可以更高的效率转运正常的前体蛋白。该突变体与SecA的结合比野生型更加紧密（van der Wolk et al.，1998），这一理论对下述观点“SecA的释放是转运减慢的原因之一”起到了支撑作用。沿着这些线索，在高浓度离液剂尿素或碳酸盐条件下分离到一个重要的与膜结合的SecA组分（Chen et al.，1996）。发现经过这种处理后SecA仍保持催化活性。

4.4.2 质子动力势驱动转运的机制

SecA起始转运过程后，PMF可进一步驱动转运过程。PMF、$\Delta\psi$和ΔpH（质子跨膜梯度）都可作为驱动力。在多数细菌中，$\Delta\psi$和ΔpH在膜外分别为碱性和酸性。利用纯化的移位酶重建脂质体时，发现PMF的极性可促进蛋白质的转运，而相反的极性抑制蛋白质的转运（Driessen，1992）。表明PMF可规定ATP驱动的蛋白质转运反应的方向性。其他体外实验表明，当SecA失活时，转运可在无ATP水解的情况下由PMF来完成（Schiebel et al.，1991）。因此产生这样一种假说：一旦SecA消耗ATP启动前体蛋白转运过程，PMF便作为转运的一种驱动力。

PMF驱动的蛋白质输出模型涉及一种电泳机制，$\Delta\psi$驱动带负电荷的残基转运穿过膜。例如，$\Delta\psi$通过促进前面讨论过的“环形”信号序列的伸展来协助信号序列向膜的正确定向（van Dalen et al.，1999）。前体蛋白中成熟区域的电荷分布可能也影响转运对PMF的需求，但不带电荷的成熟区域也需要PMF协助转运。一旦消耗ATP启动转运过程，SecA就不再与被转运的前体蛋白结合，PMF可驱动快速的转运。现在还不知道PMF驱动的转运过程是否为一种逐步的或连续的过程。在有PMF存在的情况下，转运前体蛋白只需要少量的ATP。在机制上，PMF驱动的转运不依赖于SecA，而ATP驱动的转运依赖于SecA。转运的这两种模型是高度相关的。例如，高浓度SecA存在时，转运更多的是以ATP驱动的方式进行，转运对PMF的需求降低（Yamada et al.，1989）。PMF降低了转运反应对ATP的表观K_m值，这表明PMF直接参与了SecA催化循环。PMF激活ADP从SecA释放出来（Shiozuka et al.，1990），这一步可能是 SecA 催化循环的限速步骤，因此促进 SecA 从膜上释放。

SecD、SecF 和 SecG 也影响 PMF 驱动的转运。更通俗地说，SecG 和 SecDF 通过稳定 SecA 与膜的结合状态来引导转运进入 ATP 依赖途径，而 PMF 使 SecA 与被转运的多肽链和 SecYEG 复合体脱离，从而进行 PMF 驱动的有效转运。

前体蛋白中存在稳定的环状结构，如分子内的二硫键，PMF 和 ATP 对于驱动这些环状结构的转运都十分重要（Tani et al.，1990）。令人惊奇的是，在较早提到的 PrlA 菌株中，对稳定的环形结构的转运不再需要 PMF（Nouwen et al.，1996）。在 PrlA 菌株中，前体蛋白的转运通常较少依赖于 PMF，这似乎与提高 SecA 的亲和力有关（van der Wolk et al.，1998），这种亲和力引导转运以 ATP 依赖的方式进行（Yamada et al.，1989）。然而，对于环状的多肽结构的转运还需同样考虑其他方面的问题。PMF 可能调节转运通道的打开甚至形成，并可能将 SecA 从通道口移开，以便更大地打开通道。在 Prl 菌株中，由于 SecY 和 SecE 之间松散的相互作用，转运孔可能处于一种“或多或少”打开的状态（Duong and Wickner，1999）。

4.4.3 小结：蛋白质输出的能量学

- SecA 是一种 ATP 酶，它将 ATP 水解与前体蛋白的逐步跨膜转运偶联起来。
- 当 SecA 消耗 ATP 从前体蛋白上释放出来后，质子动力势驱动转运过程。

4.5 历史注释

4.5.1 历史注释 1

20 世纪 80 年代早期，复杂遗传学方法发展起来，同时对突变体中编码被输出蛋白和协助输出蛋白的基因进行筛选。由于编码移位酶组分的基因对于细菌的生存能力至关重要，因此需要筛选条件致死突变体。在一种遗传筛选流程中，构建一株在 *lamB* 基因信号序列中带有一个小的缺失的突变体，细胞因此不能将 LamB 蛋白输出到外膜（Emr et al.，1981）。结果，这类细胞不能运输作为碳源的麦芽糖糊精通过外膜。利用麦芽糖糊精可以筛选出含有抑制基因突变体的菌株，这种菌株中储存有输出缺陷的 LamB 蛋白。这类抑制基因突变体可在各种位点发生突变，其中一个发生在 *prlA* 基因。*PrlA* 突变体可抑制许多分泌蛋白疏水核心区中的信号序列发生突变，这样可使通常有输出缺陷的蛋白被加工并输出到细胞中正确的位置。*prlA* 突变体既不引起任何可发觉的生长缺陷也不影响正常的蛋白输出和加工。*prlA* 突变发生在 *secY* 基因上，*secY* 基因编码移位酶重要亚基的整合膜结构域。

4.5.2 历史注释 2

20 世纪 90 年代早期，细菌 SecYEG 复合体被纯化，并进入脂囊泡中。SecYEG 蛋白在天然膜中的水平非常低，小于总蛋白量的 0.1%。因此在纯化中采用了一种敏感的生物化学方法来监测受前体蛋白刺激而产生的 SecA 的 ATP 酶活性（Lill et al.，1989）。这个活性的产生需要 SecA 与 SecYEG 复合体有一种功能上的结合。用清洁剂使大肠杆菌的膜溶解，通过色谱技术进行分级纯化，并将分级物重新构建成脂质体

(Brundage et al.，1990)。向脂质体中补充 SecA 并测定转运 ATP 酶活性。这样得到整合膜蛋白复合体纯化物，该复合物由 SecY、SecE 和 SecG 组成，编码 SecY 和 SecE 的基因在以往利用遗传学方法筛选分泌因子时已被鉴定。这项研究得到的主要结果是，发现 SecYEG 复合体和 SecA ATP 酶代表了在体外重新构建一个真正的前体蛋白转运体系所需要的最少组成。

4.5.3 历史注释 3

移位酶膜结构域中的许多突变都产生一种冷敏感表现型。这可能反映出在蛋白输出过程中存在一个共同的冷敏感步骤（Pogliano and Beckwith，1993）。任何干扰到移位酶活性的突变都会加剧这种冷敏感性。蛋白输出热敏感性的机制还不清楚，但冷敏感反应可能发生在信号序列和（或）SecA 插入到膜的过程中，或者是在 SecYEG 复合物发生寡聚化进入到蛋白引导通道的过程中。

4.6 参考文献

Akita，M.，Sasaki，S.，Matsuyama，S. et al.（1990）SecA interacts with secretory proteins by recognizing the positive charge at the amino terminus of the signal peptide in *Escherichia coil J Biol Chem* **265**：8164-8169.

Batey，R. T.，Rambo，R. P.，Lucast，L. et al.（2000）Crystal structure of the ribonucleoprotein core of the signal recognition particle. *Science* **87**：1232-1239.

Beck，K.，Wu. L. F.，Brunner，J. et al.（2000）Discrimination between SRP- and SecA/SecB-dependent substrates involves selective recognition of nascent chains by SRP and trigger factor. *EMBO J* **19**：134-143.

Beckmann，R.，Bubeck，D.，Grassucci，R. et al.（1997）Alignment of conduits for the nascent polypeptide chain in the ribosome-Sec61 complex. *Science* **278**：2123-2126.

Berks，B. C.，Sargent，F. and Palmer，T.（2000）The Tat protein export pathway. *Mol Microbiol* **35**：260-274.

Bieker，K. L. and Silhavy，T. J.（1989）PrlA is important for the translocation of exported proteins across the cytoplasmic membrane of *Escherichia coli*. *Proc Natl Acad Sci USA* **86**：968-972.

Bieker，K. L. and Silhavy，T. J.（1990）PrlA（SecY）and PrlG（SecE）interact directly and function sequentially during protein translocation in *E. coli*. *Cell* **61**：833-842.

Brundage，L.，Hendrick，J. P.，Schiebel，E. et al.（1990）The purified *E. coli* integral membrane protein SecY/E is sufficient for reconstitution of SecA-dependent precursor protein translocation. *Cell* **62**：649-657.

Chen，X.，Xu，H. and Tai，P. C.（1996）A significant fraction of functional SecA is permanently embedded in the membrane. SecA cycling on and off the membrane is not essential during protein translocation. *J Biol Chem* **271**：29698-29706.

Dalbey，R. E.，Lively，M. O.，Bron，S. et al.（1997）The chemistry and enzymology of the type I signal peptidases. *Protein Sci* **6**：1129-1138.

den Blaauwen. T.，Fekkes，P.，de Wit，J. G. et al.（1996）Domain interactions of the peripheral preprotein translocase subunit SecA. *Biochemistry* **35**：11994-12004.

Driessen，A. J. M.（1992）Precursor protein translocation by the *Escherichia coli* translocase is directed by the protonmotive force. *EMBO J* **11**：847-853.

Duong，F. and Wickner，W.（1997a）Distinct catalytic roles of the SecYE，SecG and SecDFyajC subunits of preprotein translocase holoenzyme. *EMBO J* **16**：2756-2768.

Duong，F. and Wickner，W.（1997b）The SecDFyajC domain of preprotein translocase controls preprotein movement by regulating SecA membrane cycling. *EMBO J* **16**：4871-4879.

Duong, F. and Wickner, W. (1999) The PrlA and PrlG phenotypes are caused by a loosened association among the translocase SecYEG subunits. *EMBO J* **18**: 3263-3270.

Economou, A. and Wickner, W. (1994) SecA promotes preprotein translocation by undergoing ATP-driven cycles of membrane insertion and deinsertion. *Cell* **78**: 835-843.

Economou, A., Pogliano, J. A., Beckwith, J. et al. (1995) SecA membrane cycling at SecYEG is driven by distinct ATP binding and hydrolysis events and is regulated by SecD and SecF. *Cell* **83**: 1171-1181.

Eichler, J., Brunner, J. and Wickner, W. (1997) The protease-protected 30kDa domain of SecA is largely inaccessible to the membrane lipid phase. *EMBO J* **16**: 2188-2196.

Emr, S. D., Hanley-Way. S. and Silhavy, T. J. (1981) Suppressor mutations that restore export of a protein with a defective signal sequence. *Cell* **23**: 79-88.

Fekkes, P. and Driessen, A. J. M. (1999) Protein targeting to the bacterial cytoplasmic membrane. *Microbiol Mol Biol Rev* **63**: 161-173.

Fekkes, P., van der Does, C. and Driessen, A. J. M. (1997) The molecular chaperone SecB is released from the carboxy-terminus of SecA during initiation of precursor protein translocation. *EMBO J* **16**: 6105-6113.

Freymann, D. M., Keenan, R. J., Stroud, R. M. et al. (1999) Functional changes in the structure of the SRP GTPase on binding GDP and Mg2+GDP. *Nat Struct Biol* **6**: 793-801.

Gardel, C., Johnson, K., Jacq, A. and Beckwith, J. (1990) The *secD locus of E. coli* codes for two membrane proteins required for protein export. *EMBO J* **9**: 4205 -4206.

Gill, D. R. and Salmond, G. P. (1990) The identification of the *Escherichia coli ftsY* gene product: an unusual protein. *Mol Microbiol* **4**: 575-583.

Hanein, D., Matlack, K. E., Jungnickel, B. et al. (1996) Oligomeric rings of the Sec61p complex induced by ligands required for protein translocation. *Cell* **87**: 721-732.

Hartl, F. U., Lecker, S., Schiebel, E. et al. (1990) The binding cascade of SecB to SecA to SecY/E mediates preprotein targeting to the *E. coli* plasma membrane. *Cell* **63**: 269-279.

Herskovits, A. A., Bochkareva, E. S. and Bibi, E. (2000) New prospects in studying the bacterial signal recognition particle pathway. *Mol Microbiol* **38**: 927-939.

Joly, J. C. and Wickner, W. (1993) The SecA and SecY subunits of translocase are the nearest neighbors of a translocating preprotein, shielding it from phospholipids. *EMBO J* **12**: 255-263.

Karamanou, S., Vrontou, E., Sianidis, G. et al. (1999) A molecular switch in SecA protein couples ATP hydrolysis to protein translocation. *Mol Microbiol* **34**: 1133-1145.

Kaufmann, A., Manting, E. H., Veenendaal, A. K. et al. (1999) Cysteine-directed cross-linking demonstrates that helix 3 of SecE is close to helix 2 of SecY and helix 3 of a neighboring SecE. *Biochemistry* **38**: 9115-9125.

Kawasaki, S., Mizushima, S. and Tokuda, H. (1993) Membrane vesicles containing overproduced SecY and SecE exhibit high translocation ATPase activity and countermovement of protons in a SecA- and presecretory protein-dependent manner. *J Biol Chem* **268**: 8193-8198.

Kihara, A., Akiyama, Y. and Ito, K. (1995) FtsH is required for proteolytic elimination of uncomplexed forms of SecY, an essential protein translocase subunit. *Proc Natl Acad Sci USA* **92**: 4532-4536.

Knoblauch, N. T., Rudiger, S., Schonfeld, H. J. et al. (1999) Substrate specificity of the SecB chaperone. *J Biol Chem* **274**: 34219-34225.

Kumamoto, C. A. and Beckwith, J. (1983) Mutations in a new gene, secB, cause defective protein localization in *Escherichia coli*. *J Bacteriol* **154**: 253-260.

Kumamoto, C. A. and Francetic, O. (1993) Highly selective binding of nascent polypeptides by an *Escherichia coli* chaperone protein *in vivo*. *J Bacteriol* **175**: 2184-2188.

Lill, R., Cunningham, K., Brundage, L. A. et al. (1989) SecA protein hydrolyzes ATP and is an essential component of the protein translocation ATPase of *Escherichia coli*. *EMBO J* **8**: 961-966.

Liu, G., Topping, T. B. and Randall, L. L. (1989) Physiological role during export for the retardation of folding by the leader peptide of maltose-binding protein. *Proc Natl Acad Sci USA* **86**: 9213-9217.

Luirink, J., High, S., Wood, H. et al. (1992) Signal-sequence recognition by an *Escherichia coli* ribonucleoprotein complex. *Nature* **359**: 741-743.

Manting, E. H. and Driessen, A. J. M. (2000) *Escherichia coli* translocase: the unravelling of a molecular machine. *Mol Microbiol* **37**: 226-238.

Manting, E. H., van der Does, C., Remigy, H. et al. (2000) SecYEG assembles into a tetramer to form the active protein translocation channel. *EMBO J* **19**: 852-861.

Matsuyama, S., Fujita, Y. and Mizushima, S. (1993) SecD is involved in the release of translocated secretory proteins from the cytoplasmic membrane of *Escherichia coli*. *EMBO J* **12**: 265-270.

Mitchell, C. and Oliver, D. (1993) Two distinct ATP-binding domains are needed to promote protein export by *Escherichia coli* SecA ATPase. *Mol Microbiol* **10**: 483-497.

Nakatogawa, H., Mori, H. and Ito, K. (2000) Two independent mechanisms down-regulate the intrinsic SecA ATPase activity. *J Biol Chem* **275**: 33209-33212.

Neumann-Haefelin, C., Schafer, U., Müller, M. and Koch, H. G. (2000) SRP-dependent co-translational targeting and SecA-dependent translocation analyzed as individual steps in the export of a bacterial protein. *EMBO J* **19**: 6419-6426.

Nishiyama, K., Mizushima, S. and Tokuda, H. (1993) A novel membrane protein involved in protein translocation across the cytoplasmic membrane of *Escherichia coli*. *EMBO J* **12**: 3409-3415.

Nishiyama, K., Suzuki, T. and Tokuda, H. (1996) Inversion of the membrane topology of SecG coupled with SecA-dependent preprotein translocation. *Cell* **85**: 71-81.

Nouwen, N., de Kruijff, B. and Tommassen, J. (1996) PrlA suppressors in *Escherichia coli* relieve the proton electrochemical gradient dependency of translocation of wild-type precursors. *Proc Natl Acad Sci USA* **93**: 5953-5957.

Oliver, D. B. and Beckwith, J. (1982) Identification of a new gene (*secA*) and gene product involved in the secretion of envelope proteins in *Escherichia coli*. *J Bacteriol* **150**: 686-691.

Oliver, D. B., Cabelli, R. J., Dolan, K. M. et al. (1990) Azide-resistant mutants of *Escherichia coli* alter the SecA protein, an azide-sensitive component of the protein export machinery. *Proc Natl Acad Sci USA* **87**: 8227-8231.

Peluso, P., Herschlag, D., Nock, S. et al. (2000) Role of 4.5S RNA in assembly of the bacterial signal recognition particle with its receptor. *Science* **288**: 1640-1643.

Pogliano, K. J. and Beckwith, J. (1993) The Cs sec mutants of *Escherichia coli* reflect the cold sensitivity of protein export itself. *Genetics* 133: 763-773.

Pogliano, J. A. and Beckwith, J. (1994) SecD and SecF facilitate protein export in *Escherichia coli*. *EMBO J* **13**: 554-561.

Pohlschröder, M., Prinz, W. A., Hartmann, E. et al. (1997) Protein translocation in the three domains of life: variations on a theme. *Cell* **91**: 563-566.

Prinz, A., Behrens, C., Rapoport, TA. et al. (2000) Evolutionarily conserved binding of ribosomes to the translocation channel via the large ribosomal RNA. *EMBO J* **19**: 1900-1906.

Ramamurthy, V. and Oliver, D. (1997) Topology of the integral membrane form of *Escherichia coli* SecA protein reveals multiple periplasmically exposed regions and modulation by ATP binding. *J Biol Chem* **272**: 23239-23246.

Randall, L. L. (1983) Translocation of domains of nascent periplasmic proteins across the cytoplasmic membrane is independent of elongation. *Cell* **33**: 231-240.

Randall, L. L. and Hardy, S. J. (1986) Correlation of competence for export with lack of tertiary structure of the mature species: a study *in vivo* of maltose-binding protein in *E. coli*. *Cell* **46**: 921-928.

Sargent, F., Bogsch, E. G., Stanley, N. R. et al. (1998) Overlapping functions of components of a bacterial Sec-independent protein export pathway. *EMBO J* **17**: 3640-3650.

Schatz, P. J., Riggs, P. D., Jacq, A., Fath, M. J. and Beckwith, J. (1989) The *secE* gene encodes an integral membrane protein required for protein export in *Escherichia coli*. *Genes Dev* **3**: 1035-1044.

Schiebel, E., Driessen, A. J., Hartl, F. U. et al. (1991) Δμ H+ and ATP function at different steps of the catalytic cycle of preprotein translocase. *Cell* **64**: 927-939.

Shiozuka, K., Tani, K., Mizushima, S. and Tokuda, H. (1990) The proton motive force lowers the level of ATP required for the *in vitro* translocation of a secretory protein *in Escherichia coli*. *J Biol Chem* **265**: 18843-18847.

Tani, K., Tokuda, H. and Mizushima, S. (1990) Translocation of ProOmpA possessing an intramolecular disulfide bridge into membrane vesicles of *Escherichia coli*. Effect of membrane energization. *J Biol Chem* **265**: 17341-17347.

Thanassi, D. G. and Hultgren, S. J. (2000) Multiple pathways allow protein secretion across the bacterial outer membrane. *Curr Opin Cell Biol* **12**: 420-430.

Tjalsma, H., Bolhuis, A., Jongbloed, J. D. et al. (2000) Signal peptide-dependent protein transport in *Bacillus subtilis*: a genome-based survey of the secretome. *Microbiol Mol Biol Rev* **64**: 515-547.

Tseng, T. T., Gratwick, K. S., Kollman, J. et al. (1999) The RND permease super-family: An ancient, ubiquitous and diverse family that includes human disease and development proteins. *J Mol Microbiol Biotechnol* **1**: 107-125.

Valent, Q. A., Scotti, P. A., High, S. et al. (1998) The *Escherichia coli* SRP and SecB targeting pathways converge at the translocon. *EMBO J* **17**: 2504-2512.

van Dalen, A., Killian, A. and de Kruijff, B. (1999) Δψ stimulates membrane translocation of the C-terminal part of a signal sequence. *J Biol Chem* **274**: 19913-19918.

van der Does, C., den Blaauwen, T., de Wit, J. G. et al. (1996) SecA is an intrinsic subunit of the *Escherichia coli* preprotein translocase and exposes its carboxyl terminus to the periplasm. *Mol Microbiol* **22**: 619-629.

van der Does, C., Manting, E. H., Kaufmann, A. et al. (1998) Interaction between SecA and SecYEG in micellar solution and formation of the membrane-inserted state. *Biochemistry* **37**: 201-210.

van der Wolk, J. P, de Wit, J. G. and Driessen, A. J. M. (1997) The catalytic cycle of the *Escherichia coli* SecA ATPase comprises two distinct preprotein translocation events. *EMBO J* **16**: 7297-7304.

van der Wolk, J. P., Fekkes, P., Boorsma, A. et al. (1998) PrlA4 prevents the rejection of signal sequence defective preproteins by stabilizing the SecA-SecY interaction dyring the initiation of translocation. *EMBO J* **17**: 3631-3639.

van Voorst, F. and de Kruijf, B. (2000) Role of lipids in the translocation of proteins across membranes. *Biochem J* **347**: 601-612.

van Voorst, F., van der Does, C., Brunner, J. et al. (1998) Translocase-bound SecA is largely shielded from the phospholipid acyl chains. *Biochemistry* **37**: 12261-12268.

von Heijne, G. (1998) Life and death of a signal peptide. *Nature* **396**: 111-113.

Weiner, J. H., Bilous, P. T., Shaw, G. M. et al. (1998) A novel and ubiquitous system for membrane targeting and secretion of cofactor-containing proteins. *Cell* **93**: 93-101.

Xu, Z., Knafels, J. D. and Yoshino, K. (2000) Crystal structure of the bacterial protein export chaperone SecB. *Nat Struct Biol* **7**: 1172-1177.

Yamada, H., Matsuyama, S., Tokuda, H. et al. (1989) A high concentration of SecA allows proton motive force-independent translocation of a model secretory protein into *Escherichia coli* membrane vesicles. *J Biol Chem* **264**: 18577-18581.

4.7 推荐读物

Brundage, L., Hendrick, J. P., Schiebel, E. et al. (1990) The purified *Escherichia coli* integral membrane protein SecY/E is sufficient for reconstitution of SecA-dependent precursor protein translocation. *Cell* **62**: 649-657.

Manting, E. H., van der Does, C., Remigy, H. et al. (2000) SecYEG assembles into a tetramer to form the active protein translocase channel. *EMBO J* **19**: 852-861.

Pohlschröder, M., Prinz, W. A., Hartmann, E. et al. (1997) Protein translocation in the three domains of life: variations on a theme. *Cell* **91**: 563-566.

Schiebel, E., Driessen, A. J. M., Hartl, F.-U. et al. (1991) $\Delta_{\mu H+}$ and ATP function at different steps of the catalytic cycle of preprotein translocase. *Cell* **64**: 927-939.

Wickner, W. T. (1994) How ATP drives proteins across membranes. *Science* **266**: 1197-1198.

5 在内质网膜上蛋白质的分选

Nora G. Haigh 和 Arthur E. Johnson

5.1 引言

真核细胞中几乎所有的蛋白质均由细胞质中的核糖体合成，但许多蛋白质最终是在其他的地方行使它们的功能，如各种细胞器或细胞内的区室，对于分泌蛋白则是在细胞外。将蛋白质运送至最终位点的过程被称为蛋白质运输（protein trafficking）或蛋白质分选（protein sorting）。蛋白质分选需要采用一种手段来鉴定，分选后蛋白质被运输到相应的细胞位点，通常都会发生蛋白质穿过膜双分子层。细胞已有专门的机制将蛋白质递送穿过特定的膜结构，并到达适宜位点执行其功能。

5.2 一般原理

少数基本原理控制着细胞中所有蛋白质的分选。首先，必须有一种系统性方法来鉴定那些被分选的蛋白质。这些信息被编码在蛋白质的一级序列中，通常位于蛋白质的N端，当新生蛋白质仍结合在核糖体上时分选信号是可以被识别和解码的。鉴定了作为蛋白质分选底物的蛋白质后，需要一种定向机制将每一个蛋白质底物递送到适当的细胞膜上。在某些情况下，需要胞质中专门的分子将胞质编码的蛋白质运送到一种特殊的膜上。细胞中的每个目的地或细胞器必须在膜的胞质一侧具有一种特异的受体来识别底物蛋白质，并确保底物蛋白质被运送到正确的细胞器。在定向之后，细胞必须引导多肽穿过膜双分子层。既然膜的主要功能是利用其双分子层结构将两个水质的区室分隔开，那么一个大分子从胞质运动进入某个细胞器就是从膜的一侧到另一侧，引发许多基础的机制性问题。蛋白质穿过膜是自发进行的吗？还是需要专门的位置或装置来协助转运？无论是哪种情况，蛋白质穿过膜时所处的环境是一种疏水性的，还是水溶性的，或介于两者之间？根据确切的机制，如果一种蛋白质已被折叠，那么它将难以被转运，因此在转运之前和运输穿过膜双分子层过程中它需要保持一种未折叠状态。因此，多肽的跨膜转运都需要某些类型的能量输入来满足这个过程对能量的需求。在保持跨膜通透性屏障的同时，还必须全部满足蛋白质在运输装置上的这些要求，这样细胞中各种膜才能有效地将各区室分隔开。本章的重点集中在蛋白质通过内质网（ER）膜的转运，这是真核细胞中分泌途径中的第一步。去往内质网、高尔基体和其他细胞器的蛋白质，以及分泌蛋白和膜蛋白首先到达内质网膜。早期利用电子显微镜（EM）对哺乳动物内质网进行观察，发现核糖体沿粗面内质网膜胞质一侧分布（Palade，1975）。观察结果提示，多肽被核糖体合成的同时，它们可能直接插入内质网膜并进入到内质网腔中（共翻译转运）。但多年来，一条多肽是如何被运输穿过内质网双分子层的确切机制仍是一个谜。

5.3 蛋白质向内质网膜的定向转运

如第 3 章所述，细胞已有一套专用系统来识别并定向转运那些定位于或需穿过内质网膜的蛋白质。在共翻译转运情况下，定向到内质网的过程可分为三个阶段：信号序列的识别、新生肽延伸终止和结合到内质网膜（图 5.1；综述见 Walter and Johnson，1994；Stroud and Walter，1999）。

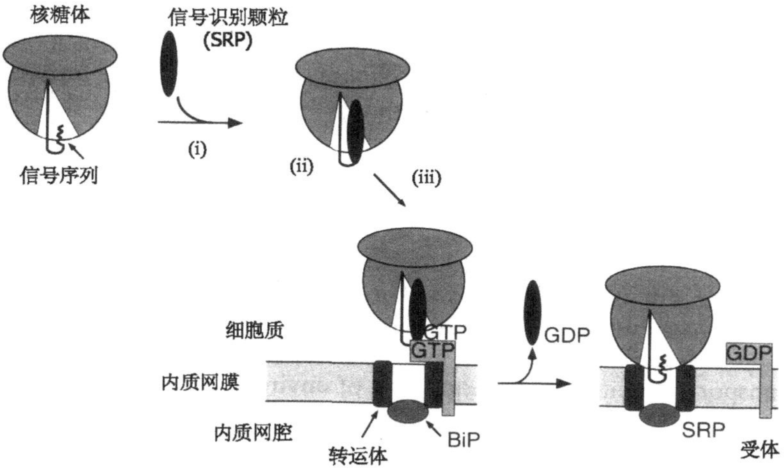

图 5.1 依赖于 SRP 的 RNC 复合体向内质网膜的定向。核糖体上带有暴露信号序列的新生肽依赖于 SRP 定向到内质网膜，这个过程可分为三个阶段：(i) 信号序列的识别；(ii) 新生肽延伸终止；(iii) 核糖体结合到内质网膜上。在细胞质中，信号肽被合成并从核糖体中释放，SRP 识别并与信号序列结合。翻译延伸被终止，形成核糖体-新生肽-SRP 链复合体。之后，复合体通过依赖于 GTP 的 SRP 与 SRP 受体之间的相互作用定向到内质网膜。

定向底物通过信号序列被识别。信号序列是底物中位于 N 端的一段特殊氨基酸序列。它没有明显的序列保守性，但在带电氨基酸和非极性氨基酸排列方面有一种共同的模式。信号序列的长度在 20 至 30 个氨基酸之间，有一个由 8 至 12 个氨基酸组成的中央疏水核心。带正电的残基常常位于 N 端到疏水核心之间，而不带电的极性氨基酸通常位于疏水核心的 C 端（见第 3 章）。信号识别颗粒（SRP）是一个核酸蛋白复合体，负责识别信号序列。SRP 由一个含有 300 个核苷的 7S RNA 分子和 6 种不同的蛋白质组成，6 种蛋白质的质量分别为 9、14、19、54、68 和 72kDa（命名为 SRP9、SRP14、SRP19、SRP54、SRP68 和 SRP72）（Walter and Blobel，1980，1982）。SRP 的总体形状是一个拉长的棒状，RNA 几乎穿越整个全长 SRP，蛋白质与 RNA 的不同结构域结合（Walter and Johnson，1994）。最保守的蛋白质亚基是 SRP54，在大肠杆菌中它的同源物被称为 Ffh（fifty-four homolog），是细菌 SRP 中唯一的蛋白质亚基。在 SRP 复合体中，SRP54 蛋白质结合在 7S RNA 的一端，它有三个结合域。中央的 G 结构域是一个 GTP 酶结构域，它与 SRP 受体和 Ras 蛋白中的 GTP 酶结构域相似。N 端的 N 结构域是一个四股螺旋束，M 结构域构成 SRP54 蛋白 C 端，其中含有多个蛋氨酸残基。M 结构域通过一个柔软的铰链将 N 和 G 结构域连接起来，它在 SRP54 中发挥同时结合 RNA 和信号序列的功能。信号序列中疏水序列长度和（或）特异氨基酸组成变化很大，SRP 如何准确地识别信号序列？最近 Ffh 蛋白结构测定结果揭示了 M 结构域如何识别并与信号序列结合（Keenan et al.，1998；Batey et al.，2000）。M 结构域在结构上含有一个深的沟，它顺着疏水侧链排列，疏水侧链结合在信号序列的疏水性残基上。由于信号序列通常位于新生多肽的 N 端，因此它是核糖体在合成蛋白质时最先合成的部分，在翻译过程中从核糖体伸出（图 5.1）。在新生肽链翻译过程中，当信号肽序列暴露出来时 SRP 对核糖体的亲和力大小可增加近 3 个数量级。因此，信号序列的暴露导致 SRP 紧密地结合到核糖体-新生肽链复合体。据估计，在细胞中每 10 个核糖体对应于 1 个 SRP，因此 SRP 很可能在核糖体之间循环，直到它定位在一个暴露的信号序列上，信号序列使 SRP 稳定地结合在一个特定的核糖体上（综述见 Walter and Johnson，1994）。当 SRP 结合到信号序列和核糖体上时，进一步的翻译被抑制（图 5.1）（Walter and Blobel，1981）。这种“延伸终止”阻碍蛋白质合成的功能受 SRP9 和 SRP14 蛋白的影响，SRP9 和 SRP14 从 SRP54 结合到被拉长的 SRP RNA 的两端。这种排列方式允许 SRP 分子与靠近核糖体通道出口的信号序列结合，同时影响远处核糖体肽酰转移酶中心进行的肽链延伸。对对于蛋白质转运延伸终止并不是绝对需要的，但被认为帮助维持新生肽的定向和转运。因此，终止延伸可以使核糖体在新生肽链没有达到过长以前有足够的时间被有效地转运定向到内质网膜。核糖体-新生肽链-SRP（RNC-SRP）复合体通过 SRP 和 SRP 受体（SR）之间的特异性相互作用定向到内质网膜胞质一侧，SRP 受体是一种异源二聚体膜蛋白，它只发现于粗面内质网膜上，由位于周质的 SRα 和跨膜的 SRβ 亚基组成。SR 和 RNC-SRP 之间的相互作用启动一系列步骤，包括核糖体结合到膜上、信号序列从 SRP 中释放出来、SR 和 SRP 从核糖体上释放以及新生肽链转运的起始（图 5.1）（Walter and Johnson，1994）。这个定向过程也需要水解 GTP。SRP、SRα 和 SRβ 各自含有一个 GTP 结合位点，共同完成并调节定向过程。这可能涉及 SRP54 和 SRα，它们激活彼此的 GTP 酶活性（Powers and Walter，1995；Rapiejko and Gilmore，1997；Millman and Andrews，1997），而 GTP 结合到 SRβ 似乎可以调节依赖于转运体的信号序列从 SRP 的释放（Fulga et al.，2001）。当存在不可水解的 GTP 类似物时，定向过程也可以进行，但 SRP 和 SRP 受体紧密结合在一起，这表明蛋白质的释放和自由 SRP 及 SR 的再生需要水解 GTP（Walter and Johnson，1994；Rapiejko and Gilmore，1997）。这些蛋白质被释放后，依赖于 GTP 的 SRP 与 SR 的解离使定向过程彻底完成，RNC 复合体结合到内质网膜标志着共翻译转运的开始。

小结：蛋白质向内质网膜的转运

- 蛋白质向内质网膜的转运可分为三个阶段：信号序列的识别、新生肽延伸的终止，以及结合到内质网膜上。
- N 端信号序列用于内质网转运时对底物的识别。信号序列长约 20～30 个氨基酸，含有一个由 8～12 个疏水氨基酸残基组成的核心。

• 一种被称为 SRP 的核苷蛋白负责信号序列的识别和结合，并终止延长。
• SRP 与 SRP 受体之间通过 GTP 依赖的相互作用使 RNC 复合物定向到内质网膜。

5.4 蛋白质跨越内质网膜的转运

哺乳动物细胞中，蛋白质以共翻译的方式被转运通过内质网膜，即多肽链在核糖体上合成的同时被转运穿过膜双分子层，转运发生在 RNC 复合物结合到内质网膜之后。蛋白质在离开 SRP 后重新开始合成，新生肽穿过膜双分子层进入内质网腔。伴随着蛋白质合成的进行，新生肽可能以一种没有明确二级结构的伸展构象被转运穿过膜。在转运进行过程中，信号序列被切除，并且新生多肽被修饰、折叠，在内质网腔中的酶和分子伴侣的参与下以共翻译的方式转运。虽然在哺乳动物中发生在内质网膜上的转运是以共翻译方式进行的，但在酵母中可以通过共翻译转运也可以通过翻译后转运的方式进行。在翻译后转运方式中，分泌蛋白由胞质中的核糖体完全合成后再开始转运过程。由于多肽只有以伸展的构象存在时才有可能通过内质网膜，因此新生肽链在转运前必须在胞质中保持未折叠或松散折叠状态。胞质中的分子伴侣执行这种功能，并可能还参与多肽到转运体的定向。翻译后转运的蛋白质虽然含有信号序列，但定向过程完全不依赖于 SRP 或类似的因子（综述见 Corsi and Schekman，1996）。一旦定向完成，翻译后转运的蛋白质就通过内质网膜进入到内质网腔中，内质网腔中有另外一套分子伴侣蛋白。蛋白质进入内质网腔后，腔中的酶和分子伴侣将信号序列切除，并对蛋白质进行正确修饰和折叠。在蛋白质定向的基本步骤被阐明后的很长一段时间里（Sanders and Schekman，1992），蛋白质通过内质网膜的机制始终是一个“黑箱”，因为研究膜相关的事件在实验上存在着困难。多肽究竟是如何从膜双分子层的一侧转移到另一侧同时又不破坏通透屏障的呢（图 5.2）？这个过程是自发的吗？或需要某种类型的蛋白质装置？新生肽链经过的是什么环境呢？

5.4.1 转移位点的特性被揭示：转运体

1975 年 Blobel 和 Dobberstein 提出假说，认为分泌蛋白经过由整合膜蛋白构成的水质通道转运穿过内质网膜（图 5.2C）（Blobel and Dobberstein，1975）。但在许多年里，这一领域中的多数研究者怀疑存在有水质通道和由蛋白质组成的转运位点。一种有竞争力的假说认为，信号序列引导多肽自发性地插入到膜中，多肽的其余部分在没有专门的转运通道或蛋白质的协助下被转运穿过膜双分子层的非极性核心（图 5.2A）（Engelman and Steitz，1981）。

关于蛋白质转移穿过内质网膜的机制被激烈地争论了许多年，但仍无结果，因为没有可信的实验证据来支持一种单独的假说。新的实验方法提供了可信的实验数据，并于 20 世纪 90 年代达成了一个普遍的共识，即内质网上的由蛋白质形成的位点参与转运过程。当 20 世纪 80 年代的许多实验表明肽可以自发地插入到膜双分子层中，与上面提到的第二种模型观点一致时，结合到核糖体上的新生肽却有不同的表现。定向到内质网膜上的与核糖体结合的新生分泌蛋白在无法从膜中提取出膜蛋白的条件下却可用尿素提取

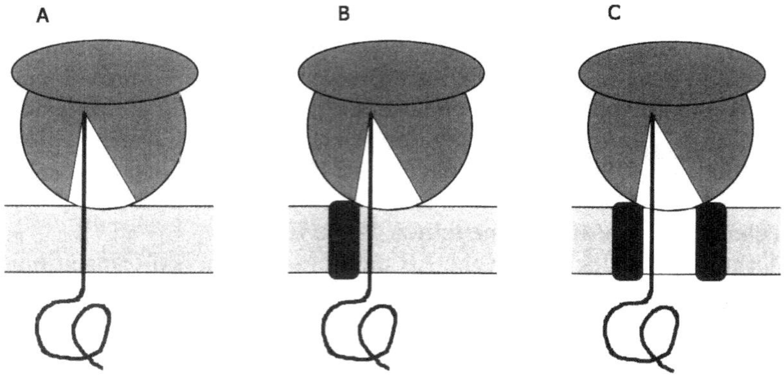

图 5.2 在转运过程中新生肽所处的可能的环境。新生肽通过内质网膜的共翻译转运模型。A. 新生肽可能以一种“自发的”方式被转运穿过疏水性的膜，完全不借助于内质网蛋白质。B. 新生肽可能在内质网蛋白质的协助下被转运通过双分子层的非极性核心。C. 新生肽可能穿过膜中由内质网蛋白质形成的水质孔被转运。

出来，这表明与核糖体结合的新生肽链处于一种可接触到水的环境中（Gilmore and Blobel，1985）。第一个有力的证据来自光交联实验，它证明，膜蛋白可能参与了蛋白质跨越内质网膜的转运，而 SR 没有参与此过程。在这些研究中，探针被直接结合到新生肽链中，这样它们可以报告在转运过程中新生肽所处的局部环境。转运中间产物中包含光反应部分，当在新生肽链中形成转运中间物并被光分解后，新生肽链在整个转运过程中就被交联到膜蛋白上，这表明膜上的这些蛋白质可能参与了协助多肽运动穿过内质网膜的过程（Wiedmann et al.，1987；Krieg et al.，1989；Wiedmann et al.，1989；Thrift et al.，1991；High et al.，1991）。

在对内质网膜进行电物理学研究中，采用传导性测量方法发现内质网膜中存在跨膜水质通道（Simon and Blobel，1991）。在用嘌呤霉素对膜进行处理后可观察到离子传导性，嘌呤霉素是一种抗体，它可引起核糖体释放新生肽链。这个结果表明，跨膜离子流发生的前提是新生肽链被释放。当核糖体从膜上被冲洗掉时，通道就会关闭，因此这些离子通道的存在同时依赖于新生肽链和核糖体。

新生蛋白质在穿过膜双分子层时处于一种水质环境中，支持这一结论的最终证据来源于一系列实验，它们将对水敏感的荧光探针直接结合到转运中间产生的新生肽链中。共价结合到新生肽链上的探针随后定位到内质网膜上，用于检测新生肽链在双分子层中是位于水质还是非极性环境中。样品中荧光的寿命表明，所有位于膜包裹的核糖体和膜自身内的探针都处于一种水质环境中（Crowley et al.，1994）。

以碘离子为疏水性碰撞荧光猝灭剂，证实新生肽在转运过程中经过一个穿过膜的水孔。碘离子位于内质网膜腔一侧，而不是胞质一侧，因此可以碰撞到并猝灭位于膜胞质一侧核糖体内的荧光染料。这个结果表明，存在一条水质通道使腔内的碘离子可以完全通过内质网膜并扩散进入核糖体（Crowley et al.，1994）。碰撞猝灭实验还证明，核糖体中的水质新生肽链通道和内质网膜中的水质孔在核糖体结合到膜上的都被封闭与胞质隔绝（Crowley et al.，1993，1994）。荧光实验结果综合表明，新生肽链在转运过程中处于一种水质环境中，这种水质空间只与新生分泌蛋白的目的地内质网腔连通（图5.2C）。最近，利用电子显微镜对纯化的膜蛋白进行观察，已发现一个水质转运孔的图像。一些在光交联研究中参与转运的蛋白质被纯化，发现它们形成了一种环状的寡聚体，结构类似于在电子显微镜下观察到的天然内质网膜（Hanein et al.，1996）。随后用冰冻蚀刻显微技术得到的复合体与核糖体结合的照片证明，新生肽经过的水质孔与核糖体通道对齐（图5.3）（Beckmann et al.，1997）。

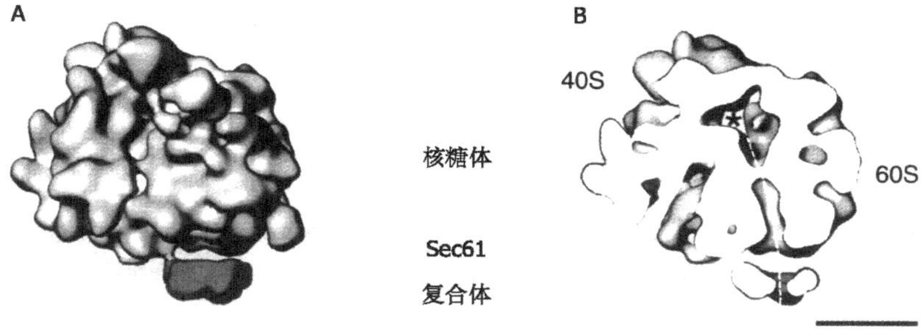

图5.3　核糖体-转运体联合物。由未进行翻译时的核糖体和纯化的Sec61形成异源二聚复合体，利用冰冻蚀刻电子显微照片构建出此异源二聚复合体的三维结构。此图显示了核糖体中的新生肽通道与Sec61复合物形成的孔联通在一起时的情况。A. 侧面观，核糖体位于Sec61复合体孔的上方。B. 与A方向相同，通过Sec61寡聚体的孔和核糖体通道作的一个截面。虚线指示出核糖体通道与Sec61孔联通。星号表示肽酰转移酶中心的位置。比例尺表示100Å。经获准引自Beckmann，R.，Bubek，D.，Grassucci，R.，Penczek，P.，Verschoor，A.，Blobel，G. and Frank，J.（1997）Alignment of conduits for the nascent polypeptide chain in the ribosome-Sec61 complex. *Science* 278：2123-2126. Copyright 1997 American Association for the Advancement of Science。

这种排列表明，与荧光实验得到的数据一致，核糖体与转运孔结合形成一个独立封闭的管道，这个管道从核糖体中蛋白质合成的位置到达分泌蛋白的目的地——内质网腔（图5.3B）。

因此，在共翻译转运过程中，核糖体结合到内质网膜上的特定位点，它们是水孔穿越膜双分子层的地方。在蛋白质合成的过程中，新生多肽链通过这些孔穿过内质网膜进入到内质网腔。尽管在1986年对这些孔是否存在还有争议，Walter和Lingappa就提出了“转运体”（translocon）的概念来确认内质网膜中分泌蛋白的转运和膜蛋白整合发生的位置（Walter and Lingappa，1986）。

5.4.2　小结：蛋白质跨越内质网膜的转运

- 蛋白质穿越内质网膜时通过一个水孔，称为转运体。
- 核糖体与转运体结合阻止离子和小分子通过水孔。
- 在共翻译转运过程中，核糖体结合到转运体上形成一个独立的水通道，它穿过内质网膜并与胞质隔绝。

5.5 转运体的组成和结构

尚未确定蛋白质转运时通过内质网膜中的水孔，有关转运体蛋白质组成和结构方面的研究已在进行。现在我们知道，许多不同实验室的工作成果表明，转运所需的转运体“核心”由 4 种内质网膜蛋白组成。此外，在新生肽链与转运体接合时，另有几种辅助蛋白质作用于新生肽链（综述见 Johnson and van Waes，1999；Rapoport et al.，1996）。

5.5.1 转运体的主要组成

转运体构成内质网膜中的蛋白引导通道，它的组成最早是通过光交联的方法来鉴定的，采用一种方法直接将可发生光反应的探针结合到被转运的新生肽链中。当这些光探针进入到内质网膜并被光分解时，新生肽链就被交联到特异的内质网膜蛋白上，这些蛋白质在新生肽链转运或整合到膜上时位于新生肽附近（Krieg et al.，1989；Wiedmann et al.，1989；Thrift et al.，1991；High et al.，1991）。

之后纯化转运体蛋白质与新生肽形成的光加成化合物，再重新构建到蛋白脂质体中，发现仍可完成转运和整合过程（Görhch et al.，1992a，1992b；Görlich and Rapoport，1993）。哺乳动物转运体的组成之一——转运结合膜蛋白或 TRAM（Görlich et al.，1992a）被发现对于多数，但不是全部蛋白质的转运或整合是必需的（Görlich and Rapoport，1993；Oliver et al.，1995；Voigt et al.，1996）。TRAM 是一种糖蛋白，具有 8 个跨膜（TM）片段，分子质量 36 kDa。另一种组分，Sec61α（Görlich et al.，1992b）因为与以前鉴定的酵母蛋白 Sec61p 为同源物而得名（Deshaies and Schekman，1987；Stifling et al.，1992）。Sec61α 含有 476 个氨基酸，跨膜 10 次。还有 2 种较小的多肽分别为 Sec61β 和 Sec61γ，它们均跨膜一次，分子质量分别为 8 kDa 和 14 kDa，经纯化可得到与 Sec61α 形成的异源三聚体。Sec61 异源三聚体和 TRAM 被认为是哺乳动物转运体的核心组分，因为在仅有这些蛋白质的情况下可以成功地重新构建出具有转运和整合活性的转运体（表 5.1）。

酵母的翻译后转运体具有类似的核心组分 Sec61p、Sbh1p 和 Sec61α，Sec61α、Sec61β 和 Sec61γ 是它们的同源物。由三种整合膜蛋白（Sec62p、Sec63p 和 Sec71p）组成的酵母异源三聚体 Sec 复合物与胞质外周膜蛋白 Sec72p 组成异源四聚体翻译后转运体（Corsi and Schekman，1996；Rapoport et al.，1996）。在体外，这 7 种膜蛋白加一种可溶的内腔蛋白 Kar2p 是重新构建翻译后转运体所必需的（表 5.1）（Panzner et al.，1995）。

光交联和重建研究鉴定出对于在内质网膜进行转运和膜蛋白整合所需的最小数量的内质网膜蛋白。但是，重建系统的转运效率远远低于完整的内质网膜，所以在体内可能还有其他的蛋白质参与转运。此外，许多其他活动，如信号序列切除、糖基化和蛋白质折叠也发生在共翻译转运过程中，因此执行这些功能的蛋白质也位于转运体附近，并且也是在体内转运体的组成成分。

5.5.2 转运体的辅助组分及其化学计量

信号肽酶（Signal peptidase，SP）的功能是切除信号序列，寡糖基转移酶（oligosaccharyl-transferase，OST）的功能是使蛋白质糖基化，这两种酶在新生肽转运的过程中作用于新生肽，因此它们位于靠近转运体的地方。实际上，25 kDa 的 SP 亚基已化学交联到 Sec61β 上，因此与转运体相邻。OST 的一个亚基与核糖体交联，并且 OST 的活性位点靠近转运体。而且，OST 似乎在整个转运过程中始终位于转运体附近，因为转运过程中新生蛋白质在全长范围内的每个糖基化位点都发生糖基化（综述见 Johnson and van Waes，1999）。

钙结合蛋白是一种内质网膜蛋白，在新生膜蛋白折叠过程中作为一种分子伴侣并交联到新生肽链上。钙结合蛋白因此可能位于或靠近转运体的地方，但目前没有证据表明钙结合蛋白与转运体蛋白质形成一种特殊的复合体。可溶性内腔蛋白，如钙网蛋白、蛋白质二硫键异构酶、BiP 和 ERp57 在共翻译过程中也与新生肽发生相互作用（表 5.1，综述见 Johnson and van Waes，1999）。

表 5.1　转运体的组成

成　分	位　置	功　能
主要成分		
共翻译		
Sec61α	内质网膜	在哺乳动物中，这三种蛋白质形成异源三聚体，通过多拷贝（2-4）组成内质网膜的转运体孔；Sec61α 的跨膜螺旋形成多数或全部孔的内表面。
Sec61β	内质网膜	
Sec61γ	内质网膜	
TRAM	内质网膜	哺乳动物共翻译转运体组分；在膜蛋白整合和（或）信号序列识别中起作用。
翻译后（酵母）		
Sec61p	内质网膜	酵母 Sec61α 蛋白同源物
Sbh1p	内质网膜	酵母 Sec61β 蛋白同源物
Sss1p	内质网膜	酵母 Sec61γ 蛋白同源物
Sec62p	内质网膜	被认为参与信号序列相互作用
Sec63p	内质网膜	位于转运体腔体一侧，作为 BiP 的结合位点
Sec71p	内质网膜	被认为参与信号序列相互作用
Sec72p	外周内质网膜蛋白	胞质定位；被认为参与信号序列相互作用
辅助组分		
信号肽酶（SP）	内质网膜	多亚基复合体；在内质网腔中将新生肽中的信号序列切除
寡糖基转移酶（OST）	内质网膜	多亚基复合体（包括核糖体受体蛋白 I 和 II）；在内质网腔中使转运体孔附近的蛋白质糖基化
BiP（Kar2p）	内质网腔	分子伴侣；Hsp70 家族成员；增进翻译后转运；封闭共翻译转运体腔内一侧
钙结合蛋白	内质网膜	分子伴侣；通过糖的部分与糖蛋白共价结合
钙网蛋白	内质网腔	分子伴侣；通过糖的部分与糖蛋白共价结合
蛋白质二硫键异构酶（PDI）	内质网腔	分子伴侣；促进二硫键的形成
ERp57	内质网腔	分子伴侣；依赖于巯基的还原酶

转运体的基本组成已被鉴定，但对于组装一个独立的转运体所需要的每种蛋白质的数目仍有争论。似乎在每一个共翻译转运体中 Sec61α、Sec61β 和 Sec61γ 的数目是相等的，因为哺乳动物 Sec61 复合体是以异源三聚体的形式被纯化出来的（Görlich and Rapoport，1993）。根据电子显微镜观察，每个转运体中 Sec61α 蛋白的数目据估计有 3～4（Hanein et al.，1996）或 2 个（Beckmann et al.，1997）。据估计，TRAM 在每个核糖体中出现 1～2 个拷贝（Görlich et al.，1992a）。粗面内质网微体约含有等摩尔数的核糖体和 SP，以及等摩尔数的核糖体和核糖体受体蛋白 I，核糖体受体蛋白 I 是 OST 的一个亚基。因此，可能每个转运体结合一个 SP 和一个 OST（综述见 Johnson and van Waes，1999）。

5.5.3 转运体水孔的特性

电子显微镜数据显示，纯化的 Sec61 复合体形成环状结构（Hanein et al.，1996；Beckmann et al.，1997），并因此认为 Sec61 多肽排列成水孔。由于新生肽链在转运过程中通过水孔，新生肽链通过光交联结合到转运体组分上表明多肽排列在孔内部。在完整的转运体中，Sec61α、Sec61β 和 TRAM 各自都交联到新生肽链中（综述见 Johnson and van Waes，1999），但在水孔中 Sec61α 是主要的交联对象（High et al.，1993；Mothes et al.，1994）。这些结果强烈提示，转运体水孔的内壁大部分是由 Sec61α 的 α 螺旋形成的，这个结论与某些 Sec61α 跨膜（TM）片段具有较强疏水性的结果一致（Wilkinson et al.，1996）。

已用各种方法来估计转运体水孔的大小。采用荧光方法，估计活性转运体水孔的直径在 40～60Å，远大于预想的维持通透屏障的膜中水孔的大小。在这些实验中，不同大小的疏水性猝灭剂被加入到完整的内质网腔中，腔中还有完全被荧光标记的新生肽链，这样就可确定哪些部位是对于猝灭剂来说太小以致猝灭剂不能进入的转运体水孔（Hamman et al.，1997）。尽管已推测直径大的水孔在膜蛋白整合过程（Hamman et al.，1997；Johnson and van Waes，1999）或反向转运过程中（Johnson and Haigh，2000）也许是重要的，但仍不清楚结合有核糖体的转运体其大孔在功能上有何重要性。

电子显微镜技术也用于估计转运体水孔大小。可溶于清洁剂的 Sec61 异源二聚体的图像显示，它有一个外径接近 110Å 的环（Hanein et al.，1996；Beckmann et al.，1997）。可是在这些图像中，孔的内径估计接近 20Å，与采用荧光方法测定得到的 40～60Å 形成鲜明对比。采用荧光方法测定的无核糖体、非转运状态下的转运体有一个内径为 9～15Å 的孔（Hamman et al.，1998），因此核糖体的解离引起孔发生剧烈的收缩。由于在电镜研究中观察到的环具有相似的直径，因此采用电镜观察到的转运体可能也是处于没有结合核糖体的状态。最近采用电镜技术对转运中间物的一项研究（Ménétret et al.，2000）已测定出小孔的大小，并观测到在核糖体和转运体之间有一个沟——这类似于用纯化的核糖体和 Sec61 异源三聚体观察到的结果（Beckmann et al.，1997）。Ménétret 等测定的转运中间物在经过清洁剂提取后缺少 TRAM、转运体辅助蛋白质、磷脂和其他膜组分，而在有功能的膜中一个完整的转运体可能需要保持大的直径和牢固的密封，就像在荧光研究中检测到的那样。

5.5.4 小结：转运体的组成和结构

- 异源三聚体 Sec61 复合物（Sec61α、Sec61β 和 Sec61γ）和 TRAM 是共翻译转运体的核心组分，利用这些组分可重新构建出具有转运活性的转运体。
- 酵母中的翻译后转运需要 Sec61 复合物的酵母同源物（Sec61p、Sbh1p 和 Sss1p），以及 Sec62p、Sec63p、Sec71p、Sec72p 和 Kar2p，Kar2p 是一种腔内分子伴侣。
- 辅助蛋白质，如 OST、SP 和其他蛋白质在转运体中的功能是对新生肽链进行修饰、折叠和加工。
- 无核糖体结合的转运体有一个直径为 9～15Å 的孔，而结合有核糖体执行转运功能的转运体有一个直径为 40～60Å 的大孔。

5.6 内质网膜上转运体的功能

目前已明确，蛋白质转运穿过内质网膜经过内质网转运体的水孔。而且转运体的主要组分已被鉴定。此外，越来越清楚地认识到转运体是一个多功能蛋白复合物（综述见 Rapoport et al.，1996；Matlack et al.，1998；Johnson and van Waes，1999）。蛋白质除了以共翻译和翻译后的方式穿过内质网膜外，转运体还是膜上蛋白质整合到内质网膜的位点。蛋白质在内质网腔中的折叠和装配也是与转运体有关的过程。并且有新的有趣的证据表明，蛋白质从内质网腔反向转运回到胞质也通过转运体，反向转运的目的是为了利用胞质中的蛋白质降解体对蛋白质进行降解。在这部分，将讨论转运体的功能及各种功能之间的相互关系（图 5.4）。

5.6.1 哺乳动物细胞中的共翻译转运

在定向和转运之前，转运体孔的直径为 9～15Å，在腔内一侧被 BiP 封闭(图 5.4A)（Hamman et al.，1998）。BiP 是一种可溶的内质网腔内蛋白，是 Hsp70 分子伴侣家族的一个成员，参与蛋白质的折叠和装配（Haas and Wabl，1983；Gething and Sambrook，1992）。BiP 关闭未与核糖体结合的转运体水孔的机制还不清楚，可与 BiP 发生相互作用的转运体蛋白质的种类也不清楚。BiP 可能直接结合到转运体水孔的腔内一端将孔堵住，或间接通过 BiP 与最近鉴定出的哺乳动物中 Sec63p 同源物之间的相互作用将孔封闭，已发现 Sec63p 同源物与 Sec61 复合物结合在一起（Skowronek et al.，1999；Meyer et al.，2000；Ivedmers et al.，2000）。依赖于 SRP 的定向完成后（见上“蛋白质向内质网膜的定向”部分），蛋白质以 RNC 复合体的形式被转移到转运体，并在核糖体和转运体孔之间形成紧密的封闭（Crowley et al.，1993）。

离开 SRP 后，蛋白质合成重新开始，延伸的肽链此后移动通过转运体。有趣的是，此时 BiP 仍结合在孔的腔内端，因此新生肽被封闭在一个与胞质或内质网腔都不相通的空间内（Crowley et al.，1994；Hamman et al.，1998）。延迟释放 BiP 和打开孔一定是保持内质网膜通透屏障的一种安全机制。在进化上的这种设计保证了在孔的一端被紧闭的情况下孔的另一端不会被打开。

当新生肽延伸到约 70 个残基后（Crowley et al.，1994），转运体孔对着内质网腔一端打开。BiP 释放和转运体孔内腔一端打开的细节还不清楚。BiP 被释放后，结合有核糖体的转运体孔直径为 40～60 Å（Hamman et al.，1997）。核糖体继续翻译 mRNA，由于核糖体与转运体紧密结合，封住了通往胞质方向的任何运动，新生肽链只能被转运穿过膜（图 5.4B）。核糖体-转运体在共翻译转运过程中始终保持紧密的封闭状态，维

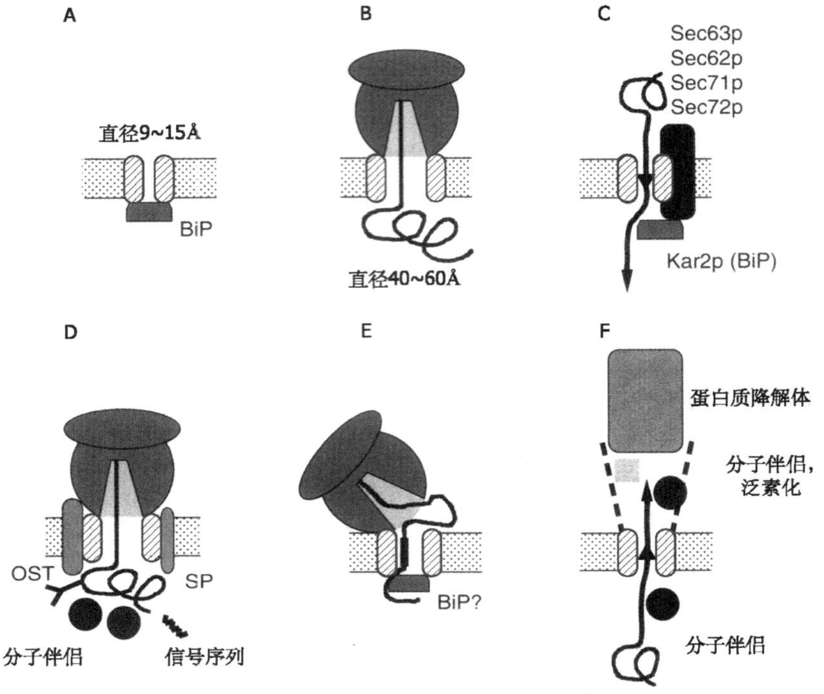

图 5.4　转运体在内质网膜上的功能。图中表示了转运体（）在内质网膜（灰色）上的各种功能模型。胞质和内腔侧分别位于膜的上下方。为清楚起见，OST 和 SP 只在 D 中表示出来。A. 间歇状态。未与核糖体结合的转运体其孔内径为 9～15Å，在腔内侧被 BiP 直接或间接封闭。B. 共翻译新生肽链的转运。核糖体在胞质一侧与转运体形成紧密封闭。处于转运状态下的转运体孔内径为 40～60Å。C. 蛋白质的翻译后转运。翻译后转运需要异源三聚体 Sec 复合物，以及另外 4 种转运体组分和 Kar2p（酵母 BiP 蛋白）。三角形表示蛋白质移动的方向。D. 新生肽的加工和折叠。显示的是共翻译转运过程。分子伴侣协助新生肽链进行折叠。SP 去除信号序列，OST 在专门的位点对新生肽链进行糖基化。类似的过程也发生在共翻译的膜蛋白整合和蛋白质翻译后转运过程中。E. 共翻译的膜蛋白整合。当合成出一个跨膜结构域时，核糖体和转运体识别该结构域，对它进行正确定向，并横向将它插入到膜双分子层中。这里只描述了一种中间状态。关于膜蛋白整合中间过程的详细描述见图 5.5。F. 反向转运和蛋白质的降解。在内质网腔中被错误折叠和装配的蛋白质通过转运体被运输到胞质中，由蛋白酶将其降解。三角形表示蛋白质移动的方向。修改自文献（Johnson and Haigh，2000）。

持通透屏障。

翻译终止后，核糖体的释放导致转运体孔又收缩至内径为 9～15 Å，在腔内侧通过 BiP 调节机制保持封闭状态（Hamman et al.，1998）。在新合成蛋白质尚未完全通过转运体并进入腔内时，转运体孔的收缩和关闭可能并没有发生。若要保持内质网膜的通透屏障，新生肽链就必须在核糖体从转运体上释放去出之前被完全转运。

5.6.2 酵母中的共翻译和翻译后转运

酵母同时采用共翻译和翻译后转运机制（综述见 Corsi and Schekman，1996；Rapoport et al.，1996；Kahes and Hartmann，1998）。可是所有主要的蛋白质必须能以翻译后的方式进行转运，因为酵母在缺少 SRP 时仍可生存（Mutka and Walter，2001）。据认为，酵母中共翻译转运过程与上面描述的在哺乳动物中的转运过程完全相同，但在被定向到转运体之前，蛋白质已被完全合成。对于采取翻译后转运方式的蛋白质，它们如何依赖于 SRP 定向仍了解很少，但据推测胞质中的分子伴侣可使蛋白质处于松散折叠状态并将它们定向到转运体。通常，具有较强疏水性信号序列的蛋白质以依赖于 SRP 的方式被定向，而具有较弱疏水性信号序列的蛋白质采取翻译后的方式（Ng et al.，1996）。

定向后，翻译后转运机制一定与共翻译转运机制具有本质的不同（图 5.4C）。翻译后转运中没有出现核糖体，因此核糖体不通过封闭膜来阻止多肽返回胞质。不清楚在没有核糖体时，转运过程如何保持跨膜通透性屏障，但在翻译后转运过程中，转运体孔的直径似乎没有扩大到 40～60 Å。除了翻译之外，当转运体上没有核糖体通道叠加时，还需提供一些能量使多肽移动通过内质网膜。

在蛋白脂质体中重新构建翻译后转运系统需要 Sec61p、Sbh1p 和 Sss1p，它们是 Sec61α、Sec61β 和 Sec61γ 的酵母同源物。此外，还需要 Sec62p、Sec63p、Sec71p、Sec72p 和可溶的腔内 Kar2p 蛋白，Kar2p 是哺乳动物 BiP 蛋白的酵母同源物（表 5.1）（Panzner et al.，1995）。Kar2p 被看作是一个分子齿轮，推动多肽经过转运体，穿过膜进入内质网腔（Matlack et al.，1999）。在重建的哺乳动物共翻译转运系统中 BiP 不是必需的（Görlich and Rapoport，1993），但在酵母中 Kar2p 已被证明对于共翻译（Brodsky，1996；Young et al.，2001）和翻译后转运都很重要（综述见 Brodsky，1996；Corsi and Schekman，1996）。

将 Sec61p 与翻译后转运蛋白光交联，结果表明，Sec61p（Musch et al.，1992；Sanders et al.，1992）在翻译后转运体中形成蛋白引导通道，就如 Sec61α 参与形成共翻译通道。Sec62p、Sec63p、Sec71p 和 Sec72p 在分泌蛋白定向和运输通过双分子层中起翻译后途径特异性的作用（Corsi and Schekman，1996；Rapoport et al.，1996），并还可能参与维持通透性屏障。

Sec63p 整合膜蛋白有一个腔内 DnaJ 结构域，它与 Kar2p 相互作用，Kar2p 是 ATP 酶 Hsp70 家族的一个成员。这种相互作用刺激 Kar2p 的活性，并且是翻译后转运所需要的（综述见 Brodsky，1996；Johnson and van Waes，1999）。在酵母翻译后转运体中，Kar2p 与 Sec63p 结合协助蛋白质转运，推测起到分子马达的作用，拉动多肽穿过膜（Brodsky，1996；Matlack et al.，1999）。目前还认为在酵母体内，Sec63p 和

Kar2p 是共翻译转运所需要的，而 Sec62p 不是必需的（Young et al.，2001）。不清楚 Kar2p 是否也像 BiP 在哺乳动物共翻译转运中那样，在酵母共翻译或翻译后转运体中也起到守门的作用。

5.6.3 新生肽的加工和折叠

在转运过程中，当新生肽还与转运体结合时，许多加工、修饰、折叠，甚至装配反应就可以发生（图 5.4D）（综述见 Johnson and van Waes，1999）。在转运过程中，当新生肽延伸到 130～150 个残基时，信号序列被 SP 切除。OST 通过在 Asn-X-Thr/Ser 序列的天冬氨酸处共价结合一个寡糖对新生肽进行糖基化修饰。在内质网腔中，除了对新生肽的共价修饰，这些肽的折叠也在分子伴侣，如 BiP、钙结合蛋白、钙网蛋白、蛋白质二硫键异构酶等的协助下，与翻译同时进行。多组分复合物的装配也可与翻译过程同时进行。例如，甘油三酯和胆固醇酯与新生 ApoB 在翻译过程中结合，形成脂蛋白颗粒（综述见 Kang and Davis，2000）。

这些过程的调节机制尚不明确。进一步，作用酶与转运体的协调程度也没有定论。膜蛋白，如 SP 和 OST 复合体与转运体结合（综述见 Johnson and van Waes，1999），而只有当特殊转运酶底物出现时，修饰和折叠酶可能才开始发挥作用。

5.6.4 膜蛋白的整合

除了分泌蛋白转运通过内质网，转运体也是膜蛋白在膜双分子层的整合位点（见第 6 章和 Johnson and van Waes，1999）。共翻译转运过程中，当一个新生膜蛋白的跨膜（TM）序列合成时，它在转运体中的出现将阻止转运进入内质网腔。相反，新生膜蛋白的每个跨膜序列被横向地移出转运体进入脂双分子层（图 5.4E）。转运体可作为跨膜序列进入脂双分子层，因此也直接参与跨膜序列的识别、定向、横向移动和插入。与在转运过程中相对被动的作用相比，转运体是一个主动的参与者。

膜蛋白底物重复的 N 端或存在典型的可切除的信号序列，或是一个被称为信号锚的不可切除的信号序列，而信号锚最终将作为成熟蛋白质中的一个跨膜序列。膜蛋白第五也是通过其 N 端被识别的。无论如何，当疏水氨基酸残基在核糖体中出现时，即可被 SRP 识别，然后将 RNC 复合体定位到转运体（见前面“蛋白质向内质网膜的定向”部分）。就像分泌蛋白在转运中发生的情况一样，当带有可被切除信号序列的膜蛋白合成出一段跨膜序列及新生蛋白质作为一个膜蛋白整合底物被识别时，转运过程即重新开始（图 5.5）。

新生肽链中的一个跨膜序列可能只有在到达膜后才能被识别，最近还发现，如果新生肽链的跨膜序列中带有可切除信号序列，那么这段跨膜序列首先被核糖体识别（Liao et al.，1997）。这种识别当跨膜序列仍在核糖体通道靠近肽转移酶中心的时候就发生了。TM 序列的出现引发了一系列过程，使转运体为膜蛋白的整合而不是为转运做好准备，包括从腔内端将孔关闭及打开紧闭的核糖体-转运体（见下文及图 5.5）（Liao et al.，1997）。

尽管 TM 序列首先被核糖体识别，转运体也必须可以独立地识别 TM 序列，并使之以正确的方向横向移运进入双分子层。一旦方向正确，TM 序列是如何横向移动通过

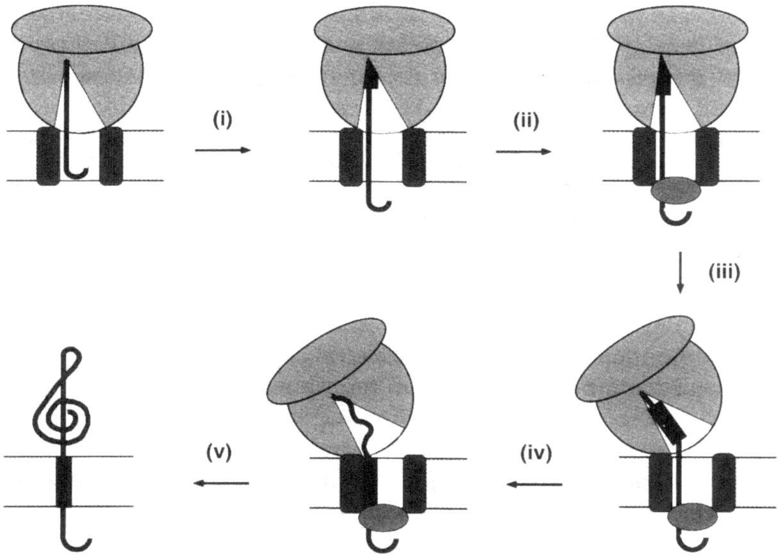

图 5.5 单跨膜膜蛋白的共翻译整合。为维持内质网膜的通透性屏障，在单跨膜膜蛋白以共翻译方式整合到膜内时需要发生结构变化。(i) RNC复合物开始合成一段 TM 序列。(ii) TM 序列合成后仍在核糖体内，转运体孔的胞质和腔内端都被封闭。(iii) 核糖体-转运体的接合被打断，新生肽可以进入胞质。(iv) 转运体识别跨膜序列，跨膜序列横向移动进入转运体。(v) 翻译完成后，膜蛋白被释放到内质网腔中。修改自文献（Liao et al.，1997）。

转运体进入双分子层的呢？对于具有可切除信号序列的单跨膜膜蛋白来说，TM 序列通过转运体是一个多步过程，它受到蛋白质间相互作用的调节，直到翻译终止后 TM 序列被释放进入膜双分子层（Do et al.，1996）。而不可被切除的信号锚序列好像在进入转运体不久后被磷脂分子包围，暗示着信号锚序列更快地移入双分子层的非极性核心区（Martogho et al.，1995；Mothes et al.，1997；Heinrich et al.，2000）。因此带有信号序列的膜蛋白和带有信号锚的膜蛋白有可能以不同的机制被整合，尽管这个问题目前还没有得到解决。

一种整合膜蛋白在其膜胞质一侧可能具有一个或多个结合域或环状结构。新生膜蛋白的胞质结构域是如何被引入的？这个过程可能会破坏核糖体-转运体的封闭状态，并因此破坏内质网膜的通透性屏障。对于单跨膜膜蛋白，核糖体和转运体之间通过一系列和谐的相互作用将胞质结构域正确定位，同时维持通透性屏障（Liao et al.，1997）。TM 在核糖体通道内被识别后不久，核糖体解除封闭之前，转运体孔腔内一侧首先以一种未知的机制被关闭（图 5.5，ii）。在整合过程中转运体孔腔内一侧的封闭可能是通过 BiP 在转运体中的构象变化来完成的，或通过其他机制。随后，核糖体-转运体解除封闭，新生膜蛋白的胞质结构域即可进入胞质（图 5.5，iii）。

对于多跨膜膜蛋白，情况更加复杂。必须对多个 TM 序列进行识别、正确地定向、装配及适当地插入到膜双分子层中，在所有过程中还要维持膜的通透性屏障。多个 TM

序列是如何被横向地从转运体释放到膜双分子层中的呢？一些数据表明，多跨膜膜蛋白中的多个 TM 序列都位于转运体的水孔中，直到它们同时被转整合到双分子层中（Borel and Simon，1996）。其他研究表明，TM 序列以成对的方式或螺旋状发卡结构的形式整合到双分子层中（Skach and Lingappa，1993；Lin and Addison，1995；Engelman and Steitz，1981）。这些问题仍需通过实验来解决。新生肽链和 TM 序列是如何与转运体相互作用的？转运体调节的整合是否存在多种模式？对这些问题有待进一步认识。

5.6.5 反向转运和蛋白质降解

到目前为止，所讨论的有关转运体的每一项功能都涉及蛋白质从胞质中的合成地点穿过或进入内质网膜的转移问题。可是目前的数据表明，转运体也参与蛋白质从内质网腔到胞质的反向运输，称为反向转运（图 5.4F）。转运体似乎参与将折叠或装配错误的蛋白质从内质网腔中的排出，并随后由胞质蛋白酶将其降解的过程（Brodsky and McCracken，1997；Kopito，1997；Sommer and Wolf，1997；Johnson and Haigh，2000）。通过将蛋白质从内质网腔转运到胞质，并由泛素-蛋白酶体降解，细胞可清除内质网腔中没有功能的蛋白质。反向转运似乎是普通质量控制机制的组成部分（见第 9 章），并与解折叠的蛋白质反应相关联（见第 8 章），在内质网腔中，当解折叠蛋白过量时，腔内的分子伴侣和内质网看家酶就会作出调节反应（Travers et al.，2000）。

转运体参与反向转运的机制细节还很不清楚。腔内蛋白和膜蛋白都是胞质蛋白酶体反向转运和降解的底物。由于这些底物的信号序列已被切除，所以在反向转运时一定有另外一种独特的方法来识别底物并对它们进行定向。对于膜蛋白，转运体可能从侧面再打开一个入口，使蛋白质回到转运体孔中。其他机制方面的问题，如能量需求、通透性屏障的维持，以及转运和降解机制的协调在反向转运中仍知之甚少。

5.6.6 小结：内质网膜转运体的功能

- 在哺乳动物细胞中，分泌蛋白以共翻译方式被转运通过内质网膜，在核糖体和转运体之间是紧密封闭的。
- 在酵母中，蛋白质以共翻译或翻译后的方式进行转运。
- 转运中和转运后，新生肽在内质网腔中被折叠和加工。
- 转运体也是膜蛋白整合到内质网膜的位点。
- 核糖体和转运体共同识别跨膜片段，使其正确定向，并将其插入膜双分子层中，同时维持内质网膜通透屏障。
- 蛋白质也可以相反的方向通过转运体，称为反向转运，错误折叠或装配的蛋白质可被运送到胞质，被蛋白酶体降解。

5.7 转运的调节

考虑到内质网膜上的转运体执行多种功能，不能将转运体简单地看作一个穿过膜的孔。相反，转运体是一个复杂的分子，具有许多结构的和功能的模式（综述见 Johnson and van Waes，1999）。在共翻译转运和整合过程中，转运体与核糖体发生结构的和功能的偶联。可是，多肽全长在翻译后转运中不能完全从胞质进入内质网腔，也不能在反向转运过程中以相反的方向被转运。转运体如何执行其功能呢？在每条多肽移动的背后，驱动力是什么呢？转运体是否是一个动态的结构呢？转运体具有如此多的功能，细胞必定有一种方法来调节转动体的活性，这种调节同时在转运体水平和整体细胞水平上控制着细胞内蛋白质整体的合成和运动。

5.7.1 核糖体-转运体的合作和协调

核糖体-Sec61 复合体的电镜照片显示，RNC 通道排列在转运体孔上方，二者在同一轴向上（图 5.3）（Beckmann et al.，1997；Ménétret et al.，2000）。这个图像说明核糖体和转运体在方向上彼此关联，在共翻译和整合过程中两者的功能也可能产生偶联。在结构上，核糖体和转运体在功能性膜中形成紧密的封闭状态，在转运过程中不允许小的离子通过（Crowley et al.，1993，1994）。核糖体也表现出与 Sec61 复合物具有紧密的或高的亲和力（Kalies et al.，1994；Prinz et al.，2000）。这些结果提示，核糖体和转运体有良好的结合。

核糖体和转运体共同控制新生肽链的合成和在内质网膜上的运动。在整合过程中，这种功能上的偶联尤其明显，当检测到一段 TM 序列进入到核糖体通道中时，将导致转运体孔两端发生明显的结构变化：孔的腔内一端首先被封闭，之后胞质一端被打开（图 5.5）（Liao et al.，1997）。因此，在共翻译转运和整合过程中，核糖体和转运体紧密结合，共同完成每个功能。不清楚是什么特殊组分之间的相互作用产生了长距离的跨膜通讯，这种通讯调节着共翻译定向、转运和整合过程中的各个阶段。

5.7.2 动力学

转运体不是膜中一个简单的管道，而是一个动态的结构，可以通过构象的改变来执行特殊的功能。例如，当与核糖体结合并进行转运时，转运体内径可从 9～15Å 变化到 40～60Å（图 5.4A，B）（Hamman et al.，1997）。在整合过程中，当 TM 序列横向通过转运体时转运体的构象也发生改变（Do et al.，1996）。构象的改变还伴随着之后在整合过程中转运体孔腔内一端的封闭和胞质一端的打开（Liao et al.，1997）。此外，当转运体的功能发生改变时，转运体组成上也发生变化，其证据为转运体可与 BiP（Brodsky，1996；Hamman et al.，1998）和 SRP 受体（Walter and Johnson，1994）发生短暂的结合。

在上述每一种情况中，对于如何调节转运体发生构象改变还没有很好地认识，但观察证明，不能把转运体看作是一个静止的孔。相反，应当把转运体看作是一个多功能分子，根据需要可发生结构和功能上的变化来完成多种任务。

5.7.3 方向性和能量需求

在共翻译转运过程中，转运体直接参与新生肽跨越双分子层的运动吗？在共翻译转运中，转运体的主动作用似乎不是必需的，因为核糖体-转运体封闭阻止了新生肽进入胞质。因此，随着新生肽链的延伸，当新合成的氨基酸进入 RNC 通道时，多肽只能移向内质网腔。核糖体和转运体的紧密结合似乎取消了对新生肽链穿越内质网膜时主动的推或拉的需求。

在翻译后转运过程中，多肽必须在没有核糖体协助的情况下被主动地从膜的一侧运输到另一侧。在这种情况下，BiP 作为一种分子齿轮拉动多肽进入内质网腔（Matlack et al.，1999）。这种机制也发生在共翻译转运过程中吗？在缺少可溶性腔内蛋白的情况下重新构建共翻译转运系统，结果表明，共翻译转运过程中可能不需要 BiP 的帮助（Görlich and Rapoport，1993）。可是在另一项研究中，当转运某些新生肽链进入内质网腔时需要可溶性的腔内蛋白（Nicchitta and Blobel，1993）。而且，几项研究表明，在体外和体内最佳的共翻译转运必需 BiP 和 Sec63p（Brodsky，1996；Boisramfi et al.，1998；Young et al.，2001）。因此，BiP 或类似蛋白质主动协助新生肽进行共翻译转运的可能性还有待于进一步研究。

由于已发现转运体还参与多肽从内质网返回胞质进行降解的反向转运，方向性的问题显得更为重要。转运体是如何知道应当向哪个方向运输一种特定多肽呢？

转运体又是如何以适当的方向推动多肽移动呢？也许存在完全不同的转运体负责不同方向的转运，它们具有不同的辅助蛋白质。或者使用一种共同的转运体，但为了实现特殊的功能采用特殊的分子伴侣或其他定向机制来调集所需的辅助蛋白质，通过相互作用来识别每一种蛋白质转运过程。无论如何，转运过程必须受严格调节，以防内质网膜上的无序现象。

5.7.4 转运体的装配、修饰和翻转

如前面在“内质网膜上转运体的功能”部分所讨论的那样，转运体在膜上行使多种功能，每个功能都需要其组成蛋白质的参与（图 5.4）。在行使功能期间转运体是否发生装配和解离？细胞如何调节转运体执行特定功能？解离转运体的各组分还执行各自的功能吗？还是当需要某种功能时才把它们召集到转运体？如果存在转运体的“亚群体”，它们可以互相转换以便细胞可以在整体上调节转运体的功能吗？

转运体形成一个水孔的最小组成单元是 Sec61 异源三聚体复合物（Hanein et al.，1996；Beckmann et al.，1997）。已知转运体在不执行功能时维持这种最小的孔结构，因为在使用嘌呤霉素和高浓度盐处理将核糖体释放以后，在转运体腔内部分无封闭的情况下，转运体对离子仍具有通透性（Hamman et al.，1998）。因此，即使在没有核糖体的情况下，转运体仍保持装配状态，并形成一个孔。所以，在执行功能或不执行功能期间，转运体似乎不是完全处于装配或解离状态的。在执行某特定功能时，最小转运体单元需要补充辅助蛋白质，或者存在不同的转运体单元来执行特定的功能。

最近的研究发现，TRAM、Sec61β 和 SRP 受体的亚基可被磷酸化修饰（Gruss et al.，1999）。这种修饰使细胞可以在个体水平上对转运体进行调节。转运体蛋白的定位可能也有助于在一个更全面的水平上去理解转运体的调节机制。在真核细胞的粗面内质网上发现了转运体，但组成转运体的蛋白质均无内质网滞留信号。已在内质网和高尔基体之间的区域中观察到了 Sec61 复合体，提示可能存在一种检索机制（Greenfield and High，1999）。这些结果暗示细胞内存在调节转运体功能的机制。

5.7.5 小结：转运的调节

- 核糖体和转运体在蛋白质共翻译转运和整合到膜的过程中紧密偶联和协作。
- 转运体是一个动态的结构实体，在执行各种功能时发生构象改变，在组成上可能也发生改变。
- 核糖体在合成蛋白质的过程中可能足以驱动共翻译转运，BiP 在内质网腔内为翻译后转运提供能量。
- 调节转运体的数目、定位，以及异质性的机制尚不清楚。

5.8 结论

蛋白质转运通过内质网膜的过程曾被视为“黑箱”，人们不知道多肽是直接穿过膜双分子层的脂质部分，还是一种疏水的蛋白质环境或脂质环境，或一个水孔结构（图 5.2）。现已清楚，蛋白质通过的是内质网膜上的一个大的水孔，水孔最少由一组内质网膜蛋白组成，包括异源三聚体 Sec61 复合物和 TRAM 蛋白。许多附属蛋白质暂时或持久地结合在转运体。对于共翻译转运来说，这些蛋白质包括 SRP 和 SRP 受体，二者是定向所必需的；SP 用于切割信号序列；OST 对新生肽链进行糖基化；分子伴侣协助蛋白质在内质网腔内的折叠（表 5.1）。

尽管目前人们对于转运体已有了许多了解，但仍有很多问题有待今后的研究。转运体的确切组成和数量仍是一个没有解决的问题。最近在哺乳动物中发现 Sec62p 和 Sec63p 的同源物，表明可能还有转运体组分和结构没有被鉴定出来（Skowronek et al.，1999，Meyer et al.，2000；Tyedmers et al.，2000）。这些蛋白质在共翻译转运中的作用或其他与转运体有关的功能还不清楚。已有几项 EM 研究提供了令人满意的转运体照片（图 5.3）（Beckmann et al.，1997；Hanein et al.，1996；Ménétret et al.，2000），但若能更细致地掌握其结构，显然可以提供更完美的图片。不久可能会解出关于转运体单个组分的 X 射线晶体结构，但得到膜结合转运体的原子结构，甚至转运体的核心结构将是一个巨大的挑战。从转运体构象和组成的动力学角度，以及得到不带有膜的高解析度结构看，这种结构生物学实验无论在实施和对结果的解释方面都将存在困难。

转运体是一个复杂的、动态的分子结构，在内质网膜中执行多种功能。由于转运体具有广泛的功能（图 5.4），有关转运体功能和转运机制的问题仍未得到很好解释，这将是今后实验中令人感兴趣的课题。关于转运机制，膜蛋白的整合可能是转运体执行的最复杂的任务。它涉及对跨膜片段的识别，如果需要进行重新定向，以及跨膜片段横向进入膜双分子层。Kar2p 促进翻译后转运的确说明了一部分问题，但仍存在许多未知数，包括翻译后转运的起始过程。

随着一张更加完整的转运体功能图的出现，转运体的整体调节以及功能之间的相互联系将是令人感兴趣的问题。这些相互作用对于整个细胞调节具有提示作用，因为转运体对于蛋白质的分选和装配、蛋白质的降解和质量控制都很重要。在内质网膜上所发生的由转运体介导的结构、功能和调节事件将受到今后科学研究的关注，这些研究无疑在未来将有重大发现。

5.9 历史注释

5.9.1 历史注释 1

1975 年，Günter Blobel 和 Bernhard Dobberstein 大胆假设，认为分泌蛋白通过一个由内质网膜蛋白形成的水孔穿过内质网膜。这个假说引发许多不同意见，许多人认为分泌蛋白直接通过疏水性的内质网膜，而不是通过一个水通道（图 5.2）。在缺少有力实验证据的情况下，分泌蛋白通过内质网膜时的环境成为热烈争论的话题。20 世纪 90 年代，新的实验方法的引入和数据的产生最终证明蛋白质通过的是一个水孔，由此明确了我们对转运机制的理解，同时减少了会议上的争论。Blobel 和 Dobberstein 提出的假说最引人注目之处也许就在于，他们于 1975 年描绘的核糖体和水孔图与目前的核糖体和转运体图非常相似（图 5.3）。

5.9.2 历史注释 2

1971 年 Günter Blobel 和 David Sabatini 提出信号假说，预言每个分泌蛋白可以通过 N 端的一段信号序列被鉴别出来，这段信号序列可将新生的分泌蛋白和核糖体定向到内质网膜上。这个假说最终被证明具有惊人的预见性和准确性，但对定向过程并没有给出解释。最简单的定向机制可能涉及信号序列与受体的直接结合，这个发现源于粗面型内质网膜上。可是，1980 年 Peter Walter 发现，RNC 复合物定向到内质网膜需要一种大的胞质复合物。该复合物被命名为 SRP（信号识别颗粒）。这个发现很重要，因为它使研究者们可以通过体内实验的纯化系统来验证定向和转运所需要的条件，研究定向和转运的机制。在很短的时间里，Walter 及其他研究者们的工作证明了定向的机制远比最初想象的要复杂得多。在其他方面，发现依赖于 SRP 的定向是一个受 GTP 调节的过程。由于可以获得 SRP，我们对于哺乳动物蛋白质转运的认识远比原核生物或酵母多。这种情况不多见，因为运用在细菌和真菌中建立起来的较好的遗传学和生物化学方法，对原核生物和酵母的基本过程的认识比对真核生物的认识更好。

5.9.3 历史注释 3

20 世纪 50～70 年代，人们对细胞质中的核糖体进行了广泛的研究，却很少关注与膜结合的核糖体。其中原因部分在于研究与膜结合的核糖体在实验上存在困难，以及认为胞质中的核糖体与膜结合的核糖体在结构和功能上是相同的。当然，如果有人能够说明新生肽链在膜结合核糖体上合成的环境以及发生的相互作用，转运和整合的重要特征同样也可以被阐明。由于存在核糖体蛋白（以及与膜结合核糖体相连的内质网膜蛋白），报告基团只能共价结合到核糖体复合物中的新生肽链上。因此，在 20 世纪 70 年代早期，Art Johnson 创造了一种 Lys-tRNA 类似物，它可以共价地结合到赖氨酸的侧链上，在体外蛋白质合成实验中，核糖体可以接受这种被修饰的 Lys-tRNA，并把它们加入到新生肽链中。

继 1980 年发现 SRP，以及随后发现的用于研究蛋白质定向的体外系统后，许多研究小组利用修饰的 Lys-tRNA，并将光反应（以及后来的荧光反应）探针加入到新生分泌蛋白和膜蛋白中，进行一系列研究，对共翻译定向、转运和整合的各方面进行检验。20 世纪晚期，Josef Brunner 和其他几位研究者拓展了这种方法，通过合成氨酰-tRNA 修饰识别翻译过程中的琥珀突变，从而找到一种在新生肽链的某个特定位置定位单一光反应探针的方法。由于为研究者们提供了检验新生肽分选的方法，氨酰-tRNA 类似物在研究蛋白质定向、转运和整合机制方面独具特殊使用价值。

5.10 参考文献

Batey, R. T., Rambo, R. P., Lucast, L., Rha, B. and Doudna, J. A. (2000) Crystal structure of the ribonucleoprotein core of the signal recognition particle. *Science* **287**: 1232-1238.

Beckmann, R., Bubeck, D., Grassucci, R. et al. (1997) Alignment of conduits for the nascent polypeptide chain in the ribosome-Sec61 complex. *Science* **278**: 2123-2126.

Blobel, G. and Dobberstein, B. (1975) Transfer of proteins across membranes. I. Presence of proteolytically processed and unprocessed nascent immunoglobulin light chains on membrane-bound ribosomes of murine myeloma. *J Cell Biol* **67**: 835-851.

Boisramé, A., Kabani, M., Beckerich, J.-M., Hartmann, E. and Gaillardin, C. (1998) Interaction of Kar2p and Slslp is required for efficient co-translational translocation of secreted proteins in the yeast *Yarrowia lipolytica*. *J Biol Chem* **273**: 30903-30908.

Borel, A. C. and Simon, S. M. (1996) Biogenesis of polytopic membrane proteins: membrane segments assemble within translocation channels prior to membrane integration. *Cell* **85**: 379-389.

Brodsky, J. L. (1996) Post-translational protein translocation: not all hsc70s are created equal. *TiBS* **21**: 122-126.

Brodsky, J. L. and McCracken, A. A. (1997) ER-associated and proteasome-mediated protein degradation: how two topologically restricted events came together. *Trends Cell Biol* **7**: 151-156.

Corsi, A. K. and Schekman, R. (1996) Mechanism of polypeptide translocation into the endoplasmic reticulum. *J Biol Chem* **271**: 30299-30302.

Crowley, K. S., Reinhart, G. D. and Johnson, A. E. (1993) The signal sequence moves through a ribosomal tunnel into a noncytoplasmic aqueous environment at the ER membrane early in translocation. *Cell* **73**: 1101-1115.

Crowley, K. S., Liao, S., Worrell, V. E., Reinhart, G. D. and Johnson, A. E. (1994) Secretory, proteins move through the endoplasmic reticulum membrane via an aqueous, gated pore. *Cell* **78**: 461-471.

Deshaies, R. J. and Schekman, R. (1987) A yeast mutant defective at an early stage in import of secretory protein precursors into the endoplasmic reticulum. *J Cell Biol* **105**: 633-645.

Do, H., Falcone, D., Lin, J., Andrews, D. W. and Johnson, A. E. (1996) The cotranslational integration of membrane proteins into the phospholipid bilayer is a multi-step process. *Cell* **85**: 369-378.

Engelman, D. M. and Steitz, T. A. (1981) The spontaneous insertion of proteins into and across membranes: the helical hairpin hypothesis. *Cell* **23**: 411-422.

Fulga, T. A., Sinning, I., Dobberstein, B. and Pool, M. R. (2001) SRβ coordinates signal sequence release from SRP with ribosome binding to the translocon. *EMBO J* **20**: 2338-2347.

Gething, M. J. and Sambrook, J. (1992) Protein folding in the cell. *Nature* **355**: 33-45.

Gilmore, R. and Blobel, G. (1985) Translocation of secretory proteins across the microsomal membrane occurs through an environment accessible to aqueous perturbants. *Cell* **42**: 497-505.

Görlich, D. and Rapoport, T. A. (1993) Protein translocation into proteoliposomes reconstituted from purified components of the endoplasmic reticulum membrane. *Cell* **75**: 615-630.

Görlich, D., Hartmann, E., Prehn, S. and Rapoport, T. A. (1992a) A protein of the endoplasmic reticulum involved early in polypeptide translocation. *Nature* **357**: 47-52.

Görlich, D., Prehn, S., Hartmann, E., Kalies, K.-U. and Rapoport, T. A. (1992b) A mammalian homolog of SEC61p and SECYp is associated with ribosomes and nascent polypeptides during translocation. *Cell* **71**: 489-503.

Greenfield, J. J. A. and High, S. (1999) The sec61 complex is located in both the ER and the ER-Golgi intermediate compartment. *J Cell Sci* **112**: 1477-1486.

Gruss, O. J., Feick, P., Frank, R. and Dobberstein, B. (1999) Phosphorylation of components of the ER translocation site. *Eur J Biochem* **260**: 785-793.

Haas, I. G. and Wabl, M. (1983) Immunoglobulin heavy chain binding protein. *Nature* **306**: 387-389.

Hamman, B. D., Chen, J.-C., Johnson, E. E. and Johnson, A. E. (1997) The aqueous pore through the translocon has a diameter of 40～60Å during cotranslational protein translocation at the ER membrane. *Cell* **89**: 535-544.

Hamman, B. D., Hendershot, L. M. and Johnson, A. E. (1998) BiP maintains the permeability barrier of the ER membrane by sealing the lumenal end of the translocon pore before and early in translocation. *Cell* **92**: 747-758.

Hanein, D., Matlack, K. E. S., Jungnickel, B. et al. (1996) Oligomeric rings of the Sec61p complex induced by ligands required for protein translocation. *Cell* **87**: 721-732.

Heinrich, S. H., Mothes, W., Brunner, J. and Rapoport, T. A. (2000) The Sec61p complex mediates the integration of a membrane protein by allowing lipid partitioning of the transmembrane domain. *Cell* **102**: 233-244.

High, S., Görlich, D., Wiedmann, M., Rapoport, T. A. and Dobberstein, B. (1991) The identification of proteins in the proximity of signal-anchor sequences during their targeting to and insertion into the membrane of the ER. *J Cell Biol* **113**: 35-44.

High, S., Martoglio, B., Görlich, D. et al. (1993) Site-specific photocross-linking reveals that Sec61p and TRAM contact different regions of a membrane-inserted signal sequence. *J Biol Chem* **268**: 26745-26751.

Johnson, A. E. and Haigh, N. C. (2000) The ER translocon and retrotranslocation: is the shift into reverse manual or automatic. *Cell* **102**: 709-712.

Johnson, A. E. and van Waes, M. A. (1999) The translocon: a dynamic gateway at the ER membrane. *Annu Rev Cell Dev Biol* **15**: 799-842.

Kalies, K.-U. and Hartmann, E. (1998) Protein translocation into the endoplasmic reticulum (ER). Two similar routes with different modes. *Eur J Biochem* **254**: 1-5.

Kalies, K.-U., Görlich, D. and Rapoport, TA. (1994) Binding of ribosomes to the rough endoplasmic reticulum mediated by the Sec61p-complex. *J Cell Biol* **126**: 925-934.

Kang, S. and Davis, R. A. (2000) Cholesterol and hepatic lipoprotein assembly and secretion. *Biochim Biophys Acta* **1529**: 223-230.

Keenan, R. J., Freymann, D. M., Walter, P. and Stroud, R. M. (1998) Crystal structure of the signal sequence binding subunit of the signal recognition particle. *Cell* **94**: 181-191.

Kopito, R. R. (1997) ER quality control: the cytoplasmic connection. *Cell* **88**: 427-430.

Krieg, U. C., Johnson, A. E. and Walter, P. (1989) Protein translocation across the endoplasmic reticulum membrane: identification by photocross-linking of a 39 kD integral membrane glycoprotein as part of a putative translocation tunnel. *J Cell Biol* **109**: 2033-2043.

Liao, S., Lin, J., Do, H. and Johnson, A. E. (1997) Both lumenal and cytosolic gating of the aqueous ER translocon pore is regulated from inside the ribosome during membrane protein integration. *Cell* **90**: 31-41.

Lin, J. and Addison, R. (1995) A novel integration signal that is composed of two transmembrane segments is required to integrate the neurospora plasma membrane H^+-ATPase into microsomes. *J Biol Chem* **270**: 6935-6941.

Martoglio, B., Hofmann, M. W., Brunner, J. and Dobberstein, B. (1995) The protein- conducting channel in the membrane of the endoplasmic reticulum is open laterally toward the lipid bilayer. *Cell* **81**: 207-214.

Matlack, K. E. S., Mothes, W. and Rapoport, T. A. (1998) Protein translocation: tunnel vision. *Cell* **92**: 381-390.

Matlack, K. E. S., Misselwitz, B., Plath, K. and Rapoport, T. A. (1999) BiP acts as a molecular ratchet during posttranslational transport of prepro-α factor across the ER membrane. *Cell* **97**: 553-564.

Ménétret, J.-F., Neuhof, A., Morgan, D. C. et al. (2000) The structure of ribosome-channel complexes engaged in protein translocation. *Mol Cell* **6**: 1219-1232.

Meyer, H.-A., Grau, H., Kraft, R. et al. (2000) Mammalian Sec61 is associated with Sec62 and Sec63. *J Biol Chem* **275**: 14550-14557.

Millman, J. S. and Andrews, D. W. (1997) Switching the model: a concerted mechanism for GTPases in protein targeting. *Cell* **89**: 673-676.

Mothes, W., Prehn, S. and Rapoport, T. A. (1994) Systematic probing of the environment of a translocating secretory protein during translocation through the ER membrane. *EMBO J* **13**: 3973-3982.

Mothes, W., Heinrich, S. U., Graf, R. et al. (1997) Molecular mechanism of membrane protein integration into the endoplasmic reticulum. *Cell* **89**: 523-533.

Müsch, A., Wiedmann, M. and Rapoport, T. A. (1992) Yeast Sec proteins interact with polypeptides traversing the endoplasmic reticulum membrane. *Cell* **69**: 343-352.

Mutka, S. C. and Walter, P. (2001) Multifaceted physiological response allows yeast to adapt to the loss of the signal recognition particle-dependent protein-targeting pathway. *Mol Biol Cell* **12**: 577-588.

Ng, D. T. W., Brown, J. D. and Walter, P. (1996) Signal sequences specify the targeting route to the endoplasmic reticulum membrane. *J Cell Biol* **134**: 269-278.

Nicchitta, C. V. and Blobel, G. (1993) Lumenal proteins of the mammalian endoplasmic reticulum are required to complete protein translocation. *Cell* **73**: 989-998.

Oliver, J., Jungnickel, B., Görlich, D., Rapoport, T. and High, S. (1995) The Sec61 complex is essential for the insertion of proteins into the membrane of the endoplasmic reticulum. *FEBS Lett* **362**: 126-130.

Palade, G. (1975) Intracellular aspects of the process of protein synthesis. *Science* **189**: 347-358.

Panzner, S., Dreier, L., Hartmann, E., Kostka, S. and Rapoport, T. A. (1995) Posttranslational protein transport in yeast reconstituted with a purified complex of Sec proteins and Kar2p. *Cell* **81**: 561-570.

Powers, T. and Walter, P. (1995) Reciprocal stimulation of GTP hydrolysis by two directly interacting GTPases. Science 269: 1422-1424.

Prinz, A., Behrens, C., Rapoport, T. A., Hartmann, E. and Kalies, K.-U. (2000) Evolutionarily conserved binding of ribosomes to the translocation channel via the large ribosomal RNA. *EMBO J* **19**: 1900-1906.

Rapiejko, P. J. and Gilmore, R. (1997) Empty site forms of the SRP54 and SRα GTPases mediate targeting of ribosome-nascent chain complexes to the endoplasmic reticulum. *Cell* **89**: 703-713.

Rapoport, T. A., Jungnickel, B. and Kutay, U. (1996) Protein transport across the eukaryotic endoplasmic reticulum and bacterial inner membranes. *Annu Rev Biochem* **65**: 271-303.

Sanders, S. L. and Schekman, R. (1992) Polypeptide translocation across the endo-plasmic reticulum membrane. *J Biol Chem* **267**: 13791-13794.

Sanders, S. L., Whitfield, K. M., Vogel, J. P., Rose, M. D. and Schekman, R. W. (1992) Sec61p and BiP directly facifitate polypeptide translocation into the ER. *Cell* **69**: 353-365.

Simon, S. M. and Blobel, G. (1991) A protein-conducting channel in the endoplasmic reticulum. *Cell* **65**: 371-380.

Skach, W. R. and Lingappa, V. R. (1993) Amino-terminal assembly of human P-glycoprotein at the endoplasmic reticulum is directed by cooperative actions of two internal sequences. *J Biol Chem* **268**: 23552-23561.

Skowronek, M. K., Rotter, M. and Haas, I. G. (1999) Molecular characterization of a novel mammalian Dna J-like Sec63p homolog. *Biol Chem* **380**: 1133-1138.

Sommer, T. and Wolf, D. H. (1997) Endoplasmic reticulum degradation: reverse protein flow of no return. *FASEB J* **11**: 1227-1233.

Stirling, C. J., Rothblatt, J., Hosobuchi, M., Deshaies, R. and Schekman, R. (1992) Protein translocation mutants defective in the insertion of integral membrane proteins into the endoplasmic reticulum. *Mol Biol Cell* **3**: 129-142.

Stroud, R. M. and Walter, P. (1999) Signal sequence recognition and protein targeting. *Curr Opin Struct Biol* **9**:

754-759.

Thrift, R. N., Andrews, D. W., Walter, P. and Johnson, A. E. (1991) A nascent membrane protein is located adjacent to ER membrane proteins throughout its integration and translation. *J Cell Biol* **112**: 809-821.

Travers, K. J., Patil, C. K., Wodicka, L. et al. (2000) Functional and genomic analyses reveal an essential coordination between the unfolded protein response and ER-associated degradation. *Cell* **101**: 249-258.

Tyedmers, J., Lerner, M., Bies, C. et al. (2000) Homologs of the yeast Sec complex subunits Sec62p and Sec63p are abundant proteins in dog pancreas microsomes. *Proc NatlAcad Sci USA* **97**: 7214-7219.

Voigt, S., Jungnickel, B., Hartmann, E. and Rapoport, T. A. (1996) Signal sequence- dependent function of the TRAM protein during early phases of protein transport across the endoplasmic reticulum membrane. *J Cell Biol* **134**: 25-35.

Walter, P. and Blobel, G. (1980) Purification of a membrane-associated protein complex required for protein translocation across the endoplasmic reticulum. *Proc Natl Acad Sci USA* **77**: 7112-7116.

Walter, P. and Blobel, G. (1981) Translocation of proteins across the endoplasmic reticulum. III. Signal recognition protein (SRP) causes signal sequence-dependent and site-specific arrest of chain elongation that is released by microsomal membranes. *J Cell Biol* **91**: 557-561.

Walter, P. and Blobel, G. (1982) Signal recognition particle contains a 7S RNA essential for protein translocation across the endoplasmic reticulum. *Nature* **299**: 691-698.

Walter, P. and Johnson, A. E. (1994) Signal sequence recognition and protein targeting to the endoplasmic reticulum membrane. *Annu Rev Cell Biol* **10**: 87-119.

Walter, P. and Lingappa, V. R. (1986) Mechanism of protein translocation across the endoplasmic reticulum membrane. *Annu Rev Cell Biol* **2**: 499-516.

Wiedmann, M., Kurzchalia, T. V., Hartmann, E. and Rappoport, T. A. (1987) A signal sequence receptor in the endoplasmic reticulum membrane. *Nature* **328**: 830-833.

Wiedmann, M., Görlich, D., Hartmann, E., Kurzchalia, T. V. and Rapoport. T. A. (1989) Photocrosslinking demonstrates proximity of a 34 kDa membrane protein to different portions of preprolactin during translocation through the endoplasmic reticulum. *FEBS Lett* **257**: 263-268.

Wilkinson, B. M., Critchley, A. J. and Stirling, C. J. (1996) Determination of the transmembrane topology of yeast Sec61p, an essential component of the endoplasmic reticulum translocation complex. *J Biol Chem* **271**: 25590-25597.

Young, B. E, Craven, R. A., Reid, P. J., Willer, M. and Stirling, C. J. (2001) Sec63p and Kar2p are required for the translocation of SRP-dependent precursors into the yeast endoplasmic reticulum *in vivo*. *EMBO J* **20**: 262-271.

6 膜蛋白向细菌和内质网膜的插入

Andreas Kuhn 和 Martin Spiess

6.1 膜蛋白

膜是一层薄的、二维脂质结构，它将液态空间分为两部分。膜蛋白通常穿越脂质部分，因此需要适应膜两侧的亲水环境和脂双分子层核心中的疏水环境。嵌入膜中的部分由跨膜或反向平行的 β 片层结构组成，α 螺旋常常聚集成螺旋束，β 片层形成桶形孔。β 桶形结构发现于细菌、线粒体和叶绿体的外膜中。其他膜蛋白则属于螺旋类型。由于膜蛋白具有多种功能，其形成的跨膜螺旋也执行多种功能。跨越厚度约为 3 nm 的膜羟基核心需要一个由约 20 个不带电的、多为非极性氨基酸组成的 α 螺旋。因此，多数跨膜螺旋区可以通过疏水性分析被识别出来，这种分析以设定的残基数目为窗口大小，沿整条序列移动窗口，对氨基酸侧链的平均疏水性进行作图（Kyte and Doolittle，1982；Eisenberg et al.，1984）。根据已知的膜蛋白结构，多数膜蛋白螺旋的长度约为 25 个残基（Bowie，1997；Wallin et al.，1997）。跨膜螺旋的长度甚至可能与所跨膜的厚度有关。内质网和高尔基体单跨膜膜蛋白的跨膜区通常比血浆膜蛋白的跨膜区短（Bretscher and Munro，1993）。由于含有胆固醇，分泌途径中脂双分子层的厚度有所增加，这可能反映出跨膜片段和脂在蛋白质分选中的作用。在一些情况下，对高尔基体或血浆膜蛋白跨膜结构域的长度进行改变的确可以影响蛋白质的定位（Munro，1995）。

对于多跨膜蛋白，跨膜螺旋紧缩成球形结构，脂类被排除在外（图 6.1）。螺旋彼此之间以及相对于双分子层略微有些倾斜。

尽管有几个例子中两个螺旋是通过一对带电残基连接起来的（Sahin-Toth et al.，1992)，螺旋结构之间主要通过疏水的相互作用，连接与卷曲（coiled-coil）结构相似。多跨膜蛋白的跨膜片段朝向脂双分子层的一面及朝向蛋白质多肽核心的一面均为疏水性。甚至在运输蛋白质中也是这样的，由肽骨架的一个极性侧链和氢结合基团排列成狭窄的通道供底物分子通过（Kolbe et al.，2000）。

对于多数氨基酸，在跨膜序列的某个特定位置上没有明显的统计偏性。芳香族氨基酸是例外，尤其是酪氨酸和色氨酸，偏向于跨膜片段与膜接触端，即在与膜双分子层磷脂头部基团区的接触端出现（Wallin et al.，1997；Ridder et al.，2000）。在单跨膜蛋白的跨膜片段中很少发现脯氨酸，但在多跨膜片段中经常发现（Deber et al.，1986）。位于跨膜螺旋中心附近的脯氨酸会导致在 α 螺旋中形成一个轻微扭结。

小结：膜蛋白

- 多数膜蛋白通过由大约 25 个疏水性氨基酸形成的 α 螺旋跨越脂双分子层。
- 许多膜蛋白通过紧密的跨膜螺旋束折叠成球形结构，将脂分子排除在外。

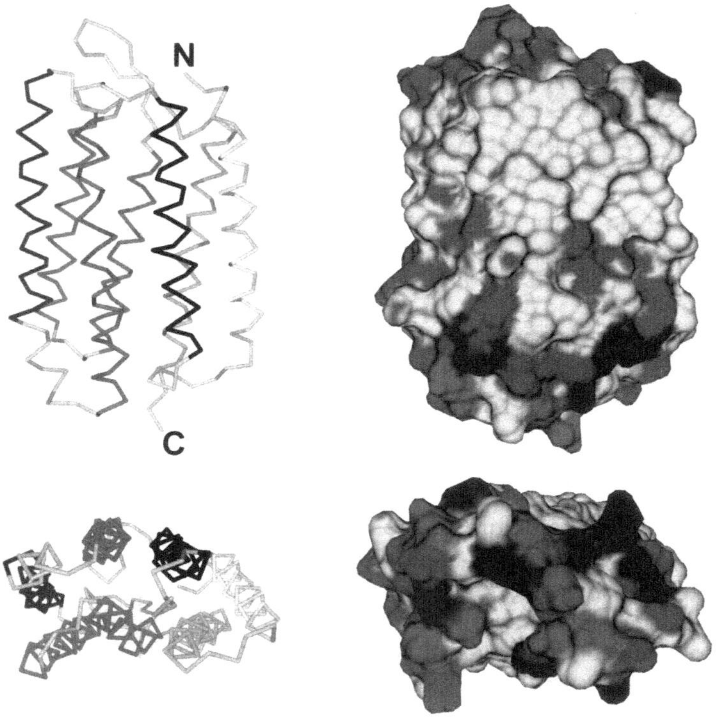

图 6.1　典型的膜蛋白形成紧密的螺旋形桶。作为一个例子，这里显示了噬菌调理素的骨架结构和空间填充结构的侧面视图（上图为从周质中分离的膜蛋白，下图为从胞质中分离的膜蛋白），以及从胞质方向看到的情况。用不同颜色显示出 7 个跨膜螺旋骨架。分别用蓝、红、绿和黄表示碱性、酸性、极性和非极性氨基酸表面。（Basel 大学 Biozentrum Markus Meier 许可引用。）另见彩图。

- 与可溶性蛋白质相似，膜蛋白主要通过疏水力聚集在一起。

6.2　从胞质到膜

在胞质核糖体上合成的分泌蛋白和膜蛋白通过信号序列（见第 3 章）被定向到相应膜的转运/插入装置。信号序列的主要特征是有一段不带电的疏水性片段，主要由非极性残基组成。多数分泌蛋白和许多真核膜蛋白的肽链 N 端均由信号序列构成（在细菌中常被称为引导序列）。转运过程中 N 端①序列穿过膜，并在膜的另一面被信号肽酶（或前导肽酶）切除。被切除的信号序列通常具有一个短的疏水核心，至少含有 7 个，一般为 10～15 个残基。多数细菌内膜蛋白和许多真核膜蛋白（尤其是多跨膜蛋白）不含有可切除的信号序列。例如，7 次跨膜受体家族中只有约 1/6 的蛋白质含有 N 端可被切除的信号序列。有趣的是，许多疏水跨膜序列作为膜的定向信号，并转运侧翼序列

① 原书中为“C 端”，有误。——译者注

（Friedlander and Blobel，1985；Spiess and Lodish，1986；Zerial et al.，1986）。这种由18～25个非极性残基组成的不被切除的信号比可被切除的信号序列长，并且它们将蛋白质锚定在脂双分子层中。它们与其他跨膜片段的区别在于它们不参与蛋白质定向到膜的过程。

在哺乳动物中，新生肽链-核糖体复合体中的N端信号均可被信号识别颗粒（SRP）识别，并通过SRP受体被共翻译地定向至转运装置（见第5章和历史注释1）。

SRP的结合减慢或终止翻译过程（Wolin and Walter，1989），在整合或转运之前阻止由于折叠、错误折叠或聚集导致的任何问题。

在酵母中，有些分泌蛋白以翻译后、SRP依赖的方式或通过其他途径被定向（Ng et al.，1996）。SRP依赖的膜蛋白是如何定向的还不清楚（除了下面提到的一类以C端作锚定的蛋白质）。细菌中存在类似的情况。输出蛋白质含有一段可切除的引导序列，通常不被细菌SRP识别，但与分子伴侣结合，如SecB、引发因子和GroEL/GroES（见第4章）。而膜蛋白可被细菌SRP同源物识别，化学交联研究证明了这一点（Valent et al.，1998）。为什么真核生物的信号序列能与SRP发生相互作用，而原核生物的前导序列却不能？

可能的原因为细菌前导序列比真核生物或跨膜片段信号序列的疏水性差（de Gier et al.，1998）。

小结：从胞质到膜

- 多数内质网蛋白上都存在一段信号序列，而细菌的内膜蛋白通常不含有前导序列。
- 新合成的细菌膜蛋白和内质网蛋白被信号识别颗粒（SRP）识别。
- 细菌前体蛋白不与SRP相互作用，而进行翻译后转运。

6.3 直接插入膜与通过移位酶介导插入膜

最初提出一个有吸引力的生物化学假说，认为疏水性膜蛋白可能在一种构象变化的驱动下自发地插入到脂双分子层中，是从一种水溶性构象向膜嵌入构象的改变（见历史注释2）。用脂质体进行实验，确实发现有些疏水性蛋白质自发地插入到膜中（Soekarjo et al.，1996）。这个过程的驱动力是疏水效应。为形成跨膜构象，进入膜的蛋白质需要转运两个亲水端之一。值得注意的是，在体外可以自行插入到细菌膜中的蛋白质在体内却不能，它们至少还需要一种额外的膜蛋白YidC（Samuelson et al.，2000）。体内和体外蛋白质插入膜的情况不同，很可能是由于脂质体膜的高度弯曲和脂分子间距离的增加造成的。这可能使蛋白质转运亲水序列更容易。

任何天然蛋白质（包括孔形成毒素）在自发插入细胞双分子层时是否需要一种由蛋白质装置的协助，是一个尚未解决的问题。到目前为止，已知只有某些一次跨膜的Pf3包被蛋白质的突变体在穿过大肠杆菌膜时不用借助蛋白质装置，Pf3包被蛋白质带有一段延伸的疏水区域。这些蛋白质的插入没有确定的方向：3L-突变蛋白N端向外或C端向外的数量相等（Kiefer and Kuhn，1999）。细胞似乎利用酶来控制插入过程，确保膜蛋白以确定的方向插入。

近年来，原核生物和真核生物的转运装置已被鉴定（见第4章和第5章）。从古生物到人（包括线粒体和叶绿体；Dalbey and Kuhn，2000），转运装置主要组分的序列在进化上保守。至今分析的多数膜蛋白转运，在细菌中需要Sec转运体SecYEG/SecA，在真核生物中需要Sec61αβγ，它们也用于分泌蛋白的输出（图6.2A）。其中一个例子是大肠杆菌膜蛋白引导肽酶的底物。转运这个由250个氨基酸组成的C端尾部时需要SecA和SecYEG（Wolfe et al.，1985）。SecA是一个提供能量的组分，它推动多肽中大的、疏水部分通过转运体（Economou et al.，1995）。其他大肠杆菌膜蛋白缺少大的可溶性结构域，但只需要SecYE，而不需要SecA和SecG（Kuhn，1988；Andersson and von Heijne，1994；Koch and Muller，2000）。这个结果说明SecA和SecG在受ATP驱动的过程具有协同作用。SecA未参与的转运，其能量来源未知。可能由核糖体推动多肽链（Herskovits and Bibi，2000）。

这需要转运与翻译偶联，至今在大肠杆菌中未观察到。

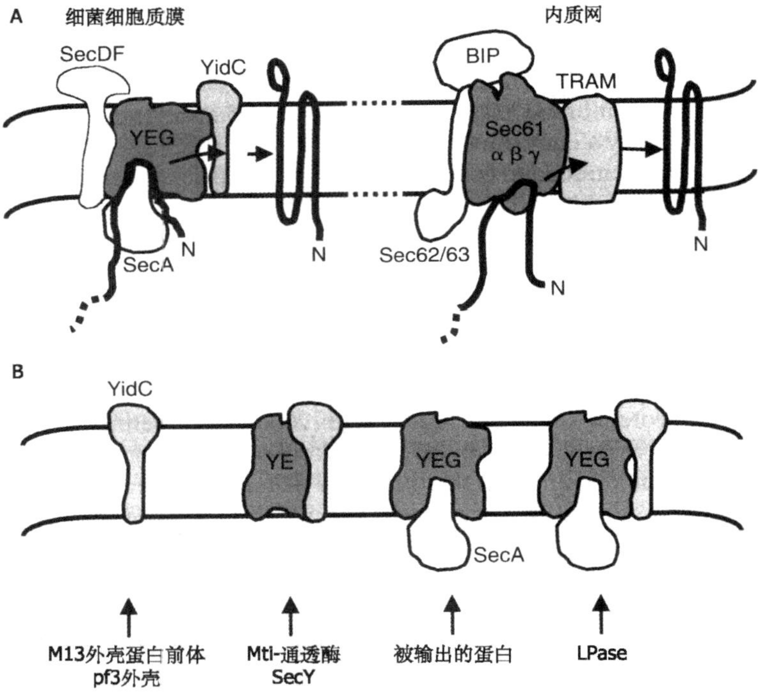

图6.2　细菌和内质网中的膜转运及插入装置。A. 含有SecA、SecDF/YajC和YidC的细菌膜移位酶SecYEG和含有Sec62/Sec63、BIP和TRAM的内质网移位酶Sec61αβγ。膜插入蛋白质首先与SecYEG或Sec61接触，然后与YidC或TRAM接触。B. 前体蛋白和各种膜蛋白分别采用不同的模式进行转运和膜插入。

已发现最近鉴定的YidC蛋白可协助蛋白质向大肠杆菌膜中插入（Samuelson et al.，2000）。可被光激活的跨膜区域与引导肽酶的类似物可交联到YidC上，这提示

YidC 在此过程中起引导作用。推测 YidC 可识别非转运的疏水区域，并催化它们插入到跨膜拓扑结构中。有趣的是，已证明 YidC 支持非 Sec 依赖性和 Sec 依赖性膜的插入。对于 Sec 依赖性蛋白质，有结果表明，去除 YidC 可抑制 Sec 移位酶（Samuelson et al.，2001）。这支持 YidC 可与 SecYE 紧密结合的观点。

现有的数据表明，Sec 组分可能动态地装配到不同的亚复合物中（图 6.2B）。每种模式可能各执行特殊的功能，而 SecYE 类似基本的移位酶单元。蛋白质输出到周质时还需要 SecA/G。向周质中加入 SecDF/YajC 可帮助转运分泌蛋白，SecDF/YajC 可对被转运的蛋白质进行折叠，产生复杂的结构域（Duong and Wickner，1997）。最后，YidC 或与 SecYE 一起（Scotti et al.，2000），或独自以一种酶的形式参与膜蛋白的整合（Samuelson et al.，2001）。无论在翻译后或共翻译转运过程中是否存在 Sec62/63/71/72 复合物，都可能存在内质网转运装置 Sec61 的亚复合物，它类似于细菌的移位酶（Panzner et al.，1995）。总之，不同的蛋白质采用特定的装置插入膜和（或）进行转运。

小结：直接的膜插入与移位酶介导的膜插入

- 体内蛋白质插入膜需要一个由蛋白质组成的装置。
- 转运和插入装置的主要组分在进化上是保守的。
- 膜蛋白通过特殊的装置插入膜，该装置也可用于转运分泌蛋白。

6.4 跨膜螺旋的膜锚定和定向

6.4.1 单次跨膜蛋白

对于单次跨膜的蛋白质，存在两种最终的拓扑结构：N_{cyt}/C_{exo}（N 端位于胞质，C 端位于胞质外）或 N_{exo}/C_{cyt}。如果考虑拓扑结构产生的决定因素，单次跨膜蛋白可分为三类（表 6.1）。I 型膜蛋白最初由一段可被切除的 N 端信号序列定向到内质网，然后由一段转运终止序列锚定在膜上，转运终止序列由非极性氨基酸组成，可终止多肽的进一步转运，并作为跨膜锚。如果序列有足够的疏水性，它可仅由 11 个残基构成（Davis et al.，1985；Chen and Kendall，1995）。

II 型蛋白质含有一段信号-锚序列，同时负责膜蛋白的插入和锚定。它与可切除的信号序列不同之处在于：①它可位于多肽链内部；②缺少一个信号切割位点；③功能是跨膜锚。然而类似于可被切割的信号序列，它启动该蛋白质的 C 端穿过膜。与之相反的 III 型蛋白质的反向信号锚序列，它们负责转运 III 型蛋白质的 N 端序列。

在真核生物中，还有一类蛋白质完全通过 C 端信号序列将 N 端的胞质结构域锚定在膜上，例如细胞色素 b_5 和 SNARE 蛋白（如小突触泡蛋白）。在酵母中定向和插入表现为不依赖于 SRP 和 Sec61p，并使用一种尚未了解的 ATP 依赖的机制（Kutay et al.，1993，1995；Whitley et al.，1996）。

表 6.1　单次跨膜蛋白拓扑结构形成的决定因素

信号类型	C 端转运信号		N 端转运信号	
拓扑结构形成的决定因素	C 端信号	被切除的信号 + 停止转运序列	信号锚	反向信号锚
机制 胞外	未知	SccYEC 或 YidC/Sec61 + 信号肽酶	SccYEG/Sec61	SccYEG 或 YidC/Sec61
最终的拓扑结构 胞质	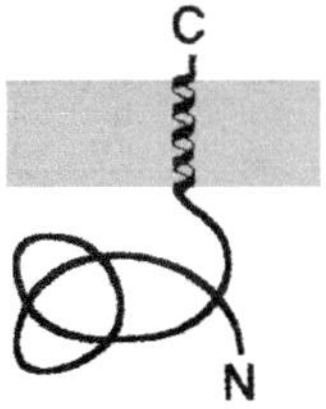	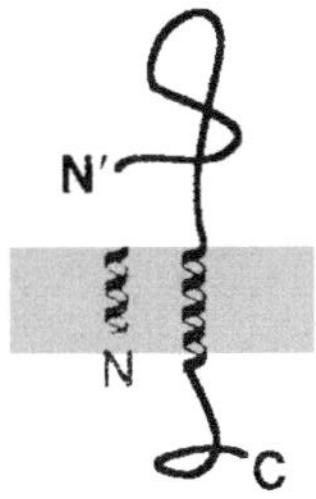	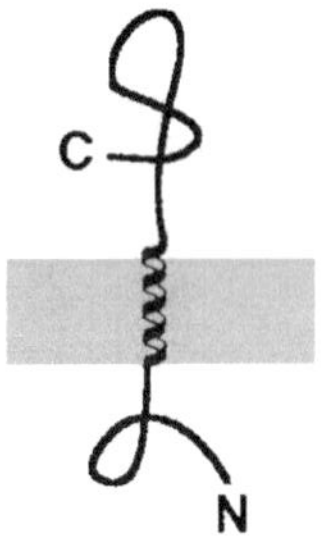	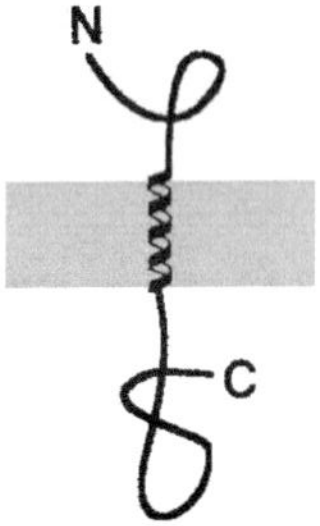
在细菌中的例子	光捕获蛋白质 α 和 β	M 13 包被蛋白质；CSGG 前体	青霉素结合蛋白质 Ib；脯氨酸异构酶 D	噬菌体 Pf3；Dna J-样 蛋白质 DnaJ
在真核生物中的例子	Synaptobrevin；细胞色素 b_5	Glycophorin；LDL 受体	转铁蛋白质受体；半乳糖基转移酶	Synaptotagmin；神经胶质细胞生长因子；细胞色素 P-450；Apy1p

6.4.1.1 侧翼序列的电荷性质

在细菌中，带正电荷的氨基酸侧翼跨膜片段和膜拓扑结构之间存在很强的相关性（von Heijne，1986）。胞质中碱性氨基酸的含量比胞间多 4 倍。但对于酸性氨基酸只发现有弱的相互关系。在内质网、叶绿体和线粒体中也观察到类似的电荷偏性，表明“阳性在内”（positive-inside）在自然界中是很普遍的（von Heijne. 1992；Wallin and von Heijne，1998）。在细菌中，正电荷残基决定膜蛋白的拓扑结构，这被点突变实验结果支持（Laws and Dalbey，1989；von Heijne. 1989；Nilsson and von Heijne，1990）。而碱性残基只在短距离内影响疏水序列的拓扑结构。因为带正电荷的区域通过静电与酸性磷脂的头部结合，阻碍了带正电区域的转运（Gallusser and Kuhn，1990）。在最近的研究中，通过改变大肠杆菌中酸性磷脂的数量，前导肽酶的拓扑结合受到了影响（van Klompenburg et al.，1997）。最近报道了一个采用硫叶菌属膜蛋白进行的有趣观察。这种古生物生活在强酸环境中（pH 0.5～2.5），并通过内部阳性电势维持内部的中性 pH 和－200 eV 的 $\Delta\mu$（Moll and Schäfer，1988；Michels and Bakker，1985）。对 SecY 和细胞色素 c 氧化酶的分析表明，这些蛋白质内部仍偏向于带正电荷（van de Vossenberg et al.，1998）。这暗示“阳性在内”法则主要是蛋白质与磷脂头部基团发生静电相互作用的结果。

细菌中 III 型蛋白质在膜中的方向已被广泛分析，涉及疏水区域侧翼的带电残基。

非 Sec 依赖的 Pf3 包被蛋白质在 N 端区域中含有 2 个带负电的残基，在 C 端尾部中含有 2 个带正电的残基。通过氨基酸替代消除所有电荷可以完全改变蛋白质的方向。令人惊讶的是，如果侧翼区域中只含有带负电的残基，两种朝向的蛋白质都有，但如果两端都带正电荷或不带电荷，则没有发现膜的插入。这表明带负电荷的残基决定这种蛋白质的取向（Kiefer and Kuhn，1999）。与此相似，电荷的分布与跨膜电化学电势相吻合，趋向于将带负电荷的残基转运到胞质间。

对于插入到内质网中的蛋白质，电荷法则不像对于细菌蛋白质那样严格适用。此外，对于不被切除信号序列的疏水核心，它的两个侧翼序列电荷的差异与正电荷本身无关，与蛋白质的取向相关：位于胞质中的序列通常比胞质外序列带有更多的正电荷（Hartmann et al.，1989）。实验中，通过向短的 N 端结构域插入带正电荷的残基，可将 III 型蛋白质细胞色素 P450 转变为 II 型蛋白质（Monier et al.，1988；Szczesna-Skorupa et al.，1988）。脱唾液酸糖蛋白受体 H1 和副黏病毒血凝素神经氨酸酶是两种 II 型蛋白质，对它们的侧翼电荷进行突变可导致多肽的一小部分片段同 III 型（N_{eox}/C_{cyt}）拓扑结构的蛋白质插在一起（Beltzer et al.，1991；Parks and Lamb，1991，1993）。多个研究发现变异蛋白质中侧翼电荷的非对称分布不足以产生唯一的拓扑结构，表明在内质网中还存在其他因子导致拓扑结构的形成。

6.4.1.2 蛋白质折叠

在翻译后转运过程中，前体蛋白特异性的分子伴侣，如细菌 SecB（Randall and Hardy，1986），或一般性的分子伴侣如 Hsp70（Chirico et al.，1988；Deshaies et al.，1988）使多肽保持在可转运状态，防止蛋白质在胞质中聚集和折叠。在共翻译插入过程中，SRP 和核糖体保护新生肽不在成熟前折叠。可是，（翻转的）信号锚 N 端序列在定向起始之前却暴露在胞质中。它们的折叠行为可能影响蛋白质的转运能力，并因此影响蛋白质的拓扑结构。将 N_{exo}/C_{cyt} 和 N_{cyt}/C_{exo} 取向蛋白质等量地插入到脱唾液酸糖蛋白受体 H1 中，所得突变体早被用于转染哺乳动物细胞（COS 细胞）以验证上述观点。利用 30 个残基的快速折叠锌指结构域或含有 237 个氨基酸的二氢叶酸还原酶对蛋白质 N 端进行延伸可完全阻止 N 端的转运（Denzer et al.，1995）。这些发现表明，插入过程很灵活，当 N 端转运受阻时允许信号在转运体中重新取向（图 6.3）。通过使点突变体失去稳定性破坏蛋白质的 N 端结构，可以明显地恢复 N 端穿过膜的转运。

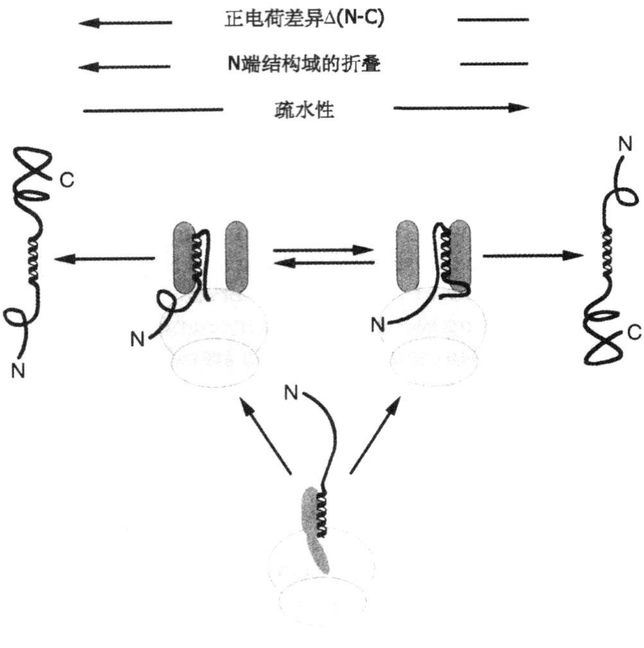

图 6.3 信号序列在内质网膜中的取向。信号序列转运 C 端或 N 端穿过细胞膜，形成 II 型（左）或 III 型（右）膜蛋白。左侧分支中信号肽酶切除信号序列，产生分泌蛋白（未标注）。N 端带正电荷信号的蛋白质与 N 端结构域被折叠的蛋白质相似，偏向于对 C 端进行转运。而带有较长信号序列并具有较强疏水性的蛋白质偏向于对 N 端进行转运。

因此，快速折叠 N 端结构域可以阻止信号锚发生 II 型取向。与此相反，III 型蛋白质需要胞质中的 N 端区域不发生折叠。天然 III 型蛋白质中与此相关的例子是神经调节蛋白质前体，它具有一个 241 个残基的 N 端结构域、一个免疫球蛋白样结构域和一个表皮生长因子（EGF）样结构域。只有在内质网中才能形成二硫键，发生稳定的折叠。

在胞质中只有当翻转的信号锚出现、定向和转运启动时，分子伴侣才可能阻止错误折叠和聚集。

6.4.1.3 疏水性

信号序列的非极性核心对于自身在内质网中的取向也起重要作用。采用可检测的突变蛋白质观察到更多的 N 端转运，并且随着序列长度和疏水性的增加，转运也增多（Sato et al.，1990；Sakaguchi et al.，1992；Wahlberg and Spiess，1997；Harley et al.，1998）。例如，当 19 个残基的天然非极性核被 19 个连续的亮氨酸取代时，一个 N 端带正电荷，C 端带负电荷的 N 端 II 型信号锚两种取向都发生插入（Wahlberg and Spiess，1997）。不同的寡聚亮氨酸序列在整个序列中的覆盖范围从几乎全部的 C 端转运序列到特定的 N 端转运序列。疏水序列对拓扑结构的影响是在影响侧翼序列电荷和 N 端疏水延伸的基础上起作用的（Wahlberg and Spiess，1997；Harley et al.，1998）。此外，Harley 等（1998）观察到非极性序列的疏水性梯度和信号取向之间存在相互关联，端部的疏水性越强，跨膜转运效率越高。转运体的结合位点中存在类似的梯度，这可用于解释上面观察到的现象。利用光交联，发现在酵母中信号序列的疏水性片段与 Sec61p 的跨膜螺旋 2 和 7 特殊接触（Hath et al.，1998）。较长的和（或）疏水性更强的同源寡聚体是如何导致 N 端转运增加的还不清楚。

其他非极性序列的同源寡聚体表现出类似的偏爱性，即随着寡聚亮氨酸长度的增加 N 端转运增加（Rösch et al.，2000）。促进 N 端转运的能力按下列顺序降低：I＞L＞V≈W＞Y＞F＞M。寡聚丙氨酸是个例外，它不作为信号序列，其他所有被检测的同源寡聚体在定向和插入方面都很有效。形状和体积不同的序列，如 Val_{19} 和 Trp_{19} 表现相同，表明转运体的转运能力可适应广泛不同的信号序列。将所有不带电的氨基酸插入到 Leu_{16} 或 Leu_{19} 序列的相同位置上，检测它们对信号取向的影响（Rosch et al.，2000）。对这些残基促进 N 端转运的能力进行排序，结果类似于疏水性排序：I＞V＞L≈W＞F＞Y＞C＞M＞A＞T＞S＞G＞N＞Q＞H＞P。疏水序列在拓扑结构形成方面的作用对于天然蛋白质也很重要。升压素前体和微体环氧化水解酶的反向信号锚都违背电荷分布法则，当延长或缩短非极性序列时，这两种蛋白质的可切除信号才能正确且特异地插入膜中（Eusebio et al.，1998）。

6.4.2 小结：单次跨膜蛋白

- 靠近信号序列和跨膜片段的正电荷偏向于保留在胞质中（在细菌中为“阳性在内”法则；在内质网中为电荷差异法则）。
- 在细菌中，带负电的残基可驱动跨膜转运。
- 多肽在转运时必须处于未折叠状态。
- N 端信号序列的折叠阻碍 N 端转运。
- 信号序列越长，非极性核心的疏水性越强，内质网信号序列是 N 端上游区域被转运的趋势越高。

6.4.3 多次跨膜蛋白

多次跨膜的膜蛋白由一系列交互信号和终止转运序列组成，这些序列线性地插入到双分子层内。根据最简单的模型，起始信号决定自身和其后所有跨膜片段的取向。后者不需要任何额外的信息，只需简单地跟随起始信号即可。利用嵌合蛋白已为“线性插入模型”（最先由 Blobel 提出，1980）提供了证据，嵌合蛋白含有 2～4 个跨膜片段，彼此间由 50～200 个残基分隔开（Wessels and Spiess，1988；Lipp et al.，1989）。结果显示，信号锚序列（通常是 N_{cyt}/C_{exo}）确实可以作为终止转运序列（N_{exo}/C_{cyt}）被强迫插入，这依赖于它们在多肽中的相对位置。

但有力证据表明，许多膜蛋白抵制“第一信号序列”的主导作用。统计分析表明，内部跨膜结构域也遵循电荷规则，尽管在真核生物蛋白质中不如多数 N 端信号序列那样严谨（von Heijne，1986，1989）。向模式蛋白质短的外质环中插入一段带正电荷的残基可使每一个疏水结构域根本不插入膜中（“失落”拓扑结构；Gafvelin and von Heijne，1994；Gafvelin et al.，1997）。细菌蛋白质中个别跨膜片段的缺失不影响下游跨膜结构域的拓扑结构（图 6.4A；Bibi et al.，1991；McGovern et al.，1991）。类似地，将葡萄糖转运蛋白 Glut1 的第一个信号序列的电荷差异倒置不影响分子其余部分的拓扑结构，只影响第一个信号序列的插入（Sato et al.，1998）。这些研究表明，多次跨膜蛋白在整个序列中含有产生拓扑结构的信息，并且不总是严格地线性插入。

在拓扑结构形成过程中，利用简单的嵌合蛋白可以证实各种决定因素之间互相影

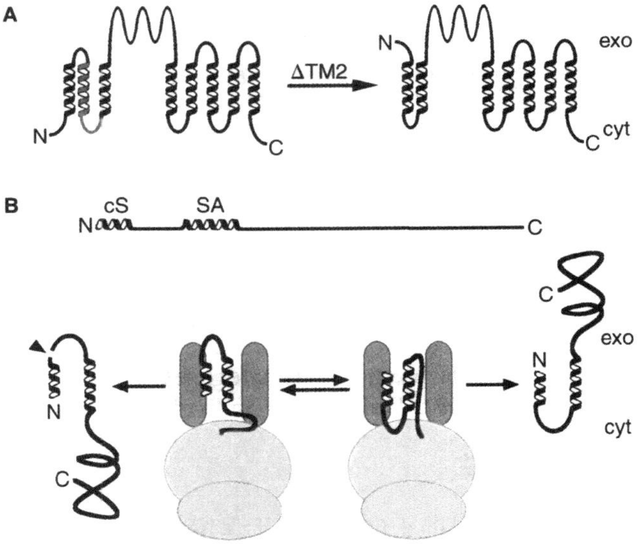

图 6.4　多次跨膜蛋白中的多个拓扑序列。A. 去除细菌 MalF 蛋白的第二个跨膜片段只影响第一个跨膜片段的拓扑结构而不影响下游跨膜结构域（McGovern et al.，1991）。因此拓扑结构由整个序列中的决定因素来确定，而不是简单地由第一个跨膜片段决定。B. 两种相互矛盾的信号，一种可被切除的 N 端信号（cS），另一种是内部信号锚序列（SA），产生不同拓扑结构，取决于两者间隔序列的长度：间隔序列越长，左侧多肽中的片段越大（Goder et al.，1999）。间隔序列中的糖基化使左侧拓扑结构的比例升高（见文中）。箭头表示信号切除位点。

响，这些简单的嵌合蛋白具有两种相矛盾的信号序列：一种可被切除的信号序列和一种信号锚序列（图 6.4B；Goder et al.，1999）。当这两个信号序列被 60 个以上的残基分开时，可观察到第二个信号序列摆脱拓扑偏爱进行线性插入（图 6.4B，左侧拓扑结构）。但如果被较短的序列分隔，可观察到蛋白质中有更多的部分在第二个信号序列的引导下随 C 端被转运（图 6.4B，右侧拓扑结构）。因此，第二个信号序列共同参与插入过程。在细菌中也观察到类似的现象（Coleman et al.，1985）。后续信号序列之间在拓扑结构形成过程中的竞争还表明，新生肽在转运装置中可以重新确定方向，达到最适构象。向间隔序列中插入一个糖基化位点可证明：在腔体一侧可捕获到被修饰的间隔序列，说明糖基化可影响拓扑结构的形成。其他潜在的外质修饰（如信号切除）或蛋白质折叠也可稳定某种拓扑结构。

膜蛋白的拓扑结构决定其以何种方式插入膜。两个带有很短间隔序列的跨膜片段显然不能独自确定其方向：它们将以发卡形式共同插入膜中。随着距离的增加，连续跨膜片段之间的协调性（或竞争）下降，并最终消失（当间隔序列长于 60 个残基，Goder et al.，1999）。长的间隔序列可能在立体结构上不能重新确定其方向，或被腔内的分子伴侣如 BiP 捕获。已证实 BiP 的酵母同源物 Kar2p 可促进翻译后转运（Brodsky et al.，1995；Panzner et al.，1995；Zimmermann，1998；Matlack et al.，1999），但也可能参与共翻译转运。

另一个可能相关的机制是，从转运体出来的跨膜片段进入脂环境。利用 proOmpA 突变体在细菌系统中对人工终止转移序列进行的研究表明，将膜分开比终止受 SecA 驱动的转运需要更强的疏水性（Duong and Wickner，1998）。光交联实验显示，在内质网中一段终止转移序列先与 Sec61α 和 TRAM 接触，然后只与 TRAM 接触；只有当多肽从 tRNA 上被释放后与转运装置的接触才终止（Do et al.，1996）。可是对脂接触的分析表明，信号和信号锚在进入转运体后可与脂很快发生交联（Martoglio et al.，1995；Mothes et al.，1997），这说明转运体可能对膜的脂相部分地开放或信号可以容易地离开并且可能再次进入转运体（图 6.5）。另一种模型认为，新生蛋白质的跨膜螺旋片段

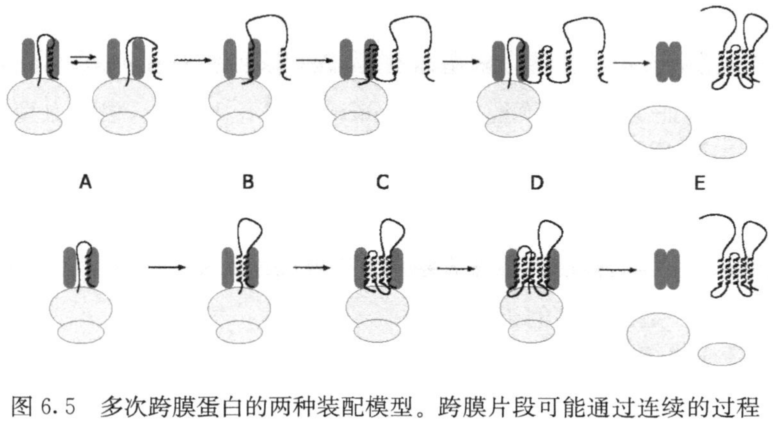

图 6.5　多次跨膜蛋白的两种装配模型。跨膜片段可能通过连续的过程被释放到脂双分子层中（上部图版 A～D），再通过其他步骤结合到最终的紧密结构上。转运体和脂基分解可能是一个可逆过程（A）在空间上非常靠近的跨膜片段（发卡结构）表现为一个整体（C～D）。另外据推测，当翻译完成后，在最后的螺旋束被释放之前，螺旋装配发生在转运体内（下部图版）。

仍位于转运复合体内，并在这个“受保护”的环境中完成装配过程（Borel and Simon，1996）。并且似乎中央具有一个带电残基的跨膜螺旋将与孔复合体结合，直至与带有互补电荷的螺旋结构相遇。

6.4.4 小结：多次跨膜蛋白

- 含有贯穿多肽的拓扑结构可能是膜蛋白多次跨膜的决定因素。
- 拓扑结构的形成可能涉及转运体中多肽片段的可逆运动。
- 糖基化（及其他可能的外质修饰）与拓扑结构的形成有关。
- 光交联实验表明，跨膜片段先后与 Sec61α 和 TRAM 接触。

6.5 跨膜螺旋的分子内和分子间捆绑

在多数情况下，插入膜后，每个跨膜螺旋彼此识别，形成螺旋束。作为一种分子内过程，多次跨膜蛋白上紧密的功能域是折叠过程中的一部分（图 6.1）。作为一种分子间过程，这是形成确定的寡聚膜蛋白复合体的基础。其中的一些复合体已被整体分离并结晶。细胞色素氧化酶复合体、ATP 酶、光捕获复合体和反应中心是说明基本结构原理的突出例子。除了这些稳定的复合体之外，可能还存在结构上更加动态的复合体。二维双分子膜中不同的亚复合体甚至可以随时间变化自由地形成或分开（Leuenberger et al.，1999）。

螺旋束形成的主要驱动力是疏水相互作用，它需要螺旋表面匹配。已对血型糖蛋白 A 的螺旋间相互作用进行了彻底研究。它的跨膜区域由 23 个氨基酸构成，即使在十二烷基硫酸钠（SDS）微粒中也可形成稳定的二聚体（Lemmon et al.，1992）。诱变实验鉴定出关键残基，它们朝向跨膜螺旋的接触面（Fleming et al.，1997）。LIxxGVxxGVxxT 为二聚化结构域，x 代表替换后对二聚化影响很小的氨基酸。利用这个信息，通过计算机模拟出了右手螺旋二聚体的三维模型，对于装配十分重要的螺旋表面由对诱变敏感的残基形成。血型糖蛋白 A 跨膜二聚体在十二烷基磷酸胆碱中的核磁共振（NMR）结构证实了这个模型（MacKenzie et al.，1997）。根据血型糖蛋白序列，从一个随机化的序列文库中发现一个通用模体 GxxxG，它是一种高亲和力同源寡聚化作用模体（Russ and Engelman，2000）。除了疏水相互作用，螺旋内氢键也起重要作用（Zhou et al.，2000）。

两个螺旋也可通过一对带电残基连在一起。乳糖通透酶是说明通过电荷相互作用将两个跨膜螺旋连在一起的常用例子。

根据重折叠实验和片段表达结果，已提出一种膜蛋白折叠和寡聚化的两步模型（Popot and Engelman，1990）。首先，疏水螺旋在装配成紧凑结构之前先以一种相当松散的结构定向并整合到脂双分子层中。对于寡聚化的膜蛋白，如血型糖蛋白，跨膜螺旋插入双分子层显然在形成螺旋束之前，因为每条多肽的合成和插入是在不同的核糖体和转运体上进行的。类似地，多次跨膜蛋白的每一个跨膜片段在第一步中被插入和释放到脂双分子层中，在第二步中装配成有功能的螺旋束。另外，形成螺旋束可能也发生在转运体中（图 6.5，底部）。通过共表达或将互补的功能性细菌视紫红质蛋白或 Lac 通透酶混合，确实观察到插入和装配可分开进行（Huang et al.，1981；Wrubel et al.，1990；Bibi and Kaback，1990）。这类实验还显示，外质环的连接对于螺旋束的形成贡献很小（Marti，1998），尽管它们看起来对装配的稳定性和专一性起着微妙的作用。

最近，对由一次跨膜亚基装配的四聚体 KcsA 钾通道进行了研究。亚基的插入和通道的装配明显是分开的，因为亚基的插入过程不依赖于膜电势（和 SecA），而复合体的装配需要膜电势的电子成分（van Dalen et al.，2000）。

小结：跨膜螺旋的分子内和分子间捆绑

- 膜蛋白的折叠和寡聚化可能是分开的两个步骤：跨膜螺旋整合到双分子层中（包括拓扑结构的产生）和螺旋成束形成一种紧凑结构。
- 跨膜螺旋主要通过疏水相互作用聚集在一起，但在有些情况下也通过离子对和氢键。

6.6 历史注释

6.6.1 历史注释 1

Günter Blobel 最早提出，在真核系统中，分泌蛋白和膜蛋白翻译的终止使得翻译和转运同步化。在这个模型中，核糖体合成出带有信号序列的蛋白质，SRP 作为将核糖体定向到内质网的装置，蛋白质的翻译和转运同时进行。对这个观点激烈的争论，主要是关于蛋白质转运是以共翻译的方式进行还是以翻译后的方式进行。从那时开始就已清楚，至少在酵母中两种途径都存在。在所有系统中，多次跨膜的膜蛋白均采用 SRP 依赖性途径。疏水性很强的序列不太可能采用翻译后转运机制。

6.6.2 历史注释 2

采用小的细菌膜蛋白和脂质体进行实验，认识到膜蛋白的插入过程是一种折叠途径。这个途径可能是热动力学驱使的，这在 Bill Wickner 的引发假说中进行了总结。

最好的例子是，在自然界中膜毒素采用这种途径。可是多数膜蛋白的插入好像是酶控制的。尽管插入膜蛋白的折叠途径是存在的，但这些过程比最初设想的要复杂得多并且涉及更多的作用因子。

6.6.3 历史注释 3

1981 年，Gobind Khorana 及其同事们证明，细菌视紫红质的两个蛋白酶水解片段可在脂质体中装配成一个有功能的质子泵，这个结果使膜生物化学家们震惊。接着，1990 年 Ruth Ehring、Ron Kaback 及其同事们发现，在大肠杆菌中表达的乳糖通透酶片段被插入到膜中并被寡聚化形成一个有功能的蛋白质。这很好地说明，膜插入过程和装配成一个折叠好的复合体是两个独立的步骤。还有证据表明，一个蛋白质的两个片段可以彼此识别。

6.7 参考文献

Andersson, H. and von Heijne G. (1994) Positively charged residues influence the degree of SecA dependence in protein translocation across the *E. coli* inner membrane. *FEBS Lett* **347**: 169-172.

Beltzer, J. P., Fiedler, K., Fuhrer, C. et al. (1991) Charged residues are major determinants of the transmembrane orientation of a signal-anchor sequence. *J Biol Chem* **266**: 973-978.

Bibi, E. and Kaback, H. R. (1990) *In vivo* expression of the lacY gene in two segments lead to functional Lac permease. *Proc Natl Acad Sci USA* **87**: 4325-4329.

Bibi, E., Verner, G., Chang, C. Y. et al. (1991) Organization and stability of a polytopic membrane protein: deletion analysis of the lactose permease of *Escherichia coli*. *Proc Natl Acad Sci USA* **88**: 7271-7275.

Blobel, G. (1980) Intracellular protein topogenesis. *Proc Natl Acad Sci USA* **77**: 1496-1500.

Borel, A. C. and Simon, S. M. (1996) Biogenesis of polytopic membrane proteins: membrane segments assemble within translocation channels prior to membrane integration. *Cell* **85**: 379-389.

Bowie, J. U. (1997) Helix packing in membrane proteins. *J Mol Biol* **272**: 780-789.

Bretscher, M. S. and Munro, S. (1993) Cholesterol and the Golgi apparatus. *Science* **261**: 1280-1281.

Brodsky, J. L. and Schekman, R. (1993) A sec63p-BiP complex from yeast is required for protein translocation in a reconstituted proteoliposome. *J Cell Biol* **123**: 1355-1363.

Brodsky, J. L., Goeckeler, J. and Schekman, R. (1995) BiP and Sec63p are required for both co- and posttranslational protein translocation into the yeast endoplasmic reticulum. *Proc Natl Acad Sci USA* **92**: 9643-9646.

Chen, H. and Kendall, D. A. (1995) Artificial transmembrane segments. Requirements for stop transfer and polypeptide orientation. *J Biol Chem* **270**: 14115-14122.

Chirico, W. J., Waters, M. G. and Blobel, G. (1988) 70k heat shock related proteins stimulate protein translocation into microsomes. *Nature* **332**: 805-810.

Coleman. J., Inukai, M. and Inouye, M. (1985) Dual functions of the signal peptide in protein transfer across the membrane. *Cell* **43**: 351-360.

Dalbey, R. E. and Kuhn, A. (2000) Evolutionarily related insertion pathways of bacterial, mitochondrial, and thylakoid membrane proteins. *Annu Rev Cell Dev Biol* **16**: 51-87.

Davis, N. G., Boeke, J. D. and Model, P. (1985) Fine structure of a membrane anchor domain. *J Mol Biol* **181**: 111-121.

Deber, C. M., Brandl, C. J., Deber, R. B. et al. (1986) Amino acid composition of the membrane and aqueous domains of integral membrane proteins. *Arch Biochem Biophys* **251**: 68-76.

de Gier, J. W., Scotti, P. A., Saaf, A. et al. (1998) Differential use of the signal recognition particle translocase targeting pathway for inner membrane protein assembly in *Escherichia coli*. *Proc Natl Acad Sci USA* **95**: 14646-14651.

Denzer, A. J., Nabholz, C. E. and Spiess, M. (1995) Transmembrane orientation of signal-anchor proteins is affected by the folding state but not the size of the aminoterminal domain. *EMBO J* **14**: 6311-6317.

Deshaies, R. J., Koch, B. D., Werner-Washbourne, M. et al. (1988) A subfamily of stress proteins facilitates translocation of secretory and mitochondrial precursor polypeptides. *Nature* **332**: 800-805.

Do, H., Falcone, D., Lin, J. et al. (1996) The cotranslational integration of membrane proteins into the phospholipid bilayer is a multistep process. *Cell* **85**: 369-378.

Duong, F. and Wickner, W. (1997) Distinct catalytic roles of the SecYE. SecG and SecDFyajC subunits of preprotein translocase holoenzyme. *EMBO J* **16**: 2756-2768.

Duong, F. and Wickner, W. (1998) Sec-dependent membrane protein biogenesis: SecYEG, preprotein hydrophobicity and translocation kinetics control the stop-transfer function. *EMBO J* **17**: 696-705.

Economou, A., Pogliano, J. A., Beckwith J. et al. (1995) SecA membrane cycling at SecYEG is driven by distinct ATP binding and hydrolysis events and is regulated by SecD and SecF. *Cell* **83**: 1171-1181.

Eisenberg, D., Schwarz, E., Komaromy, M. et al. (1984) Analysis of membrane and surface protein sequences with the hydrophobic moment plot. *J Mol Biol* **179**: 125-142.

Eusebio, A., Friedberg, T. and Spiess, M. (1998) The role of the hydrophobic domain in orienting natural signal sequences within the ER membrane. *Exp Cell Res* **241**: 181-185.

Fleming, K. G., Ackerman, A. L. and Engelman, D. M. (1997) The effect of point mutations on the free energy of transmembrane alpha-helix dimerization. *J Mol Biol* **272**: 266-275.

Friedlander, M. and Blobel, G. (1985) Bovine opsin has more than one signal sequence. *Nature* **318**: 338-343.

Gafvelin, G. and von Heijne, G. (1994) Topological frustration in multispannin *E. coli* inner membrane proteins. *Cell* **77**: 401-412.

Gafvelin, G., Sakaguchi, M., Andersson, H. et al. (1997) Topological rules for membrane protein assembly in eukaryotic cells. *J Biol Chem* **272**: 6119-6127.

Gallusser, A. and Kuhn, A. (1990) Initial steps in protein insertion. Bacteriophage M13 procoat binds to the membrane surface by electrostatic interaction. *EMBO J* **9**: 2723-2729.

Goder, V., Bieri, C. and Spiess, M. (1999) Glycosylation can influence topogenesis of membrane proteins and reveals dynamic reorientation of nascent polypeptides within the translocon. *J Cell Biol* **147**: 257-266.

Harley, C. A., Holt, J. A., Turner, R. et al. (1998) Transmembrane protein insertion orientation in yeast depends on the charge difference across transmembrane segments, their total hydrophobicity, and its distribution. *J Biol Chem* **273**: 24963-24971.

Hartmann, E., Rapoport, T. A. and Lodish, H. E (1989) Predicting the orientation of eukaryotic membrane-spanning proteins. *Proc Natl Acad Sci USA* **86**: 5786-5790.

Herskovitz, A. A. and Bibi, E. (2000) Association of *Escherichia coli* ribosomes with the inner membrane requires the signal recognition particle receptor but is independent of the signal recognition particle. *Proc Natl Acad Sci USA* **97**: 4621-4626.

Huang, K. S., Bayley, H., Liao, M. J. et al. (1981) Refolding of an integral membrane protein. Denaturation, renaturation, and reconstitution of intact bacteriorhodopsin and two proteolytic fragments. *J Biol Chem* **256**: 3802-3809.

Kaback, H. R., Jung, K., Jung, H. et al. (1995) Helix packing in the c-terminal half of lactose permease. *Adv Cell Mol Biol Mem Org* **4**: 129-144.

Kiefer, D. and Kuhn, A. (1999) Hydrophobic forces drive the spontaneous membrane insertion of the bacteriophage Pf3 coat protein without topological control. *EMBO J* **18**: 6299-6306.

Koch, H. G. and Muller, M. (2000) Dissecting the translocase and integrase functions of the *Escherichia coli* Sec-YEG translocon. *J Cell Biol* **150**: 689-894.

Kolbe, M., Besir, H., Essen, L. O. et al. (2000) Structure of the light-driven chloride pump halorhodopsin at 1.8 Å resolution. *Science* **288**: 1390-1396.

Kuhn, A. (1988) Alterations in the extracellular domain of M13 procoat protein make its membrane insertion dependent on secA and secY. *Eur J Biochem* **177**: 267-271.

Kutay, U., Hartmann, E. and Rapoport, T. A. (1993) A class of membrane proteins with a C-terminal anchor. *Trends Cell Biol* **3**: 72-75.

Kutay, U., Ahnert-Hilger, G., Hartmann, E. et al. (1995) Transport route for synaptobrevin via a novel pathway of insertion into the endoplasmic reticulum membrane. *EMBO J* **14**: 217-223.

Kyte, J. and Doolittle, R. F. (1982) A simple method for displaying the hydrophobic character of a protein. *J Mol Biol* **157**: 105-132.

Laws, J. K. and Dalbey, R. E. (1989) Positive charges in the cytoplasmic domain of *Escherichia coli* leader peptidase prevent an apolar domain from functioning as a signal. *EMBO J* **8**: 2095-2099.

Lemmon, M. A., Flanagan, J. M., Hunt, J. F. et al. (1992) Glycophorin A dimerization is driven by specific interactions between transmembrane alpha-helices. *J Biol Chem* **267**: 7683-7689.

Leuenberger, D., Bally, N. A., Schatz, G. et al. (1999) Different import pathways through the mitochondrial intermembrane space for inner membrane proteins. *EMBO J* **18**: 4816-4822.

Lipp, J., Flint, N., Haeuptle, M. T. et al. (1989) Structural requirements for membrane assembly of proteins spanning the membrane several times. *J Cell Biol* **109**: 2013-2022.

MacKenzie, K. R., Prestegard, J. H. and Engelman, D. M. (1997) A transmembrane helix dimer: structure and implication. *Science* **276**: 131-133.

Marti, T. (1998) Refolding of bacteriorhodopsin from expressed polypeptide flagments. *J Biol Chem* **273**: 9312-9322.

Martoglio, B., Hofmann, M. W., Brunner, J. et al. (1995) The protein-conducting channel in the membrane of the endoplasmic reticulum is open laterally toward the lipid bilayer. *Cell* **81**: 207-214.

Matlack, K. E. S., Misselwitz, B., Plath, K. et al. (1999) BiP acts as a molecular ratchet during posttranslational transport of prepro-αfactor across the ER membrane. *Cell* **97**: 553-564.

McGovern, K., Ehrmann, M. and Beckwith, J. (1991) Decoding signals for membrane protein assembly using alkaline phosphatase fusions. *EMBO J* **10**: 2773-2782.

Michels, M. and Bakker, E. P. (1985) Generation of a large, protonophore-sensitive proton motive force and pH difference in the acidophilic bacteria *Thermoplasma acidophilum and Bacillus acidocaldarius*. *J Bacteriol* **161**: 231-237.

Moll, R. and Schäfer, G. (1988) Chemiosmotic H^+ cycling across the plasma membrane of the thermoacidophilic archaebacterium *Sulfolobus acidocaldarius*. *FEBS Lett* **232**: 359-363.

Monier, S., Van Luc, P., Kreibich, G. et al. (1988) Signals for the incorporation and orientation of cytochrome P450 in the endoplasmic reticulum membrane. *J Cell Biol* **107**: 457-470.

Mothes, W, Heinrich, S. U., Graf, R. et al. (1997) Molecular mechanism of membrane protein integration into the endoplasmic reticulum. *Cell* **89**: 523-533.

Munro, S. (1995) An investigation of the role of transmembrane domains in Golgi protein retention. *EMBO J* **14**: 4695-4704.

Ng, D. T., Brown, J. D. and Walter, P. (1996) Signal sequences specify the targeting route to the endoplasmic reticulum membrane. *J Cell Biol* **134**: 269-278.

Nilsson, I. M. and von Heijne, G. (1990) Fine-tuning the topology of a polytopic membrane protein-role of positively and negatively charged amino acids. *Cell* **62**: 1135-1141.

Panzner, S., Dreier, L., Hartmann, E. et al. (1995) Posttranslational protein transport in Yeast reconstituted with a purified complex of Sec-proteins and Kar2p. *Cell* **81**: 561-570.

Parks, G. D. and Lamb, R. A. (1991) Topology of eukaryotic type-II membrane proteins—Importance of N-terminal positively charged residues flanking the hydrophobic domain. *Cell* **64**: 777-787.

Parks, G. D. and Lamb, R. A. (1993) Role of NH_2-terminal positively charged residues in establishing membrane protein topology. *J Biol Chem* **268**: 19101-19109.

Plath, K., Mothes, W., Wilkinson, B. M. et al. (1998) Signal sequence recognition in posttranslational protein transport across the yeast ER membrane. *Cell* **94**: 795-807.

Popot, J. L. and Engelman, D. M. (1990) Membrane protein folding and oligomerization: the two-stage model. *Biochemistry* **29**: 4031-4037.

Randall, L. L. and Hardy, S. J. (1986) Correlation of competence for export with lack of tertiary structure of the mature species: a study *in vivo* of maltose-binding protein in *E. coli*. *Cell* **46**: 921-928.

Ridder, A. N., Morein, S., Stam, J. G. et al. (2000) Analysis of the role of interfacial tryptophan residues in controlling the topology of membrane proteins. *Biochemistry* **39**: 6521-6528.

Rösch, K., Naeher, D., Laird, V. et al. (2000) The topogenic contribution of uncharged amino acids on signal sequence orientation in the endoplasmic reticulum. *J Biol Chem* **275**: 14916-14922.

Russ, W. P. and Engelman, D. M. (2000) The GxxxG motif: a framework for trans-membrane helix-helix association. *J Mol Biol* **296**: 911-919.

Sahin-Toth, M., Dunten, R. L., Gonzalez, A. et al. (1992) Functional interactions between putative intramembrane charged residues in the lactose permease of *Escherichia coli*. *Proc Natl Acad Sci USA* **89**: 10547-10551.

Sakaguchi, M., Tomiyoshi, R., Kuroiwa, T. et al. (1992) Functions of signal and signalanchor sequences are determined by the balance between the hydrophobic segment and the N-terminal charge. *Proc Natl Acad Sci USA* **89**: 16-19.

Samuelson, J. C., Chen, M., Jiang, F. et al. (2000) YidC mediates both Sec-dependent and Sec-independent membrane protein insertion. *Nature* **406**: 637-641.

Samuelson, J. C., Jiang, F., Yi, L. et al. (2001) Function of YidC for the insertion of M13 procoat protein in *E. coli*: translocation of mutants that show differences in their membrane potential dependence and Sec-requirement. *J Biol Chem* **278**: 34847-34852.

Sato, M., Hresko, R. and Mueckler, M. (1998) Testing the charge difference hypothesis for the assembly of a eucaryotic multispanning membrane protein. *J Biol Chem* **273**: 25203-25208.

Sato, T., Sakaguchi, M., Mihara, K. et al. (1990) The amino-terminal structures that determine topological orientation of cytochrome-P-450 in microsomal membrane. *EMBO J* **9**: 2391-2397.

Scotti, P. A., Urbanus, M. L., Brunner, J. et al. (2000) YidC, the *Escherichia coli* homologue of mitochondrial Oxalp, is a component of the Sec translocase. *EMBO J* **19**: 542-549.

Soekarjo, M., Eisenhawer, M., Kuhn, A. et al. (1996) Thermodynamics of the membrane insertion process of the M13 procoat protein, a lipid bilayer traversing protein containing a leader sequence. *Biochemistry* **35**: 1232-1241.

Spiess, M. and Lodish, H. F. (1986) An internal signal sequence: the asialogycoprotein receptor membrane anchor. *Cell* **44**: 177-185.

Szczesna-Skorupa, E., Browne, N., Mead, D. A. et al. (1988) Positive charges at the NH_2 terminus convert the membrane-anchor signal peptide of cytochrome P-450 to a secretory peptide. *Proc Natl Acad Sci USA* **85**: 738-742.

Valent, Q. A., Scotti, P. A., High, S. et al. (1998) The *Escherichia coli* SRP and SecB targeting pathways converge at the translocon. *EMBO J* **17**: 2504-2512.

van Dalen, A., Schrempf, H., Killian, J. A. et al. (2000) Efficient membrane assembly of the KcsA potassium channel in *Escherichia coli* requires the protonmotive force. *EMBO Rep* **1**: 340-346.

van de Vossenberg, J. L., Albers, S. V., van der Does, C. et al. (1998) The positive inside rule is not determined by the polarity of the delta psi. *Mol Microbiol* **29**: 1125-1127.

van Klompenburg, W., Nilsson, I., von Heijne G. et al. (1997) Anionic phospholipids are determinants of membrane protein topology. *EMBO J* **16**: 4261-4266.

von Heijne, G. (1986) The distribution of positively charged residues in bacterial inner membrane proteins correlates with the trans-membrane topology. *EMBO J* **5**: 3021-3027.

von Heijne, G. (1989) Control of topology and mode of assembly of a polytopic membrane protein by positively charged residues. *Nature* **341**: 456-458.

von Heijne, G. (1992) Membrane protein structure prediction. Hydrophobicity analysis and the positive-inside rule. *J Mol Biol* **225**: 487-494.

Wahlberg, J. M. and Spiess, M. (1997) Multiple determinants direct the orientation of signal-anchor proteins: The topogenic role of the hydrophobic signal domain. *J Cell Biol* **137**: 555-562.

Wallin, E. and von Heijne, G. (1998) Genome-wide analysis of integral membrane proteins from eubacterial, archaean, and eukaryotic organisms. *Protein Sci* **7**: 1029-1038.

Wallin, E., Tsukihara, T., Yoshikawa, S. et al. (1997) Architecture of helix bundle membrane proteins: an analysis of cytochrome c oxidase from bovine mitochondria. *Protein Sci* **6**: 808-815.

Wessels, H. P. and Spiess, M. (1988) Insertion of a multispanning membrane protein occurs sequentially and requires only one signal sequence. *Cell* **55**: 61-70.

Whitley, P., Grahn, E., Kutay, U. et al. (1996) A 12-residue-long polyleucine tail is sufficient to anchor synaptobrevin to the endoplasmic reticulum membrane. *J Biol Chem* **271**: 7583-7586.

Wolfe, P. B., Rice, M. and Wickner, W. (1985) Effects of two sec genes on protein assembly into the plasma membrane of *Escherichia coli*. *J Biol Chem* **260**: 1836-1841.

Wolin, S. L. and Walter, P. (1989) Signal recognition particle mediates a transient elongation arrest of preprolactin in reticulocyte lysate. *J Cell Biol* **109**: 2617-2622.

Wrubel, W., Stochaj, U., Sonnewald, U. et al. (1990) Reconstitution of an active lactose carrier *in vivo* by simultaneous syntheses of two complementary protein fragments. *J Bacteriol* **172**: 5374-5381.

Zerial, M., Melancon, P., Schneider, C. et al. (1986) The transmembrane segment of the human transferrin receptor functions as a signal peptide. *EMBO J* **5**: 1545-1550.

Zhou, F. X., Cocco, M. J., Russ, W. P. et al. (2000) Interhelical hydrogen bonding drives strong interactions in membrane proteins. *Nat Struct Biol* **7**: 154-160.

Zimmermann, R. (1998) The role of molecular chaperones in protein transport into the mammalian endoplasmic reticulum. *Biol Chem* **379**: 275-282.

6.8 推荐阅读

Dalbey, R. E. and Kuhn, A. (2000) Evolutionarily related insertion pathways of bacterial, mitochondrial, and thylakoid membrane proteins. *Annu Rev Cell Dev Biol* **16**: 51-87.

High, S., Andersen, S. S., Görlich, D. et al. (1993) Sec61p is adjacent to nascent type I and type II signal-anchor proteins during their membrane insertion. *J Cell Biol* **121**: 743-750.

Popot, J. L. and Engelman, D. M. (2000) Helical membrane protein folding, stability, and evolution. *Annu Rev Biochem* **69**: 881-922.

Wahlberg, J. M. and Spiess, M. (1997) Multiple determinants direct the orientation of signal-anchor proteins: The topogenic role of the hydrophobic signal domain. *J Cell Biol* **137**: 555-562.

White, S. H. and Wimley, W. C. (1999) Membrane protein folding and stability: physical principles. *Annu Rev Biophys Biomol Struct* **28**: 319-365.

7 原核和真核生物中二硫键的形成

JAMES REGEIMBAL 和 JAMES C. A. BARDWELL

7.1 二硫键：纽带键

大约 40 年前，Anfinsen 研究蛋白质是如何折叠的，他发现，指导蛋白质折叠成正确三维结构的信息包含在其氨基酸序列中。他用还原剂去除核酸酶中的二硫键，核酸酶是一种小的含有四个二硫键的蛋白质，并用变性剂对它进行解折叠。然后除去还原剂和变性剂，让核酸酶在有氧条件下重新折叠。经过一些天，一部分被解折叠的蛋白质可以再折叠成有活性的构象。这个经典的实验说明，蛋白质的氨基酸序列中含有足够信息指导它进行正确折叠。

尽管指导蛋白质折叠的信息包含在一级结构中，但天然三维结构可能依赖于一个或多个二硫键的正确形成（Anfinsen，1961，1973；Gilbert，1990）。二硫键是在两个半胱氨酸残基的巯基之间形成的一种共价键。在细胞内的蛋白质中很少发现二硫键，它们经常作为一种酶的催化部分或被用于调节酶的活性（Gilbert，1990；Jakob et al.，1999）。

与细胞内蛋白质不同，在分泌蛋白中经常发现二硫键（见第 4 章和第 5 章）。这些二硫键通常稳定蛋白质的折叠，对于蛋白质的正确结构十分重要。胞内和胞外蛋白质所处环境中氧化还原电势的不同，使二者的二硫键存在差异。二硫键的形成是一种氧化反应，细胞质为还原性，可抑制二硫键的形成。另一方面，一旦二硫键形成，原核生物周质或真核生物内质网（ER）中较强的氧化性则有利于维持二硫键。多年来认为，这种氧化还原电势的差异可以充分说明二硫键在周质或内质网形成，而不能在胞质中形成的原因。最近已清楚，周质和内质网中的特殊催化系统可促使二硫键正确形成。

下面是形成二硫键的一般示意图：

$$\text{R—SH} + \text{R}'\text{—SH} \underset{\text{还原}}{\overset{\text{氧化}}{\rightleftarrows}} \text{R—S—S—R}' + 2\text{e}^- + 2\text{H}^+ \qquad (1)$$

（2e^- 上接 e^- 受体，下接 e^- 供体）

(1) 式中向右的方向是巯基氧化反应，向左是二硫键的还原反应。如 (1) 式所示，巯基氧化需要一种适当的电子受体，二硫键的还原则需要电子供体。

体内二硫键的形成是一种受控制和受催化的过程。二硫键形成的催化过程是在二硫键供体和目标蛋白质之间发生巯基和二硫键交换反应。在这些反应中，二硫键被生成或被破坏，从一组巯基转移到另一组中。等式 (2) 描绘出这个过程。

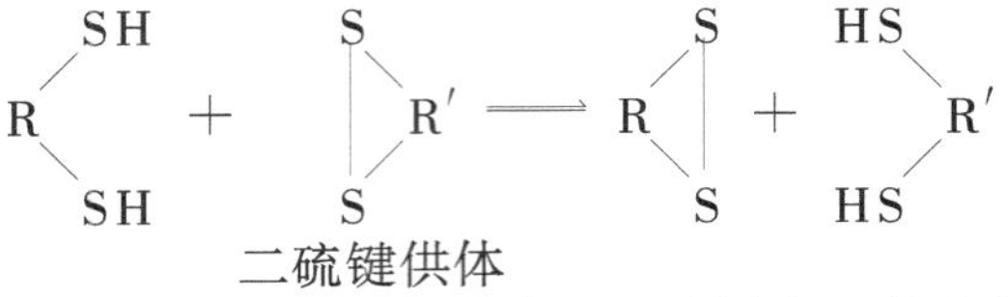

(2)

在含有三个或更多个半胱氨酸的蛋白质中，二硫键有可能在错误的巯基对间形成。

错误形成的二硫键可发生异构，此反应不需要增加或去除电子，只是二硫键被简单重排。等式（3）描述了二硫键的重排。

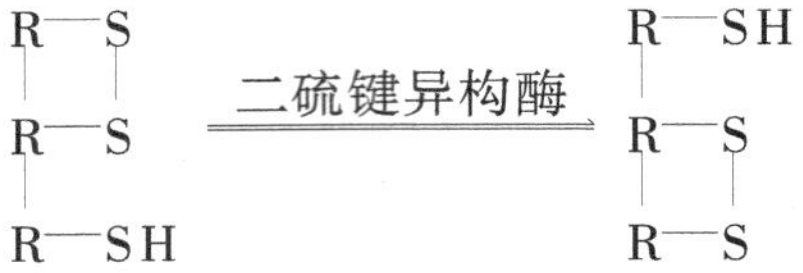

(3)

巯基-二硫键交换的化学机制是，通过使用一个硫醇盐阴离子亲核攻击二硫键的一个成员，二者发生置换反应。

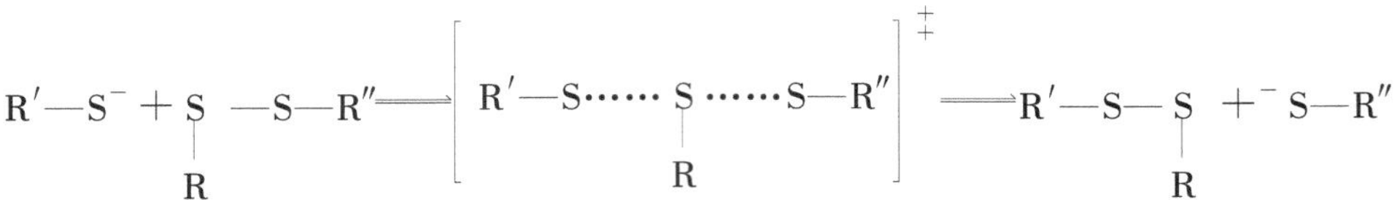

(4)

由于二硫键置换起始于硫醇盐阴离子的攻击，因此巯基一定是被去质子化的。通常，具有较低 pKa 值的巯基将作为更好的亲核剂（更易发生反应），因为它们可在生理 pH 条件下被去质子化。如果其余的基团可稳定硫醇盐阴离子的负电荷，巯基-二硫键交换还将被加强。虽然这些因子能够促进二硫键的交换反应，但更重要的是该交换反应是利用热动力进行的，即交换反应必须发生“氧化还原梯度的下降”。电子只能从具有负氧化还原电势的分子传递给正氧化还原电势的分子（图 7.1）。

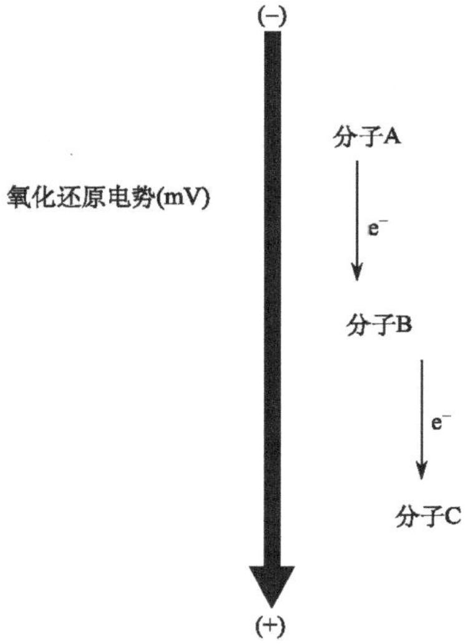

图 7.1　电子从负氧化还原电势分子传递到正氧化还原电势分子。

小结：二硫键：纽带键

- 单肽或二肽之间，两个半胱氨酸残基间的巯基团形成的共价键称为二硫键。
- 二硫键的形成是一种氧化还原反应：巯基被氧化形成二硫键，当二硫键被还原时，又恢复成两个巯基。与所有的氧化还原反应一样，二硫键的形成需要电子的供体和受体。
- 在胞质中很少发现二硫键，它们出现时通常是作为酶的催化机制或调节方法的一部分。胞外蛋白常常含有二硫键，它们对蛋白质的折叠起稳定作用。
- 在体内，二硫键的形成和异构化涉及参与巯基-二硫键交换反应的特殊蛋白质催化剂。
- 二硫键交换沿氧化还原梯度下降的方向进行。

7.2 体内二硫键的形成

如前所述，许多胞外蛋白需要形成一个或更多二硫键来维持其正确的结构及功能。原核生物和真核生物中二硫键的形成和异构化是催化反应，且通过巯基-二硫键交换反应实现，反应需要特殊的二硫化物供体和异构酶（Ooldberger et al.，1963；Bardwell et al.，1991；Freedman et al.，1994）。在过去十年间，对原核生物和真核生物中二硫键的形成已积累了许多知识，并已了解二硫键形成的专门途径及参与此过程的蛋白质。我们就此方面内容进行综述，首先是大肠杆菌系统，然后是真核系统。

7.2.1 大肠杆菌周质中二硫键的形成

在过去十年间，对大肠杆菌中二硫键的形成已进行了广泛的研究，尽管仍存在许多未知问题，但关于二硫键的体内形成过程已被了解。二硫键在大肠杆菌的周质中形成。周质是一个胞质外区室，类似于真核生物中的内质网。在周质中，二硫键的正确形成有赖于两种不同途径的协调作用。氧化途径负责从头的二硫键形成，而异构化途径负责以错误形成的二硫键进行异构化。为了详细理解每条途径，首先描述一下各途径中的参与蛋白质，然后讨论蛋白质如何相互作用来行使各自途径中的整体功能。

7.2.1.1 大肠杆菌中的氧化途径

氧化途径负责从头的二硫键形成，DsbA 是二硫键的直接供体。DsbA 是在大肠杆菌中发现的第一个参与二硫键形成的蛋白质，它的功能是通过巯基-二硫键交换反应向分泌蛋白提供二硫键（Bardwell et al.，1991）。在鉴定出 DsbA 之前，普遍认为原核生物中二硫键的形成是一种“不用催化”的过程，是一种通过氧或其他存在于生长环境中的小分子氧化剂就可自发氧化的过程。

缺乏功能性 DsbA 的菌株（*dsbA*⁻ 菌株），周质蛋白中的二硫键形成过程存在严重缺陷，表现为缺少正确折叠的外膜蛋白 A（OmpA）、FlgI（鞭毛 P-环蛋白）和碱性磷酸化酶，这些蛋白质的正确折叠都需要一个或多个二硫键。*dsbA*⁻ 菌株对还原剂二硫苏糖醇（DTT）和金属离子更加敏感（Bardwell et al.，1991；Dailey and Berg，1993；Missiakas et al.，1993；Rensing et al.，1997；Stafford et al.，1999）。由于 *dsbA*⁻ 有许多表现型，DsbA 在周质中显然是形成二硫键时主要的氧化剂（Bardwell et al.，1991）。DsbA 通过将其活性位点处的二硫键提供给蛋白质底物来发挥氧化作用（图 7.2）。

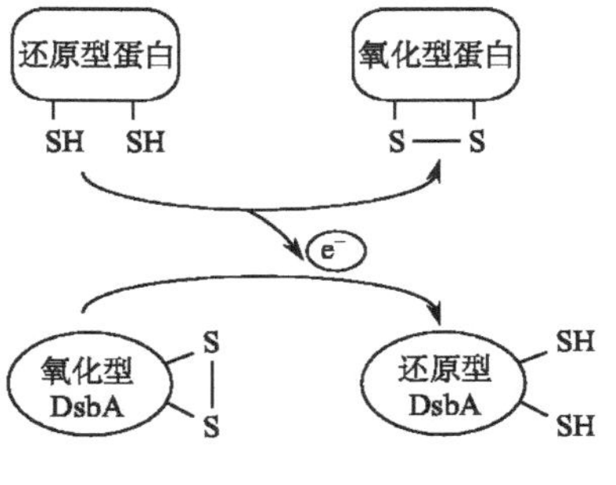

图 7.2 DsbA 对目标蛋白质的氧化。DsbA 通过分子间巯基-二硫键交换反应将 DsbA 活性位点中的二硫键供给底物蛋白。底物蛋白被氧化，DsbA 被还原。从这个角度讲，DsbA 不是一种真正的酶，因为反应结束时它发生了改变。

DsbA 是一个 21 kDa 蛋白质，含有一个氧化还原活性二硫键，位于 CXXC（半胱氨酸-X-X-半胱氨酸）模体中。这个模体具有参与巯基-二硫键交换反应的蛋白质特征，并首次在蛋白质二硫键异构酶（PDI；见后面关于“真核生物”二硫键的形成部分）和巯基-还原酶硫氧还蛋白中被描述。DsbA 的 2.0Å 晶体结构显示，DsbA 具有硫氧还蛋白样结构（Martin et al.，1993）（图 7.3A）。因此，DsbA 是硫氧还蛋白超家族的成员。

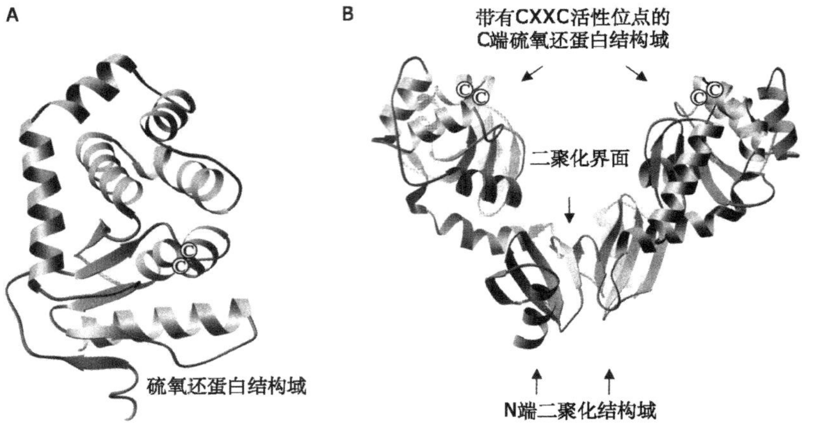

图 7.3 DsbA（A）和 DsbC（B）的晶体结构。DsbA 的 2.0Å 晶体结构显示，除了含有一个 CXXC 模体外，DsbA 还有一个硫氧还蛋白样折叠。因此，DsbA 是硫氧还蛋白超家族的一个成员。DsbC 的 1.9Å 晶体结构显示，DsbC 的整体结构是一个 V 形同源二聚体。每条肽链单体的 N 端形成一个二聚化结构域。每条肽链单体的 C 端含有一个硫氧还蛋白样折叠，具有一个氧化还原活性 CXXC 模体。因此，DsbC 是硫氧还蛋白超家族的一个成员。

尽管具有 CXXC 模体和相似的结构，DsbA 和硫氧还蛋白似乎具有相反的功能。硫氧还蛋白作为胞质还原酶，而 DsbA 是周质蛋白氧化剂。实际上，DsbA 是已知氧化性最强的蛋白质，计算的氧化还原电势为－120 mV，而硫氧还蛋白的氧化还原电势却相当低，为－270 mV（Wunderlich and Glockshuber，1993；Zapun et al.，1993）。DsbA 极强的氧化力是由其活性位点中二硫键的不稳定性造成，而 DsbA 的还原形式则非常稳定（Zapun et al.，1993）。因此，当 DsbA 将二硫键供给一个正在折叠的蛋白质而处于还原状态时，它的折叠结构就稳定了。这种稳定性的提高促成 DsbA 还原态的形成，并使其氧化态成为一种高效的氧化剂（二硫键供体）。

目标蛋白质被氧化后，DsbA 处于还原态（图 7.2）。从这个角度讲，DsbA 不是一种真正的酶，因为在反应结束时它发生了改变。然而在体内，DsbA 作为催化剂，膜蛋白 DsbB 可迅速再次氧化还原型 DsbA（Bardwell et al.，1993；Guilhot et al.，1995；Kishigami et al.，1995；Bader et al.，1999）。DsbB 缺陷型菌株表现出与 *dsbA*⁻ 菌株相同的表现型，它们也以还原型的形式积累 DsbA。

DsbB 是一个 20kDa 的内膜蛋白，含有 4 个跨膜螺旋和 2 个周质环（Jander et al.，1994）（图 7.4）。DsbB 的每个周质环均含有一对半胱氨酸，它们对于 DsbB 的活性都十分重要（Jander et al.，1994）。第一对半胱氨酸位于 CXXC 模体中。尽管含有一个 CXXC 模体，但 DsbB 与其他硫氧还蛋白超家族成员没有相似性。DsbB 中的第二对半胱氨酸位于第二个周质环中，似乎也形成一个具有氧化还原活性的二硫键（Jander et al.，1994；Kobavashi et al.，1997；Kobayashi and Ito，1999）。

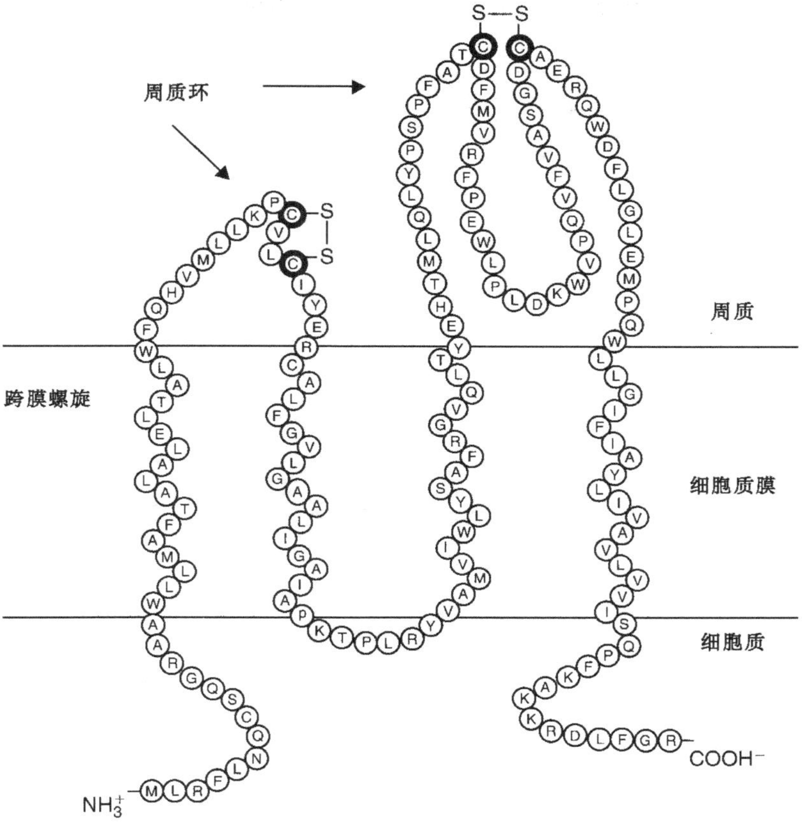

图 7.4 DsbB 的拓扑结构。根据预测，DsbB 含有 4 个跨膜结构域和 2 个周质环。每个环含有一对半胱氨酸，它们对于 DsbB 的功能很重要。

已提出了一个 DsbB 氧化还原型 DsbA 的机制，它涉及 DsbA 和 2 个 DsbB 二硫键之间的巯基-二硫键级联交换。据报道，DsbB 的第二个二硫键直接将还原型 DsbA 再次氧化，使第二个二硫键的巯基成为还原态（Guilhot et al.，1995；Kishigami et al.，1995；Kishigami and Ito，1996）。之后，第二个二硫键再次被第一个周质结构域中的 CXXC 二硫键氧化，使 CXXC 的巯基成为还原形式（Kobayashi et al.，1997；Kobavashi and Ito，1999）。这个机制是根据遗传学证据得出的，还需要进行生物化学分析。

一旦还原型的 DsbA 被 DsbB 氧化，接下来的问题就是 DsbB 如何再被氧化。由于 DsbB 位于膜中，最初设想 DsbB 可能将电子传递到膜上的电子传递链中（Bardwell，1994）。不久证实了这种情况（Bader et al.，1999；Kobavashi and Ito，1999；Bader et al.，2000）。Bader 等（1999）在有氧和无氧条件下成功重现了整个体外氧化途径，并且直接显示了 DsbB 向膜呼吸链提供电子（Bader et al.，1999）（图 7.5）。在有氧条件下，DsbB 将电子传递给泛醌（辅酶 Q），再传递给终端的细胞色素氧化酶。在无氧条件下，DsbB 将电子传递给甲基萘醌，甲基萘醌再将电子传递给延胡索酸还原酶或硝酸还原酶。Bader 等还证明，DsbB 至少有一个醌的高亲和力结合位点，DsbB 直接将电子传递给醌作为 DsbB 催化循环的一部分（Bader et al.，2000）。因此，DsbB 通过醌的还原形成二硫键。在原核生物中，这种独特的催化活性显然是二硫键的主要来源。

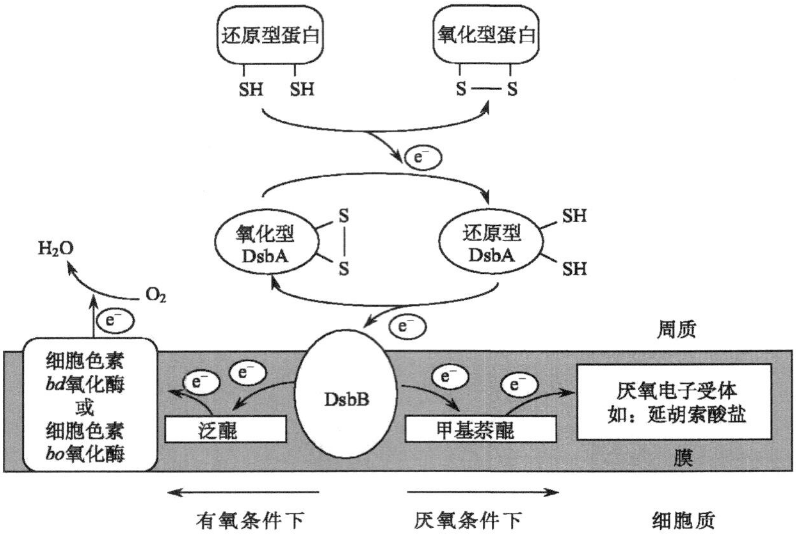

图 7.5　有氧和无氧条件下的氧化途径。当 DsbA 氧化目标蛋白质后，便处于还原态。DsbB 再将 DsbA 氧化使之有催化功能。在有氧条件下，DsbB 将电子传给泛醌。泛醌再将电子传递给电子链后面的成员。在无氧条件下，DsbB 将电子传给甲基萘醌。甲基萘醌再将电子传递给厌氧电子受体。通过将二硫键的形成与电子传递链的氧化力联系起来，大肠杆菌周质中的二硫键才得以形成。

通过重现氧化途径，Bader 等（1999）能够证明，二硫键的形成直接与电子传递系统的氧化能力有关。二硫键的形成与电子传递之间有联系，这个新发现的联系使大肠杆菌能够确定电子传递链的氧化能力，以确保周质中的蛋白质正确折叠。

7.2.1.2　小结：大肠杆菌中的氧化途径

- 输出到大肠杆菌周质中的蛋白质通过氧化途径从头形成二硫键。
- DsbA 是一种非特异性的蛋白质强氧化剂，通过分子间巯基-二硫键交换反应将二硫键提供给新的输出蛋白质。DsbA 自身不是一个真正的酶，因为它在反应中从还原态变为氧化态。但 DsbA 在体内具有催化功能，可迅速被内膜蛋白 DsbB 再氧化。
- DsbA 被氧化后，还原型 DsbB 将电子传递给电子传递链，自身再次被氧化。因此，二硫键的形成与电子传递链相连，并特异性地还原醌。

7.2.1.3　异构酶途径（DsbC/DsbG-DsbD）：二硫键的异构化

第二条途径涉及大肠杆菌周质蛋白的氧化折叠，被称为异构化途径。作为一种非特异性的二硫键供体，DsbA 可以向一个蛋白质中引入非天然的二硫键，使蛋白质含有三个或更多的半胱氨酸。为了修复含有非天然二硫键的蛋白质，大肠杆菌利用异构化途径对二硫键进行重排，使蛋白质从错误折叠中解脱出来。

异构化途径包括的蛋白质有 DsbC、DsbG 和 DsbD（Missiakas et al.，1994，1995）。DsbC 和 DsbG 均为周质蛋白，负责二硫键的异构化。现在还不清楚在体内它们的功能和识别的底物有何不同。这里我们假设 DsbC 和 DsbG 本质上是相同的，为了简化我们专门讨论 DsbC。

已证明 DsbC 是在大肠杆菌表达的具有多个二硫键的真核蛋白进行正确折叠所必需的（Rietsch et al.，1996）。例如，小鼠尿激酶是一种含有 12 个二硫键的酶，当它在 DsbC 缺陷株中表达并定向到周质中时，检测不到正确折叠的尿激酶。而在野生型大肠杆菌周质中，活性尿激酶发生积累。这清楚地说明 DsbC 的异构酶活性对于尿激酶的正确折叠是必需的。

已得到 DsbC 1.9Å 解析度的晶体结构（McCarthy et al.，2000），结构表明 DsbC 的整体结构是一种 V 形同源二聚体（图 7.3B）。每个单体的 C 端有一个硫氧还蛋白样折叠，其中含有一个具氧化还原活性的 CXXC 模体，DsbC 属于硫氧还蛋白超家族。每个单体的 N 端负责二聚化。

DsbC 像 DsbA 一样有一个活性很强的 CXXC，它的氧化活性只比 DsbA 的 CXXC 稍低。

尽管与 DsbA 有相似之处，但二者行使完全不同的功能。DsbC 对二硫键进行重排，而 DsbA 提供二硫键。DsbA 和 DsbC 这两种具有相似结构，并且具有几乎相同的氧化还原电势的蛋白质为什么在体内行使完全不同的功能呢？在体内，DsbC 的不同功能与它的氧化还原状态有关。作为二硫键异构酶时，DsbC 需保持还原态。回想一下在体内 DsbB 保持 DsbA 处于氧化态。当蛋白质含有非天然二硫键时，还原型的 DsbC 攻击二硫键中的一个半胱氨酸，在 DsbC 和目标蛋白质之间形成二硫键（图 7.6）。一旦非天然的二硫键被还原，DsbC 和底物蛋白之间形成二硫键，之后下述两种情况之一可能发生：①底物蛋白中的第二个半胱氨酸攻击 DsbC 使之被释放成为还原态，同时形成天然的二硫键。在这种情况中，DsbC 作为一种真正的酶，因为在反应结束时它没有发生改变。②在 DsbC 与底物蛋白形成混合二硫键后，蛋白质可能无法形成天然二硫键。这时，DsbC 可能在它的 CXXC 模体处形成分子内二硫键，底物蛋白成为还原态。在这种情况中，DsbC 不作为一种真正的酶，因为在反应结束时它发生了改变，实际上它使非天然蛋白质发生了还原而不是异构化。DsbA 可进行下一轮的氧化作用。第二种机制可能很少发生，因为 DsbC 的氧化性相当强。在其他情况中，DsbC 必须保持还原态以使其能正确发挥功能。这是通过 DsbD 来实现的。

DsbD 是一种 53 kDa 的内膜蛋白，负责维持 DsbC 的还原态（Missiakas et al.，1995；Rietsch et al.，1996）。DsbD 缺陷突变体中积累氧化型的 DsbC，并且观察到与 *dsbC*⁻ 突变体类似的异构化缺陷。DsbD 含有三个结构域，一个 N 端结构域（α）、一个跨膜结构域（β）和一个 C 端硫氧还蛋白样结构域（γ）（图 7.7）。遗传学证据表明，DsbD 将胞质硫氧还蛋白系统中还原性物质的还原力传递给 DsbC（Stewart et al.，1999；Chung et al.，2000）（图 7.7）。在这个模型中，电子从胞质中的硫氧还蛋白通过内膜蛋白 DsbD 传递给 DsbC。这样 DsbD 可以利用胞质中硫氧还蛋白系统的还原力将电子运输穿过膜，维持 DsbC 的还原态。

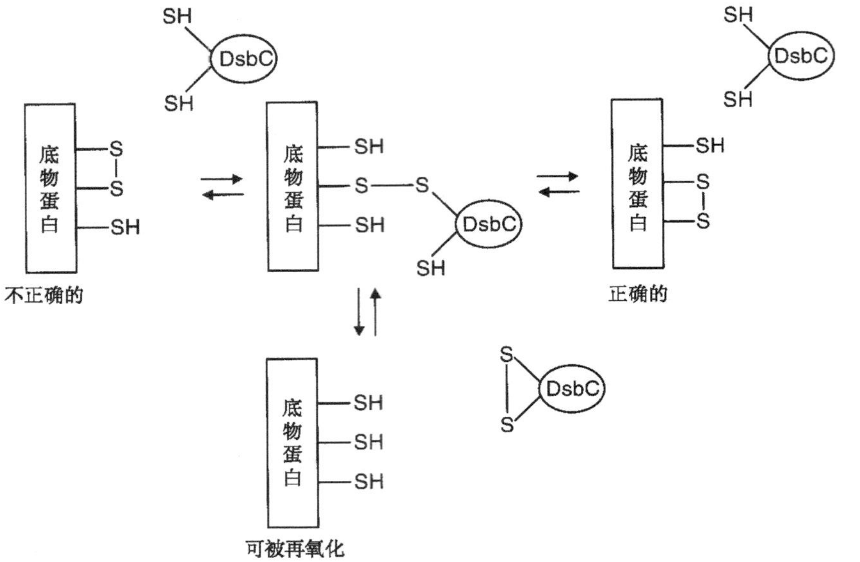

图 7.6　DsbC 对错误形成的二硫键进行异构化。还原型 DsbC 攻击错误的二硫键后，在 DsbC 和目标蛋白质间形成一个分子间二硫键，之后下述两种情况之一可能发生：①DsbC 与目标蛋白质的分子间二硫键被交换为目标蛋白质正确的分子内二硫键，DsbC 以还原态被释放。②DsbC 与目标蛋白质的分子间二硫键被交换成 DsbC自身的分子内二硫键，目标蛋白质以还原态被释放，DsbC 被氧化。

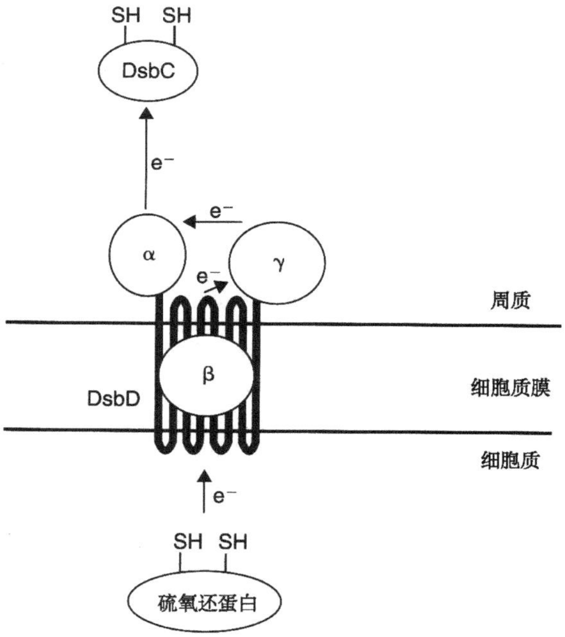

图 7.7　预测的异构化途径。DsbD 控制着胞质硫氧还蛋白系统的还原力，将电子由胞质传递到周质。通过将电子转移穿过膜并将它们提供给 DsbC，使其保持还原态。

根据遗传学证据，已提出一个专门的机制解释电子通过 DsbD 的运动，它涉及一个复杂的巯基-二硫键交换级联过程（Katzen and Beckwith，2000）。该机制认为电子通过以下传递途径：硫氧还蛋白→DsbD 的 β-结构域→巯基-二硫键级联过程→γ-结构域→α-结构域→DsbC，使 DsbC 保持还原态。尽管确切的机制还不清楚，但可以确定 DsbD 为胞质的还原力，使 DsbC 处于还原态。

7.2.1.4 小结：异构酶途径（DsbC/DsbG-DsbD）

- DsbA 作为一种非特异性的强氧化酶可以将非天然的二硫键引入到含有 3 个或更多半胱氨酸的蛋白质中。为了避免这些蛋白质发生错误折叠，大肠杆菌采用异构化途径。
- 异构酶 DsbC 和 DsbG 负责将非天然的二硫键与其天然构象交换。DsbC 和 DsbG 必须保持天然状态才能发挥功能。这由 DsbD 来完成。
- DsbD 利用胞质硫氧还蛋白系统的还原力，并将电子传递给周质中的 DsbC。

7.2.1.5 氧化和异构化有可能是一个无效循环吗？

在体内，氧化途径的活性需要 DsbA 保持氧化状态，而异构化途径需要 DsbC 保持还原状态。有趣的是，这两个氧化还原状态完全相反的的系统在周质中能够共存。如果这两个系统间存在直接作用，那可能就是 DsbA 的被还原和 DsbC 的被氧化，这是一个无效循环。

大肠杆菌如何在同一个细胞中维持两种非常相似但需要相反氧化还原状态的途径？Bader 等（2001）重点研究了这个问题。他们得出的结论是，两种途径通过 DsbC 的二聚化被分开。他们发现，发生在 DsbC 二聚化界面中的突变阻止了二聚体的形成，使 DsbC 单体被 DsbB 氧化，并与 $dsbA^-$ 突变部分互补。另一方面，二聚化的野生型 DsbC 不是 DsbB 的底物（Bader et al.，2001）。这表明，DsbC 的二聚化使其不被 DsbB 氧化，并将这两个途径分开（Bader et al.，2001）。

7.2.2 真核生物二硫键的形成

多数真核生物的分泌蛋白含有二硫键。这些键的正确形成是很重要的。因此真核细胞中的分泌区室不仅需要氧化力来源，同时还需要一种方法确保二硫键的正确形成。最开始 Anfinsen 利用核酸酶进行的折叠实验是在有氧条件下进行的。实验中的氧负责将变性核酸酶中的巯基氧化，重新形成二硫键。尽管氧可以氧化巯基形成二硫键，Anfinsen 还是正确地预见到在体内需要一个催化系统来加速二硫键的形成。他开始寻找这种氧化剂，并成功地纯化出后来被称为蛋白质二硫键异构酶（PDI）的蛋白质。这个蛋白质存在于内质网中，内质网是真核生物细胞中二硫键形成的场所。据认为 PDI 具有两种功能：二硫键的氧化和错配二硫键的重排（Noiva，1999）。在体外，二硫键的形成和重排通常是蛋白质折叠的限速步骤，由于 PDI 可加速这个过程，因此它是第一个真正被发现的蛋白质折叠催化剂。

PDI 的名字强调了它使错配的二硫键发生异构化的能力。在体外适当的氧化还原条件下，向二硫键错配的蛋白质中加入 PDI 确实可以加速二硫键的正确形成。可是在其他氧化还原条件下，PDI 会催化二硫键的氧化反应（Noiva，1999）。一种蛋白质为何能同时充当异构酶和氧化酶呢？PDI 的活性位点含有一对半胱氨酸，存在于 CXXC 模体中。如果这些半胱氨酸处于氧化状态，PDI 可将它的二硫键提供给分泌蛋白，催化分泌蛋白的氧化。在这种情况下，PDI 的功能与原核生物的氧化酶 DsbA 非常相似。如果 PDI 的 CXXC 模体处于还原态，它们可以攻击错配的二硫键。如果 PDI 只与蛋白质形成一个混合的二硫键，并把二硫键再次提供给蛋白质，则有可能在蛋白质中形成一个不同的，可能是正确的二硫键（Woycechowsky and Raines，2000）。在后一种情况下，PDI 的功能与原核生物的二硫键异构酶 DsbC 非常相似。作为一种异构酶，PDI 是一种真正的催化剂，以相同的形式参与和退出反应。

7.2.2.1 小结：真核生物二硫键的形成

- 蛋白质二硫键异构酶（PDI）催化二硫键的正确形成。
- PDI 同时具有二硫键氧化酶活性和二硫键异构酶活性，前者为蛋白质提供二硫键，后者对错配的二硫键进行重排。

7.2.2.2 蛋白质二硫键异构酶的结构

PDI 含有大约 500 个残基，由 5 个独立结构域组成。分别为 a、b、b′、a′和 c（Ferrari and Soling，1999）。令人惊奇的是，其中的四个结构域，a、b、b′和 a′，属于硫氧还蛋白家族。结构域 a 和 a′的序列与硫氧还蛋白相似，各含有一个氧化还原活性 CXXC 模体，这个模体形成二硫键，连接相邻的半胱氨酸。当分别表达硫氧还蛋白样结构域 a 和 a′时，发现它们可进行快速的二硫键交换反应。可是这些单独的结构域缺少完整 PDI 分子所表现出来的异构酶活性（Darby and Creighton，1995）。直到利用核磁共振技术（NMR）得到 b 结构域之后，才发现 b 和 b′结构域均为硫氧还蛋白样结构域。它们不含 CXXC 模体，但由于可促进肽链间的相互作用，对 PDI 发挥异构酶的活性发挥有着重要作用。b′具有最大的肽结合活性，尤其对于 PDI 异构酶的活性最重要（Klappa et al.，1998）。

7.2.2.3 小结：蛋白质二硫键异构酶的结构

- PDI 由多个结构域组成；其中两个为含有活性位点的 CXXC 模体，其他结构域可以帮助 PDI 与部分折叠蛋白结合，并使错配的二硫键发生异构化。

7.2.2.4 什么物质可使 PDI 再被氧化?

尽管多年来着重研究 PDI 的异构化作用，但来自于酵母的研究证据表明，PDI 还是一种重要的氧化剂。PDI 突变体以还原形式积累分泌蛋白，表明 PDI 是一种氧化剂。

PDI 和分泌蛋白之间可形成混合二硫键，而且 PDI 对于分泌蛋白的氧化是必需的，如羧肽酶 Y。如果 PDI 作为一种氧化力的来源，二硫键交换反应结束后，它就应当是一种还原状态，因此需要一种因子将 PDI 再次氧化。否则每生成一对二硫键，细胞将缺少一个 PDI 分子。通过两种不同的遗传学筛选，确定 Ero1 蛋白能使 PDI 重新氧化（Frand and Kaiser，1999；Pollard et al.，1998）。对 Ero1 蛋白基因进行条件突变可使它的氧化能力降低。在 Ero1 突变体中含有二硫键的分泌蛋白发生积累，这些突变体对 DTT 敏感。PDI 的还原形式在这个突变体中也占优势，还可分离出 PDI 与 Ero1 之间形成的混合二硫键。根据这个证据提出了一个等效氧化从 Ero1 到 PDI 的流动途径，最终到达底物蛋白（图 7.8）。

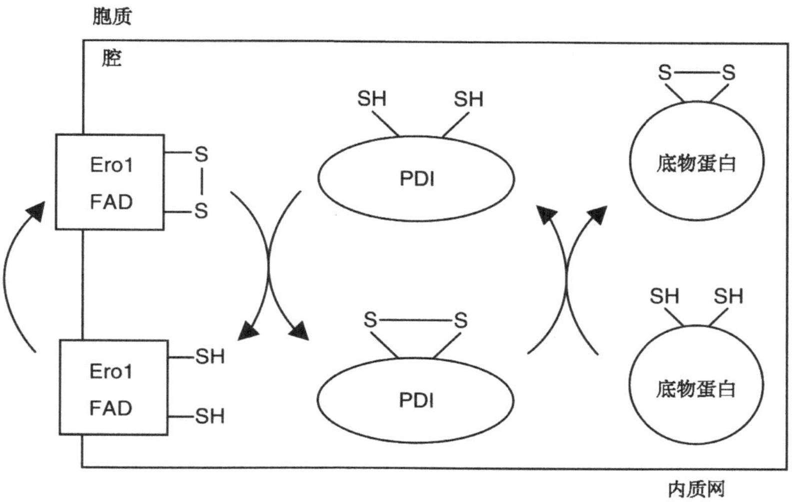

图 7.8　经推测的由 Erol 进行的 PDI 再氧化途径。与膜结合的 Erol 利用 FAD 的氧化力将 PDI 再氧化，使 PDI 作为二硫键的催化供体。

Erol 是一种膜结合的内质网驻留蛋白质，以黄素腺嘌呤二核苷酸（FAD）作为辅助因子（Tu et al., 2000）。在体内，不仅氧化折叠对细胞中的 FAD 水平非常敏感，而且利用还原型 PDI、Erol 和 FAD 还可重新构建氧化折叠系统。真核系统中，FAD 可能是氧化力的来源，如同喹啉是原核系统中的氧化力来源（Bader et al., 2000）。谷氨酸是一种小分子，长期以来一直在内质网中起主要作用，很可能作为一种还原剂去除错配的二硫键（Cuozzo and Kaiser. 1999）。

7.2.2.5　小结：什么物质氧化 PDI?

- 氧化当量从 FAD 经 Ero1 传递给 PDI 和底物蛋白。

7.2.2.6　PDI 同源物的作用

线粒体中存在多种 PDI 的同源物，在功能上它们看起来是 PDI 的冗余物。研究最清楚的是酵母系统，其内质网中存在 5 种不同的类硫氧还蛋白：PDI1、MPD1、MPD2、EUG1 和 ESP1。PDI1，编码经典的二硫键异构酶，是一个主要的基因。其他 4 个基因在某一个过量表达时至少可以部分补偿由于 PDI1 基因缺失造成的致死性生长缺陷（Tachibana and Stevens，1992；Tachikawa et al.，1995，1997；Wang and Chang，1999）。但这种补偿作用也依赖于其他 PDI 同源物的存在。对这些遗传实验结果的解释是，类硫氧还蛋白家族催化二硫键的形成和异构化。PDI 异构酶和氧化酶的功能都很重要（Norgaard et al.，2001）。在哺乳动物内质网中，PDI 的数目可能比酵母中更多（Ferrari and Soling，1999）。不同的 PDI 其结构域组织形式不同。例如，胁迫诱导蛋白 ERp72 有三个硫氧还蛋白样氧化还原结构域，其中有二个在“正常”PDI 中被发现（Dorner et al.，1990；Mazzarella et al.，1990）。这些哺乳动物 PDI 的等价物可弥补酵母中 PDI1 缺失突变，说明它们具有同样的重要性（Gunther et al.，1993；Laboissiere et al.，1995）。一个分子内出现几个 CXXC 活性位点可能会增强蛋白质催化二硫键异构化的能力。与此一致，原核生物的二硫键异构酶 DsbC 以类硫氧还蛋白二体的形式发挥功能，其中每一个单体都含有一个 CXXC 模体。二聚化对 DsbC 的异构酶活性是必需的（Sun and Wang，2000）。与 DsbC 形成对比，DsbA 只有一个硫氧还蛋白样结构域，并且只有氧化酶活性。它没有异构酶活性（Zapun and Creighton，1994）。

7.3 对二硫键形成的全面总结

真核和原核生物中二硫键的形成和异构化都是催化反应。通过巯基-二硫键交换反应形成的二硫键是从其供体——硫氧还蛋白样 CXXC 活性位点转移到底物蛋白的。在原核生物中，通过将醌还原，氧化等价物形成二硫键，而在真核生物中是通过还原型 FAD 来完成的。二硫键的异构化需要一个还原型催化剂作用错配的二硫键。之后还需要提供二硫键供体。以形成另外的二硫键配对。二硫键异构酶经还原后才能有活性。在原核生物中，最终的还原力来自 NADPH，通过硫氧还蛋白系统发挥作用；在真核生物中，则来源于还原型谷氨酸硫蛋白（glutathione）。此外，原核生物的氧化和异构化途径能够清楚地区分。

在真核生物中，很多 PDI 同源物均具有蛋白质二硫键异构酶和氧化酶活性，共同催化二硫键的正确形成。

7.4 参考文献

Anfinsen，C. B.（1973）Principles that govern the folding of protein chains. *Science* **181**：223-230.

Anfinsen，C. B.，Haber，E.，Sela，M. and White，F. H.（1961）The kinetics of formation of native ribonuclease during oxidation of the reduced polypeptide chain. *Proc Natl Acad Sci USA* **47**：1309-1314.

Bader，M.，Muse，W.，Ballou，D. P.，Gassner. C. and Bardwell. J. C.（1999）Oxidative protein folding is driven by the electron transport system. *Cell* **98**：217-227.

Bader，M. W.，Xie，T.，Yu，C. A. and Bardwell，J. C.（2000）Disulfide bonds are generated by quinone reduction. *J Biol Chem* **275**：26082-26088.

Bader，M. W.，Hiniker，A.，Regeimbal，J. et al.（2001）Turning a disulfide isomerase into an oxidase：DsbC mutants that imitate DsbA. *EMBO J* **20**：. 1555-1562.

Bardwell，J. C.（1994）Building bridges：disulphide bond formation in the cell. *Mol Microbiol* **14**：199-205.

Bardwell，J. C.，McGovern，K. and Beckwith. J.（1991）Identification of a protein required for disulfide bond formation *in vivo*. *Cell* **67**：581-539.

Bardwell，J. C.，Lee，J. O.，Jander，G. et al.（1993）A pathway for disulfide bond formation *in vivo*. *Proc Natl Acad Sci USA* **90**：1038-1042.

Chung，J.，Chen，T. and Missiakas，D.（2000）Transfer of electrons across the cytoplasmic membrane by DsbD，a membrane protein involved in thiol-disulphide exchange and protein folding in the bacterial periplasm. *Mol Micro-*

biol **35**: 1099-1109.

Cuozzo, J. W. and Kaiser, C. A. (1999) Competition between glutathione and protein thiols for disulphide-bond formation. *Nat Cell Biol* **1**: 130-135.

Dailey, F. and Berg, H. (1993) Mutants in disulfide bond formation that disrupt flagellar assembly in *Escherichia coli*. *Proc Natl Acad Sci USA* **90**: 1043-1047.

Darby, N. J. and Creighton, T. E. (1995) Functional properties of the individual thioredoxin-like domains of protein disulfide isomerase. *Biochemistry* **34**: 11725-11735.

Dorner, A. J., Wasley, L. C., Raney, P. et al. (1990) The stress response in Chinese hamster ovary cells. Regulation of ERp72 and protein disulfide isomerase expression and secretion. *J Biol Chem* **265**: 22029-22034.

Ferrari, D. M. and Soling, H. D. (1999) The protein disulphide-isomerase family: unravelling a string of folds. *Biochem J* **339**: 1-10.

Frand, A. R. and Kaiser, C. A. (1999) Erolp oxidizes protein disulfide isomerase in a pathway for disulfide bond formation in the endoplasmic reticulum. *Mol Cell* **4**: 469-477.

Freedman, R. B., Hirst, T. R. and Tuite, M. F. (1994) Protein disulphide isomerase: building bridges in protein folding. *Trends Biochem Sci* **19**: 331-336.

Gilbert, H. F. (1990) Molecular and cellular aspects of thiol-disulfide exchange. *Adv Enzymol Relat Areas Mol Biol* **63**: 69-172.

Goldberger, R. F., Epstein, C. J. and Anfinsen, C. B. (1963) Acceleration of reactivation of reduced bovine pancreatic ribonuclease by a microsomal system from rat liver. *J Biol Chem* **238**: 628-635.

Guilhot, C., Jander, G., Martin, N. L. and Beckwith, J. (1995) Evidence that the pathway of disulfide bond formation in *Escherichia coli* involves interactions between the cysteines of DsbB and DsbA. *Proc Natl Acad Sci USA* **92**: 9895-9899.

Gunther, R., Srinivasan, M., Haugejorden, S. et al. (1993) Functional replacement of the *Saccharomyces cerevisiae* Trg1/Pdi1 protein by members of the mammalian protein disulfide isomerase family. *J Biol Chem* **268**: 7728-7732.

Jakob, U., Muse, W., Eser, M. and Bardwell, J. C. (1999) Chaperone activity with a redox switch. *Cell* **96**: 341-352.

Jander, G., Martin, N. L. and Beckwith, J. (1994) Two cysteines in each periplasmic domain of the membrane protein DsbB are required for its function in protein disulfide bond formation. *EMBO J* **13**: 5121-5127.

Katzen, F. and Beckwith, J. (2000) Transmembrane electron transfer by the membrane protein DsbD occurs via a disulfide bond cascade. *Cell* **103**: 769-779.

Kishigami, S. and Ito, K. (1996) Roles of cysteine residues of DsbB in its activity to reoxidize DsbA, the protein disulphide bond catalyst of *Escherichia coli*. *Genes Cells* **1**: 201-208.

Kishigami, S., Akiyama, Y. and Ito, K. (1995) Redox states of DsbA in the periplasm of *Escherichia coli*. *FEBS Lett* **364**: 55-58.

Kishigami, S., Kanaya, E., Kikuchi, M. and Ito, K. (1995) DsbA-DsbB interaction through their active site cysteines. Evidence from an odd cysteine mutant of DsbA. *J Biol Chem* **270**: 17072-17074.

Klappa, P., Ruddock, L. W., Darby, N. J. and Freedman, R. B. (1998) The b′ domain provides the principal peptide-binding site of protein disulfide isomera-se but all domains contribute to binding of misfolded proteins. *EMBO J* **17**: 927-935.

Kobayashi, T. and Ito, K. (1999) Respiratory chain strongly oxidizes the CXXC motif of DsbB in the *Escherichia coli* disulfide bond formation pathway. *EMBO J* **18**: 1192-1198.

Kobayashi, T., Kishigami, S., Sone, M. et al. (1997) Respiratory chain is required to maintain oxidized states of the DsbA-DsbB disulfide bond formation system in aerobically growing *Escherichia coli* cells. *Proc Natl Acad Sci USA* **94**: 11857-11862.

Laboissiere, M. C.. Chivers, P. T. and Raines, R. T. (1995) Production of rat protein disulfide isomerase in *Saccharomyces cerevisiae*. *Protein Expr Purif* **6**: 700-706.

Martin, J. L., Bardwell, J. C. and Kuriyan, J. (1993) Crystal structure of the DsbA protein required for disulphide bond formation *in vivo*. *Nature* **365**: 464-468.

Mazzarella, R. A., Srinivasan, M., Haugejorden, S. M. and Green, M. (1990) ERp72, an abundant luminal endoplasmic reticulum protein, contains three copies of the active site sequences of protein disulfide isomerase. *J Biol Chem* **265**: 1094-1101.

McCarthy, A. A., Haebel, P. W., Torronen, A. et al. (2000) Crystal structure of the protein disulfide bond isomerase, DsbC, from *Escherichia coli*. *Nat Struct Biol* **7**: 196-199.

Missiakas, D., Georgopoulos, C. and Raina, S. (1993) Identification and characterization of the *Escherichia coli* gene DsbB, whose product is involved in the formation of disulfide bonds *in vivo*. *Proc Natl Acad Sci USA* **90**: 7084-7088.

Missiakas, D., Georgopoulos, C. and Raina, S. (1994) The *Escherichia coli* dsbC (xprA) gene encodes a periplasmic protein involved in disulfide bond formation. *EMBO J* **13**: 2013-2020.

Missiakas, D., Schwager, F. and Raina, S. (1995) Identification and characterization of a new disulfide isomerase-like protein (DsbD) in *Escherichia coli*. *EMBO J* **14**: 3415-3424.

Noiva. R. (1999) Protein disulfide isomerase: the multifunctional redox chaperone of the endoplasmic reticulum. *Semin Cell Dev Biol* **10**: 481-493.

Norgaard. P., Westphal, V., Tachibana, C. et al. (2001) Functional differences in yeast protein disulfide isomerases. *J Cell Biol* **152**: 553-562.

Pollard. M. G., Travers, K. J. and Weissman, J. S. (1998) Ero1p: a novel and ubiquitous protein with an essential role in oxidative protein folding in the endoplasmic reticulum. *Mol Cell* **1**: 171-182.

Rensing, C., Mitra, B. and Rosen, B. P (1997) Insertional inactivation of dsbA produces sensitivity to cadmium and zinc in *Escherichia coli*. *J Bacteriol* **179**: 2769-2771.

Rietsch, A., Belin, D., Martin, N. and Beckwith, J. (1996) An *in vivo* pathway for disulfide bond isomerization in *Escherichia coli*. *Proc Natl Acad Sci USA* **93**: 13048-13053.

Stafford, S. J., Humphreys, D. P. and Lund, P. A. (1999) Mutations in dsbA and dsbB, but not dsbC, lead to an enhanced sensitivity of *Escherichia coli* to Hg2+ and Cd2+. *FEMS Microbiol Lett* **174**: 179-184.

Stewart. E. J., Katzen, F. and Beckwith, J. (1999) Six conserved cysteines of the membrane protein DsbD are required for the transfer of electrons from the cytoplasm to the periplasm of *Escherichia coli*. *EMBO J* **18**: 5963-5971.

Sun, X. X. and Wang, C. C. (2000) The N-terminal sequence (residues 1-65) is essential for dimerization, activities and peptide binding of *Escherichia coli* DsbC. *J Biol Chem* **275**: 22743-22749.

Tachibana, C. and Stevens, T. H. (1992) The yeast EUG1 gene encodes an endoplasmic reticulum protein that is functionally related to protein disulfide isomerase. *Mol Cell Biol* **12**: 4601-4611.

Tachikawa, H., Takeuchi, Y., Funahashi, W. et al. (1995) Isolation and characterization of a yeast gene, MPD1, the overexpression of which suppresses inviability caused by protein disulfide isomerase depletion. *FEBS Lett* **369**: 212-216.

Tachikawa, H., Funahashi, W., Takeuchi, Y. et al. (1997) Overproduction of Mpd2p suppresses the lethality of protein disulfide isomerase depletion in a CXXC sequence dependent manner. *Biochem Biophys Res Commun* **239**: 710-714.

Tu, B. P., Ho-Schleyer, S. C., Travers, K. J. and Weissman, J. S. (2000) Biochemical basis of oxidative protein folding in the endoplasmic reticulum. *Science* **290**: 1571-1574.

Wang, Q. and Chang, A. (1999) Eps1, a novel PDI-related protein involved in ER quality control in yeast. *EMBO J* **18**: 5972-5982.

Woycechowsky, K. J. and Raines. R. T. (2000) Native disulfide bond formation in proteins. *Curt Opin Chem Biol* **4**: 533-539.

Wunderlich, M. and Glockshuber, R. (1993) Redox properties of protein disulfide isomerase (DsbA) from *Escheri-*

chia coli. *Protein Sci* **2**: 717-726.

Zapun, A. and Creighton, T. E. (1994) Effects of DsbA on the disulfide folding of bovine pancreatic trypsin inhibitor and alpha-lactalbumin. *Biochemistry* **33**: 5202-5211.

Zapun, A., Bardwell, J. C. and Creighton, T. E. (1993) The reactive and destabilizing disulfide bond of DsbA, a protein required for protein disulfide bond formation *in vivo*. *Biochemistry* **32**: 5083-5092.

7.5 推荐阅读

Fabianek, R. A., Hennecke, H. and Thony-Meyer, L. (2000) Periplasmic protein thiol: disulfide oxidoreductases of *Escherichia coli*. *FEMS Microbiol Rev*, **24**: 303-316.

Frand, A. R., Cuozzo, J. W. and Kaiser, C. A. (2000) Pathways for protein disulphide bond formation. *Trends Cell Biol* **10**: 203-210.

Gilbert, H. F. (1990) Molecular and cellular aspects of thiol-disulfide exchange. *Adv Enzymol Relat Areas of Mol Biol* **63**: 69-172.

8　蛋白质的解折叠反应

Carmela Sidrauski, Jason H. Brickner 和
Peter Walter

8.1　引言

内质网是通往分泌途径的大门。分泌到细胞外的蛋白质或驻留在分泌途径中任何一个细胞器上的蛋白质都要经过内质网膜。蛋白质以线性未被修饰的形式到达内质网腔，并必须经过一系列翻译后修饰。内质网内含有一组特殊的内质网分子伴侣和修饰酶，帮助多肽进行折叠和修饰。

内质网是蛋白质进行折叠的唯一处所，里面有高浓度的分子伴侣和修饰酶。参与折叠的主要修饰酶是胞质中大的热激蛋白（Hsp）同源物，其作用方式相似（Gething and Sambrook，1992）。Bip/GRP78 是分子伴侣 Hsp70 家族的一个成员，GRP94 是 Hsp90 家族的一个成员，在新生蛋白质进入内质网腔的过程中，Bip/GRP78 和 GRP94 都与新生蛋白质短暂结合。与胞质不同，内质网中是一种氧化环境，可在分泌蛋白和膜蛋白中形成二硫键，通常与蛋白质的折叠同时发生。这个反应由蛋白质二硫键异构酶催化。类似地，与天冬氨酸结合的糖基链由糖基转移复合体提供。在很多情况下，糖基化以及随后的修饰帮助蛋白质形成它们正确的构象（Helenius，1994）。内质网中还含有独特的类似凝集素的蛋白质（钙联结蛋白和钙网蛋白），可识别蛋白质折叠中间产物中未被完全修饰的糖链。

如果膜蛋白和分泌蛋白在内质网中没有正确折叠将会怎样呢？一种质量控制系统将确保折叠的和完全装配的复合体继续通过分泌途径。这个系统保护细胞免受错误折叠多肽的有害作用。蛋白质折叠中间物和最终折叠错误的蛋白质通过与分子伴侣的相互作用滞留在内质网腔中。

细胞通过在转录水平上调节内质网中催化分泌蛋白折叠、装配和修饰的酶对其内错误折叠蛋白发生的积累作出反应。这种“蛋白质解折叠反应”（unfolded protein response，UPR）有效提高了内质网的折叠能力。UPR 信号途径感觉内质网中对分子伴侣和修饰酶的需求，并将这个信息通过内质网膜传递到核，激活转录。通常的信号传导途径的信号来自质膜外，不同于此，UPR 能够识别细胞内某个细胞器发生的信号变化。这种细胞内的信号通路对于维持细胞内的平衡起重要作用（综述见 Nunnari and Walter，1996）。

8.2　UPR 的输出

8.2.1　UPR 重构分泌途径以克服内质网胁迫

UPR 最早在哺乳动物细胞中发现，它可诱导一系列内质网驻留蛋白，这类蛋白质

被称为 GRP 或葡萄糖调节蛋白（Lee，1987）。当哺乳动物细胞发生葡萄糖饥饿时，这类多肽可诱导高表达。后来发现，去除葡萄糖导致内质网中蛋白质发生错误折叠，可能是因为这破坏了分泌蛋白的糖基化。受葡萄糖调节的蛋白质有 BiP（GRP78）和 GRP94，均是内质网腔中参与蛋白质折叠的主要分子伴侣。此外，GRP170，一种类似于 Hsp70 的蛋白质、蛋白质二硫键异构酶（PDI；促进二硫键的正确形成）和 2 个与 PDI 有关的内质网蛋白质（Erp72 和 GRP58）在哺乳动物细胞中也参与上调（Mazarella et al.，1990；Chen et al.，1996）。在酿酒酵母中也发现一组被内质网应激诱导的基因。包括 BiP（由 KAR2 编码）、酵母 PDI、Eug1（一种类似于 PDI 的蛋白质）、肽酰脯氨酰顺反异构酶 Fkbp2、Lhs1p（一种类似于 Hsp70 的蛋白质）和维持内质网氧化还原电势所需的 Ero1p（Pollard et al.，1998）。

UPR 靶基因的协同转录诱导表明它们受共同的转录因子调控。与此观点一致，在哺乳动物和酵母中已鉴定出许多具有相同调节元件的 UPR 靶基因。在哺乳动物细胞中，一段特有的序列——ERSE（ER stress response element，内质网胁迫反应元件），是 UPR 靶基因多个启动子的保守序列（Roy and Lee，1999；Yoshida et al.，1998）。同样，在酵母中鉴定出的许多 UPR 靶基因拥有共同的调节元件——蛋白质解折叠反应元件（unfolded protein response element，UPRE；Kohno et al.，1993；Moil et al.，1992）。当内质网中未折叠蛋白发生积累时，这种 22 bp 的元件足以激活内质网。

受不同上游激活序列调节的基因——UAS_{ino}——也被 UPR 激活（Cox et al.，1997）。这些基因包括许多参与肌醇和胆碱生物合成的酶（Carman and Henry，1989）。内质网中肌醇或未折叠蛋白的浓度变化诱导受 UPRE 和 UAS_{ino} 控制的基因的转录。由于肌醇和胆碱是磷脂生物合成的前体，内质网是细胞中脂类合成和膜形成的主要场所，因此这可能是内质网腔和细胞膜组分协调共存的一种机制。当未折叠蛋白发生堆积、内质网内分子伴侣被诱导时，则需要更多的膜结构来容纳多余的内含物。相反，当更多的脂需要被合成、内质网膜扩张时，则需要增加分子伴侣的生成，以维持这类折叠酶处于高浓度水平。

利用 DNA 芯片分析内质网对未折叠蛋白作出反应时在转录上发生的变化，鉴定出新的酵母 UPR 靶基因（Travers et al.，2000）。这项技术可同时监测所有酵母基因在 mRNA 水平上的变化，对于检测在特定条件下或发育阶段中转录的整体变化非常有用。在酵母 6300 个基因中，在激活 UPR 的条件下有 350 个基因被诱导。

这个分析得到的最令人惊奇的结果是，UPR 调节一组基因，它们的产物涉及内质网和分泌通路中的许多方面（综述见 Hampton. 2000）。被诱导的已知功能的基因不仅编码分子伴侣和蛋白修饰酶，而且还包括许多因子，涉及蛋白质转运（和反向转运）、脂代谢、糖基化、内质网关联的降解（ER-associated degradation，ERAD）、内质网到高尔基体的运输、高尔基体-内质网的恢复和蛋白质到液泡和细胞表面的定向。多类基因的调节表明，细胞通过重新构建整修分泌途径对内质网中由于未折叠蛋白发生积累造成的折叠胁迫作出反应（图 8.1）。当未折叠的蛋白质在内质网中发生积累时，UPR 加快蛋白质的折叠和修饰（通过分子伴侣和修饰酶）并加快蛋白质由内质网向胞质的运输，在胞质这些蛋白质被降解。通过影响分泌蛋白的折叠效率、翻译后加工、输出和降解，内质网中未折叠蛋白造成的压力被减小。除了可促进未折叠蛋白的折叠或降解，UPR 还调节参与内质网与高尔基体之间运输，以及液泡定向的基因。当其他机制起主导作用时，细胞可能利用顺行性液泡运输将错误折叠的蛋白质由内质网运往液泡进行降解（Hong et al.，1996）。

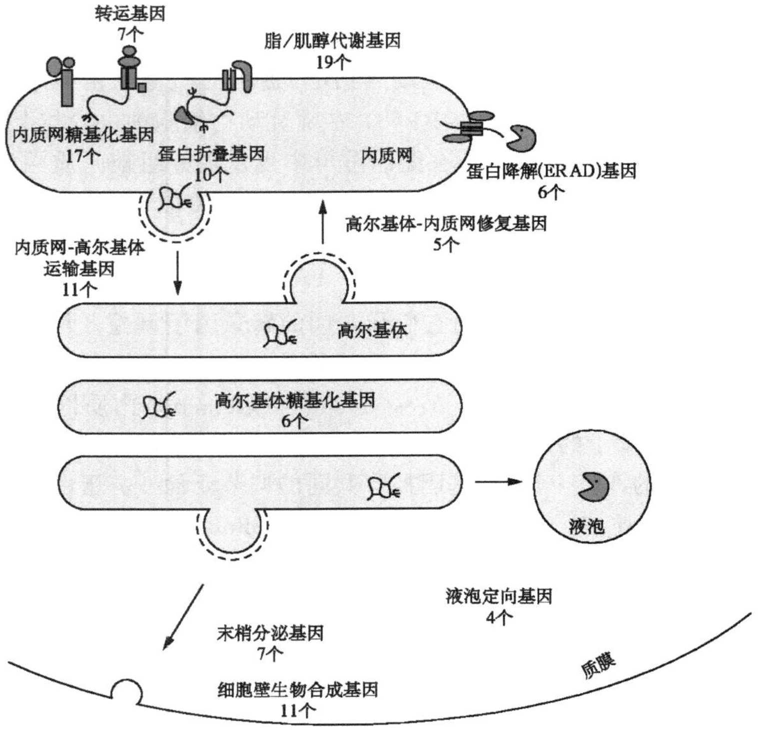

图 8.1　UPR 重构整个分泌途径。UPR 提高了参与分泌途径基因的转录水平。UPR 的蛋白靶标是那些参与蛋白质转运、糖基化、蛋白质折叠、与内质网有关的蛋白质降解（ERAD）、脂代谢、内质网-高尔基体运输、高尔基体-内质网回收、蛋白质定向到液泡和细胞表面以及细胞壁的形成。

最近对利用 DNA 芯片技术发现的许多 UPR 靶基因进行了分析，提出了许多有趣的问题。首先，许多基因的功能未知（Travels et al.，2000）。与已知的 UPR 靶标对比发现，这些新靶标编码分泌途径中的重要因子。进一步的工作可以直接验证这种假设。第二，与以往鉴定的 UPR 靶标基因不同，多数新鉴定出的基因在它们的启动子中不含有经典的 UPRE。下一步的研究需要确定 UPR 负责调节的最小启动子的组成，及其在各种 UPR 靶标基因启动子中的作用。

对于哺乳动物 UPR 还没有进行广泛的基因组学研究，最近鉴定的多种靶标基因表明，基因诱导具有类似的模式。一些新发现的靶标基因涉及多萜醇途径（Doerrler and Lehrman，1999），这个途径对于蛋白质的糖基化、内质网钙泵水平的维持（Caspersen et al.，2000）很重要。另一个已知的靶标基因是 CHOP（GADD153），是一种促凋亡转录因子（Wang et al.，1998）。正如我们在后面章节中所讨论的，哺乳动物的 UPR 反应比酵母细胞的复杂。

8.2.2　与内质网有关的降解

如最后一部分所提到的，对于内质网胁迫分子伴侣和折叠酶所作的共同反应是细胞去除内质网中错误折叠蛋白的唯一机制。细胞减少内质网中未折叠蛋白浓度的另一种补充机制是在上游调节它们的降解。这个过程被称为与内质网有关的降解（ER-associated degradation，ERAD）（Brodsky and McCracken，1999；Plemper and Wolf，1999）。

ERAD 包括几步：第一步，未折叠蛋白被内质网驻留因子识别，这些因子可能包括 UPR 的靶标内质网分子伴侣和加工酶。第二步，未折叠的蛋白质被定向到转运体，然后进入细胞质。第三步，到达细胞质后，蛋白质在蛋白酶体的作用下被去糖基化、泛醌化和降解（综述见 Brodsky and McCracken，1999；Plemper and Wolf，1999）。通过对 ERAD 缺陷突变体进行筛选已鉴定出几种因子，其中许多蛋白质是 UPR 途径的靶标。ERAD 缺陷突变体在正常生长条件下可以存活，但它们依赖于 UPR。ERAD 缺陷突变体似乎一直处于折叠压力下，因为观察到 UPR 也被诱导（Ng et al.，2000；Travers et al.，2000）。与野生型不同，ERAD 缺陷突变体中 UPR 对于生存能力是至关重要的。这表明 ERAD 始终存在，它的缺失可导致未折叠蛋白增至可被内质网识别的水平。

有趣的是，UPR 也是有效降解未折叠蛋白所必需的。错误折叠蛋白可在 UPR 突变体中稳定存在（Casagrande et al.，2000；Friedlander et al.，2000；Travers et al.，2000)。而且与 ERAD 的转录诱导一致，即使在折叠压力存在的情况下，被 UPR 激活的基因加速了错误折叠蛋白的降解。这表明，UPR 在内质网出错蛋白质的数量增加时不仅可以通过促进蛋白质的折叠，还可以通过加强蛋白质的转换使内质网获得耐受力。因此，UPR 同时提高了内质网的折叠能力和通过 ERAD 降解错误折叠蛋白的能力，介导了内质网中错误折叠蛋白可能的命运——折叠或降解。这些补充机制不仅阻止了在正常生长过程中错误折叠蛋白的堆积，而且缓解了由于错误折叠蛋白堆积所造成的毒性。在哺乳动物中，折叠和降解之间的相互影响还未进行仔细研究，但 UPR 和 ERAD 之间的紧密联系似乎是保守的。

8.2.3 小结：UPR 的输出

- UPR 调节细胞中几个不同过程中的基因。尽管它的作用很广泛，但其主要功能是重新塑造分泌途径（图 8.1）。
- 一部分 UPR 靶标基因编码内质网蛋白质。它们参与蛋白质折叠、糖基化、转运和 ERAD，并共同降低错误折叠蛋白的浓度。
- 第二类 UPR 靶标基因编码的蛋白质参与从内质网到高尔基体、液泡和细胞表面的囊泡运输。
- 而且，对磷脂生物合成酶类的诱导（肌醇反应）可能生成新的膜，从而增加内质网的体积，容纳更多的内质网驻留蛋白。

8.3 酵母中的 UPR 信号通路

8.3.1 利用遗传学方法鉴定信号组分

尽管 UPR 最初是在哺乳动物细胞中鉴定出来的，但信号组分首先是在酿酒酵母中鉴定出的。遗传学方法在发现 UPR 信号转导过程中起到了至关重要的作用。在研究

UPR调节元件（UPRE）过程中，通过利用报告基因进行筛选，分离到IRE1的等位基因缺失，它可阻碍报告基因的诱导（Cox et al.，1993；Mod et al.，1993）。Ire1p是一种跨膜蛋白，N端位于内质网腔中，C端位于胞质中，含有一个激酶结构域。Ire1p的一级结构与生长因子受体激酶相似，暗示其可能与UPR信号级联反应有关。N端结构域可能感受内质网腔中未折叠蛋白的积累，通过激酶结构域将信号通过内质网膜传递给细胞质或直接传递给细胞核。因此，Ire1p被认为是UPR通路中最上游的信号组分。

第二个被鉴定出的UPR信号通路组分是Hac1p。*HAC1*通过三种不同的遗传学方法被鉴定出（Cox and Walter，1996；Mori et al.，1996；Nikawa et al.，1996）。推测出的Hac1p氨基酸序列也表明它的功能与未折叠的蛋白质反应有关：Hac1p是一种DNA结合蛋白，与转录因子的亮氨酸拉链家族同源。这表明Hac1p可能与UPR靶标基因的上游结合，影响它们的转录。与此假设一致，凝胶转移分析显示，Hac1p特异性地与通路中靶标基因启动子中的UPRE序列结合。这个结果说明Hac1p是酵母的UPR通路中最下游的组分。

第三个被鉴定出的组分是RLG1，它编码tRNA连接酶（Sidrauski et al.，1996）。该酶在tRNA剪接过程中发挥重要作用，它将tRNA核酸内切酶产生的两段tRNA连接在一起。采用合成的致死筛选分离到*RLG1*的等位基因*rlg1-100*，它的表现型与另外两个UPR信号分子的突变体明显不同（Sidrauski et al.，1996）。可是，与Ire1p和Hac1p不同，Rlg1p在UPR通路中在将信号由内质网传递到核的过程中并未表现出明显作用。

tRNA是否为UPR途径中的一个组分从一开始就令人困惑。但后来发现，*HAC1* mRNA剪接在UPR信号转导过程中很重要（见下），这导致tRNA连接酶一个新功能的发现。

通过对突变体的鉴定和原始分析已发现了UPR通路的许多令人惊奇之处。进一步的研究采用将生物化学和遗传学结合起来的方法，更清晰地描绘出不同组分是如何被激活，是如何将信号由内质网腔传递到细胞核中的。

8.3.2 Ire1p是未折叠蛋白感受器

根据Ire1p结构域的构象和序列同源性，Ire1p非常适合传递未折叠蛋白信号穿过内质网膜。腔内的N端结构域可感知未折叠蛋白发生的堆积，与其他跨膜激酶相似，N端结构域可激活胞质中的效应结构域。不幸的是，Ire1p的N端序列与任何已知蛋白家族的序列都不同源，因此无法得到它所诱导的配体信息。而胞质/核把柄序列中含有一个与丝氨酸/苏氨酸蛋白激酶相似的序列，后面跟着一个序列类似于RNase L的羧基端尾巴（Bork and Sander，1993）。直到认清RNA加工在UPR信号通路中是一个关键步骤，核酸酶同源物的重要功能才被揭示。

Ire1p的激活类似于生长因子激酶受体的激活。免疫沉淀实验表明，在体内Ire1p被磷酸化，从而加快UPR的激活（Shamu and Walter，1996）。对Ire1p激酶结构域的催化活点进行点突变使激酶活性丧失，阻碍了UPR，这与修饰对调节作用的影响结果一致。这些结果表明，Ire1p的激活诱导了它的激酶活性，并导致它的自主磷酸化，并激活通路中的下游事件。此外，遗传学和生物化学实验都表明，当通路被激活时，Ire1p的寡聚化作用导致它被相邻的Ire1p分子进行反式自主磷酸化（Shamu and Walter，1996；Welihinda and Kaufman，1996）。

Ire1p的激活是如何被调节的？与Ire1p腔内结构域结合的配体具有什么样的特征呢？最近在哺乳动物细胞中进行的实验证明，Ire1p二聚化似乎是其激活的唯一条件。用一种不相关的亮氨酸拉链二聚化模体替换Ire1p的N端腔内结构域，产生一个具有活性的嵌合蛋白（Liu et al.，2000）。有两种关于未折叠蛋白对Ire1p进行调节的模型。第一种是正调节模型，配体与Ire1p的内质网腔结构域结合导致寡聚化发生。

配体可以是未折叠蛋白本身、未折叠蛋白与内质网分子伴侣结合形成的复合体，或内质网中由活性增强的分子伴侣产生的尚未鉴定的配体。在这个模型中，Ire1p的激活类似于哺乳动物细胞质膜中受体激酶的激活，当配体结合到细胞外结构域上时发生寡聚化。第二种是在沉默期发挥作用的负调控模型，例如当内质网中只有少量未折叠蛋白时，分子伴侣（如BiP）与Ire1p结合，并阻止它的二聚化。当未折叠蛋白的浓度升高时，分子伴侣将释放Ire1p，使它发生二聚化并被激活。有几个间接的观察结果支持第二种模型。第一个观察是，当猴病毒5-血凝素神经氨酸酶糖蛋白的错误折叠突变不与BiP结合而在内质网中发生堆积时，未观察到UPR被诱导。而其他蛋白质的错误折叠突变体与BiP结合，同样在内质网中发生堆积，而且可以诱导UPR（Ng et al.，1992）。这表明细胞监测内质网中游离BiP的水平。相应地，BiP的过量表达可以上调中国仓鼠卵巢（CHO）细胞和酵母（Dorner et ak，1992；Kohno et al.，1993）中UPR的水平，相反，如果通过BiP突变体人为降低BiP的表达水平，BiP不驻留在内质网中，UPR被激活（Beh and Rose，1995；Sidrauski et al.，1996）。重要的是，BiP在哺乳动物细胞中与Ire1p形成一个复合体（Bertolotti et al.，2000）。未折叠蛋白的堆积促进了BiP从Ire1p腔内结构域上的解离，缺少BiP导致Ire1p形成同源二聚体。这些结果与模型相吻合，BiP与Ire1p结合对于二聚化是一种负调控，BiP与Ire1p解离可造成未折叠蛋白的积累。可是，BiP在内质网中的浓度只在毫摩尔级，很难想象未折叠蛋白的浓度要发生多小的变化才能与Ire1p和BiP的结合进行有效的竞争。BiP有可能通过修饰，比如磷酸化或ADP糖基化创造一个特殊的BiP池，它是内质网中受折叠蛋白变化干扰的主要目标。因此，尽管BiP被认为是一个因素，但BiP削弱Ire1p的激活作用机制仍不清楚。

8.3.3 当内质网受到胁迫时 *HAC1* mRNA被剪接

Ire1p的激活如何提高含有UPRE的基因转录水平？Ire1p的激活能否提高HAC1p的转录活性或合成吗？通过与其他受激酶介导的信号转导通路比较，发生例外的是Ire1p激活的激酶级联反应导致HAC1p的磷酸化和被激活。可是令人意外的是，Ire1p调节HAC1p生成：HAC1p的合成只在UPR诱导下进行；在未折叠蛋白不存在时，没有检测到HAC1p（Cox and Walter，1996；Kawahara et al.，1997）。由于 *HAC1* 基因的转录不依赖于UPR的诱导，HAC1p的出现一定是一种受Ire1p介导的翻译后转运调节过程。

对经过UPR诱导和未经诱导条件下得到的 *HAC*1 mRNA进行Northern blot分析发现令人惊讶的结果：在内质网不受胁迫的细胞中1.4 kb的样品在受胁迫的细胞中转变为1.2 kb。测序结果显示，当UPR通路被激活时，一段由252个核苷酸组成的内含子从 *HAC1* mRNA 3′端的编码序列中被去除。$HAC1^u$ mRNA（*u*代表“未被诱导”）内含子经剪接产生较小的 $HAC1^i$ mRNA（*i*代表“被诱导”）。Hac1p的出现与mRNA

的这种被剪接形式的产生密切相关。该剪切反应需要 Ire1p：缺少 *IRE1* 的细胞在 UPR 诱导的情况下无法将 $HAC1^u$ 转化为 $HAC1^i$，并且无 HAC1p 产生。而且，$HAC1^i$ mRNA的组成型表达可以导致 HAC1p 组成型的产生和靶标基因的诱导，而不需要 Ire1p。因此，*HAC1* mRNA 的剪接对于引发 UPR 的诱导是必需且足够的（图 8.2）。这是第一个由受调节的 mRNA 加工步骤控制信号转导通路活性的例子。

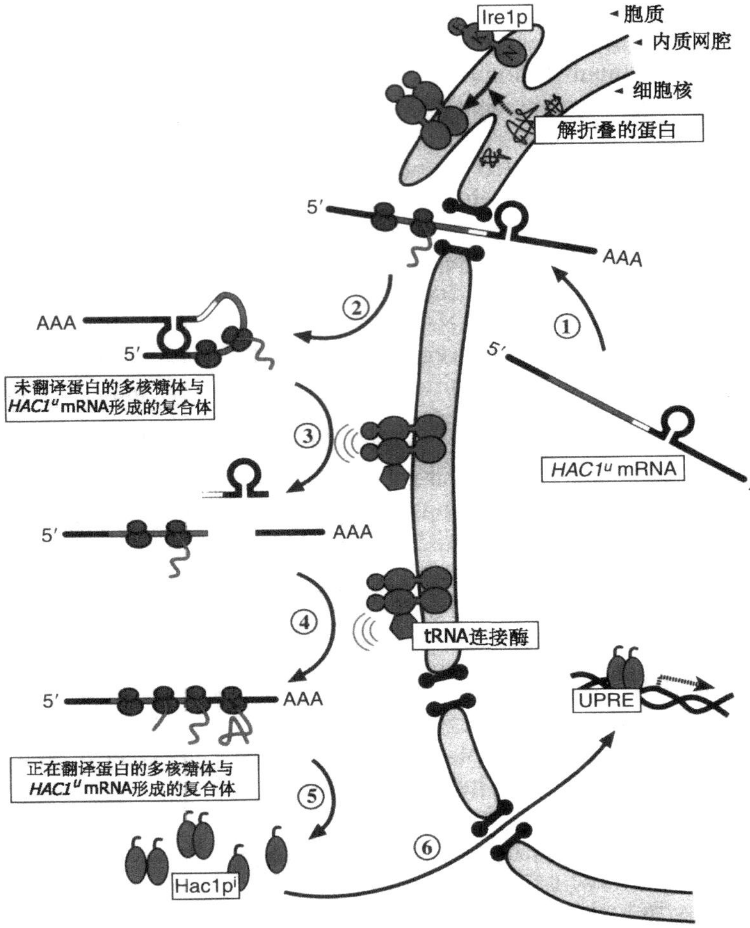

图 8.2　酵母中的未折叠蛋白反应通路。$HAC1^u$ mRNA 在核中合成，并且被输出到胞质（步骤①）。尽管 $HAC1^u$ mRNA 与多核糖体结合在一起，但它不被翻译（步骤②）。内含子和 5′ UTR 之间的碱基对阻碍了 $Hac1p^u$ 的产生。未折叠蛋白在内质网腔内的积累激活跨膜丝氨酸-苏氨酸激酶 Ire1p。不存在未折叠蛋白时，分子伴侣 BiP 与 Ire1p 的 N 端腔内结构域结合，阻止 Ire1p 的寡聚化。当未折叠蛋白发生积累时，BiP 与 Ire1p 解离，Ire1p 发生寡聚化，并通过胞质激酶结构域（K）和激活 C 端结构域（E）中的核酸内切酶活性进行反式自主磷酸化。核酸酶在 $HAC1^u$ mRNA 的两个剪接点对其进行切割（步骤③），tRNA 将两个外显子连接起来（步骤④）。经过 Ire1 介导的剪接反应，内含子被去除，$HAC1^i$ mRNA 被翻译成 $Hac1p^i$（步骤⑤），之后进入细胞核，对含有未折叠蛋白反应元件的基因进行上调表达（UPRE；步骤⑥）。AAA，多聚腺苷酸化。

8.3.4 Ire1p 和 tRNA 连接酶组成一种非传统的剪接装置

有两点表明，*HAC1* mRNA 的剪接受一种非传统的剪接装置催化。第一点，*HAC1* mRNA 在剪接处缺少前体 mRNA 共有的供剪接体加工的保守序列。第二点，突变分析表明，其他前体 mRNA 所需要的剪接体不参与 *HAC1* mRNA 的剪接（Sidrauski et al.，1996）。

通过对 Ire1p 的序列进行分析，得到了 *HAC1* mRNA 受核酸内切酶作用的重要线索。如上面提及的，Ire1p 的胞质结构域与哺乳动物核酸酶 RNase L 相似。RNase L 是一种可溶性的非特异性核酸酶，当用干扰素处理哺乳动物细胞时可激活 RNase L（Bork and Sander，1993）。类似于 Ire1p，RNase L 含有一个激酶结构域，其后跟有一 C 端延伸，与 Ire1p 中由 133 个氨基酸组成的尾巴具有序列同源性。配体与 RNase L 的 N 端结合可导致其发生二聚化并激活核酸酶结构域（Dong and Silverman，1995；Zhou et al.，1993）。基于序列和作用方式上的相似性，该假说认为，Ire1p 同时具有激酶和核酶活性。与此假说一致，去除 Ire1p C 端核酸内切酶结构域可破坏未折叠蛋白反应的传导，但不影响 Ire1p 的激酶活性（Shamu and Walter，1996）。

通过测定融合蛋白在体外的活性，直接证明了 Ire1p 的核酸酶活性，该融合蛋白包括 Ire1p C 端一半中的激酶结构域和尾部结构域。该融合蛋白可对自身进行磷酸化，含有一个具活性的激酶结构域。而且可以在体外对合成的*HAC1* RNA 底物同时在 5′和 3′剪接连接处进行准确切割。该反应在体外进行，在体内却不明显：通过点突变改变 *HAC1* mRNA 剪接处的核苷酸，从而阻止体内外的剪接。

与 *HAC1* 关系很近的 RNase L 是一种非特异性的内切核糖核酸酶，认为该酶可帮助细胞免受病毒的入侵，而 Ire1p 的内切核糖核酸酶对于 *HAC1*^{u} mRNA 却具有高度的特异性。*HAC1*^{u} mRNA 剪接连接处具有共同的茎-环结构，这是切割所必需的：环内部序列的改变或茎结构受到破坏可使切割失败。而且这个小的确切的 7-核苷酸环和茎在体外可作为 Ire1p 的一个微型底物，因此可以作为 Ire1 底物独特的“标记模体”。

Ire1p 负责对 *HAC1* mRNA 切割。剪接是如何完成的？如前所述，遗传学鉴定出这个独特剪接装置的另外一半。与剪接体组分有突变的菌株不同，*rlg1-100* 可阻止对 *HAC1* mRNA 剪接下来。当这个通路被诱导时，*HAC1*^{u} mRNA 在 *rlg1-100* 突变株中消失，但没有伴随着 *HAG1*^{i} mRNA 的出现。与它在 tRNA 剪接中的作用相似，据认为 tRNA 连接酶参与两个 mRNA 的连接。有趣的是，*rlg1-100* 突变株不影响 tRNA 的连接，而只破坏了 *HAC1* mRNA 的剪接，tRNA 的连接对于细胞的存活是至关重要的。*rlg1-100* 的等位基因产生一种只发生一个氨基酸替换的蛋白质，该替换位于 tRNA 连接酶的三个催化结构域以外。这个突变是如何造成 *HAC1* mRNA 加工的特异性缺陷，而使 tRNA 的加工不受影响？

体外实验肯定了 tRNA 连接酶在 *HAC1* mRNA 加工中的作用。在体外向 Ire1p 中加入纯化的 tRNA 连接酶，*HAC1* RNA 可被剪接（Sidrauski and Walter，1997）。因此，与剪接体相比，剪接体利用许多蛋白质和小的核 RNA 分子，而 *HAC1* mRNA 的加工只需要两种酶：Ire1p 核酸酶和 tRNA 连接酶。因此 *HAC1* mRNA 的剪接类似前体 tRNA 的加工，前体 tRNA 的加工需要 tRNA 核酸内切酶和 tRNA 连接酶。

Ire1p 的激酶结构域在 UPR 信号转导中的作用尚不清楚。Ire1p 激酶在诱导 UPR 时被激活，激酶活性对于传递未折叠蛋白信号是必需的（Shamu and Walter，1999）。可是至今，已知的 Ire1p 激酶底物只有 Ire1p 自身。也许激酶活性通过磷酸化 RNase 结构域直接刺激 Ire1p 的核酸内切酶活性，或激酶活性对稳定核酸酸活性所需的寡聚化构象是必需的。解开 Ire1p 激酶活性的确切作用仍是一个开放且激动人心的问题。

8.3.5 在未受胁迫的细胞中 Hac1p 的翻译被减弱

HAC1 mRNA 的剪接是产生 Hac1p 的关键。如何去除内含子而产生 Hac1p？未剪接的 *HAC1*^{u} mRNA 编码一个含有 230 个氨基酸的蛋白质 Hac1p^u。剪接过程去除了编码 Hac1p^u C 端最后 10 个氨基酸的核酸序列，将它们替换为一个新的核苷酸序列，它位于 *HAC1* mRNA 的第二个外显子中，编码一个 18 个氨基酸的尾巴。这个由剪接后 mRNA 编码的含有 238 个氨基酸的蛋白质 Hac1p^i 是 Hac1p 唯一可在细胞中被检测到的形式（图 8.2）。

在未被诱导的细胞中检测不到 Hac1p^u，说明其生成受到阻碍。原则上，*HAC1*^{u} mRNA 中的内含子可通过阻止 *HAC1*^{u} mRNA 从细胞核进入细胞质来阻碍 Hac1p^u 的表达。或者内含子也可抑制 *HAC1*^{u} mRNA 的翻译。最后，Hac1p^u 可能被合成了，但并不稳定，因此在未受胁迫的细胞中检测不出。通过一系列实验验证了以上推测。原位杂交显示，*HAC1*^{u} mRNA 主要存在于胞质中，表明 *HAC1*^{u} mRNA 从核中出来，逃避了核中对其他前体 mRNA 进行的控制（Chapman and Walter，1997）。与此定位一致，*HAC1*^{u} mRNA 与胞质中的多核糖体共同被分离出来。Hac1p^u 可能在翻译后很快被降解，这与前面提到的观察结果一致，Hac1p^i 和 Hac1p^u 被发现有相同的半衰期（Chapman and Walter，1997）。观察到 *HAC1* mRNA 与多核糖体结合，表明内含子在翻译的延伸阶段调节 Hac1p 蛋白的生成。*HAC1* mRNA 与核糖体形成稳定的复合体，不太可能有其他的途径通过抑制起始步骤来调节翻译。

HAC1^u mRNA 的内含子如何使核糖体与未被剪接的 mRNA 结合？对 *HAC1* 的 5′ 非翻译区（UTR）和内含子序列进行分析表明，它们含有互补序列：内含子和 5′ UTR 可相互作用形成 16 个碱基对。为了说明这种碱基配对的重要性，对内含子进行突变来破坏这种相互作用。这种修饰导致 Hac1p^u 被高效翻译（Rüegsegger et al.，2001）。而且，在 5′ UTR 中进行的互补突变恢复了碱基配对，也阻止 Hac1p^u 的合成。因此，*HAC1* 5′ UTR 和内含子在长范围的碱基配对中共同作用抑制翻译。

一个重要的问题是 *HAC1* mRNA 在细胞中进行剪接的位置。Ire1p 可在胞质或核中启动 *HAC1* mRNA 的切割，取决于 *HAC1* mRNA 是位于内质网中还是核内膜中，二者是相通的。由于 tRNA 连接酶位于核中，它与 tRNA 核酸内切酶相互作用，tRNA 核酸内切酶与膜结合（Clark and Abelson，1987），也许 Ire1p 直接将信号从内质网腔发送到核，在核中与 tRNA 连接酶一同发挥作用，对新转录的 *HAC1* mRNA 进行剪接。或者一小部分 tRNA 连接酶驻留在胞质中，Ire1p 可能对从核中输出的 *HAC1* mRNA 进行切割。最近发现，与多核糖体结合的 *HAC1*^{u} mRNA 是剪接反应的底物，这表明对 *HAC1*^{u} mRNA 的加工发生在胞质中。对 *HAC1*^{u} mRNA 的加工可能使得在内质网受胁迫的情况下突然生成大量的 Hac1p^i，因为核糖体可能在内含子被去除后突然重新开始翻译。因此，细胞中有一个 RNA 库，提前与核糖体结合在一起等待被加工，当需要 $Hac1p^i$ 时可立即被翻译。

最近还发现，去除 *HAC1* 的内含子不仅可以使 Hac1p 表达，而且还导致一种更有影响力的转录激活物的表达。当把 $Hac1p^i$ 的 C 端尾部融合到一个无关的 DNA 结合结构域中时，它可作为一种强有力的转录激活结构域，而把 $Hac1p^u$ 的 C 端尾部融合到同一个 DNA 结合结构域中时产生一种使转录激活剂失活的蛋白质，这说明 $Hac1p^i$ 尾部具有促进转录的能力，而 $Hac1p^u$ 的尾部无此能力（Mori et al.，2000）。因此，*HAC1* mRNA 的内含子起两种作用：①抑制转录；②在翻译没有得到有效减弱的情况下，保证蛋白质的生成不像在诱导转录反应时那样有效。据推测，除了作为剪接反应的底物，与核糖体结合的 $HAC1p^u$ mRNA 还可能在不同的目前仍未知的条件下生成 $Hac1p^u$。从被削减的转录活性判断，$Hac1p^u$ 可能驱动不同的转录过程，或在细胞中具有完全不同的功能。然而这还仅仅是一种令人感兴趣的推测，目前为止尚未得到实验证据证实。

8.3.6 小结：酵母中的 UPR 信号通路

- Ire1p、tRNA 连接酶和 Hac1p 先后在未折叠蛋白信号从内质网传递到细胞核的过程中起重要作用。
- 对酵母 UPR 的研究发现了一个令人惊讶的分子通路（图 8.2）。
- 对通路的激活导致 *HAC1* 的剪接受到调节。这是第一个以 mRNA 加工作为信号转导通路中主要调节步骤的例子。
- *HAC1* mRNA 剪接调节的非传统机制涉及独特的双功能蛋白质 Ire1p，它具有激酶/核酸酶和 tRNA 连接酶活性。剪接的结果去除了 *HAC1* mRNA 内含子中的一个翻译衰减信号，使 Hac1p 在内质网受到胁迫时可进行翻译。
- 根据已知反应中不寻常的特性，还需要决定是否将它推广到其他真核细胞中。

8.4 哺乳动物中的 UPR 信号通路

与酵母相比，酵母内质网膜中只含有一个未折叠蛋白信号传感器，而哺乳动物中含有几个接近内质网的效应器：两个酵母 Ire1p 的同源物 Ire1α 和 Ire1β，跨膜激酶 PERK 和与内质网结合的转录因子 ATF6。在内质网受到胁迫的条件下，这些组分似乎启动平行的信号通路，最终导致一组复杂的反应（图 8.3）。对内质网受到胁迫作出的最早反应是衰减翻译。然后上调内质网分子伴侣的转录。在持续胁迫的情况下，细胞周期停止，并最终凋亡。在许多情况下，还不清楚哪个效应器负责激活特殊的输出。而且，不同通路之间的直接作用形成一个复杂的通路，彼此平行又相互连接形成信号分支。最终，对哺乳动物 UPR 的激活似乎产生两个可能的结果：对内质网胁迫的适应、存活，或激活程序化细胞死亡。因此，细胞必须对各种输出信息进行整合，决定它的命运。在这章，我们将介绍不同的效应物和通路，之后试图对现有的知识进行整合，发现它们之间存在的复杂的相互关系。

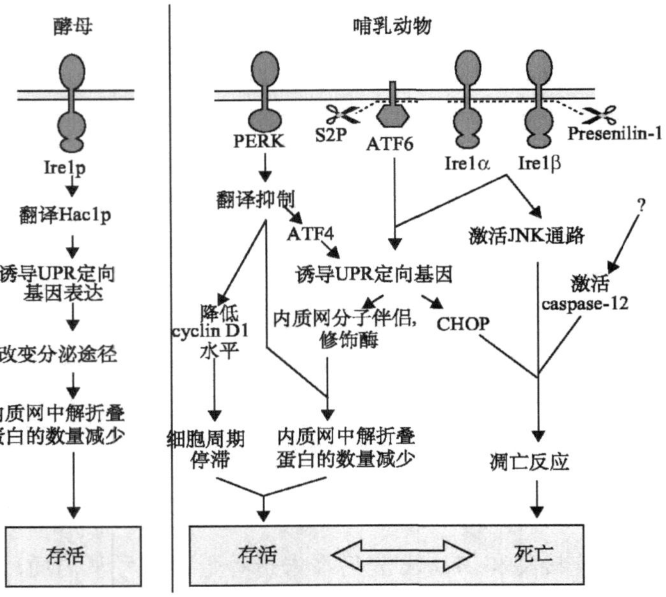

图 8.3 酵母和哺乳动物中的未折叠蛋白反应。酵母对内质网胁迫作出的反应是从 Ire1p（左侧图版）开始的线性信号传导，而高等真核生物细胞所作出的反应是复杂的，受三种内质网激酶（Ire1α、Ire1β 和 PERK）和一种跨膜转录因子（ATF6）介导，它们都被内质网中未折叠蛋白的积累激活。当内质网受到胁迫时，细胞减弱整个翻译过程，这个过程受 PERK 介导。随后上调驻留在内质网中的分子伴侣和蛋白修饰酶的活性。转录因子 ATF6 与这些基因的启动子中的 ERSE（内质网胁迫反应元件）结合，激活其转录。Ire1 在这个过程中的作用仍不清楚。激活 PERK 还使细胞周期停止。持续的内质网胁迫可激活凋亡反应，这是由于促凋亡基因如 CHOP 的上调、JNK 级联反应的激活以及 caspase-12 被蛋白质水解激活造成的。胞质保护和胞质毒害之间的平衡决定细胞是否能承受住内质网胁迫。

8.4.1 哺乳动物细胞 UPR 中的效应物

8.4.1.1 Irelp 同源物存在于高等真核生物中

多细胞动物中，Ire1p 的同源物存在于酵母 *IRE1* 基因，首先在果蝇（*Drosophila melanogaster*）和线虫（*Caenorhabditis elegans*）中鉴定出。通过这些序列在哺乳动物中鉴定出两个 Ire1 的同源物：Ire1α 和 Ire1β（Niwa et al.，1999；Ttrasophon et al.，1998；Wang et al.，1998）。序列比对表明，Ire1 激酶和 C 端核酸酶结构域彼此非常相似且高度保守。而 Ire1 N 端的腔内结构域变化很大，即使在两种哺乳动物中也是这样。组织表达研究说明，Ire1α 普遍表达，而 Ire1β 大多局限于在消化道上皮细胞中表达（Urano et al.，2000）。

一些实验表明，Ire1 独特的核酸内切酶活性和受 UPR 调节的剪接通路在高等真核细胞中都保守。首先，纯化的 Ire1α 和 Ire1β 胞质结构域都具有核酸内切酶活性，在体外可以准确地在相同位置对酵母 *HAC1* mRNA 进行切割，而且与酵母蛋白识别底物时所需的结构要求相同。其次，同在酵母中一样，当内质网受到胁迫时，过量表达无核酸酶活性的Ire1α将对 BiP 启动子的诱导起负面的抑制作用（Ttrasophon et al., 2000）。最后，也是最重要的是，HeLa 细胞瞬时表达酵母 *HAC1* mRNA 可以通过一种内质网胁迫依赖方式对 mRNA 进行正确加工。总之，这些观察支持非传统的 mRNA 剪接也介导哺乳动物 UPR 这一观点。可是目前还未鉴定出 Ire1α 或 Ire1β 核酸酶活性的内源性底物。

哺乳动物 Ire1 底物 RNA 的研究是一个热门领域。

内质网胁迫反应造成 Ire1 被蛋白酶水解，这一观察说明 UPR 还存在其他水平的调节（Niwa et al., 1999）。蛋白酶水解将 Ire1p 的胞质结构域从膜中释放出来，该结构域含有激酶和核酸酶结构域。效应结构域随后很快地进入细胞核中。这是一个令人惊讶的结果，因为从未观察到过酵母 Ire1p 的加工过程。这个观察可能表明被激活的哺乳动物 Ire1 蛋白比酵母的 Ire1 蛋白要复杂得多。酵母和哺乳动物的 Ire1p 蛋白都能进行类似的胞质剪接反应，哺乳动物 Ire1p 重新定位进入细胞核可能具有其他的功能，如激活促凋亡激酶级联反应（见下）。

只有当 Ire1 在正常水平表达时，Ire1 的免疫活性才在激活通路中从胞质到细胞核重新分布。而在 Ire1 过度表达是观察不到这种现象，这说明蛋白酶对 Ire1 的切割是有限的。

有趣的是，Ire1 的核定位需要 presenilin-1（PS1）蛋白，它对于转录因子 Notch 和淀粉样前体蛋白（APP; reviewed by Selkoe, 1998）在发育调节时进行的切割都是必需的。PS1 切割 APP 产生 Alzheimer $A\beta_{42}$，患者淀粉样斑的主要成分。尽管对于 PS1 是否参与 UPR 诱导还存在争论（Sato et al., 2000），但它的潜在重要性却提示 UPR 在 Alzheimer 病的发病过程中有一定的某种作用。

8.4.1.2 ATF 转录因子，作为内质网膜蛋白被合成，在 UPR 诱导时被蛋白酶水解切割

哺乳动物 Ire1 底物 mRNA 尚未发现，它可能编码一种与酵母中 Hac1p 类似的转录因子。然而，这种 mRNA 只编码至今已知的哺乳动物 UPR 特异的转录因子 ATF6，但不具有酵母中所具有的剪接调节功能。AIF6 是 ATF/CREB（cAMP 调节元件结合蛋白）蛋白家族的成员之一，是通过筛选与 ERSE 结合的因子而被分离到的（Haze et al., 1999），就像哺乳动物中的 Ire1 蛋白，ATF6 作为内质网膜蛋白被组成型地表达，当诱导 UPR 时被蛋白酶水解切割（Haze et al., 1999; Yoshida et al., 2000）。这种切割释放出胞质 DNA 结合/转录激活结构域后被输入到核中诱导转录。因此，哺乳动物细胞中 UPR 转录输出受可调节的蛋白酶水解控制，而不是通过剪接来调节。

ATF6 的切割需要 site 1（S1P）和 site 2（S2P）蛋白酶（Ye et al., 2000）。这些蛋白质最初被认为是在胆固醇饥饿反应中切割与膜结合的固醇应答元件结合蛋白（SREBP）所必需的蛋白酶。就像 ATF6，对 SREBP 的切割释放出 DNA 结合和转录激活结构域，该结构域被转运到核中后诱导参与胆固醇、脂肪酸的合成及吸收的基因转录。SREBP 切割激活蛋白（SCAP）的调节，SCAP 在发生固醇饥饿时转运 SREBP 从内质网到高尔基体，在高尔基体进行蛋白酶水解。而 ATF6 蛋白酶水解不发生在固醇

饥饿时，且不依赖于 SCAP 蛋白。不清楚 ATF6 的切割是如何受内质网胁迫调节的。ATF6 可能是 SCAP 转运蛋白运送到高尔基体，然后由 S1P 进行加工。与 SREBP 类似，ATF6 的切割可能受未折叠蛋白的积累影响，在 ATF6 从内质网出来时进行。

8.4.1.3 PERK——另一种膜信号分子，负责翻译的减弱

当诱导 UPR 时，哺乳动物细胞在开始时很快抑制整个翻译过程（综述见 Brostrom and Brostrom，1998）。蛋白质合成速度的降低导致内质网中新合成的分泌蛋白负载降低。翻译抑制对内质网胁迫造成一种即刻、一般性的反应，与分子伴侣表达发生的上调不同，这种反应不依赖于转录诱导。PERK（PKR-like ER kinase）介导翻译抑制，与 Ire1p 一样，PERK 是一种 I 型跨膜蛋白，定位在内质网（Harding et al.，1999；Shi et al.，1998）。尽管 PERK 的胞质激酶结构域只与 Ire1p 有较远的关系，PERK 的腔内结构域类似于 Ire1p 的感受结构域，提示这些蛋白质共同由相同的配体调节。为了支持这个模型，最近的实验表明，这两种蛋白质的腔内结构域在介导内质网胁迫反应中的功能可以互换。而且，就像 Ire1，PERK 的腔内结构域与分子伴侣 BiP 形成一个对内质网胁迫敏感的复合体（Bertolotti et al.，2000）。

PERK 的胞质结构域与可干扰素诱导的 RNA 依赖型蛋白激酶 PKR 非常相似。

该胞质蛋白激酶磷酸化真核翻译起始因子 2 的 α 亚基（eIF2-α）。被磷酸化的 eIF2-α 干扰一种 43S 翻译起始复合物的形成，抑制蛋白质的合成（综述见 Clemens，1996）。另外两种已知的 eIF2-α 激酶是红细胞中受血红素调节的抑制剂（HRI）和普通控制氨基酸合成激酶 GCN2。在体外，PERK 与其他激酶一样磷酸化 elF2-α 中相同的丝氨酸残基（Harding et al.，1999）。而且，当内质网受到胁迫时 PERK 激酶的活性提高，负责传递 UPR 翻译减弱信号。最近，PERK 在受 UPR 诱导的整体翻译抑制中的作用被阐明，$PERK^{-/-}$ 细胞既不能磷酸化 eIF2-α，也不能在内质网中发生错误蛋白质积累时削弱翻译（Harding et al.，2000b）。PERK 在胰腺中高度表达，胰腺负责蛋白质的分泌。这个发现强调了 PERK 在内质网中蛋白质折叠和翻译偶联过程中所起的作用。

8.4.2 内质网中未折叠蛋白引起的生理反应

8.4.2.1 翻译减弱与 UPR

当内质网受到胁迫时，细胞翻译减弱，这种能力似乎只在高等真核细胞中才有。酵母只在氨基酸饥饿时才采用这种策略，Gcn2p 蛋白激酶使 eIF2-α 发生磷酸化，在整体上抑制翻译的起始。酵母中 UPR 激活不导致蛋白质合成的显著下降。与这些观察结果一致，酵母基因组中不含有 PERK 同源物。而果蝇和线虫的基因组中却含有 PERK 的同源物。

激活酵母中 eIF2-α 激酶 Gcn2p 的另一个后果是，诱导一系列参与氨基酸合成和代谢的基因发生转录（综述见 Hinnebusch，1996）。出乎意料的是，细胞通过提高转录因子 Gcn4p 的翻译来激活这些基因。Gcn4p 的翻译通常被其 5′ UTR 中几种短的上游可读框（uORF）的翻译所抑制，因此在 *GCN4* 的可读框阻止翻译的起始（Hmnebusch，1997）。在翻译起始被抑制而发生饥饿的条件下，Gcn4p 的合成偏向于使用 *GCN4* 可读

框中的 *AUG* 作为起始密码子。这种在氨基酸发生饥饿时激活基因转录的机制在哺乳动物细胞中也保守。氨基酸饥饿和内质网受到胁迫都可提高激活转录因子 4（ATF4）mRNA 的翻译（Harding et al.，2000a）。就像 GCN4，ATF4 mRNA 在其 5′ UTR 中含有一系列的 uORF，eIF2-α 的磷酸化负责提高 ATF4 mRNA 的翻译水平。

ATF4 可能将内质网胁迫与随后的凋亡反应联系起来。据报道，ATF4 激活 CHOP（C/EBP homologous protein-10），CHOP 是一个促凋亡基因，受内质网胁迫上调。如期望的那样，在 $PERK^{-/-}$ 细胞中，CHOP 在内质网受到胁迫时不被诱导（Harding et al.，2000a）。而 BiP mRNA 的诱导不受影响，说明这些突变细胞能够发生 UPR。有趣的是，还注意到 ATF4 的组成性表达不足以使 CHOP 在被诱导时绕过对 PERK 的需要，这说明 CHOP 的诱导需要第二种内质网具有胁迫诱导的信号。

8.4.2.2 UPR 靶标基因的诱导

如前所述，内质网中未折叠蛋白的积累会导致 ATF6 因受蛋白酶水解而从膜上释放，被转运进入细胞核，并激活 UPR 靶标基因的转录。有两个观察说明，仅仅 ATF6 被蛋白酶水解就可发生对内质网胁迫而产生的转录反应。第一个观察是，可溶蛋白质中 DNA 结合结构域和转录激活结构域不受调节的表达可导致 BiP 和 CHOP 的组成性诱导，说明蛋白酶水解片段足以导致诱导发生（Haze et al.，1999）。第二个观察是，表达缺少激活结构域的 ATF6 胞质片段可阻止在内质网胁迫反应中这些基因的诱导。而哺乳动物 Ire1α 和 Ire1β 在 UPR 靶标基因转录诱导中的作用还不清楚。有几个观察支持这些蛋白质在靶标基因诱导中起重要作用的观点。在酵母中，野生型 Ire1α 或 Ire1β 的过量表达可诱导 BiP，而无激酶活性或核酸酶活性的 Ire1α 过量表达阻碍对 BiP 的诱导（Tirasophon et al.，1998，2000）。因此，过量表达 Ire1α 和 Ire1β 足以产生 UPR 信号，而这个反应同时依赖这些蛋白质的激酶活性和核酸酶活性。重要的是，在 ATF6 结合位点控制下用报告基因进行实验时得到同样结果，表明这些蛋白质激活 ATF6 通路（Wang et al.，2000）。可是最近的一项观察有力地说明，Ire1 对于 UPR 依赖型的转录反应并不重要。分别敲除 $IRE1\alpha^{-/-}$ 和 $IRE1\beta^{-/-}$，以及 $Ire1\alpha^{-/-}$ 和 $IRE1\beta^{-/-}$ 都被敲除的小鼠胚胎细胞系在内质网发生胁迫时并不表现出 BiP 和 CHOP 诱导缺陷（F. Urano and D. Ron，未发表）。因此，尽管 Ire1 蛋白可以诱导 UPR，在哺乳动物中还存在非 Ire1 依赖且受 UPR 调节的基因表达通路。

8.4.2.3 在 UPR 诱导过程中细胞周期停止

在培养细胞中激活 UPR 可导致细胞周期停留在 G_1 期，这个观察说明哺乳动物系统中存在更复杂的系统（Brewer et al.，1999）。抑制细胞周期蛋白 D1 的翻译可导致受 UPR 诱导的细胞周期停止。依赖于细胞周期蛋白 D1 的激酶活性是细胞周期进行的限速步骤，细胞周期蛋白 D1 的积累通常在转录、蛋白质降解和亚细胞定位水平被调节。而 UPR 通过 PERK 抑制细胞周期蛋白 D1 的翻译来控制细胞周期的进行（Brewer and Diehl，2000；Niwa and Walter，2000）。因此，诱导 PERK 似乎抑制了细胞周期蛋白 D1 的翻译。

在内质网受到胁迫期间，细胞周期停止的功能是什么？停留在 G_1 期可能阻止细胞在内质网达到动态平衡之前继续通过细胞周期（综述见 Niwa and Walter，2000）。如果通过上调内质网分子伴侣还是不能适应内质网的胁迫环境，细胞将启动死亡程序。这也可以解释为什么内质网受到胁迫会提高 PERK 的灵敏度。除了不能抑制分泌蛋白的合成，这些细胞也没有足够的时间来应对这些增多的未折叠蛋白。

8.4.2.4 对内质网胁迫作出的凋亡反应

在持续的内质网胁迫下，细胞最终进行凋亡。此过程至少存在 3 种机制。首先，UPR 诱导促凋亡转录因子 CHOP 基因。第二，UPR 激活 c-jun N 端激酶通路（JNK、“受胁迫激活的激酶”或 SAPK）（Urano et al.，2000）。这些多向性的信号蛋白与许多形式的胁迫有关，并调节基因表达，导致细胞死亡。最终，与内质网结合的蛋白酶 caspase-12，属于半胱氨酸蛋白酶家族，可被内质网胁迫激活（Nakagawa et al.，2000）。

Ire1 在凋亡反应中起关键作用，它启动两个不同的促凋亡通路。首先，Ire1β 过量表达诱导促凋亡转录因子 CHOP 的转录，引发细胞的程序性死亡（Wang et al.，1998）。第二，Ire1α 或 Ire1β 的过量表达导致 JNK 被激活，而在 $IRE1\alpha^{-/-}$ 细胞中 JNK 不被激活（Urano et al.，2000）。实际上，Ire1α 和 Ire1β 的胞质结构域与胞质接头蛋白 TRAF2（肿瘤坏死因子与受体结合的因子 2）结合，这种结合据认为可调节和激活 JNK 通路附近的组分。有趣的是，这种相互作用需要的不是 Ire1 的核酸酶结构域，而是激酶结构域，这表明 Ire1 的激酶结构域在促凋亡方面起作用，而与核酸酶结构域无关。因此 Ire1 除了诱导 UPR 靶标基因转录外，还介导 SAPK 通路的激活。利用来自 $IRE1\alpha^{-/-}$、$IRE1\beta^{-/-}$ 或 $IRE1\alpha^{-/-}$ $IRE1\beta^{-/-}$ 的小鼠细胞可以直接验证 Ire1 在诱导细胞程序性死亡中的重要性。如果 Ire1 在诱发凋亡过程中起关键作用，突变细胞将有一个凋亡损伤反应，延长内质网胁迫过程。

各种 UPR 组分在不同细胞中的表达情况是不同的，这表明多细胞生物中 UPR 的复杂性。因此，细胞对内质网胁迫作出的反应可能由于研究所用的不同组织和（或）细胞而不同，各种细胞的保护性效应物与死亡效应物之间的平衡可能是不同的。各种细胞中 UPR 信号分支的整合似乎依赖于细胞的特殊需要，这在决定该细胞能否渡过内质网胁迫中起关键作用。

在内质网受胁迫条件下，caspase-12 被蛋白酶水解激活。对 caspase-12 激活的调节过程尚不清楚。caspase-12 被蛋白酶水解激活不依赖于 PERK（Harding et al.，2000b）。今后的工作将着眼于这种蛋白酶水解切割是否需要激活 Ire1，或蛋白酶水解 ATF6。

8.4.3 小结：哺乳动物中的 UPR 信号通路

- 酵母中的 UPR 是线性的，相对来说了解比较清楚。激活 Ire1p 导致 Hac1p 的表达，并提高靶标基因的转录。正如前文所述，哺乳动物的 UPR 非常复杂，并且了解得很少（图 8.3）。内质网胁迫激活几种平行的信号通路，这几种通路至少受三种内质网跨膜激酶 Ire1α、Ire1β 和 PERK，以及一种内质网膜锚定的转录因子 ATF6 的介导。
- 内质网胁迫导致一般蛋白质合成受到抑制，参与蛋白质折叠和加工内质网驻留蛋白的转录上调，最终导致细胞周期停止。翻译受到抑制是一种中间反应，在细胞从内质网中消除错误折叠的蛋白质过程中限制对分泌途径的进一步破坏。细胞周期蛋白 D1 的减少阻止细胞通过细胞周期，使细胞排出更多的错误折叠多肽。

- 最终，持续的 UPR 启动了一个对细胞有害的级联反应。促凋亡转录因子 CHOP 是 UPR 的一个转录靶标。内质网胁迫还通过 Ire1α 和 Ire1β 激活 JNK 促凋亡信号通路。最终，UPR 诱导蛋白酶水解激活 caspase-12，它是内质网胁迫诱导凋亡中的关键介导物。
- 哺乳动物细胞必须整合来自这些通路的输入信号，并对于内质网胁迫造成的结果——存活或死亡做出选择。合理的做法是，对于内质网胁迫，每一步作出反应的时间不同，这反映了胁迫的严重程度，这个时间可能与细胞周期停滞的时间相关，此后，细胞可能继续细胞周期，也可能发生程序性死亡。如果不能消除错误折叠的蛋白质，信号继续发挥作用，UPR 的凋亡效应物最终将杀死细胞。

8.5 结论

在许多条件下内质网中都会发生未折叠蛋白的积累。最近的研究表明，细胞经常通过两种互补的、共调节的通路来预防这一现象的发生，加强对这些蛋白质的折叠和降解。此外，许多疾病与内质网中积累的突变蛋白造成的毒害有关。因此，细胞抵抗这种胁迫的策略对于理解细胞如何在正常和病理条件下保持动态平衡是很重要的。

UPR 通路的特征已揭示许多出人意料的现象，包括它的生理复杂性和独特的信号转导机制。同时使用遗传学及生物化学方法，利用酵母进行研究取得很快进展。刚刚发现的哺乳动物 UPR 组分揭示了此信号通路中许多新的复杂情况。

尽管存在这些不同，UPR 的许多方面在进化中还是保守的。在酵母和哺乳动物中，内质网胁迫的信号由跨膜的激酶传送，这些激酶的胞质效应结构域发生寡聚化并被激活。另外，Ire1p 的激酶活性和点特异性的核酸内切酶活性在哺乳动物同源物中保守。bZIP（碱性亮氨酸拉链）蛋白是 ATF/CREB 家族中的一个成员，它在酵母和哺乳动物中都对转录进行调节。最后，UPR 转录反应的范围是很广泛的。

除了这些相似性，哺乳动物的 UPR 通路还有显著的不同之处（图 8.3）。第一，转录因子 ATF6 的激活是由受调节的膜内蛋白酶水解控制，而不是由可调节的剪接控制。第二，Ire1 在被激活时需要被蛋白酶水解切割。第三，除了转录激活，哺乳动物 UPR 还从整体上抑制翻译水平，诱导细胞周期停止。第四，哺乳动物 UPR 导致激活细胞程序性死亡通路。

哺乳细胞中存在平行的信号通路，对此领域的研究提出了挑战。下一步工作要确定每一个上游效应物被激活后产生的结果，以及各种信号通路之间潜在的相互作用。有研究认为，如果 Ire1 和 PERK 是内质网腔中能够对未折叠蛋白堆积作出反应的感受物，那么它们一定在某种程度上影响 ATF6 蛋白酶的水解。或者，一种至今还没有鉴定出的蛋白质也感知内质网中蛋白质折叠发生的变化，导致激活 ATF6。研究缺少不同 UPR 信号组分的细胞系对于理解这些效应物的作用很有价值。

尽管 UPR 通路的基本轮廓现在已经清楚，但在酵母和哺乳动物系统中仍有许多问题没有解答。我们还没有完全了解 UPR 最上游发生的事件、内质网对折叠蛋白容量的变化如何激活 Ire1p 和 PERK，以及分子伴侣（如 BiP）在此过程中所起的作用。另外，确定 Ire1p 激酶活性的作用、鉴定哺乳动物 Ire1 核酸内切酶活性的底物，以及这些蛋白质在高等真核生物中的生理作用都是未来的前沿工作。最后，还需要强调，最富挑战性的问题是哺乳动物细胞如何将多种被内质网胁迫激活产生的结果整合起来，并导致适应或死亡。

8.6 致谢

作者感谢 Walter 实验室成员对手稿提出的有帮助的意见。我们同时感谢 David Ron 让我们分享了他未发表的结果。在 Walter 实验室的工作得到美国国立卫生研究院的资助。J. H. B. 得到 Helen Hay Whitney 博士后奖学金支持。P. W. 是霍华德·休斯医学院的研究人员。

8.7 参考文献

Beh, C. T. and Rose, M. D. (1995) Two redundant systems maintain levels of resident proteins within the yeast endoplasmic reticulum. *Proc Natl Acad Sci USA* **92**: 9820-9823.

Bertolotti. A., Zhang. Y., Hendershot. L. M., Harding, H. P. and Ron, D. (2000) Dynamic interaction of BiP and ER stress transducers in the unfolded-protein response. *Nat Cell Biol* **2**: 326-332.

Bork, P. and Sander. C. (1993) A hybrid protein kinase-RNase in an interferon-induced pathway? *FEBS Lett* **334**: 149-152.

Brewer, J. W. and Diehl, J. A. (2000) PERK mediates cell-cycle exit during the mammalian unfolded protein response. *Proc Nail Acad Sci USA* **97**: 12625-12630.

Brewer, J. W., Hendershot, L. M., Sherr, C. J. and Diehl. J. A. (1999) Mammalian unfolded protein response inhibits cyclin D1 translation and cell-cycle progression. *Proc Natl Acad Sci USA* **96**: 8505-8510.

Brodsky, J. L. and McCracken. A. A. (1999) ER protein quality control and proteasome-mediated protein degradation. *Serm Cell Dev Biol* **10**: 507-513.

Brostrom, C. O. and Brostrom, M. A. (1998) Regulation of translational initiation during cellular responses to stress. *Prog Nucleic Acid Res Mol Biotl* **58**: 79-125.

Carman, G. M. and Henry, S. A. (1989) Phospholipid biosynthesis in yeast *Annu Rev Biochem* **58**: 635-669.

Casagrande, R., Stern, P., Diehn, M. et al. (2000) Degradation of proteins from the ER of *S. cerevisiae* requires an intact unfolded protein response pathway. *Mol Cell* **5**: 729-735.

Caspersen, C., Pedersen, P. S. and Treiman, M. (2000) The sarco/endoplasmic reticulum calcium-ATPase 2b is an endoplasmic reticulum stress-inducible protein. *J Biol Chem* **275**: 22363-22372.

Chapman, R. E. and Walter, P. (1997) Translational attenuation mediated by an mRNA intron. *Curr Biol* **7**: 850-859.

Chen, X., Easton, D., Oh, H. et al. (1996) The 170kDa glucose regulated stress protein is a large HSP70-HSP110-like protein of the endoplasmic reticulum. *FEBS Lett* **380**: 68-72.

Clark, M. W. and Abelson, J. (1987) The subnuclear localization of tRNA ligase in yeast. *J Cell Biol* **105**: 1515-1526.

Clemens, M. (1996) Protein kinases that phosphorylate eIF2 and eIF2B, their role in eukaryotic cell translational control. In: Hershey, J., Mathews. M. and Sonenberg, N. (eds) *Translational Control*, pp. 199-244. Cold Spring

Harbor, NY: Cold Spring Harbor Laboratory Press.

Cox, J. S. and Walter, P. (1996) A novel mechanism for regulating activity of a transcription factor that controls the unfolded protein response. *Cell* **87**: 391-404.

Cox, J. S., Shamu, C. E. and Walter, P. (1993) Transcriptional induction of genes encoding endoplasmic reti-culum resident proteins requires a transmembrane protein kinase. *Cell* **73**: 1197-1206.

Cox, J. S., Chapman, R. E. and Walter, P. (1997) The unfolded protein response coordinates the production of ER protein and ER membrane. *Mol Biol Cell* **8**: 1805-1814.

Doerrler, W. T. and Lehrman, M. A. (1999) Regulation of the dolichol pathway in human fibroblasts by the endoplasmic reticulum unfolded protein response. *Proc Natl Acad Sci USA* **96**: 13050-13055.

Dong, B. and Silverman, R. H. (1995) 2-5A-dependent RNase molecules dimerize during activation by 2-5A *. *J Biol Chem* **270**: 4133-4137.

Dong, B. and Silverman, R. H. (1997) A bipartite model of 2-5A-dependent RNase *L*. *J Biol Chem* **272**: 22236-22242.

Dorner, A. J., Wasley, L. C. and Kaufman, R. J. (1992) Overexpression of GRP78 mitigates stress induction of glucose regulated proteins and blocks secretion of selective proteins in Chinese hamster ovary cells. *EMBO J* **11**: 1563-1571.

Friedlander, R., Jarosch, E., Urban, J., Volkwein, C. and Sommer, T. (2000) A regulatory link between ER-associated protein degradation and the unfolded-protein response. *Nat Cell Biol* **2**: 379-384.

Gething, M. -J. and Sambrook, J. (1992) Protein folding in the cell. *Nature* **355**: 33-45.

Gonzalez, TN., Sidrauski, C., Dorfler, S. and Walter, P. (1999) Mechanism of non- spliceosomal mRNA splicing in the unfolded protein response pathway. *EMBO J* **18**: 3119-3132.

Hampton, R. Y. (2000) ER stress response: getting the UPR hand on misfolded proteins. *Curr Biol* **10**: R518-521.

Harding, H. P., Zhang, Y. and Ron, D. (1999) Protein translation and folding are coupled by an endoplasmic-reticulum-resident kinase. *Nature* **397**: 271-274.

Harding, H. P., Novoa, I. I., Zhang, Y. et al. (2000a) Regulated translation initiation controls stress-induced gene expression in mammalian cells. *Mol Cell* **6**: 1099-1108.

Harding, H. P., Zhang, Y., Bertolotti, A., Zeng, H. and Ron, D. (2000b) Perk is essential for translational regulation and cell survival during the unfolded protein response. *Mol Cell* **5**: 897-904.

Haze, K., Yoshida, H., Yanagi, H., Yura, T and Mori, K. (1999) Mammalian transcription factor ATF6 is synthesized as a transmembrane protein and activated by proteolysis in response to endoplasmic reticulum stress. *Mol Biol Cell* **10**: 3787-3799.

Helenius, A. (1994) How N-linked oligosaccharides affect glycoprotein folding in the endoplasmic reticulum. *Mol Biol Cell* **5**: 253-265.

Hinnebusch, A. G. (1996) Translational control of GCN4: Gene-specific regulation by phosphorylation of eIF2. In: Hershey, J., Mathews, M. and Sonenberg. N. (eds) *Translational Control*, pp. 199-244. Cold Spring Harbor, NY: Cold Spring Harbor Laboratory Press.

Hinnebusch, A. G. (1997) Translational regulation of yeast GCN4. A window on factors that control initiator-tRNA binding to the ribosome. *J Biol Chem* **272**: 21661-21664.

Hong, E., Davidson, A. R. and Kaiser, C. (1996) A pathway for targeting soluble misfolded proteins to the yeast vacuole. *J Cell Biol* **135**: 623-633.

Kawahara, T., Yanagi, H., Yura, T. and Mori, K. (1997) Endoplasmic reticulum stress- induced mRNA splicing permits synthesis of transcription factor Haclp/Ern4p that activates the unfolded protein response. *Mol Biol Cell* **8**: 1845-1862.

Kohno, K., Normington, K., Sambrook, J., Gething, M. J. and Mori, K. (1993) The promoter region of the yeast KAR2 (BiP) gene contains a regulatory domain that responds to the presence of unfolded proteins in the endoplasmic reticulum. *Mol Cell Biol* **13**: 877-890.

Lee, A. S. (1987) Coordinated regulation of a set of genes by glucose and calcium ionophores in mammalian cells. *Trends Biochem Sci* **12**: 20-23.

Liu, C. Y., Schröder, M. and Kaufman, R. J. (2000) Ligand-independent dimerization activates the stress response kinases IRE1 and PERK in the lumen of the endoplasmic reticulum. *J Biol Chem* **275**: 24881-24885.

Mazarella, R. A, Srinivasan, M., Haugejordan, S. M. and Green, M. (1990) Erp72, an abundant lumenal endoplasmic reticulum protein, contains three copies of the active site sequences of protein disulfide isomerase. *J Biol Chem* **265**: 1094-1101.

Mori, K., Sant, A., Kohno, K. et al. (1992) A 22 bp cis-acting element is necessary and sufficient for the induction of the yeast KAR2 (BiP) gene by unfolded proteins. *EMBO J* **11**: 2583-2593.

Mori, K., Ma, W., Gething, M. -J. and Sambrook, J. (1993) A transmembrane protein with a cdc2+/CDC28-related kinase activity is required for signaling from the ER to the nucleus. *Cell* **74**: 743-756.

Mori, K., Kawahara, T., Yoshida, H., Yanagi, H. and Yura, T. (1996) Signalling from endoplasmic reticulum to nucleus: transcription factor with a basic-leucine zipper motif is required for the unfolded protein-response pathway. *Genes to Cells* **1**: 803-817.

Mori, K., Ogawa, N., Kawahara, T., Yanagi, H. and Yura, T. (2000) mRNA splicing-mediated C-terminal replacement of transcription factor Hac1p is required for efficient activation of the unfolded protein response. *Proc NatlAcad Sci USA* **97**: 4660-4665.

Nakagawa, T., Zhu. H., Morishima, N. et al. (2000) Caspase-12 mediates endoplasmic reticulum-specific apoptosis and cytotoxicity by amyloid-beta. *Nature* **403**: 98-103.

Ng, D. T. W., Watowich, S. S. and Lamb, R. A. (1992) Analysis *in vivo* of GRP78- BiP/substrate interactions and their role in induction of the GRP78-BiP gene. *Mol Biol Cell* **3**: 143-155.

Ng, D. T., Spear. E. D. and Walter, P. (2000) The unfolded protein response regulates multiple aspects of secretory and membrane protein biogenesis and endoplasmic reticulum quality control. *J Cell Biol* **150**: 77-88.

Nikawa, J., Akivoshi, M., Hirata, S. and Fukuda, T. (1996) *Saccharomyces cerevisiae IRE2/ HAC1* is involved in *IRE1*-mediated KAR2 expression. *NuclAcids Res* **24**: 4222-4226.

Niwa, M. and Walter, P. (2000) Pausing to decide. *Proc Natl Acad Sci USA* **97**: 12396-12397.

Niwa, M., Sidrauski, C., Kaufman, R. J. and Walter, P. (1999) A role for presenilin-1 in nuclear accumulation of Ire1 fragments and induction of the mammalian unfolded protein response. *Cell* **99**: 691-702.

Nunnari, J. and Walter, P. (1996) Regulation of organelle biogenesis. *Cell* **84**: 389-394.

Plemper, R. K. and Wolf, D. H. (1999) Retrograde protein translocation: ERADication of secretory proteins in health and disease. *Trends Biochem Sci* **24**: 266-270.

Pollard, M. G., Travers, K. J. and Weissman, TS. (1998) Ero1p: a novel and ubiquitous protein with an essential role in oxidative protein folding in the endoplasmic reticulum. *Mol Cell* **1**: 171-182.

Roy, B. and Lee, A. S. (1999) The mammalian endoplasmic reticulum stress response element consists of an evolutionarily conserved tripartite structure and interacts with a novel stress-inducible complex. *NuclAcids Res* **27**: 1437-1443.

Rüegsegger, U., Leber, J. H. and Walter, P. (2001) Block of *HAC1* mRNA translation by long-range base pairing is released by cytoplasmic splicing upon induction of the Unfolded Protein Response. *Cell* **107**: 103-114.

Sato, N., Urano, F., Leem, J. Y. et al. (2000) Upregulation of BiP and CHOP by the unfolded-protein response is independent of presenilin expression. *Nat Cell Biol* **2**: 863-870.

Selkoe, D. J. (1998) The cell biology of beta-amyloid precursor protein and presenilin in Alzheimer's disease. *Trends Cell Biol* **8**: 447-453.

Shamu, C. E. and Walter, P. (1996) Oligomerization and phosphorylation of the Ire1p kinase during intracellular signaling from the endoplasmic reticulum to the nucleus. *EMBO J* **15**: 3028-3039.

Shi, Y., Vattem, K. M., Sood, R. et al. (1998) Identification and characterization of pancreatic eukaryotic initiation factor 2 alpha-subunit kinase, PEK. involved in translational control. *Mol Cell Biol* **18**: 7499-7509.

Sidrauski, C. and Walter, P. (1997) The transmembrane kinase Ire1p is a site-specific endonuclease that initiates mRNA splicing in the unfolded protein response. *Cell* **90**: 1-20.

Sidrauski, C., Cox, J. S. and Walter, P. (1996) tRNA ligase is required for regulated mRNA splicing in the unfolded protein response. *Cell* **87**: 405-413.

Tirasophon, W., Welihinda, A. A. and Kaufman, R. J. (1998) A stress response pathway from the endoplasmic reticulum to the nucleus requires a novel bifunctional protein kinase/endoribonuclease (Ire1p) in mammalian cells. *Genes Dev* **12**: 1812-1824.

Tirasophon, W., Lee, K., Callaghan, B., Welihinda, A. and Kaufman. R. J. (2000) The endoribonuclease activity of mammalian IRE1 autoregulates its mRNA and is required for the unfolded protein response. *Genes Dev* **14**: 2725-2736.

Travers, K. J., Patil, C. K., Wodicka, L. et al. (2000) Functional and genomic analyses reveal an essential coordination between the unfolded protein response and ER- associated degradation. *Cell* **101**: 249-258.

Urano, F., Wang, X., Bertolotti, A. et al. (2000) Coupling of stress in the ER to activation of JNK protein kinases by transmembrane protein kinase IRE1. *Science* **287**: 664-666.

Wang, X. Z., Harding, H. P., Zhang, Y. et al. (1998) Cloning of mammalian Ire1 reveals diversity in the ER stress responses. *EMBO J* **17**: 5708-5717.

Wang, Y., Shen, J., Arenzana, N. et al. (2000) Activation of ATF6 and an ATF6 DNA binding site by the endoplasmic reticulum stress response. *J Biol Chem* **275**: 27013-27020.

Welihinda, A. A. and Kaufman, R. J. (1996) The unfolded protein response pathway in *Saccharomyces cerevisiae*. Oligomerization and *trans*-autophosphorylation of Ire1p (Ern1p) are required for kinase activation. *J Biol Chem* **271**: 18181-18187.

Ye, J., Rawson, R. B., Komuro, R. et al. (2000) ER stress induces cleavage of membrane-bound ATF6 by the same proteases that process SREBPs. *Mol Cell* **6**: 1355-1364.

Yoshida, H., Haze, K., Yanagi, H., Yura, T. and Mori, K. (1998) Identification of the *cis*-acting endoplasmic reticulum stress response element responsible for transcriptional induction of mammalian glucose-regulated proteins. Involvement of basic leucine zipper transcription factors. *J Biol Chem* **273**: 33741-33749.

Yoshida, H., Okada, T., Haze, K. et al. (2000) ATF6 activated by proteolysis binds in the presence of NF-Y (CBF) directly to the *cis*-acting element responsible for the mammalian unfolded protein response. *Mol Cell Biol* **20**: 6755-6767.

Zhou, A., Hassel, B. A. and Silverman, R. H. (1993) Expression cloning of 2-5A-dependent RNase: a uniquely regulated mediator of interferon action. *Cell* **72**: 753-765.

9 蛋白质输出途径的质量控制：内质网与胞质中蛋白酶体间的联系

ZLATKA KOSTOVA 和 DIETER H. WOLF

9.1 引言

想不到内质网在科学上令人如此兴奋！分泌蛋白和膜蛋白从内质网进入真核细胞的中央囊泡系统。中央囊泡系统由内质网、高尔基体、内体、溶酶体、中间运输空间和质膜组成（Rapoport et al.，1996）。新生蛋白质在内质网被折叠形成其天然结构。正确的折叠使蛋白质可以在最终位点行使功能：只有被正确折叠和装配的蛋白质才能被运送到发挥作用的位置。这要求内质网中有一套质量控制系统，区分正确折叠和错误折叠的蛋白质。1999 年，诺贝尔生理学或医学奖授予 Günter Blobel。他提出“信号假说”并用实验证实蛋白质如何在肽链中携带定位标记到达细胞中的不同位置。众多关于蛋白质进入内质网的研究均认为多肽穿过 Sec61 通道转运进入内质网后不能再返回胞质中（Blobel，1995）。进而发现了内质网中控制蛋白质的一个关键步骤，即被去除的错误折叠蛋白，也是穿过 Sec61 通道返回到细胞质中，然后在细胞质中被降解。

仅仅在几年前，这个降解系统的发现及其精细的结构、复杂的降解机制令科学界惊讶（Wolf，2000）。现在知道它的功能对于从酵母到人类的所有真核细胞都至关重要，从细胞代谢到细胞周期调控，再到细胞分化，都起核心作用。这个强大的蛋白酶解系统包含两部分结构。它组成泛素系统，标记需要降解的蛋白质，26S 的蛋白酶体可识别出带有这种标记的蛋白质并将其酶解（Hershko and Ciechanover，1998；Hilt and Wolf，1996，2000）。这个系统主要存在于胞质中，在核中也有发现（Knecht and Rivett，2000）。

酶解被标记蛋白的分子是泛素。这个含有 76 个氨基酸的肽通过与蛋白质 N 端或蛋白质 C 端甘氨酸与赖氨酸间形成的异肽键连接。“泛素化”过程开始于泛素激活酶（El），通过消耗 ATP，E1 与泛素 C 端的甘氨酸形成一个硫脂键。之后，泛素被转运到泛素接合酶（Ubc，E2）的半胱氨酸活性位点。在多数情况下，一种泛素连接酶（E3）介导泛素连结到底物蛋白中赖氨酸的 ε-氨基上。这种连结可以通过直接将泛素从泛素接合酶（E2）转移到底物蛋白上，也可通过形成 E3-泛素中间物来证实（Hershko and Ciechanover，1998）。最后一步是多泛素化：多个泛素被串联加到特异的已与泛素结合的赖氨酸残基上，通常是 Lys48。

26S 蛋白酶体执行蛋白质的酶解功能。它由一个 20S 圆柱形核心和两个附着在核心顶端的 19S 调节颗粒组成，20S 圆柱形核心内部有 6 个水解活性位点（Heinemeyer，2000）。“19S 帽子”感知结合在蛋白质上的多泛素链，帽子中的 6 个 ATP

酶亚基对结合的蛋白质进行解折叠，打开 20S 圆柱形核心通道，当多泛素链被释放出来后，推动它通过 20S 蛋白酶体，在蛋白酶体中被切割成肽段（Glickman et al.，2000）。

分泌蛋白或驻留在分泌途径中的蛋白质通过 Sec61 转运体进入内质网，Sec61 转运体由 3 种整合膜蛋白（在哺乳动物中为 Sec61α、Sec61β 和 Sec61γ；在酵母中为 Sec61p、Sbh1p 和 Sss1p）（Corsi and Schekman，1996）组成。新生多肽以解折叠状态通过内质网膜。进入内质网后，在内质网腔中多数蛋白质进行 *N*-连接的糖基化修饰，并形成二硫键。这些反应需要许多驻留在内质网中的酶和分子伴侣的协同作用。然后，经过适当修饰和折叠的蛋白质被包装进小泡并被运输到高尔基体，再到达它们的最终位置。进入内质网的多数未折叠蛋白需要与适量的分子伴侣结合，防止发生聚集并使未折叠蛋白处于可被折叠的状态（Pryer et al.，1992）。内质网中最丰富的蛋白质之一是 BiP（在酵母中是 Kar2p），它是分子伴侣 Hsp70 家族的一个成员，可与分泌蛋白短暂地接合，可与错误折叠或未被装配的蛋白质发生永久性的接合（Rapoport et al.，1996）。除了经典的分子伴侣，目前已知内质网中参与折叠和修饰的主要组分还有二硫键异构酶、肽基脯氨酸异构酶，血凝素样蛋白，如钙联结蛋白和钙网蛋白、糖蛋白葡萄糖基转移酶和碳水化合物水解酶（Zapun et al.，1999）（表 9.1）。

表 9.1　参与内质网质量控制和蛋白质降解的主要分子伴侣和酶

蛋白质家族	蛋白质	描　述
经典的分子伴侣	内质网腔中的	
	BiP（GRP78）/Kar2p	Hsp70 超家族，DnaK 同源物
	GRP94	Hsp90 家族
	Sec63p	DnaJ 同源物：与 BiP 相互作用
	胞质中的	
	Hsp70 和 Hsp90	
	Ssa1p	Hsp70 超家族
	Hsc70	
	Hdj2	DnaJ 同源物
	CHIP	胞质 U-box 蛋白；HspT0 和 Hsp90 的共同分子伴侣
二硫键修饰蛋白	PDI（ERp59）/Pdi1p	蛋白质二硫键异构酶
	Eug1p	蛋白质二硫键异构酶
	ERp57	硫氧还蛋白
	ERp72；PDIR	PDI-样蛋白
	Ero1p	PDI 氧化酶；二硫键重新形成
肽基脯氨酰顺反异构酶	FK506-结合蛋白	
	亲环素	
	CNX/Cne1p/Cnx1	钙联结蛋白（calnexin）
血凝素样分子伴侣	CRT	钙网蛋白（calreticulin）
	Mnl1p/Htm1p	类甘露糖苷酶蛋白
N-糖苷修饰蛋白	MNS1	α1，2-甘露糖苷酶
	GLS1	葡萄糖苷酶Ⅰ
	GLS2	葡萄糖苷酶Ⅱ
	UGGT（GT）	UDP-Glc：糖蛋白葡萄糖基转移酶

注：详见文中和文献（Zapun et al.，1999）。

内质网中需要一种适当的蛋白质折叠装置，其中存在复杂的调节系统，未折叠蛋白反应（UPR）可控制未折叠蛋白的浓度（Chapman et al.，1998）。位于内质网/细胞核的跨膜激酶 Ire1p 通过其腔内结构域感知未折叠蛋白的浓度。Ire1p 腔内结构域、未折叠游离蛋白质与内质网中主要的分子伴侣 Kar2p（BiP）间的结合竞争介导 Ire1p 对未折叠蛋白浓度的感知。当游离的 Kar2p（BiP）因与不断增多的未折叠蛋白结合而耗尽时，Ire1p 通过二聚化被激活，诱导 HAC1 mRNA 非常规剪接的蛋白质胞质结构域发生构象变化，合成转录因子 Hac1p，进一步上调含有 UPR 反应元件的基因表达（Chapman et al.，1998）。

9.2 内质网质量控制机制

“没有完美的人”，人类的这一特性可以追溯到单个细胞和分子。分泌蛋白经常发生错误折叠、亚基合成不完整或突变，从而不能形成正确的三维构象（Bonifacino and Klausner，1994）。对于细胞的正常功能而言，内质网不能把错误折叠的无活性蛋白质运送到与其对应的有活性蛋白质的正确位点。因此，细胞的功能无疑将受到损害。

因此内质网必须有一个系统能够识别蛋白质是否被正确修饰和折叠。识别之后，错误修饰和折叠的蛋白质必须被扣留在内质网中，并随后被降解。各种识别和定向过程已作为一个整体被看作是内质网的“质量控制”功能（Hammond and Helenius，1995）。已对许多突变的、折叠错误的或未装配的哺乳动物蛋白质进行了研究（Bonifacino and Klausner，1994；Hammond and Helenius，1995）。这些研究结果表明，内质网在进行质量控制时利用的是结构准则而不是功能。例如，对 α1-antitrypsin 进行突变，保留其功能的完整性，结果导致它在内质网中滞留并被降解（Perlmutter，1996）。另一个深入研究的例子是囊性纤维化跨膜传导调节蛋白 CFTR 的突变体 CFTRΔF508，尽管突变体还具有活性，但它被滞留在内质网中并很快被降解。当多肽被转运进入内质网后，就要对天然情况下定向并驻留在内质网腔中的蛋白质和必须离开内质网的蛋白质进行分选。“质量控制”的机制就是要区分蛋白质的构象变异体。

内质网中蛋白质量控制主要包括以下几方面：①发现错误折叠或未装配的蛋白质；②扣留发现错误折叠或未装配的蛋白质；③将错误折叠或未装配的蛋白质送往蛋白酶解系统；④蛋白质降解。

在过去的几年中，对以下两方面问题了解较少：①错误折叠蛋白的发现；②它们在内质网中的滞留。而有关错误折叠蛋白向蛋白酶解系统的传递和降解的方式却已有深入了解。蛋白质一旦从胞质被转运到内质网，就与内质网分子伴侣和折叠因子如 BiP（在酵母中为 Kar2p）、钙联结蛋白、蛋白质二硫键异构酶等结合。这些蛋白质不仅作为折叠因子，而且作为滞留蛋白的锚，直到这些蛋白质进入成熟状态。内质网中除了含有这些蛋白质折叠和滞留所需的组分外，最近还发现了许多底物专一性的因子（Ellgaard et al.，1999）。错误折叠蛋白的发现和滞留机制在某种程度上取决于不同折叠因子与它们各自底物之间的相互作用。

信号的屏蔽和屏蔽解除机制在某些哺乳动物膜蛋白中已被发现。例如，T 细胞受体跨膜结构域中的带电残基是最早被发现的导致未装配亚基降解的信号（Bonifacino et al.，1990）。细胞表面 IgM 蛋白的重链跨膜区中有两个亲水残基，在不存在 κ 轻链的情况下它们诱导蛋白质在内质网中的滞留（Stevens et al.，1994）。在人高亲和力 IgE 受体中，α 链的胞质结构域含有一个双赖氨酸滞留信号，它使未组装的亚基停留在内质网中；当 γ 链结合后，这个信号就失去功能，允许完全组装的受体从内质网中输出。结果，通过这种识别机制，内质网滞留系统可以对质量进行控制，区分组装好的和未组装的受体（Letourneur et al.，1995）。果蝇异源寡聚体 ATP 敏感 K^+ 通道的质量控制采取类似的屏蔽-屏蔽解除机制：这个通道中的每一个亚基含有一段胞质 Arg-Lys-Arg（RKR）序列，这段序列负责蛋白质的滞留和屏蔽解除后转运的恢复（Zerangue et al.，1999）。有趣的是，CFTR 的胞质结构域中也有一个类似的基序（RXR），可以阻止错误折叠的 CFTRΔF508 运往质膜（Ellgaard et al.，1999；Gilbert et al.，1998）。最近发现，新鉴定出的胞质 U-box 蛋白 CHIP 与 Hsc70 共同作用，感知 CFTR 的折叠状态，并对异常蛋白质定向，使之降解（Meacham et al.，2001）。发现错误折叠的跨膜蛋白比较复杂，因为识别过程不是发生在内质网膜腔内一侧就是胞质一侧，这取决于错误折叠所在的拓扑位置。

关于糖蛋白在内质网腔内由分子伴侣介导的滞留机制已研究得非常清楚。在哺乳动物细胞中，两种凝集素的同源物，钙联结蛋白和钙网蛋白（caketiculin）几乎与所有输入到内质网中的可溶性糖蛋白和膜糖蛋白结合。它们特异性地与 *N*-连接的聚糖被单糖基化的糖蛋白结合（Ellgaard et al.，1999；Hammond et al.，1994；Helenius et al.，1997）。开始时，*N*-聚糖以 14 个单位、分枝寡糖的结构形式共翻译地连接到多肽链上。在折叠过程中，*N*-连接寡糖最外面三个葡萄糖残基中的两个被葡萄糖苷酶Ⅰ和Ⅱ迅速地切除。最里面的葡萄糖暴露出来，导致单糖基化的糖蛋白与钙联结蛋白或钙网蛋白结合。之后这个复合体与巯基氧化还原酶 Erp57p 结合，形成暂时的混合二硫键。其余的葡萄糖残基最终被葡萄糖苷酶Ⅱ切除，复合体分解，释放出一个带有 $Man_9GlcNAc_2$ 糖结构的蛋白质。如果这个蛋白质仍未正确折叠，将被 UDP-葡萄糖糖蛋白、糖基转移酶（GT）识别，并再次被糖基化。这导致新一轮的钙联结蛋白/钙网蛋白结合，阻止糖蛋白离开内质网。

如果蛋白质不能形成它的最终构象，这种循环还将继续，甘露糖苷酶Ⅰ切除中间分枝中的 α1，2-连接的甘露糖，形成 $Man_8GlcNAc_2$，被 GT 再次糖基化。最后形成 $Glc_1Man_8GlcNAc_2$ 结构，再次与钙联结蛋白/钙网蛋白结合。可是，由于 $Glc_1Man_8GlcNAc_2$ 不是葡萄糖苷酶Ⅱ的最佳底物，这种糖蛋白不再迅速从凝集素释放出来，并被降解（Ellgaard et al.，1999；Liu et al.，1999）。最近报道，*cog* 甲状腺球蛋白突变体和未组装的免疫球蛋白 μ 链和 J 链的降解也依赖于甘露糖苷酶Ⅰ对中枢支末端甘露糖的去除。可是在这些例子中，钙联结蛋白和钙网蛋白在选择降解时间中似乎并不起主要作用（Fagioli and Sitia，2001；Tokunaga et al.，2000）。这些不同的发现说明，存在着不只一条途径对错误折叠的糖蛋白进行降解。

近年来对模式真核生物酵母的研究使得这一领域有了长足发展。对 4 种突变蛋白质，肽外激素 α-因子、溶酶体羧肽酶 yscY（CPY*）、Sec61p 和 ABC transporter（PdrS*）的研究加快了目前对这些错误折叠蛋白如何从内质网中去除的理解（Brodsky and McCracken，1999；Plemper and Wolf，1999；Sommer and Wolf，1997）。羧肽酶

yscY（CPY^*）突变体（Gly255Arg）可以被完全输入内质网，并被 *N*-糖基化（Plemper et al.，1999b）；但在进一步输出到液泡时受阻。清除内质网中滞留的突变体蛋白质需要葡萄糖苷酶Ⅰ、Ⅱ和 α1，2-甘露糖苷酶（Jakob et al.，1998；Knop et al.，1996b）。从中枢支切割一个甘露糖的 $Man_8GlcNac_2$ 结构是 CPY^* 降解蛋白质时需要的特异信号之一（Jakob et al.，1998）。这个特殊甘露糖的去除很可能产生一个可被类凝集素受体识别的信号，并被降解。对于高等真核细胞，甘露糖的去除是一个相当慢的过程，糖蛋白的折叠必须在这段时间内完成。如果不能完成正确的折叠，蛋白质就被降解（Jakob et al.，1998）。可是，钙联结蛋白不参与 CPY^* 的降解定向（Knop et al.，1996b）。而且酵母没有 UDP-葡萄糖：糖蛋白葡萄糖基转移酶（Helenius and Aebi，2001）。最近，在酵母中发现一种新的类 α-甘露糖苷酶（Mnl1p/Htm1p），它不具有 α-甘露糖苷酶活性，但对于 CPY^* 的降解是必需的。这种蛋白质可能是一种凝集素，识别寡糖 $Man_8GlcNac_2$，并定向 CPY^* 进行降解（Nakatsukasa et al，2001；Jakob et al.，2001）。在小鼠中也发现了一种凝集素的同源物（EDEM）（Hosokawa et al.，2001）。不过被糖基化的蛋白质不是唯一被定向到内质网进行降解的蛋白质。通过对两种未被糖基化的酵母蛋白，pro-α-factor 突变体（McCracken and Brodsky，1996）和 Sec61 转运体的突变体——Sec61-2p 蛋白（Biederer et al.，1996）的研究发现，二者在内质网中都被迅速降解。令人感兴趣的是，尽管没有任何 *N*-连接的寡糖，清除内质网中的 pro-α-factor 突变体却需要钙联结蛋白（McCracken and Brodsky，1996）。

这些结果表明，内质网关联的降解（ERAD）定向机制具有很大的弹性。清除 CPY^* 也需要 Hsp70 家族的分子伴侣 Kar2p（BiP）（Plemper et al.，1997）。突变的 pro-α-factor（Brodsky et al.，1999）和蛋白质二硫键异构酶（PDI）（Gillece et al，1999）进行内质网关联的降解时也需要 Kar2p（BiP）。与它在去除可溶性内质网腔蛋白的功能相比，Kar2p（BiP）在降解错误折叠膜蛋白方面似乎不是必需的。$Pdr5^*$ 是质膜 ABC transporter Pdr5 的一种突变体，被保留在内质网膜上，即使在非功能性 Kar2p（BiP）存在的情况下，$Pdr5^*$ 也可被去除。此外，已证实内质网中 Ca^{2+} 的浓度对于去除可溶性 CPY^* 至关重要，但对于去除整合膜蛋白 $PdrS^*$ 不重要；实际上，去除内质网/高尔基体 Ca^{2+} 泵 Pmr1p 会严重影响 CPY^* 而不是 $Pdr5^*$ 的降解（Durr et al.，1998；R. K. Plemper and D. H. Wolf，未发表）。

小结：内质网质量控制机制

- 内质网中蛋白质的质量控制以结构为标准。
- 通过屏蔽和解除屏蔽蛋白质中的信号来识别错误折叠蛋白。
- 内质网中的酶、分子伴侣和凝集素负责对内质网中错误折叠蛋白的识别和滞留。
- 酶催化的糖修饰过程可能作为糖蛋白降解的延时调节器。

9.3 ERAD 机制

内质网清除错误折叠或未组装蛋白质的机制仍是一个未解之谜。研究认为，定位在内质网中的蛋白酶和肽酶负责清除这些蛋白质（Bonifacino and Klausner，1994）。可是，由于蛋白质进入内质网时处于一种未折叠状态，而折叠过程需要一段时间，因此，内质网中不存在一种非特异性、主动对蛋白质进行酶解的系统。

第一个关于这个系统的研究来自于酵母中位于内质网膜的泛素结合酶（Ubc6p）。Ubc6p定位在内质网膜中，含有一个胞质活性中心，发生突变后，在严格的温度条件下突变体可恢复 *sec61-2* 突变细胞对蛋白质的转运能力。这个发现说明，温度敏感的 *sec61-2* 突变体的蛋白质转运缺陷与泛素介导的蛋白酶解有关（Sommer and Jentsch, 1993）。这个假说经证明是正确的：在严格的温度条件下，Sec61-2 突变蛋白以一种泛素依赖的方式被降解。泛素结合酶 Ubc6p 和 Ubc7p 负责合成蛋白酶解所需的多泛素链（Biederer et al., 1996）。通过对人细胞 ATP 结合盒（ABC）转运蛋白质突变体和 ΔF508 囊性纤维化跨膜传导调节蛋白（CFTR）的研究，确定了位于胞质中的蛋白酶体参与错误折叠的内质网膜蛋白的降解。尽管还有部分活性，ΔF508 CFTR 蛋白还是不被运往质膜；而是滞留在内质网膜中并很快通过泛素-蛋白酶体途径被降解（Jensen et al., 1995 ; Ward et al., 1995）。

这些发现说明，膜蛋白的清除是在内质网质量控制之下，通过胞质泛素-蛋白酶体系统进行的。这似乎是一个很有道理的自然解释，因为膜蛋白的大部分结构域暴露在胞质中，可容易地与胞质中的蛋白酶解系统结合。但仍存在许多问题。胞质结构域可被蛋白酶体切除，但如何去除跨膜结构域和内质网腔内结构域呢？同样，如何去除错误折叠或未组装的可溶性内质网腔内蛋白？CPY* 和 pro-α-factor 的研究为此提供了答案：去除这两种蛋白质依赖于蛋白酶体（Hiller et al., 1996; Werner et al., 1996）。pro-α-factor 突变体的降解不需要泛素化（Werner et al., 1996），而去除 CPY* 需要与内质网膜结合的泛素结合酶（E2）Ubc6p，蛋白质的降解还需要 Ubc7p（Hiller et al., 1996）。CPY* 被有效降解的前提是，通过锚定在内质网膜上的 Cue1 蛋白调集并激活可溶的胞质蛋白 Ubc7p（Biederer et al., 1997）。

最近，另一种 E2——Ubc1p——也部分地参与 CPY* 与泛素结合（Friedliinder et al., 2000）。

含有 RING-H2 finger 模体的内质网膜蛋白 Der3p/Hrd1p 在降解时缺少泛素-蛋白连接酶（E3）（Bays et al., 2001; Bordallo et al., 1998; Bordallo and Wolf, 1999; Deak and Wolf, 2001; Hampton et al., 1996）。同胞质中所有蛋白酶解系统一样，这个蛋白酶解系统如何与被降解的蛋白质组织在一起是一个关键问题。蛋白质进入内质网被认为是一个单向过程（Blobel, 1995），而奇怪的是这个过程可能是一个相反的过程。由于发现在内质网胞质一侧的信号序列被切除且经过内质网糖基化的 CPY* 处于一种泛素化状态，并且被蛋白酶体降解，因此清楚地表明一定发生了 CPY* 向胞质的反向运输（Hiller et al., 1996）。此外还发现，突变的、信号序列被切除的 pro-α-factor 的清除和突变的人 α1-蛋白酶抑制剂在酵母中的表达都依赖于胞质中的蛋白酶体，这强烈地支持蛋白质由内质网到胞质的反向运输机制（Werner et al., 1996）。随之而来的问题是，这些错误折叠的蛋白质是如何通过反向运输通过内质网膜进入胞质。Sec61 转运体显然是错误折叠蛋白通过内质网膜的候选对象。利用酵母的 *sec61* 突变体进行的遗传学研究给出答案：在 CPY* 向内质网腔中输入完全正常的情况下，CPY* 在 *sec61-2* 突变体中的降解显著降低（Plemper et al., 1997）。利用另外两个 *SEC61* 的等位基因（*sec61-32*

和 *sec61-41*）进行体外研究，发现 pro-α-factor 突变体的降解存在一个明显的延迟（Pilan et al.，1997）。这些研究直接暗示转运体参与反向转运过程。

最近在 pro-α-factor 突变体（Zhou and Schekman，1999）和 CPY* （Wilkinson et al.，2000）反向转运过程中，已分离到具有特异 *SEC61* 缺陷的突变体，这支持了前面有关 Sec61p 与反向运输有关的发现。如果一个错误折叠的蛋白质不能从内质网移走（Knop et al.，1996a），可以推测 sec61 突变体也可以诱导未折叠蛋白反应（Wilkinson et al.，2000；Zhou and Schekman，1999）。Sec61p 转运体是可溶性内质网蛋白及多向性膜蛋白的输出通道。突变的 ABC-转运蛋白 Pdr5* 不能到达质膜，但可滞留在内质网中，它的降解也依赖于完整的 Sec61 通道（Plemper et al.，1998）。Pdr5* 的降解速度很快，不形成任何中间切割产物，这可能是多向膜蛋白降解的一种可能机制。膜蛋白结构域很可能通过横向移动进入 Sec61 转运体，再排出胞质外，被 26S 蛋白酶体水解（Plemper et al.，1998；Plemper and Wolf，1999）。已知 CPY* 进入内质网后与转运体完全脱离（Plemper et al.，1999b），这暗示 CPY* 返回胞质需要一种新的定向机制。CPY* 可能要与内质网腔中的分子伴侣 Kar2p 及其伴侣 Sec63p（Plemper et al.，1997）相互作用，还要与 PDI 结合（Gillece et al.，1999）。对于糖蛋白，如 CPY*，定向过程中可能还需要类凝集素内质网膜蛋白 Mnl1p/Htm1p（Nakatsukasa et al.，2001；Jakob et al.，2001）。此外，ERAD 需要最近鉴定出的两种内质网膜蛋白：Der1p（Knop et al.，1996a）和 Hrd3p（Hampton et al.，1996）。可溶性内质网腔内蛋白的降解只需要 Der1p（Knop et al.，1996a；Plemper et al.，1998），而可溶性蛋白和膜蛋白的降解都需要 Hrd3p（Hampton et al.，1996；Plemper et al.，1998）。Hrd3p 与泛素-蛋白连接酶 Der3p/Hrd1p 相互作用，在内质网腔与胞质泛素-蛋白酶体系统间的信号转导过程中起作用（Deak and Wolf，2001；Gardner et al.，2000；Plemper et al.，1999a）。Hrd3p 与 Sec61 通道蛋白之间存在遗传学相互作用，这暗示存在一种与输入通道不同的特异性反向转运通道（Plemper et al.，1999a）。

因此，穿过内质网膜的双向蛋白质运输可能通过两套不同的转运体来实现。

最近对酵母的研究发现，内质网的降解和分泌是相互联系的过程。

由于突变导致负责内质网和高尔基体之间蛋白质运输的基因（*ERV29*，*SEC12*，*SEC18*，*SEC23*，*UFE1*）发生缺陷可阻碍内质网腔中 CPY * 的降解，而对跨膜蛋白没有影响（Caldwell et al.，2001；C. Taxis，E. Vogel and D. H. Wolf，未发表）。这个结果引出下面的问题：①可溶性的 ERAD 底物在某些未经确认的后内质网小泡中被清除吗？②由内质网到高尔基体的运输需要经过有效的 ERAD 过程吗？电子显微镜研究还未发现存在参与 CPY* 降解的新型后内质网小泡。因此，这暗示由内质网到高尔基体的运输对于 CPY* 的有效降解是必需的（C. Taxis，E. Vogel and D. H. Wolf，未发表）。

哺乳动物细胞中内质网降解似乎遵循与酵母相同的原理。一个重要的发现是，依赖于泛素-蛋白酶体降解的 ΔF508 CFTR 蛋白突变体滞留在内质网膜上（Jensen et al.，1995；Ward et al.，1995）。在 ΔF508 CFTR 的膜提取物中发现有多泛素化产物（Xiong et al.，1999）。免疫沉淀研究发现 CFTR 与 Sec61 复合物形成新的复合物。对蛋白酶体进行抑制可导致 Sec61-CFTR 复合物数目的增多，强烈提示 CFTR 的异位是受 Sec61 转运体介导的（Bebök et al.，1998）。另一个重要的发现是巨细胞病毒可以滥用内质网降解系统来逃避免疫应答（Wiertz et al.，1996a，1996b）。在这种情况下，由人巨细胞病毒编码的两种蛋白质——US2 和 US11，强迫主要组织相容性（MHC）I 类抗原的重链在完成输入和糖基化后离开内质网。MHC 链被蛋白酶体去糖基化并降解。据发现，MHC I 型多肽降解中间产物可与 Sec61β 转运体亚基发生免疫共沉淀。哺乳动物细胞中另一个被深入研究的 ERAD 例子是对一种被截短的粗面型内质网特异的 I 型跨膜核糖体结合糖蛋白 I（RI332）突变体的清除（de Virgilio et al.，1998）。这个突变体以一种泛素依赖的方式被释放到胞质并被蛋白酶体降解。这个过程需要有活性的泛素激活酶（E1），并且蛋白质要结合到 Sec61 复合体上。

最近已鉴定出酵母泛素结合酶 Ubc6p 和 Ubc7p 在鼠中的同源物（Tiwari and Weissman，2001）。作者称 MmUbc7p 在未组装的 T 细胞受体亚基的降解过程中确实起关键作用（表 9.2 列出了已研究的 ERAD 底物；图 9.1 归纳了转运过程和 CPY* 被降解的步骤）。

表 9.2　ERAD 底物举例

蛋白质	描　述
啤酒线虫中 ERAD 底物的研究	
pro-α-因子	肽外激素
A1PiZ	人 α1-蛋白酶抑制剂
CPY*	羧肽酶 Y
Fur4p	尿嘧啶透性酶
Hmg2p	HMG-CoA 还原酶
Pdr5*	ABC transporter
Sec61p	Translocon 组成成分
Ste6p	a-因子 transporter（ABC transporter）
Vph1p	V-ATP 酶亚基
医学相关的 ERAD 底物	
α1-抗胰蛋白酶（α1-ATZ or A1PiZ）	肺气肿；肝脏疾病
载脂蛋白 B100（apoB100）	血 β-脂蛋白缺乏症
水通道蛋白 2（AQP2）	肾原性尿崩症
囊性纤维化跨膜调节因子（CFTR）	囊性纤维化
Hydroxymethyglutaryl-CoA 还原酶（HMG-R）	胆醇血症；心脏病
高尔基体 P 型 ATP 酶（Wilson 蛋白）	Wilson 病
胰岛素受体	糖尿病
低密度脂蛋白受体	家族性高胆固醇血症
溶酶体 α-半乳糖苷酶 A	Fabry 病
朊病毒蛋白（PrPSc）	中枢神经系统退变性疾病（Creutzfeldt-Jakob 病）
甲状腺球蛋白（Tg）	先天性甲状腺肿
酪氨酸酶	恶性黑素瘤
Von Willebrand 因子	Von Willebrand 病
受体和免疫球蛋白	
T 细胞受体 α 链	未结合时被降解
人 δ-阿片样受体	因折叠困难造成的降解

续表

蛋白质	描　述
人高亲和力 IgE 受体	未剪切的糖苷激活内质网质量控制
细胞表面 IgM μ 链	在不存在轻链时被降解
ERAD 的随机调用	
病毒通过 ERAD 逃脱免疫检测	
MHC class I 重链	HCMV US2 和 US11 介导的降解
CD4 受体	HIV-1 Vpu 诱导的降解
细菌和植物毒素通过 ERAD 附着到宿主细胞	
霍乱毒素 A1 链（CTA1）	
百日咳毒素	
蓖麻毒素 A 链（RTA）	
Shiga 毒素	
其他底物	
内质网核糖体结合糖蛋白 I（RI332）	寡糖转移酶复合体亚基
ATP-敏感的 K^+ 通道	来自黑腹果蝇

注：详细内容和参考文献见文中。

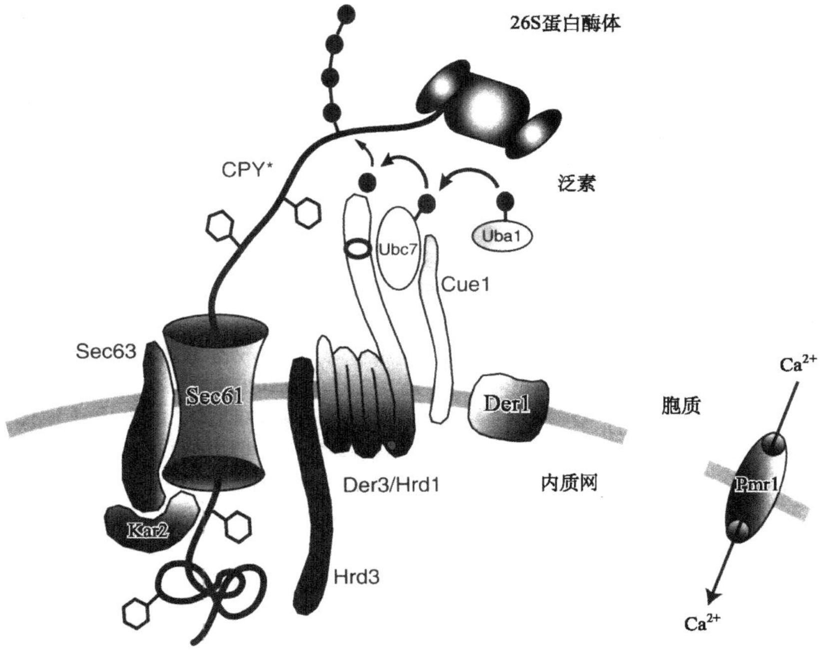

图 9.1　内质网的蛋白质量控制。“经典的”ERAD 途径。不能正确折叠的蛋白质（CPY*）被筛选出来并通过 Sec61 转运体进行反向转运，在内质网膜泛素激活酶 Uba1、泛素结合酶 Ubc7 和泛素-蛋白连接酶 Der3/Hrd1 对蛋白质进行多泛素化，Der3/Hrd1 形成 Hrd3 复合体。多泛素化后 26S 蛋白酶体迅速将蛋白质降解（经 American Society for Biochemistry and Molecular Biology 批准，对 Deak and Wolf，2001；*J Biol Chem* 276，issue 14，6 April 2001 封面进行了修改）。

9.3.1 去糖基化是降解前必需的步骤吗？

有趣的是，通过泛素-蛋白酶体系统进行降解的糖蛋白以糖基化的形式离开内质网（Hiller et al.，1996；Wiertz et al.，1996b）。有许多在整个降解过程中形成去 *N*-糖基化中间物的例子，这表明在被蛋白酶体降解之前，胞质中发生了去糖基化（Bebök et al.，1998；de Virgilio et al.，1998；Halaban et al.，1997；Hughes et al.，1997；Huppa and Ploegh，1997；Johnston et al.，1998；Mossc ct al.，1998；Wiertz et al.，1996a；Yang et al.，1998；Yu et al.，1997）。一种肽 *N*-聚糖酶被认为负责这个过程。最近在酵母中已鉴定出 *PNG1* 基因。

它编码一种具有 *N*-聚糖酶活性的可溶性蛋白质。在真核生物中，这种酶从酵母到人都高度保守。这种蛋白质多数存在于核，有些也存在于胞质。*PNG1* 不是一个主要基因，但它的产物是错误折叠的 CPY* 降解所必需的（Suzuki et al.，2000）。Png1p 与 Rad23p 结合，Rad23p 是通过其类泛素（Ubl）结构域与蛋白酶体发生相互作用。显然，Rad23p 似乎与 Png1p 一起到达蛋白酶体。因此提出假设，26S 蛋白酶体与 Png1p 结合形成一个复合体，正常的蛋白质底物在这个复合体中被去 *N*-糖基化和蛋白酶解（Suzuki et al.，2001）。

9.3.2 小结：ERAD 机制

- 折叠错误的蛋白质从内质网被转运回胞质。
- Sec61 转运体可将错误折叠的蛋白质返运输回胞质。
- 糖蛋白在被降解之前在胞质中先进行去 *N*-糖基化。
- 多泛素化作用通过胞质蛋白酶体定向错误折叠的蛋白质进行降解。
- 泛素化系统位于内质网膜胞质面。
- 蛋白酶体的降解过程很快。

9.4 通过内质网质量控制途径进行的酶调节

有趣的是，内质网质量控制系统也用于调节细胞内的某些内质网酶水平。研究最深入的一个例子是 3-羟基-3-甲基戊二酰辅酶 A 还原酶（HMG-R），它是固醇合成中重要的调节酶。酵母中有两种 HMG-R 酶，都位于内质网膜中。HMG-R2 很快被降解，而同工酶 HMG-R1 是一种相对稳定的蛋白质。法尼焦磷酸是酵母 HMG-R2（Hampton and Bhakta，1997）和哺乳动物同源物 HMG-R（Meigs and Simoni，1997）发生降解的主要信号。降解通过泛素-蛋白酶体系统进行（Hampton and Bhakta，1997；Hampton et al.，1996；Ravid et al.，2000）。泛素结合酶 Ubc7p、泛素蛋白连接酶 Der3p/Hrd1p 和 Hrd3p 在错误折叠可溶性蛋白质和膜蛋白的降解过程中起关键作用，同时它们对于酵母 HMG-R2 的降解也是必需的（Bays et al.，2001；Gardner et al.，2000；Hampton and Bhakta，1997；Hampton et al.，1996）。HMG-R2 进入内质网质量控制途径受来自甲羟戊酸途径的信号调节。这些信号导致酶发生变构，由稳定蛋白质变为质量控制的底物。

小结：通过内质网质量控制途径进行的酶调节

- 3-羟基-3-甲基戊二酰辅酶 A 还原酶受内质网质量控制途径的调节。

9.5 其他质量控制途径

多数与内质网降解有关的蛋白质是通过 Sec61 转运体反向运输到内质网外的，由与内质网结合的泛素结合酶（E2）和一种特殊的泛素-蛋白连接酶（E3）进行泛素化，并最终被胞质中的蛋白酶体降解。这是一般经典的与内质网关联的降解途径。有趣的是，Ubc6p，作为一种嵌在内质网膜中的泛素结合酶，参与酵母中的蛋白质降解过程（Biederer et al.，1996；Hiller et al.，1996；Sommer and Jentsch，1993），而它自身在天然状态下的存活时间却很短（Walter et al.，2001），其快速蛋白酶体降解活性依赖于 Sec61 转运体。另外，尽管 Ubc6p 转换依赖于 Ubc7p 和将 Ubc6p 调集到内质网膜的 Cue1p，但 Ubc6p 的降解依赖于泛素-蛋白连接酶 Der3p/Hrd1p，而 Der3p/Hrd1p 通常参与依赖于 Ubc7p 的降解。Der3p/Hrd1p 的相互作用和信号伴侣 Hrd3p 不参与此降解过程。最近的实验结果表明，在 Ubc6p 的降解过程中有一种新的内质网泛素-蛋白连接酶 Doa10p 参与（Swanson et al.，2001）。在依赖于 Sec61p-Der3p/Hrd1p-Hrd3p 的膜蛋白去除过程中，蛋白质的去除和降解是不可分的，而在一种蛋白酶体的突变体中却发现有降解中间物的堆积，该中间物由 Ubc6p 的一段膜片段组成。表明蛋白酶体可能直接参与膜蛋白的排出过程（Walter et al.，2001）。Ubc6p 属于尾部锚定蛋白类（Kutay et al.，1993），此类蛋白质与到目前为止观察到的其他膜蛋白的不同之处在于它们插入膜的方式。它们的锚以翻译后转运的方式插入膜，不依赖于 Sec61p（Kutay et al.，1995）。Ubc6p 的 C 端跨膜锚利用其末端赖氨酸残基伸入内质网腔（Sommer and Jentsch，1993）。正是这个特征可能产生另外一种内质网降解途径。令人感兴趣的是该降解途径是否也适用于此类蛋白质中的其他成员。

酵母 *S. cerevisiae* 的液泡 ATP 酶（V-ATPase）是一种异源寡聚体，位于内质网膜。在缺少 Vma22p 的细胞中，V-ATPase 复合体无法装配，100kDa 的 Vph1p 亚基被降解。降解过程需要泛素化和蛋白酶体，但不需要“经典的”内质网结合酶 Ubc6p、Ubc7p、“经典的”内质网泛素-蛋白连接酶 Der3p/Hrd1p 及其伴侣 Hrd3p。在同时缺失泛素结合酶 Ubc1p 和 Ubc4p 或 Ubc2p 和 Ubc4p 的突变体中，Vph1p 的降解减慢。Sec61p 组分对 Vph1p 从内质网膜中脱位的作用还未进行研究（Hill and Cooper，2000）。Wilhovsky 等（2000）也报道，Vph1p 的降解一定需要 Ubc7p 和 Der3p/Hrd1p。他们还用 Deg1-HMG-R1 融合蛋白进行了验证，Deg1-HMG-R1 融合蛋白是将含有 MATα2 抑制蛋白的 Deg1 降解结构域融合稳定的 HMG-R1 同工酶而得到的。这个融合蛋白通过依赖于 Ubc7p 的途径被降解。但泛素-蛋白连接酶 Der3p/Hrd1p 和 Hrd3p 在降解过程中根本不起作用。由于新发现的泛素-蛋白连接酶 Doa10p 是 Deg1 介导的泛素化作用必需的（Swanson et al.，2001），因此，E3 可能引导去除 Deg1-HMG-R1。已发现，一种成熟的尿嘧啶通透酶在降解过程中具有同样的特性（Wilhovsky et al.，2000）。

一种含有 λ-阻遏物突变体的 N 端结构域和分泌蛋白转化酶的融合蛋白通过一种完全不同的途径从膜中被去除。这种在 *S. cerevisiae* 中表达的融合蛋白不被定向到胞质的蛋白酶体进行降解，而是通过受体介导运输到液泡。据发现，负责将羧肽酶 yscY 定向到液泡的高尔基体受体 Vps10p 专门将融合蛋白运输到液泡，在液泡进行降解（Hong et al.，1996）。显然，内质网的扫描系统既不能将这种蛋白质视为错误折叠蛋白，也不能将它送到胞质中的泛素-蛋白酶体系统。还需要进一步对细胞识别和消除错误折叠内质网蛋白质的策略进行研究。

小结：其他质量控制途径

- 有几个 ERAD 底物不遵循“经典的”ERAD 途径：一种以尾部锚定在内质网膜中的蛋白质在从膜上脱离时不需要 Sec61 转运体的参与，在降解时也不需要位于内质网膜上的泛素连接酶 Der3p/Hrd1p-Hrd3p 复合体。而是需要 E3 Doa10p。
- 另一种 ERAD 底物既不使用“经典的”结合在内质网上的泛素结合酶（Ubc6p-Ubc7p），也不使用位于内质网膜上的泛素-连接酶 Der3p/Hrd1p-Hrd3p 复合物。
- 第三种底物不经过胞质蛋白酶体的降解，而是运输到液泡（溶酶体）。

9.6 蛋白质质量控制和疾病：ERAD 被投机利用

9.6.1 毒素通过 ERAD 到达宿主细胞的细胞质

一些蛋白质，如细菌霍乱毒素、志贺毒素、百日咳毒素和植物毒素蓖麻毒蛋白，对哺乳动物细胞具有很强的毒性。因结构组织形式的原因，它们通常被称为 AB 毒素。通常，A 部分具有酶活性，进入宿主的细胞质后对细胞靶标进行修饰，引进细胞剧烈的生理变化，甚至死亡。这些毒素都属于一类蛋白质，它们通过高尔基体，最终通过内质网被反向运输到宿主细胞质（Falnes and Sandvig，2000）。越来越多的研究表明，这些毒素利用内质网中的转运系统到达细胞质。研究最深入的例子是蓖麻毒蛋白和霍乱毒素。从胞质分级物中得到糖基化的蓖麻毒蛋白说明它们可穿过内质网。此外，分离到的糖基化蓖麻毒蛋白可与 Sec61 抗体发生免疫共沉淀（Wesehe et al.，1999）。而且，当蓖麻毒蛋白 A 链在酵母中表达并被输入到内质网时，蛋白酶体亚基或 Sec61p 发生突变会抑制蓖麻毒蛋白 A 链的输出并降低对它的降解（Simpson et al.，1999）。采用无细胞系统证明，霍乱毒素的 A1 亚基以 ATP 依赖的方式从微体输出（Schrnitz et al.，2000）。免疫共沉淀研究发现，霍乱毒素的 A1 亚基在输出过程中与 Sec61p 结合。此外，霍乱毒素 A1 链的输出可抑制新生多肽在向内质网输入时对 Sec61 转运体的封堵（Schmitz et al.，2000）。最近的一项研究直接证明 PDI 以一种新的方式对霍乱毒素 A1 链进行解折叠。PDI 作为被氧化还原驱动的分子伴侣，以还原态与 A1 链结合，以氧化态脱离。有假说认为，PDI 自身或通过下游分子伴侣将霍乱毒素 A1 链递送到 Sec61 通道进行输出（Tsai et al.，2001）。总之，这些结果表明，内质网控制系统将蓖麻毒蛋白和霍乱毒素（误）转运到胞质，发挥对细胞的有害作用。

9.6.2 病毒逃避宿主防御的策略

细胞对入侵病毒作出的免疫反应主要是通过细胞毒素 $CD8^+$ T 淋巴细胞将被病毒感染的细胞清除。在被病毒侵染的细胞表面出现抗病毒蛋白的 MHC I类抗原。$CD8^+$ 细胞通过特殊的受体识别 MHC I类抗原复合物，并使受侵染的细胞死亡。在内质网，病毒蛋白被装载到 MHC I类分子上，之后这些带有抗原的复合物通过分泌途径被运到细胞表面。在病毒进化的过程中，细胞免疫系统对病毒的压力已使病毒获得一套可使它们逃过 T 细胞溶解的策略。例如，人巨细胞病毒（HCMV）已进化出一种拯救机制，通过破坏宿主的 MHC I类抗原重链，防止细胞表面出现抗原分子。HCMV 编码两种定向到内质网的跨膜蛋白为 US2、US 11，均与 MHC I类抗原相互作用，使其从内质网膜上脱离。后以泛素依赖的方式被蛋白酶体降解（Shamu et al.，1999；Wiertz et al.，1996a，1996b）。HIV 则发展出另一种策略，它们可减少被侵染细胞表面 CD4 受体的数量。HIV-1 编码的 Vpu 蛋白可导致在内质网膜上形成由 CD4、Vpu 和 h-βTrCP 组成的复合体（Margottin et al.，1998）。h-βTrCP 是一种 WD 重复蛋白质，含有一个 F-box 模体，可与 Skp1 结合，作为一种蛋白泛素连接酶。结果，新生 CD4 分子不能离开内质网，被蛋白酶体迅速降解（Margottin et al.，1998）。也有证据表明，Vpu 可能引发 MHC I类抗原的降解（Kerkau et al.，1997）。可是，在所有这些例子中，关于机制的细节和降解所需的其他组分还需阐明。

9.6.3 囊性纤维化

囊性纤维化是最流行的遗传失调病之一，在高加索或北欧鸟类种群中的感染率大约为 1/2000。它表现为由 CFTR 氯通道缺陷引起的严重支气管肺功能失调和胰腺功能衰竭。这种内质网中多向性膜蛋白的突变效率很低，野生型蛋白质中只有约 25％的蛋白质真正到达表皮细胞的质膜。CFTR 的突变形式从来不离开内质网，也不被降解。多数囊性纤维化患者携带 CFTRΔF508 等位基因。这个蛋白质的突变体不能正确折叠，影响它通过分泌途径：CFTRΔ508 完全滞留在内质网膜中，并迅速被泛素-蛋白酶体系统清除。同多数的蛋白酶体底物一样，这种 CFTR 突变体被多泛素化（Bebök et al.，1998；Jensen et al.，1995；Ward et al.，1995），并且像酵母的 $Pdr5^*$，穿过 Sec61 通道被排出内质网膜（Bebök et al.，1998；Xiong et al.，1999）。有趣的是，CFTRΔF508 是一种潜在的功能性蛋白质；但它滞留在内质网中并被降解，从而阻碍了对 Cl^-/HCO_3^- 通道的功能。

9.6.4 肺气肿

人 α1-抗胰蛋白酶（α1-AT）的等位基因 *Z* 突变体是一种丰富的血清糖蛋白，可引起许多严重病症：带有纯合子的个体患肺气肿，有时伴随慢性肝病和肝癌。突变的 α1-AT 蛋白不能正确折叠，被滞留在内质网中，并很有可能被蛋白酶体降解（Qu et al.，1996）。在酵母中表达时，α1-AT 突变体在从内质网中脱离后实际上是被蛋白酶体降解（Werner et al.，1996）。

9.6.5 恶性黑色素瘤

黑色素是由黑色素体的后高尔基体合成的。酪氨酸酶是黑色素合成中的关键酶，它的缺失会导致恶性黑色素瘤的形成。对不同的小鼠和人的酪氨酸酶突变体进行分析，结果发现这些突变体滞留在内质网中，核心被糖基化，与钙联结蛋白/钙网蛋白的结合时间延长，随后被泛素化并被蛋白酶体迅速降解（Halaban et al.，1997）。

9.6.6 神经退行性疾病

Wilson病是由铜代谢遗传失调引起的，其特征是神经元退化和肝硬化。导致Wilson病发生的Wilson突变蛋白是一种铜运输P型ATP酶，位于反式高尔基网络中。这种蛋白质的突变及错误折叠的形式可被内质网质量控制系统迅速识别出来并降解（Payne et al.，1998）。

对蛋白质合成和蛋白质向内质网膜插入缺乏调节会导致朊病毒病，如疯牛病（BSE）、serapie或Creutzfeldt-Jakob病（CJD）。据研究认为，内质网判读失效可导致这些神经退行性疾病的发生。在所有病例中，一种在209位氨基酸高度保守的糖蛋白——朊病毒蛋白（PrP^c）是致病原因。PrP^c 在细胞中的正常功能还不清楚。大脑中一种异常的PrP异形体（Prp^{Sc}）的表达和堆积被认为是这类疾病的致病因素（Prusiner，1997）。Prp^{Sc}可将 PrP^c 转变为 Prp^{Sc}形式，导致进一步的聚集。PrP^c 可被合成出不同的拓扑形式：完全驻留在内质网腔中的可溶性蛋白或整合膜蛋白（Yost et al.，1990）。生物化学证据表明，跨膜的^{Ctm}PrP突变体具有潜在的致病性。在正常条件下，这种异形体可能很快被ERAD降解。可在某些仍未清楚的条件下，^{Ctm}PrP可逃过降解，进入到后内质网区室中进行积累，并导致发病（Hegde et al.，1998）。到目前为止，已报道了23种致病的PrP突变体与三种疾病有关：克雅（氏）病、致命性家族性失眠症和Gerstmann-Sträussler-Scheinker disease（GSS）。GSS发病的原因是在145位氨基酸（Y145 stop）处发生了一个琥珀突变，产生一种被截短的Prp145突变体，然后被运往内质网，后被内质网质量控制系统中的蛋白酶体降解。Prp145突变体含有一个未被切除的信号肽，如果蛋白酶体没有对它进行降解，便会发生聚集（Zanusso et al.，1999）。这可能解释了携有Prp145的GSS患者发病较晚的原因。另一种导致GSS的PrP突变体是PrP217（Q217R）。多数PrP217可逃避内质网的质量控制，并在后高尔基体中堆积（Jin et al.，2000）。可是，一部分PrP217由于在添加GPI锚方面存在某些缺陷而保留C端的糖基磷脂酰肌醇（GPI）锚信号肽。这个被称为PrP32的突变体不从内质网中出去，而是与BiP发生相互作用，并随后被蛋白酶体降解。这一领域中最近发现，不溶性G蛋白偶联跨膜蛋白Pael受体的堆积可造成内质网胁迫，这种胁迫是少年帕金森病的致病因素。Pael受体是RING-finger泛素-蛋白连接酶（E3）Parkin的底物，Parkin驻留在内质网中，与Ube6、Ubc7相互作用。在少年帕金森病患者中，Parkin基因发生突变，导致未折叠的Pael受体发生堆积，并伴随多巴胺神经元的丧失（Imai et al.，2001及其中的参考文献）。（更多关于与内质网质量控制有关疾病的文献见Helenius，2001。）

9.6.7 小结：蛋白质质量控制与疾病

- 毒素利用 ERAD 系统，将自身运往细胞质。
- 病毒利用 ERAD 破坏免疫系统，逃避免疫监视。
- 一些疾病（如囊性纤维化）的发生是由于对内质网质量控制系统的“过敏”。
- 朊病毒病的发生是由于逃避了内质网质量控制。

9.7 蛋白质质量控制是必不可少的

朊病毒疾病充分表明，蛋白质的折叠状态在健康与疾病之间起着决定性作用。可以想象，对特定蛋白质合成速率以及蛋白质折叠和降解速率的精细调节对于健康的代谢十分重要。如果合成速率大于折叠和降解速率，则有一部分蛋白质将无法通过分泌途径，它们的堆积必将干扰细胞的功能。当蛋白质发生突变影响蛋白质的折叠或蛋白质自身发生解折叠时都将使问题更加严重。环境压力，如热、金属离子和氧化作用，可能也会干扰蛋白质的折叠。

总之，大体上内质网质量控制机制不是简单的局部控制，而是作为一个整体与通过 Sec61 输入通道进行的蛋白质运输偶联在一起，这两步在清除错误折叠或未组装的蛋白质中起着绝对重要的作用。第一步将需要降解的蛋白质从内质网膜或腔中提取出来，第二步通过胞质泛素-蛋白酶体系统将蛋白质降解。第一步中出现问题将导致内质网中错误折叠蛋白的堆积，第二步中出现的问题将导致蛋白质在胞质中发生聚集。二者出现问题必将导致严重的细胞表型变化，在高等真核生物中表现为多种严重疾病。

删除 ERAD 中的基因在酵母中不会致死（Plemper and Wolf，1999）。以前曾报道过，酵母中低丰度蛋白质的积累会因为发生未折叠蛋白反应上调几种内质网分子伴侣的表达（Chapman et al.，1998）。错误折叠蛋白的增多将激活位于内质网膜/细胞核膜中激酶/核酸酶 Ire1p，并继续导致转录因子 Hac1 的合成。Hac1 诱导 UPR 基因的表达（Kawahara et al.，1997；Sidrauski and Walter，1997）。删除 DER1 基因的内质网降解缺陷型酵母，特异表达错误折叠的 CPY* 蛋白可诱导 UPR，这个结果第一次表明 ERAD 和 UPR 是联系在一起的（Knop et al.，1996a）。重要的是，内质网降解和 UPR 中发生的突变可引起蛋白质合成方面的变化：酵母中 ERAD 基因（*UBC7*、*DER3*/*HRD1*，*HRD3*）突变以及同时发生 *IRE1* 或 *HAC1* 缺陷将导致生长发生显著变化。高温、衣霉素或还原剂诱导的内质网胁迫可导致错误折叠蛋白的增多，还可导致细胞死亡（Friedländer et al.，2000；Travers et al.，2000）。ERAD 和 UPR 关系密切：内质网中蛋白质的有效降解需要完整的 UPR，其诱导可加强内质网降解的潜能。在 *S. cerevisiae* 中，利用 DNA 芯片技术已发现，在 UPR 诱导胁迫条件下，有 381 个基因的转录水平上调；其中 173 个基因的功能未知。目前描述的所有基因产物都是蛋白质折叠和 ERAD 所需要的，它们都是已知基因（Travers et al.，2000）。最重要的是发现内质网质量控制系统中未知基因的功能，这样才能对这个复杂的重要过程有一个更加完整的认识。

小结：蛋白质质量控制是必不可少的

- ERAD 和 UPR 密切相关。
- 内质网质量控制失调会导致疾病和细胞死亡。

9.8 历史注释

9.8.1 历史注释 1

直到 20 世纪 70 年代晚期，才认识到细胞内的蛋白酶解过程与溶酶体（液泡）有着特殊联系。溶酶体（液泡）被认为是细胞的“消化道”，消化细胞中的废物。在真核细胞中没有发现有其他的地方对错误折叠的蛋白质进行调节和降解。1978 年，Ciechanover 等发现一种小蛋白质，后来鉴定是泛素，它是网状细胞中依赖于 ATP 的蛋白酶解系统中的一个组分。两年后，1980 年 Hershko 等采用体外实验证明，泛素通过消耗 ATP 共价连接到蛋白质底物上，表明蛋白质通过与泛素结合被降解。1985 年以前，Hershko Ciechanover 及其同事们通过体外实验了解到泛素结合酶 E1-E2-E3 的酶学特性（Hershko，1996）。1984 年，Finley 等第一次证明活细胞中蛋白质的降解需要泛素。1986 年，描述了第一个与泛素连接的蛋白质降解信号，称为 N 端法则（Bachmair et al.，1986）。*S. cerevisiae* 蛋白 Rad6 和 Cdc34 是 DNA 修复和细胞周期调控的关键组分，是泛素系统中最先被鉴定出的泛素结合酶（Jentsch et al.，1987；Goebl et al.，1988）。1989 年 Chau 等发现，一种多泛素链是蛋白质降解的前提条件。可是，定向到泛素被降解的蛋白质与降解系统自身之间的联系在很长一段时间里都不清楚。1980 年和 1981 年，Wilk 和 Ofiowsky 分离并鉴定了一种酶，他们称之为“多重催化蛋白酶复合体”。这个 700 kDa 的复合体由多个亚基组成，有三个主要的蛋白酶活性，可以在疏水的中性、酸性和碱性残基处进行切割（Wilk and Orlowski，1980；Orlowski and Wilk，1981）。1986 年，Hough 等从网状细胞溶解物中鉴定出一种依赖于 ATP 的蛋白酶，可在体外降解泛素化的溶菌酶，1987 年，他们又纯化出两种高分子质量的蛋白酶，沉降系数分别为 20S 和 26S。20S 的蛋白酶与 Wilk 和 Orlowski 描述的多重催化蛋白酶相同，26S 蛋白酶复合体可在体外降解被泛素化的溶菌酶（Hough et al.，1987）。1988 年，Arrigo 等将这种多重催化的蛋白酶复合体命名为“蛋白酶体”。电子光学和遗传学研究表明，“蛋白酶体”中蛋白酶解活性主要来自 26S 蛋白酶核心，这个核心为一个圆柱形，由 4 个叠在一起的环组成，核心的亚基组成为 $\alpha 7\beta 7\beta 7\alpha 7$（Zwickl et al.，1992；Pühler et al.，1992；Schauer et al.，1993）。这个中央蛋白酶解核心颗粒被称为 20S 蛋白酶体，而 26S 蛋白酶体是指包括 20S 蛋白酶体及附着在其两端的大颗粒在内的整个结构。

在 *S. cerevisiae* 中的研究在许多方面扩展了人们对蛋白酶体的认识。利用液泡蛋白酶突变缺陷发现了酵母中的蛋白酶体，也被称为多重催化蛋白酶复合体。对酵母蛋白酶体进行 X 射线分析和遗传部分揭示了真核生物 20S 蛋白酶体的确切结构和催化机制，鉴定了 3 个活性位点 β 亚基，它们分别赋予蛋白酶体不同的酶特异性（Chen and Hochstrasser，1996；Heinemeyer et al.，1997，Groll et al.，1997）。蛋白酶体的生理功能也第一次在 *S. cerevisiae* 中被描述。1991 年，Heinemeyer 等在 20S 蛋白酶体的不同亚基中分离出缺陷突变体，鉴定了这种蛋白酶是细胞中的主要组分，它参与体内泛素化蛋白的降解，处置由于温度或氨基酸类似物诱导的胁迫而积累的错误折叠蛋白（Heinemeyer et al.，1991）。

9.8.2 历史注释 2

尽管从 20 世纪 70 年代开始就怀疑是否存在第二种不同于溶酶体但可以对正常蛋白质进行选择性降解的蛋白酶解系统（Schimke，1970），直到 20 世纪 80 年代，才认识到内质网除作为分泌蛋白合成、折叠和装配的场所外，还与蛋白质降解有关。

最早的证据来自内质网自身。到了 20 世纪 70 年代人们已经知道，尽管多数内质网蛋白是相对稳定且寿命较长，但内质网中仍是一个高度变化的环境。内质网中多数酶的活性受蛋白质合成和降解的调节。一个典型的例子是 HMG-CoA 还原酶（HMG-R），它催化 HMG-CoA 向甲羟戊酸的转化，在固醇合成过程中这是关键的一步。早期的研究表明，HMG-R 的降解受细胞代谢状况和一个非溶酶体途径的酶解调节（Edwards and Gould，1972；Faust et al.，1982；Orci et al.，1984）。1992 年，Meigs 和 Simoni 证明，当内质网到高尔基体的运输途径被阻断时，HMG-R 的降解不受影响。

对驻留内质网的 HMG-R 的研究表明一些分泌蛋白，如甲状旁腺激素和免疫球蛋白，在它们合成不久后即被降解。1981 年 Sidman 证明，IgM 的突变体在细胞间被一种不依赖于溶酶体的过程特异性地降解，而由 B 细胞杂交瘤产生的正常 IgM 可以正常地分泌。另一个有趣的发现是，在非分泌细胞中，IgM 的可溶形式和跨膜形式都可在不经高尔基体糖基化修饰的情况下被降解，这表明存在一个前高尔基体（pre-Golgi）降解位点（Dulis et al.，1982）。1987 年，Sitia 等描述了这类蛋白质向内质网囊泡的定位。研究 T 细胞受体对于阐明内质网在蛋白质降解过程中的作用以及进一步研究内质网对蛋白质的选择性至关重要。已知未装配的 TCR-α、TCR-β 和 CD3-6 亚基寿命很短，很快被降解，而未装配的 TCR-ε 和 CD3-ζ 亚基是稳定的（Lippincott-Schwartz et al.，1988；Bonifacino et al.，1989；Klausner and Sitia，1990）。1991 年，Stafford 和 Bonifacino 提供证据表明内质网是蛋白质发生降解的场所。

有关脱唾液酸糖蛋白的两个亚基（Amara et al.，1989）和载脂蛋白 B 的两种形式（Sato et al.，1990；Furukawa et al.，1992）的研究及其他研究，如 HIV-1 诱导 CD4 受体的降解（Willey et al.，1992a，1992b）和 α1-抗胰蛋白酶运输缺陷突变体的降解（Le et al.，1990），进一步支持了内质网参与一种有选择性的蛋白质水解过程的观点。起初认为，受调控的或非装配的内质网蛋白的降解通过内质网中的蛋白酶进行（Bonifacino and Klausner，1994）。1993 年在酵母中发现，严格的温度条件下，蛋白质转运组分中一个亚基存在缺陷的条件致死生长表现型细胞在缺失一个编码与膜结合的泛素连接酶（UBC6）基因时其生长受到抑制，这说明泛素系统参与了内质网膜蛋白的降解（Sommer and Jentsch，1993）。两年后，确认囊性纤维化由 CFTR 突变体受泛素蛋白酶体依赖的酶解引起，CFTR 突变体存在于内质网（Jensen et al.，1995；Ward et al.，1995）。这些发现支持了泛素蛋白酶体参与内质网膜蛋白的降解，但并没解释降解的机制。巨细胞病毒蛋白可诱导 MHC I 重链的降解，这项研究第一次提示蛋白质从内质网膜脱离是其被降解的前提（Wiertz et al.，1996）。最终对内质网蛋白降解的突破性认识来自对酵母的遗传学和生物化学研究：内质网腔蛋白突变时被反向运输到胞液，通过泛素蛋白酶体系统被降解（Hiller et al.，1996；Werner et al.，1996）。免疫共沉淀和遗传学研究（Wiertz et al.，1996a；Plemper et al.，1997；Pilon et al.，1997）表明，Sec61 是反向转运的通道。

9.9 致谢

作者感谢 E. Tosta 和 P. Deak 帮助准备手稿。作者的工作得到波恩德意志研究联合会、德国联邦教育和研究部和德国-以色列合作项目（DIP），以及法兰克福化工基金的支持。

9.10 参考文献

Achstetter. T., Ehmann. C., Osaki, A. and Wolf, D. H. (1984) Proteolysis in eukaryotic cells. Proteinase yscE, a new yeast peptidase. *J Biol Chem* **259**: 13344-13348.

Anderson, D. and Walter, P. (1999) Blobel's nobel: a vision validated. *Cell* **99**: 557-558.

Amara, J. F, Lederkremer, G. and Lodish, H. F (1989) Intracellular degradation of unassembled asialoglycoprotein receptor subunits: a pre-Golgi, nonlysosomal endoproteolytic cleavage. *J Cell Biol* **109**: 3315-3324.

Arrigo, A. P, Tanaka, K., Goldberg, A. L. and Welch, W. J. (1988) Identity of the 19S 'prosome' particle with the large multifunctional protease complex of mammalian cells (the proteasome). *Nature* **331** (6152): 192-194.

Bachmair, A., Finley, D. and Varshavsky, A. (1986) *In vivo* half-life of a protein is a function of its amino-terminal residue. *Science* **234**: 179-186.

Bays, N. W., Gardner, R. G., Seelig, L. P., Joazeiro, C. A. and Hampton, R. Y. (2001) Hrd1p/Der3p is a membrane-anchored ubiquitin ligase required for ER-associated degradation. *Nat Cell Biol* **3**: 24-29.

Bebök, Z., Mazzochi, C., King, S. A., Hong, J. S. and Sorscher, E. J. (1998) The mechanism underlying cystic fibrosis transmembrane conductance regulator transport from the endoplasmic reticulum to the proteasome includes Sec61beta and a cytosolic, deglycosylated intermediary. *J Biol Chem* **273**: 29873-29878.

Biederer, T., Volkwein, C. and Sommer, T. (1996) Degradation of subunits of the Sec61p complex, an integral component of the ER membrane, by the ubiquitin-proteasome pathway. *EMBO J* **15**: 2069-2076.

Biederer, T., Volkwein, C. and Sommer, T. (1997) Role of Cue1p in ubiquitination and degradation at the ER surface. *Science* **278**: 1806-1809.

Blobel, G. (1995) Unidirectional and bidirectional protein traffic across membranes. *Cold Spring Harb Symp Quant Biol* **60**: 1-10.

Bonifacino, J. S. and Klausner, R. D. (1994) Degradation of proteins retained in the endoplasmic reticulum. In: Ciechanover, A. J. and Schwartz, A. L. (eds) *Modern Cell Biology*, *Vol*. 15. *Cellular Proteolytic Systems*, pp. 137-160. New York: John Wiley and Sons.

Bonifacino, J. S., Suzuki, C. K., Lippincott-Schwartz, J., Weissman, A. M. and Klausner, R. D. (1989) Pre-Golgi degradation of newly synthesized T-cell antigen receptor chains: intrinsic sensitivity and the role of subunit assembly. *J Cell Biol* **109**: 73-83.

Bonifacino, J. S., Cosson, P. and Klausner, R. D. (1990) Colocalized transmembrane determinants for ER degradation and subunit assembly explain the intracellular fate of TCR chains. *Cell* **63**: 503-513.

Bordallo, J. and Wolf, D. H. (1999) A RING-H2 finger motif is essential for the function of Der3/Hrd1 in endoplasmic reticulum associated protein degradation in the yeast *Saccharomyces cerevisiae*. *FEBS Lett* **448**: 244-248.

Bordallo, J., Plemper, R. K., Finger, A. and Wolf, D. H. (1998) Der3p/Hrd1p is required for endoplasmic reticulum-associated degradation of misfolded lumenal and integral membrane proteins. *Mol Biol* Cell **9**: 209-222.

Brodsky, J. L. and McCracken, A. A. (1999) ER protein quality control and proteasome-mediated protein degradation. *Semin Cell Der Biol* **10**: 507-513.

Brodsky, J. L., Werner, E. D., Dubas, M. E. et al. (1999) The requirement for molecular chaperones during endoplasmic reticulum-associated protein degradation demonstrates that protein export and import are mechanistically distinct. *J Biol Chem* **274**: 3453-3460.

Caldwell, S. R., Hill, K. J. and Cooper, A. A. (2001) Degradation of ER quality control substrate requires transport between the ER and Golgi. *J Biol Chem* **276**: 23296-23303.

Chapman, R., Sidrauski, C. and Walter, P. (1998) Intracellular signaling from the endoplasmic reticulum to the nucleus. *Annu Rev Cell Dev Biol* **14**: 459-485.

Chau, V., Tobias, J. W., Bachmair, A. et al. (1989) A multiubiquitin chain is confined to specific lysine in a targeted short-lived protein. *Science* **243** (4898): 1576-1583.

Chen, P. and Hochstrasser, M. (1996) Autocatalytic subunit processing couples active site formation in the 20S proteasome to completion of assembly. *Cell* **86**: 961-972.

Corsi, A. K. and Schekman, R. (1996) Mechanism of polypeptide translocation into the endoplasmic reticulum. *J Biol Chem* **271**: 30299-30302.

Cronin, S. R., Khoury, A., Ferry, D. K. and Hampton, R. Y. (2000) Regulation of HMG-CoA reductase degradation requires the P-type ATPase Cod1p/Spf1p. *J Cell Biol* **148**: 915-924.

de Virgilio, M., Weninger, H. and Ivessa, N. E. (1998) Ubiquitination is required for the retro-translocation of a short-lived luminal endoplasmic reticulum glycoprotein to the cytosol for degradation by the proteasome. *J Biol Chem* **273**: 9734-9743.

Deak, P. M. and Wolf D. H. (2001) Membrane topology and function of Der3/Hrd1p as a ubiquitin-protein ligase (E3) involved in endoplasmic reticulum degradation. *J Biol Chem* **276**: 10663-10669.

Dulis, B. H., Kloppel, T. M., Grey, H. M. and Kubo, R. T (1982) Regulation of catabolism of IgM heavy chains in a B lymphoma cell line. *J Biol Chem* **257**: 4369-4374.

Diirr, G., Strayle, J., Plemper, R. et al. (1998) The mediai-Golgi ion pump Pmr1 supplies the yeast secretory pathway with Ca^{2+} and Mn^{2+} required for glycosylation. sorting, and endoplasmic reticulum-associated protein degradation. *Mol Biol Cell* **9**: 1149-1162.

Edwards, P. A. and Gould, R. G. (1972) Turnover rate of hepatic 3-hydroxy-3-methylglutaryl coenzyme A reductase as determined by use of cycloheximide. *J Biol Chem* **247**: 1520-1524.

Ellgaard, L., Molinari, M. and Helenius, A. (1999) Setting the standards: quality control in the secretory pathway. *Science* **286**: 1882-1888.

Fagioli, C. and Sitia, R. (2001) Glycoprotein quality control in the endoplasmic reticulum. Mannose trimming by endoplasmic reticulum mannosidase I times the proteasomal degradation of unassembled immunoglobulin subunits. *J Biol Chem* **276**: 12885-12892.

Falnes, P. O. and Sandvig, K. (2000) Penetration of protein toxins into cells. *Curr Opin Cell Biol* **12**: 407-413.

Faust, J. R., Luskey, K. L., Chin, D. J., Goldstein, J. L. and Brown. M. S. (1982) Regulation of synthesis and degradation of 3-hydroxy-3-methylglutaryl- coenzyme A reductase by low density lipoprotein and 25-hydroxycholesterol in UT-1 cells. *Proc Natl Acad Sci USA* **79**: 5205-5209.

Finley, D., Ciechanover, A. and Varshavsky, A. (1984) Thermolability of ubiquitin-activating enzyme from the mammalian cell cycle mutant ts85. *Cell* **37** (1): 43-55.

Friedländer, R., Jarosch, E., Urban, J., Volkwein, C. and Sommer, T. (2000) A regulatory link between ER-associated protein degradation and the unfolded-protein response. *Nat Cell Biol* **2**: 379-384.

Furukawa, S., Sakata, N., Ginsberg, H. N. and Dixon, J. L. (1992) Studies of the sites of intracellular degradation of apolipoprotein B in Hep G2 cells. *J Biol Chem* **267**: 22630-22638.

Gardner, R. G., Swarbrick, G. M., Bays, N. W. et al. (2000) Endoplasmic reticulum degradation requires lumen to cytosol signaling. Transmembrane control of Hrdlp by Hrd3p. *J Cell Biol* **151**: 69-82.

Gilbert, A., Jadot, M., Leontieva, E., Wattiaux-De Coninck, S. and Wattiaux, R. (1998) Delta F508 CFTR localizes in the endoplasmic reticulum-Golgi intermediate compartment in cystic fibrosis cells. *Exp Cell Res* **242**: 144-152.

Gillece, P., Lnz, J. M., Lennarz, W. J., de La Cruz, FJ. and Romisch, K. (1999) Export of a cysteine-free misfolded secretory protein from the endoplasmic reticulum for degradation requires interaction with protein disulfide isomerase. *J Cell Biol* **147**: 1443-1456.

Glickman, M. H., Rubin, D. M., Larsen, C. N., Schmidt, M. and Finley, D. (2000) The regulatory particle of the yeast proteasome. In: Hilt, W. and Wolf, D. H. (eds) *Proteasomes: The World of Regulatory Proteolysis*, pp. 71-90. Austin, TX: Landes Bioscience, Georgetown/Eurekah. com.

Goebl, M. G., Yochem, J., Jentsch, S. et al. (1988) The yeast cell cycle gene CDC34 encodes a ubiquitin-conjugating enzyme. *Science* **241**: 1331-1335.

Groll, M., Ditzel, L., Lowe, J. et al. (1997) Structure of 20S proteasome from yeast at 2.4 A resolution. *Nature* **386**: 463-471.

Halaban, R., Cheng, E., Zhang, Y. et al. (1997) Aberrant retention of tyrosinase in the endoplasmic reticulum mediates accelerated degradation of the enzyme and contributes to the dedifferentiated phenotype of amelanotic melanoma cells. *Proc Natl Acad Sci USA* **94**: 6210-6215.

Hammond, C. and Helenius, A. (1995) Quality control in the secretory pathway. *Curr Opin Cell Biol* **7**: 523-529.

Hammond, C., Braakman, I. and Helenius, A. (1994) Role of N-linked oligosaccharide recognition, glucose trimming, and calnexin in glycoprotein folding and quality, control. *Proc Natl Acad Sci USA* **91**: 913-917.

Hampton, R. Y. and Bhakta, H. (1997) Ubiquitin-mediated regulation of 3-hydroxy-3-methylglutaryl-CoA reductase. *Proc Natl Acad Sci USA* **94**: 12944-12948.

Hampton, R. Y., Gardner, R. G. and Rine, J. (1996) Role of 26S proteasome and HRD genes in the degradation of 3-hydroxy-3-methylglutaryl-CoA reductase, an integral endoplasmic reticulum membrane protein. *Mol Biol Cell* **7**: 2029-2044.

Hegde, R. S., Mastrianni, J. A., Scott, M. R. et al. (1998) A transmembrane form of the prion protein in neurodegenerative disease. *Science* **279**: 827-834.

Heinemeyer, W. (2000) Active sites and assembly of the 20S proteasome. In: Hilt, W. and Wolf. D. H. (eds) *Proteasomes: The World of Regulatory Proteolysis*, pp. 48-70. Austin. TX: Landes Bioscience, Georgetown/Eurekah. com.

Heinemeyer, W., Fischer, M., Krimmer, T., Stachon, U. and Wolf, D. H. (1997) The active sites of the eukaryotic 20S proteasome and their involvement in subunit precursor processing. *J Biol Chem* **272**: 25200-25209.

Heinemeyer, W., Kleinschmidt, J. A., Saidowsky, J., Escher, C. and Wolf, D. H. (1991) Proteinase yscE. the yeast proteasome/multicatalytic-multifunctional proteinase: mutants unravel its function in stress induced proteolysis and uncover its necessity for cell survival. *EMBO J* **10**: 555-562.

Helenius, A. (2001) Quality control in the secretory assembly line. *Phil Trans R Soc Lond B* **356**: 147-150.

Helenius, A. and Aebi, M. (2001) Intracellular functions of N-linked glycans. *Science* **291**: 2364-2369.

Helenius, A., Trombetta, E. S., Hebert, D. N. and Simons, J. F (1997) Calnexin. calreticulin and the folding of glycoproteins. *Trends Cell Biol* **7**: 193-200.

Hershko, A. (1996) Lessons from the discovery of the ubiquitin system. *Trends Biochem Sci* **21**: 445-449.

Hershko, A. and Ciechanover, A. (1998) The ubiquitin system. *Annu Rev Biochem* **67**: 425-479.

Hill, K. and Cooper, A. A. (2000) Degradation of unassembled Vphlp reveals novel aspects of the yeast ER quality control system. *EMBO J* **19**: 550-561.

Hiller, M. M., Finger, A., Schweiger, M. and Wolf, D. H. (1996) ER degradation of a misfolded luminal protein by the cytosolic ubiquitin-proteasome pathway. *Science* **273**: 1725-1728.

Hilt, W. and Wolf, D. H. (1996) Proteasomes: destruction as a programme. *Trends Biochem Sci* **21**: 96-102.

Hilt, W. and Wolf, D. H. (eds) (2000) *Proteasomes: The World of Regulatory. Proteolysis*. Austin, TX: Landes Bioscience, Georgetown/Eurekah. com.

Hong, E., Davidson, A. R. and Kaiser, C. A. (1996) A pathway for targeting soluble misfolded proteins to the yeast vacuole. *J Cell Biol* **135**: 623-633.

Hosokawa, N., Wada, I., Hasegawa, K. et al. (2001) A novel ER α-mannosidase-like protein accelerates ER-associated degradation. *EMBO Rep* **2**: 415-422.

Hughes, E. A., Hammond, C. and Cresswell, P. (1997) Misfolded major histocompatibility complex class I heavy chains are translocated into the cytoplasm and degraded by the proteasome. *Proc NatlAcad Sci USA* **94**: 1896-1901.

Hough, R., Pratt, G. and Rechsteiner, M. (1987) Purification of two high molecular weight proteases from rabbit reticulocyte lysate. *J Biol Chem* **262** (17): 8303-8313.

Huppa, J. B. and Ploegh, H. L. (1997) The alpha chain of the T cell antigen receptor is degraded in the cytosol. *Immunity* **7**: 113-122.

Imai, Y., Soda, M., Inoue, H. et al. (2001) An unfolded putative transmembrane polypeptide, which can lead to endoplasmic reticulum stress is a substrate of Parkin. *Cell* **105**: 891-902.

Jakob, C. A., Burda, P., Roth, J. and Aebi, M. (1998) Degradation of misfolded endoplasmic reticulum glycoproteins in *Saccharomyces cerevisiae* is determined by a specific oligosaccharide structure. *J Cell Biol* **142**: 1223-1233.

Jakob, C. A., Bodiner, D., Spirig, U. et al. (2001) Htmlp, a mannosidase-like protein. is involved in glycoprotein degradation in yeast. *EMBO Rep* **2**: 423-430.

Jensen, T. J., Loo, M. A., Pind, S. et al. (1995) Multiple proteolytic systems, including the proteasome, contribute to CFTR processing. *Cell* **83**: 129-135.

Jentsch, S., McGrath, J. P. and Varshavsky, A. (1987) The yeast DNA repair gene RAD6 encodes a ubiquitin-conjugating enzyme. *Nature* **329**: 131-134.

Jin, T, Gu, Y., Zanusso, G. et al. (2000) The chaperone protein BiP binds to a mutant prion protein and mediates its degradation by the proteasome. *J Biol Chem* **275**: 38699-38704.

Johnston, J. A., Ward, C. L. and Kopito, R. R. (1998) Aggresomes: a cellular response to misfolded proteins. *J Cell Biol* **143**: 1883-1898.

Kawahara, T., Yanagi, H., Yura, T. and Mori, K. (1997) Endoplasmic reticulum stress-induced mRNA splicing permits synthesis of transcription factor Haclp/Ern4p that activates the unfolded protein response. *Mol Biol Cell* **8**: 1845-1862.

Kerkau, T., Bacik, I., Bennink, J. R. et al. (1997) The human immunodeficiency virus type 1 (HIV-1) Vpu protein interferes with an early step in the biosynthesis of major histocompatibility complex (MHC) class I molecules. *J Exp Med* **185**: 1295-1305.

Klausner, R. D. and Sitia, R. (1990) Protein degradation in the endoplasmic reticulum. *Cell* **62**: 611-614.

Knecht, E. and Rivett, A. J. (2000) Intracellular localization of *proteasomes*. In: Hilt. W. and Wolf, D. H. (eds) *Proteasomes: The World of Regulatory Proteolysis*, pp. 176-185. Austin, TX: Landes Bioscience, Georgetown/Eurekah. com.

Knop, M., Finger, A., Braun, T, Hellmuth, K. and Wolf, D. H. (1996a) Derl, a novel protein specifically required for endoplasmic reticulum degradation in yeast. *EMBO J* **15**: 753-763.

Knop, M., Hauser, N. and Wolf, D. H. (1996b) N-Glycosylation affects endoplasmic reti-culum degradation of a mutated derivative of carboxypeptidase yscY in yeast. *Yeast* **12**: 1229-1238.

Kutay, U., Hartmann, E. and Rapoport, T. A. (1993) A class of membrane proteins with a C-terminal anchor. *Trends Cell Biol* **3**: 72-75.

Kutay, U., Ahnert-Hilger, G., Hartmann, E., Wiedenmann, B. and Rapoport, T. A. (1995) Transport route for synaptobrevin via a novel pathway of insertion into the endoplasmic reticulum membrane. *EMBO J* **14**: 217-223.

Le, A., Graham, K. S. and Sigers, R. N. (1990) Intracellular degradation of the transport-impaired human PiZ α1-antitrypsin variant. Biochemical mapping of the degradative event among compartments of the secretory pathway. *J Biol Chem* **265**: 14001-14007.

Letourneur, F., Hennecke, S., Demolliere, C. and Cosson, P. (1995) Steric masking of a dilysine endoplasmic reticulum retention motif during assembly of the human high affinity receptor for immunoglobulin E. *J Cell Biol* **129**: 971-978.

Lippincott-Schwartz, J., Bonifacino, J. S., Yuan, L. C. and Klausner, R. D. (1988) Degradation from the endoplasmic reticulum: disposing of newly synthesized proteins. *Cell* **54**: 209-220.

Liu, Y., Choudhury, P., Cabral, C. M. and Sifers, R. N. (1999) Oligosaccharide modification in the early secretory pathway directs the selection of a misfolded glycoprotein for degradation by the proteasome. *J Biol Chem* **274**: 5861-5867.

Margottin, F., Bour, S. P., Durand, H. et al. (1998) A novel human WD protein, h-beta IrCp. that interacts with HIV-1 Vpu connects CD4 to the ER degradation pathway through an F-box motifi *Mol Cell* **1**: 565-574.

McCracken, A. A. and Brodsky, J. L. (1996) Assembly of ER-associated protein degradation *in vitro*: dependence on cytosol, calnexin, and ATP. *J Cell Biol* **132**: 291-298.

Meacham, G. C., Patterson, C., Zhang, W., Younger, J. M. and Cyr, D. M. (2001) The Hsc70 co-chaperone CHIP targets immature CFTR for proteasomal degradation. *Nat Cell Biol* **3**: 100-105.

Meigs, T. E. and Simoni, R. D. (1997) Farnesol as a regulator of HMG-CoA reductase degradation: characterization and role of farnesyl pyrophosphatase. *Arch Biochem Biophys* **345**: 1-9.

Meigs, T. E. and Simoni, R. D. (1992) Regulated degradation of 3-hydroxy-3-methylglutaryl-coenzyme A reductase in permeabilized cells. *J Biol Chem* **267** (19): 13547-13552.

Mosse, C. A., Meadows, L., Luckey, C. J. et al. (1998) The class I antigen-processing pathway for the membrane protein tyrosinase involves translation in the endoplasmic reticulum and processing in the cytosol. *J Exp Med* **187**: 37-48.

Nakatsukasa, K., Nishikawa, S., Hosokawa, N., Nagata, K. and Endo. T. (2001) Mnl1p, an alpha-mannosidase-like protein in yeast *Saccharomyces cerevisiae*. is required for endoplasmic reticulum-associated degradation of glycoproteins. *J Biol Chem* **276**: 8635-8638.

Orci, L., Brown, M. S., Goldstein, J. L., Garcia-Segura, L. M. and Anderson. R. G. (1984) Increase in membrane cholesterol: a possible trigger for degradation of HMG CoA reductase and crystalloid endoplasmic reticulum in UT-1 cells. *Cell* **36**: 835-845.

Orlowski, M. and Wilk, S. (1981) A multicatalytic protease complex from pituitary that forms enkephalin and enkephalin containing peptides. *Biochem Biophys Res Commun* **101**: 814-822.

Payne, A. S., Kelly, E. J. and Gitlin, ID. (1998) Functional expression of the Wilson disease protein reveals mislocalization and impaired copper-dependent trafficking of the common H1069Q mutation. *Proc NatlAcad Sci USA* **95**: 10854-10859.

Perlmutter, D. H. (1996) Alpha-1-antitrypsin deficiency: biochemistry, and clinical manifestations. *Ann Med* **28**: 385-394.

Pilon, M., Schekman, R. and Romisch, K. (1997) Sec61p mediates export of a misfolded secretory protein from the endoplasmic reticulum to the cytosol for degradation. *EMBO J* **16**: 4540-4548.

Plemper, R. K. and Wolf, D. H. (1999) Retrograde protein translocation: ERADication of secretory proteins in health and disease. *Trends Biochem Sci* **24**: 266-270.

Plemper, R. K., Bohmler, S., Bordallo, J., Sommer, T. and Wolf, D. H. (1997) Mutant analysis links the translocon and BiP to retrograde protein transport for ER degradation. *Nature* **388**: 891-895.

Plemper, R. K., Egner, R., Kuchler, K. and Wolf, D. H. (1998) Endoplasmic reticulum degradation of a mutated ATP-binding cassette transporter Pdr5 proceeds in a concerted action of Sec61 and the proteasome. *J Biol Chem* **273**: 32848-32856.

Plemper, R. K., Bordallo, J., Deak, P. M. et al. (1999a) Genetic interactions of Hrd3p and Der3p/Hrd1p with Sec61p suggest a retro-translocation complex mediating protein transport for ER degradation. *J Cell Sci* **112**: 4123-4134.

Plemper, R. K., Deak, P. M., Otto, R. T. and Wolf, D. H. (1999b) Re-entering the translocon from the lumenal side of the endoplasmic reticulum. Studies on mutated carboxypeptidase yscY species. *FEBS Lett* **443**: 241-245.

Prusiner, S. B. (1997) Prion diseases and the BSE crisis. *Science* **278**: 245-251.

Pryer, N. K., Wuestehube, L. J. and Schekman, R. (1992) Vesicle-mediated protein sorting. *Annu Rev Biochem* **61**: 471-516.

Pühler, G., Weinkauf, S., Bachmann, L. et al. (1992) Subunit stoichiometrv and three-dimensional arrangement in proteasomes from *Thermoplasma acidophilum*. *EMBO J* **11**: 1607-1616.

Qu, D., Teckman, J. H., Omura, S. and Perlmutter, D. H. (1996) Degradation of a mutant secretory protein, alpha1-antitrypsin Z, in the endoplasmic reticulum requires proteasome activity. *J Biol Chem* **271**: 22791-22795.

Rapoport, T. A., Jungnickel, B. and Kutay, U. (1996) Protein transport across the eukaryotic endoplasmic reticulum and bacterial inner membranes. *Annu Rev Biochem* **65**: 271-303.

Ravid, T., Doolman, R., Avner, R., Harats, D. and Roitelman, J. (2000) The ubiquitin-proteasome pathway mediates the regulated degradation of mammalian 3-hydroxy-3-methylglutaryl-coenzyme A reductase. *J Biol Chem* **275**: 35840-35847.

Sato, R., Imanaka, T., Takatsuki, A. and Takano, T. (1990) Degradation of newly synthesized apolipoprotein B-100 in a pre-Golgi compartment. *J Biol Chem* **265**: 11880-11884.

Schauer, T. M., Nesper, M., Kehl, M. et al. (1993) Proteasomes from *Dictyostelium discoideum*: characterization of structure and function. *J Struct Biol* **111**: 135-147.

Schimke, R. T. (1970) Regulation of protein degradation in mammalian tissues. In: Munro, H. N. (ed.), *Mammalian Protein Metabolism* Vol. 4, pp. 177-228. New York: Academic Press.

Schmitz, A., Herrgen, H., Winkeler, A. and Herzog, V. (2000) Cholera toxin is exported from microsomes by the Sec61p complex. *J Cell Biol* **148**: 1203-1212.

Shamu, C. E., Story, C. M., Rapoport, T. A. and Ploegh, H. L. (1999) The pathway of US11-dependent degradation of MHC class I heavy chains involves a ubiquitin-conjugated intermediate. *J Cell Biol* **147**: 45-58.

Sidman, C. (1981) B lymphocyte differentiation and the control of IgM mu chain expression. *Cell* **23** (2): 379-389.

Sidrauski, C. and Walter, P (1997) The transmembrane kinase Ire1p is a site-specific endonuclease that initiates mRNA splicing in the unfolded protein response. *Cell* **90**: 1031-1039.

Simpson, J. C., Roberts, L. M., Romisch, K., Davey, J., Wolf, D. H. and Lord, J. M. (1999) Ricin A chain utilises the endoplasmic reticulum-associated protein degradation pathway to enter the cytosol of yeast. *FEBS Lett* **459**: 80-84.

Sitia, R., Neuberger, M. S. and Milstein, C. (1987) Regulation of membrane IgM expression in secretory B cells: translational and post-translational events. *EMBO J* **6** (13): 3969-3977.

Sommer, T. and Jentsch, S. (1993) A protein translocation defect linked to ubiquitin conjugation at the endoplasmic reticulum. *Nature* **365**: 176-179.

Sommer, T. and Wolf, D. H. (1997) Endoplasmic reticulum degradation: reverse protein flow of no return. *FASEB J* **11**: 1227-1233.

Stafford, F. J. and Bonifacino, J. S. (1991) A permeabilized cell system identifies the endoplasmic reticulum as a site of protein degradation. *J Cell Biol* **115** (5): 1225-1236.

Stevens, T. L., Blum, J. H., Foy, S. P., Matsuuchi, L. and DeFranco, A. L. (1994) A mutation of the mu transmembrane that disrupts endoplasmic reticulum retention. Effects on association with accessory proteins and signal transduction. *J Immunol* **152**: 4397-4406.

Suzuki, T., Park, H., Hollingsworth, N. M., Sternglanz, R. and Lennarz, W. J. (2000) PNG1, a yeast gene encoding a highly conserved peptide: N-glycanase. *J Cell Biol* **149**: 1039-1052.

Suzuki, T., Park. H., Kwofie, M. A. and Lennarz, W. J. (2001) Rad23 provides a link between the Pngl deglycosylating enzyme and the 26S proteasome in yeast. *J Biol Chem* **276**: 21601-21607, published online on March 20.

Swanson, R., Locher. M. and Hochstrasser, M. (2001) A conserved ubiquitin ligase of the nuclear envelope endoplasmic reticulum that functions in both ER-associated and matα2 repressor degradation. *Genes Dev* **15**: 2660-2674.

Tiwari, S. and Weissman, A. M. (2001) Endoplasmic reticulum (ER) -associated degradation of T cell receptor subunits. Involvement of ER-associated ubiquitin-conjugating enzymes (E2s). *J Biol Chem* **276**: 16193-16200.

Tokunaga, F, Brostrom, C., Koide, T. and Arvan, P. (2000) Endoplasmic reticulum (ER) -associated degradation of misfolded N-linked glycoproteins is suppressed upon inhibition of ER mannosidase I. *J Biol Chem* **275**: 40757-40764.

Travers, K. J., Patil, C. K., Wodicka, L. et al. (2000) Functional and genomic analyses reveal an essential coordination between the unfolded protein response and ER-associated degradation. *Cell* **101**: 249-258.

Tsai, B., Rodighiero, C., Lencer, W. I. and Rapoport, T. A. (2001) Protein disulfide isomerase acts as a redox-dependent chaperone to unfold cholera toxin. *Cell* **104**: 937-948.

Walter, J., Urban, J., Volkwein, C. and Sommer, T. (2001) Sec61p independent degradation of the tail-anchored membrane protein Ubc6p. *EMBO J* **20**: 3124-3131.

Ward, C. L., Omura, S. and Kopito, R. R. (1995) Degradation of CTTR by the ubiquitin-proteasome pathway. *Cell* **83**: 121-127.

Werner, E. D., Brodsky, J. L. and McCracken, A. A. (1996) Proteasome-dependent endoplasmic reticulum-associated protein degradation: an unconventional route to a familiar fate. *Proc NatlAcad Sci USA* **93**: 13797-13801.

Wesche, J., Rapak, A. and Olsnes, S. (1999) Dependence of ricin toxicity, on translocation of the toxin A-chain from the endoplasmic reticulum to the cytosol. *J Biol Chem* **274**: 34443-34449.

Wiertz, E. J., Jones, T. R., Sun, L. et al. (1996a) The human cytomegalovirus Usll gene product dislocates MHC class I heavy chains from the endoplasmic reticulum to the cytosol. *Cell* **84**: 769-779.

Wiertz, E. J., Tortorella, D., Bogyo, M. et al. (1996b) Sec61-mediated transfer of a membrane protein from the endoplasmic reticulum to the proteasome for destruction. *Nature* **384**: 432-438.

Wilhovsky, S., Gardner, R. and Hampton, R. (2000) HRD gene dependence of endoplasmic reticulum-associated degradation. *Mol Biol Cell* **11**: 1697-1708.

Wilk, S. and Orlowski, M. (1980) Cation-sensitive neutral endopeptidase: isolation and specificity of the bovine pituitary enzyme. *J Neurochem* **35**: 1172-1182.

Wilkinson, B. M., Tyson, J. R., Reid, P. J. and Stirling, C. J. (2000) Distinct domains within yeast Sec61p involved in post-translational translocation and protein dislocation. *J Biol Chem* **275**: 521-529.

Willey, R. L., Maldarelli, F, Martin, M. A. and Strebel, K. (1992a) Human immuno-deficiency virus type 1 Vpu protein induces rapid degradation of CD4. *J Virol* **66**: 7193-7200.

Willey, R. L., Maldarelli, F, Martin, M. A. and Strebel, K. (1992b) Human immuno-deficiency virus type 1 Vpu protein regulates the formation of intracellular gpl60-CD4 complexes. *J Virol* **66**: 226-234.

Wolf, D. H. (2000) Proteasomes: A historical retrospective. In: Hilt, W. and Wolf D. H. (eds) *Proteasomes: The World of Regulatory Proteolysis*, pp. 1-7. Austin. TX: Landes Bioscience, Georgetown/Eurekah. com.

Xiong, X., Chong, E. and Skach, W. R. (1999) Evidence that endoplasmic reticulum (ER) -associated degradation of cystic fibrosis transmembrane conductance regulator is linked to retrograde translocation from the ER membrane. *J Biol Chem* **274**: 2616-2624.

Yang, M., Omura, S., Bonifacino, J. S. and Weissman, A. M. (1998) Novel aspects of degradation of T cell receptor subunits from the endoplasmic reticulum (ER) in T cells: importance of oligosaccharide processing, ubiquitination, and proteasome-dependent removal from ER membranes. *J Exp Med* **187**: 835-846.

Yost, C. S., Lopez. C. D., Prusiner, S. B., Myers, R. M. and Lingappa, V. R. (1990) Non-hydrophobic extracytoplasmic determinant of stop transfer in the prion protein. *Nature* **343**: 669-672.

Yu, H., Kaung, G., Kobayashi, S. and Kopito, R. R. (1997) Cytosolic degradation of T-cell receptor alpha chains by the proteasome. *J Biol Chem* **272**: 20800-20804.

Zanusso, G., Petersen, R. B., Jin, T. et al. (1999) Proteasomal degradation and N-terminal protease resistance of the codon 145 mutant prion protein. *J Biol Chem* **274**: 23396-23404.

Zapun, A., Jakob. C. A., Thomas, D. Y. and Bergeron, J. J. (1999) Protein folding in a specialized compartment: the endoplasmic reticulum. *Structure* **7**: R173-182.

Zerangue, N., Schwappach, B., Jan, Y. N. and Jan, L. Y. (1999) A new ER trafficking signal regulates the subunit stoichiometry of plasma membrane K (ATP) channels. *Neuron* **22**: 537-548.

Zhou, M. and Schekman, R. (1999) The engagement of Sec61p in the ER dislocation process. *Mol Cell* **4**: 925-934.

Zwickl, P., Grziwa, A., Puhler, G. et al. (1992) Primary structure of the *Thermoplasma* proteasome and its implications for the structure, function, and evolution of the multicatalytic proteinase. *Biochemistry* **31**: 964-972.

9.11 推荐读物

Blobel, G. (1995) Unidirectional and bidirectional protein traffic across membranes. *Cold Spring Harb Symp Quant Biol* **60**: 1-10.

Bonifacino, J. S., Cosson, P and Klausner, R. D. (1990) Colocalized Transmembrane determinants for ER degradation and subunit assembly explain the intracellular fate of TCR chains. *Cell* **63**: 503-513.

Deak, P. M. and Wolf, D. H. (2001) Membrane topology and function of Der3/Hrd1p as a ubiquitin-protein ligase (E3) involved in endoplasmic reticulum degradation. *J Biol Chem* **276**: 10663-10669.

Hammond, C. and Helenius, A. (1995) Quality control in the secretory pathway. *Curr Opin Cell Biol* **7**: 523-529.

Hiller, M. M., Finger, A., Schweiger, M. and Wolf, D. H. (1996) ER degradation of a misfolded luminal protein by the cytosolic ubiquitin-proteasome pathway. *Science* **273**: 1725-1728.

Plemper, R. K., Bohmler, S., Bordallo, J., Sommer, T. and Wolf, D. H. (1997) Mutant analysis links the translocon and BiP to retrograde protein transport for ER degradation. *Nature* **388**: 891-895.

Schmitz, A., Herrgen, H., Winkeler, A. and Herzog, V. (2000) Cholera toxin is exported from microsomes by the Sec61p complex. *J Cell Biol* **148**: 1203-1212.

Sommer, T. and Jentsch, S. (1993) A protein translocation defect linked to ubiquitin conjugation at the endoplasmic reticulum. *Nature* **365**: 176-179.

Ward, C. L., Omura, S. and Kopito, R. R. (1995) Degradation of CFTR by the ubiquitin-proteasome pathway. *Cell* **83**: 121-127.

Wiertz, E. J., Tortorella, D., Bogyo, M., Yu, J., Mothes, W., Jones, TR., Rapoport, T. A. and Ploegh, H. L. (1996) Sec61-mediated transfer of a membrane protein from the endoplasmic reticulum to the proteasome for destruction. *Nature* **384**: 432-438.

10 蛋白质向线粒体的转运

THORSTEN PRINZ，NIKOLAUS PFANNER 和
KAYE N. TRUSCOTT

10.1 概要

多数线粒体蛋白在细胞质内合成后被运到线粒体内。线粒体外膜和内膜中的蛋白质转运系统专门负责前体蛋白的识别和输入。外膜的前体蛋白转移酶由几种受体组成，通用输入孔（the general import pore）允许各种类型的前体蛋白通过外膜。内膜中含有两种不同的转运酶。前体蛋白转运到基质中需要前导序列转运酶（TIM23 复合体）和基质蛋白 Hsp70 的帮助。TIM22 复合体调节疏水蛋白插入内膜。

10.2 引言

真核细胞中有许多细胞器，如内质网、叶绿体、过氧化物酶体和线粒体。由于细胞中的多数蛋白质是由核编码，在细胞质中合成，因此蛋白质向这些细胞器中的定向和输入机制十分重要。这章将讨论蛋白质向线粒体中输入的机制。线粒体是自我复制、半自主细胞器，含有两层功能不同的膜，外膜对线粒体进行了界定，结构复杂的内膜是细胞能量传导的主要场所。膜将线粒体分为两个区室：膜间层和线粒体基质。基质中含有完整的遗传物质和翻译系统。但线粒体 DNA 只编码少数蛋白质，主要是线粒体内膜呼吸链中的蛋白质。

98%以上的线粒体蛋白由核编码，在胞质核糖体上合成，翻译后输入到线粒体中。根据定向信息特性，核编码的线粒体蛋白可大致分为两类。一类前体蛋白的定向信息位于 N 端信号序列中，另一类位于内部（Schatz and Dobberstein，1996；Neupert，1997；Pfanner et al.，1997）。在胞质分子伴侣的帮助下，前体蛋白被引导至线粒体表面，通过特殊的转运装置进入线粒体。线粒体含有三种不同的蛋白质输入系统，一种位于外膜，另外两种位于内膜（图 10.1）。线粒体外膜中的多亚基蛋白复合体被称为外膜转运体（translocase of the outer membrane，TOM），是所有线粒体前体蛋白进入线粒体的门户。

最近发现了线粒体内膜中的两种多亚基蛋白复合体，它们被称为内膜转运体（translocases of the inner membrane，TIM）。线粒体蛋白输入系统中的组分被称为 Tom 或 Tim，后面跟着它们的表观分子质量，以千道尔顿（kDa）为单位，如 Tom40 或 Tim23。从低等到高等真核生物，多数转运组分都保守，比如从酵母到人类（Mori and Terada，1998；Voos et al.，1999）。由于遗传操作简便，培养条件简单，酵母 *Saccharomyces cerevisiae* 是研究线粒体蛋白输入最常用的模式生物。许多研究也使用丝状

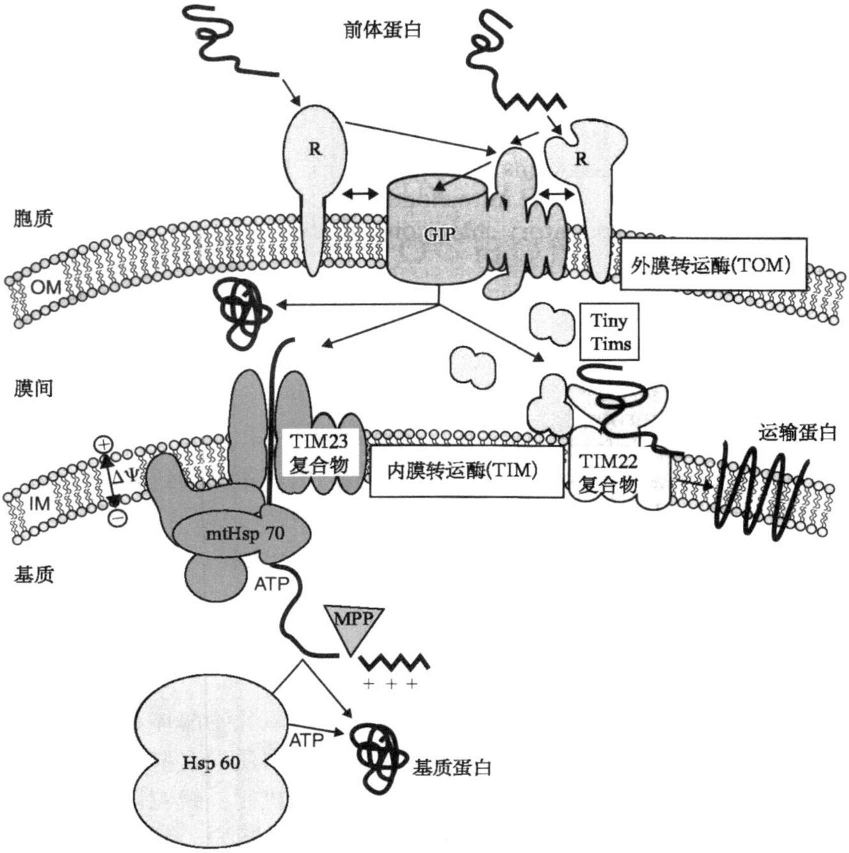

图 10.1　线粒体蛋白输入系统。核编码的线粒体前体蛋白与线粒体表面的受体结合。线粒体蛋白从受体转移到通用输入孔（general import pore，GIP），GIP 是蛋白质通过线粒体外膜（OM）的通道。定位到线粒体基质中的蛋白质还要通过内膜（IM）中由 TIM23 复合体构成的通道。前体蛋白到达基质后，与 Hsp70 结合，前导序列被线粒体加工蛋白酶（MPP）切除（Hawlitschek et al.，1988）。之后，一些蛋白质与 Hsp60 相互作用形成天然折叠状态（Ostermann et al.，1989）。定位到内膜上的蛋白质与 TIM22 复合体相互作用，侧向转移至内膜。这些前体蛋白通过 GIP，在“小的”Tim 蛋白的帮助下穿过膜间隙（IMS）到达内膜上的终点——TIM22 复合体。进入基质或插入内膜的前体蛋白需要一个跨越内膜的膜电势（Δψ）。

真菌 *Neurospora crassa*。表 10.1 归纳了近 25 年内所发现的线粒体蛋白的重要输入组分。下面将进行详细讨论。

表 10.1　蛋白质转运进入线粒体的重要发现

年　份	发　现	参考文献
1976/1977	真菌 *Neurospora crassa* 的前体蛋白翻译后被输入线粒体	Hallermayer et al.，1977
1979	酵母线粒体对前体蛋白进行输入和蛋白酶解加工	Maccecchini et al.，1979

续表

年　份	发　现	参考文献
1979	鉴定不含蛋白质前序列（presequences）的前体蛋白	Zimmerman et al., 1979
1984/1985	蛋白质前序列足以作为线粒体定向信号	Hurt et al., 1984; Horwich et al., 1985
1985	通过转运接触位点输入前体蛋白	Schleyer and Neupert, 1985
1986	折叠后的蛋白质不能被输入线粒体	Eilers and Schatz, 1986
1986	蛋白质输入同时需要膜电位和 ATP	Pfanner and Neupert, 1986
1987	疏水性蛋白被输入线粒体的途径	Planner et al., 1987
1988	鉴定出线粒体加工肽酶 MPP	Hawlitschek et al., 1988
1989	鉴定出第一个输入受体 Tom20（以前被称为 MOM19）	Söllner et al., 1989
1989/1990	发现第一个对细胞生存具有重要意义的输入组分 Tom40（以前被称为 lsp42）	Baker et al., 1990
1990	Hsp70 对于前体蛋白的转运和解折叠是必需的	Kang et al., 1990
1991	前体蛋白在转移过程中被暴露在膜间空间	Hwang et al., 1991; Rassow and Pfanner, 1991
1992	发现第一个内膜输入复合体组分 Tim44（以前被称为 Mpil、Mim44 或 Isp45）	Maarse et al., 1992; Scherer et al., 1992
1994	基质 Hsp70 和 Tim44 协同作为蛋白质输入马达	Kronidou et al., 1994; Rassow et al., 1994; Schneider et al., 1994
1996/1997	鉴定出载体转移酶 Tim22 和 Tim54	Sirrenberg et al., 1996; Kerscher et al., 1997
1998	首次发现输入复合体的膜间空间组分 Tim10（Mrs11）和 Tim12（Mrs5）	Koehler et al., 1998a; Sirrenberg et al., 1998
1998	重建外膜蛋白输入通道	Hill et al., 1998; Kunkele et al., 1998
1999	线粒体激活前体蛋白解折叠	Huang et al., 1999; Voisine et al., 1999
2000	得到带有两性分子蛋白前序列的受体（Tom20 结合沟）高解析度结构	Abe et al., 2000
2001	重建内膜蛋白输入通道	Truscott et al., 2001

注：Hsp，热激蛋白；TIM，内膜转运酶；TOM，外膜转运酶。

10.3　线粒体定向序列

什么因素引导蛋白质到达线粒体？前体蛋白可分为两类，一类带有前导序列，另一类带有内部定向信号序列。

许多线粒体前体蛋白含有 N 端定向信号。利用基因重组或基因删除技术已证明，前体蛋白（前导序列）N 端可切除部分中通常含有足够的用于蛋白质输入和分选的信息（Hurt et al., 1984; Horwich et al., 1985）。例如，将细胞色素 c 氧化酶亚基Ⅳ的前 22 个氨基酸残基（前导序列）融合到胞质二氢叶酸还原酶中，可使该酶输入线粒体基质。前导序列长约 10～80 个氨基酸残基，在多数情况下当它们进入基质后被异源二聚体线粒体加工肽酶（MPP）切除（Hawhtschek et al., 1988）。除了带正电的氨基酸残基，前导序列中还含有很大部分的疏水和羟基化的氨基酸残基。在前导序列中未发现有氨基酸序列的保守性，但存在共同的带正电荷的两性 α 螺旋（von Heijne, 1986）。化学合成的线粒体前导序列在脂或去污剂中的确形成 α 螺旋（Roise et al.，1986）。

定位到膜间隙的某些蛋白质，如细胞色素 b，在 N 端含有两段前导序列（Hartl et al.，1987）。除了定向到基质中的信号，这些蛋白质还含有第二个信号肽，是由几个碱性残基和一段疏水残基组成，将前体蛋白定位到膜间隙。已提出两种膜间隙定向模型（Glick et al.，1992）。根据“保守分选”（conservative sorting）模型，前体蛋白先被输入到基质，之后被 MPP 切割，再以中间体的形式重新输出到内膜，再被内膜肽酶（Imp）切割，最终被加工为成熟蛋白质（Hartl et al.，1987）。而“停止转运”（stop-transfer）模型认为，疏水性分选序列使前体蛋白停留在内膜，然后通过横向移动进入脂双分子层，但前体蛋白并不完全进入基质（Glick et al.，1992）。只有前导序列进入基质，然后被 MPP 切除。目前的证据表明，带有两部分前导序列的前体蛋白以一种类似于停止转运的机制被分选（Glick et al.，1992；Gärtner et al.，1995）。

然而许多线粒体前体蛋白不带有可切除的前导序列，而是在成熟蛋白质中含有内部定向信号。这种类型的蛋白质有内膜载体蛋白、某些膜间蛋白和外膜蛋白等（Schatz and Dobberstein，1996；Neupert，1997；Pfanner et al.，1997）。内部信号的确切特性还不清楚；它们没有明显的保守序列。有趣的是，部分此类蛋白质，如多数载体蛋白不仅含有一个定向信号，而且含有多个定向信号（Endres et al.，1999；Wiedemann et al.，2001）。

线粒体前体蛋白通常以翻译后转运的方式被输入，即在胞质多核糖体中完全合成后再输入到线粒体。前体蛋白与胞质因子，如分子伴侣 Hsp70 或哺乳动物细胞中线粒体输入刺激因子（MSF）相互作用，防止错误折叠和聚集。胞质运输复合体使前体蛋白保持可被输入的构象，并将它们转运到线粒体外膜受体 Tom20 或 Tom70（Komiya et al.，1997）。前体蛋白从胞质分子伴侣脱离需要水解 ATP（Komiya et al.，1997）。尽管胞质因子对部分前体蛋白具有偏爱性，但它们只作为分子伴侣，而不作为特异的定向因子。线粒体前体蛋白的定向信号只存在于定向序列中，被膜结合的受体识别。

小结：线粒体定向序列

- 98%以上的线粒体蛋白由核基因编码，在胞质核糖体中以前体形式合成。前体蛋白通常以翻译后转运的方式被输入线粒体。
- 许多线粒体前体蛋白含有可被切除的 N 端定向信号。这些前导序列形成带正电的两性 α 螺旋，引导蛋白质定向到线粒体表面的受体，通过两层线粒体膜进入到基质。前导序列被线粒体加工肽酶切除。
- 第二类前体蛋白的定向信号位于成熟蛋白质内部。尤其是疏水性膜蛋白，如内膜载体蛋白，带有多个内部信号，以不可切割的前体蛋白形式被合成。

10.4 外膜转运系统

由于孔蛋白（一种主要的线粒体外膜孔形成蛋白）只允许 5～10kDa 的蛋白质通过，线粒体必须通过 TOM 复合体选择性地将蛋白质转运穿过膜。目前为止，在酵母中已鉴定出属于多亚基复合体的 7 种主要蛋白质（图 10.2 和表 10.2）。

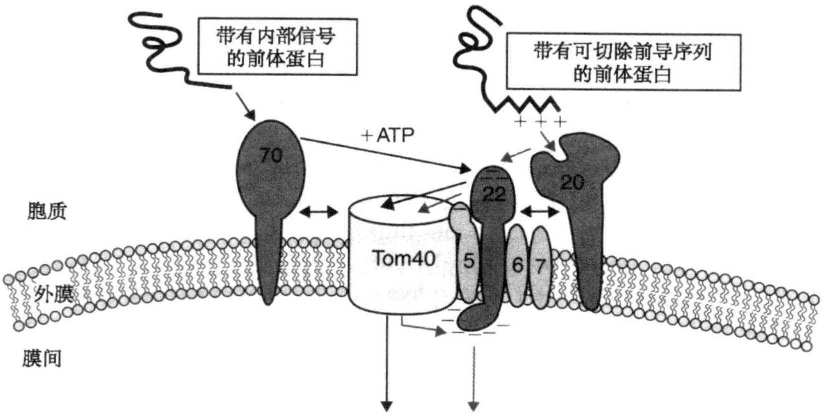

图 10.2 受体介导的前体蛋白通过外膜转运酶（TOM）进行的定向和转运（“结合链”假说）。含有可切除带正电荷前导序列的前体蛋白通过疏水相互作用首先与 Tom20 的结合沟结合。再通过 Tom22 和 Tom5（离子相互作用）转移到由 Tom40 形成的转运通道。穿过外膜（OM）后，这些前体蛋白与 Tom22 的膜间（IMS）结构域相互作用。带有内部定向信号的前体蛋白先与 Tom70 结合，再以 ATP 依赖的方式被转移到 Tom22。此后，这些前体蛋白借助 Tom5 插入 Tom40 转运孔。

表 10.2 TOM 的组成

组分	删除后的表现型（酵母）	定位	可能的功能	参考文献
Tom70	生长缓慢	N 端锚定在膜上，外膜	作为带有内部信号的前体蛋白的受体	Steger et al., 1990; Brix et al., 2000
Tom40	致死	整合在膜上（多个 β 片层），外膜	GIP	Baker et al., 1990; Hill et al., 1998
Tom22	生长严重减退	单个膜锚，外膜	GIP 受体和 GIP 复合物的组织者	Kicbler et al., 1993; Bolliger et al., 1995; van Wilpc et al., 1999
Tom20	生长缓慢	N 端锚定在膜上，外膜	带有前体序列的蛋白质的受体	Söllner et al., 1989; Schneider et al., 1991; Ramagc et al., 1993
Tom7	生长轻微减退	整合膜蛋白，外膜	TOM 复合体的解体	Hönlinger el al., 1996
Tom6	生长轻微减退	整合膜蛋白，外膜	Tom22 与 Tom40 装配	Dekker et al., 1998
Tom5	生长轻微减退	C 端锚定在膜上，外膜	将蛋白质从受体转移到 GIP	Dielmeier et al., 1997

注：当删除两种酿酒酵母的 Tom 基因时，可观察到明显的合成缺陷，通常对细胞是致死性的。GIP，通用输入孔；OM，外膜；TomX，外膜转运酶亚基。

10.4.1 输入受体

前体蛋白在胞质分子伴侣的帮助下被转运到一个或多个受体蛋白 Tom20、Tom22 或 Tom70 上。Tom70 和 Tom20 通过 N 端跨膜结构域锚定到外膜，其 C 端可溶性结构域暴露于胞质（Söllner et al., 1989; Brix et al., 1997），而 Tom22 是一种尾部锚定蛋白，即 Tom22 的 N 端暴露于胞质，一段小的 C 端结构域由外膜伸到膜间隙（Kiebler et al.，1993）。这些受体的胞质结构域可与线粒体前体蛋白结合，但具有不同的亲和力（Brix et al.，1997）。①Tom20 主要结合到前体蛋白的 N 端，但也可与某些前体蛋白的内部定向序列结合。加入盐可加强前体蛋白与 Tom20 的结合，表明这是一种疏水的相互作用（Brix et al.，1997）。Abe 等（2000）测定了部分 Tom20 与前导序列结合复合体的高分辨率结构，包括结合沟。这个令人鼓舞的研究表明，前导序列确实形成一种两性 α 螺旋，通过一段由几个氨基酸组成的疏水侧链与受体发生相互作用。②经过 Tom20 识别后，带有前导序列的前体蛋白被转移到 Tom22，可能是通过受体间胞质结构域的直接接触来实现（van Wilpe et al.，1999）。Tom22 通过静电作用力与前导序列表面的正电荷相互作用（Bolliger et al.，1995；Brix et al.，1997），引导前体蛋白进入外膜的通用输入孔（GIP）（Kiebler et al.，1993；van Wilpe et al.，1999）。Tom22 是主要受体，可部分地弥补另外两种受体 Tom20 和 Tom70 的缺失所造成的影响（Lithgow et al.，1994）。③Tom70 主要与含有内部定向信息的蛋白质相互作用，尤其是疏水膜蛋白的前体，如内膜的代谢物载体（Brix et al.，1997，2000）。在没有前体蛋白时，Tom70 形成一个二聚体。带有多个信号的前体蛋白可明显地诱导 Tom70 寡聚化形成二聚体。对于载体前体蛋白，三个 Tom70 二聚体结合到一个相同的前体蛋白上（Wiedemann et al.，2001）。我们认为，Tom70 不仅作为受体，而且通过与疏水性前体蛋白的多个位点结合执行类似于分子伴侣的功能（Brix et al.，2000；Wiedemann et al.，2001）。通过这种方式，Tom70 引导前体蛋白从胞质运输复合体转移到通用输入孔，并防止它们聚集。Tom70 含有 7 个三十四肽重复（TPR）模体，由 34 个氨基酸形成螺旋-转角-螺旋模体（Brix et al.，2000）。TPR 模体出现在许多不同的蛋白质中，包括分子伴侣。它们彼此有序地叠在一起形成骨架，参与蛋白质-蛋白质相互作用（Scheufier et al.，2000）。Tom70 中 TPR 模体的确切作用还不清楚：它们可能参与 Tom70 与前体蛋白的相互作用，或 Tom70 与其他 Tom 蛋白的相互作用。有趣的是，Tom20 只含有一个 TPR 模体，形成与前导序列的结合位点（Abe et al.，2000）。

10.4.2 通用输入孔复合体

由约 400kDa 复合体形成的稳定外膜转运酶称为 GIP 复合体。它主要含有一个 Tom22 受体和 4 个亚基 Tom40、Tom7、Tom6 和 Tom5（Dekker et al.，1998；Ahting et al.，1999；Meisinger et al.，2001）。两个起始受体 Tom20 和 Tom70 与 400kDa 复合体很松散地结合。从真菌粗糙脉孢菌分离到 TOM 复合体，经电子显微镜分析发现，一个复合体可能含有 2 至 3 个直径约 2 nm 的孔（Kunkele et al.，1998；Ahting et al.，1999）。

哪种蛋白质负责形成外膜转运孔呢？在各种生长条件下，Tom40 都是外膜中唯一对于细胞存活至关重要的蛋白质（Baker et al.，1990）（表 10.2）。它形成 β 桶形蛋白，以 β 链多次穿过外膜。当利用脂质体载运已纯化的 Tom40 时，它可形成一个阳离子选择性孔，直径约为 2.0～2.2 nm，为前体序列提供一个特异结合位点（Hill et al.，1998）。这个孔的大小足以允许一个 α 螺旋构象的多肽链通过，甚至具有环形构象的前体蛋白（例如含有 2 个 α螺旋）也可通过。

Tom5 用一个锚与外膜连结，带负电的 N 端暴露于胞质（Dietmeier et al.，1997）。

Tom5 与 Tom40 直接结合，在所有前体蛋白输入过程中起重要作用。Tom5 介导前体蛋白从受体转移到 GIP，帮助前体蛋白插入转运孔。Tom5 可能具有类似受体的特性。一些前体蛋白在向膜间输入时不需要任何受体，而是与 Tom5 直接相互作用后通过 Tom40 孔被转运（Kurz et al.，1999）。

另外两种小的整合膜蛋白——Tom6 和 Tom7，不与前体蛋白直接接触。Tom6 和 Tom7 调节 TOM 的组装和解体。Tom6 促进受体与 GIP 的结合，尤其是 Tom22 与 Tom40 的结合（Dekker et al.，1998；van Wilpe et al.，1999）。在无 Tom22 时，TOM 复合体分解为 100 kDa 大小、只有一个孔的 Tom40 亚复合体。删除 Tom6 基因可阻止 TOM 复合体的分解。Tom7 的部分功能与 Tom6 相反，Tom7 促进 TOM 复合体分解（Hönlinger et al.，1996；Model et al.，2001）。Tom7 对于蛋白质分选到外膜是必需的，例如，主要的外膜孔蛋白的输入需要 Tom7（Hönlinger et al.，1996；Krimmer et al.，2001）。据报道，Tom7 参与 TOM 复合体的打开，允许前体蛋白横向移入内膜。

10.4.3 结合链假说

几种 Tom 蛋白，尤其是 Tom22 和 Tom5 在它们的胞质结构域中含有成串的负电荷氨基酸残基。而且，Tom22 和 Tim23（属于内膜转运酶）暴露到膜间的结构域带负电荷。根据输入组分的这些特性提出了“酸链（acid chain)”假说，认为前体蛋白的转运是通过带正电荷前导序列与输入组分带负电的氨基酸串之间一系列的相互作用来完成的（Bolliger et al.，1995；Dietmeier et al.，1997；Komiya et al.，1998）。含有前导序列的前体蛋白先后与 Tom20、Tom22 和 Tom5 相互作用。通过由 Tom40 形成的孔以后，前导序列结合到 Tom22 膜间结构域上（Bolliger et al.，1995；Moczko et al.，1997）。Tim23 可能作为前体蛋白在内膜上的顺式结合位点（Bauer et al.，1996；Komiya et al.，1998）。

最近的研究表明，前体蛋白与 Tom 蛋白的作用不仅通过静电作用，而且还通过其他类型的非共价相互作用，如疏水相互作用和氢键，Tom20、Tom40 及其他 Tom 蛋白即属于此种情况（Brix et al.，1997；Abe et al.，2000；Yano et al.，2000；Meisinger et al.，2001）。因此“酸链”假说已延伸到“结合链（binding chain)”假说，即在前体蛋白输入过程中有许多结合位点，包括各种非共价相互作用（Meisinger et al.，2001）。单独一个结合位点对前体蛋白的亲和力相对较低（Brix et al.，1997；Komiva et al.，1998）。但几个结合位点一同构成的结合链使线粒体输入系统具有高的特异性。结合链因此作为一个引导系统指导前体蛋白穿过线粒体外膜和内膜（图 10.2）。

10.4.4 小结：外膜转运系统

- 两种线粒体外膜输入受体——Tom20 和 Tom22，识别带有前导序列的前体蛋白。
- 具有内部定向信号的前体蛋白倾向于与受体 Tom70 相互作用。
- β-桶蛋白 Tom40 形成一个穿过外膜的通道（通用输入孔），允许所有类型的前体蛋白通过。
- Tom 蛋白组装成一个大的动态外膜蛋白复合体（TOM 复合体）。小的 Tom 蛋白协助前体蛋白从受体转移到输入通道（Tom5）或调节 TOM 复合体的装配和解体（Tom6 和 Tom7）。

10.5 内膜转运系统

早期利用破裂线粒体外膜进行的实验证明，在内膜中存在一个蛋白质转运系统，它的活动不依赖于 TOM 复合体（Hwang et al.，1989）。已鉴定出 11 种 Tom 蛋白和 2 种基质分子伴侣参与前体蛋白插入或通过内膜（表 10.3）。

表 10.3 TIM 系统和与它相互作用的组分

组分	删除后的表现型（酵母）	定位	可能的功能	参考文献
前体序列转移酶（TIM23 复合体）				
Tim44	致死	从基质一侧与内膜结合	mtHsp70 定位在膜上的锚	Maarse et al.，1992；Scherer et al.，1992；Kronidou et al.，1994；Rassow et al.，1994；Schneider et al.，1994
Tim23	致死	整合膜蛋白，内膜	前体蛋白转运通过内膜	Dekker et al.，1993；Emtage and Jensen，1993
Tim17	致死	整合膜蛋白，内膜	前体蛋白转运通过内膜	Ktibrich et al.，1994；Maarse et al.，1994；Ryan et al.，1994
mtHsp70	致死	基质	转运马达	Kang et al.，1990；Voisine et al.，1999
Mgel	致死	基质	mtHsp70 的核苷交换因子	Bolliger et al.，1994；Schneider et al.，1996
载体转移酶（TIM22 复合体）				
Tim54	致死	整合膜蛋白，内膜	多位点蛋白插入膜	Kerscher et al.，1997
Tim22	致死	整合膜蛋白，内膜	多位点蛋白插入膜	Sirrenberg et al.，1996
Tim18	轻度生长衰减	整合膜蛋白，内膜	多位点蛋白插入膜	Kerscher et al.，2000；Koehler et al.，2000
Tim13	正常生长	可溶性蛋白质，膜间空间	Tim23 前体的输入；与 Tim8 形成复合体	Koehler et al.，1999；Kurz et al.，1999；Davis et al.，2000；Paschen et al.，2000
Tim12	致死	外围内膜蛋白（膜间空间一侧）	载体蛋白插入内膜	Koehler et al.，1998a；Sirrenberg et al.，1998
Tim10	致死	可溶性蛋白质，膜间空间	载体蛋白往返于 TOM 和 TIM 之间；与 Tim9 形成复合体	Koehler et al.，1998a；Sirrenberg et al.，1998
Tim9	致死	可溶性蛋白质，膜间空间	载体蛋白往返于 TOM 和 TIM 之间；与 Tim10 形成复合体	Kochler et al.，1998b；Adam et al.，1999
Tim8	正常生长	可溶性蛋白质，膜间空间	Tim23 前体的输入；与 Tim 13 形成复合体	Koehler et al.，1999；Kurz et al.，1999；Davis et al.，2000；Paschcn et al.，2000

注：Hsp，热激蛋白；IM，内膜；IMS，内膜空间；TimX，内膜转运酶亚基。

已证明内膜中有两种不同的 TIM 复合体；TIM23 复合体（前导序列转运酶）对于含有前导序列的前体蛋白的输入是必需的，而 TIM22 复合体（载体转运酶）对于整合内膜蛋白的输入和插入是必需的。

10.5.1 前导序列转运酶和蛋白质转运进入基质的能量学

90 kDa 的 TIM23 核心复合体由整合膜蛋白 Tim23 和 Tim17 组成（Dekker et al., 1997）（图 10.3）。Tim23 的跨膜结合域与 Tim17 同源。据预测，每种蛋白质都以 α 螺旋构象跨越内膜 4 次（Dekker et al., 1993; Emtage and Jensen, 1993; Kübrich et al., 1994）。尽管它们是同源的，而且有相似的拓扑结构，但彼此不能替代对方的缺失，各自对细胞的存活都十分重要。

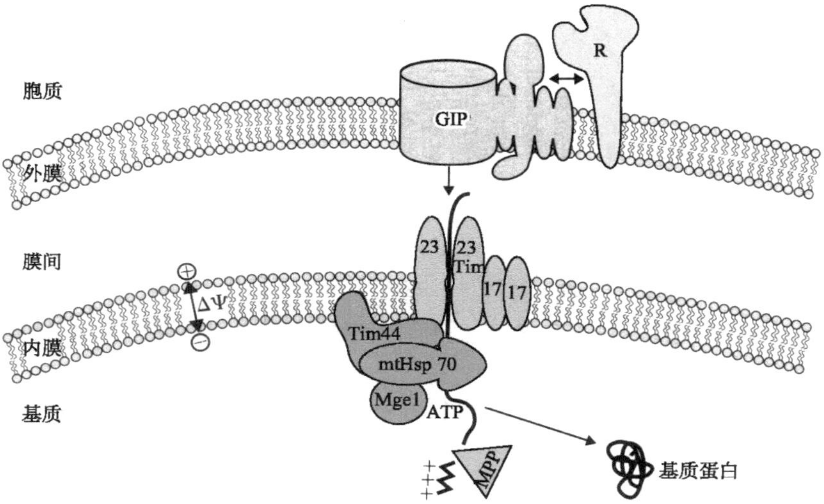

图 10.3 线粒体内膜（IM）中 TIM23 复合体的分子组成。通过外膜后，前体蛋白插入由 Tim23 形成的 IM 通道内。Tim23 与整合膜蛋白 Tim17 结合形成转运复合体。蛋白质通过内膜依赖于膜电势（Δψ）。在内膜基质一侧前体蛋白与输入马达相互作用，输入马达由 Hsp70 线粒体 Hsp70（mtHsp70）和与膜结合的 Tim44 组成。前体蛋白依靠 ATP 被 mtHsp70 推入基质。Mge1 蛋白作为 mtHsp70 的核苷酸交换因子。最终，线粒体加工肽酶（MPP）将带正电荷的前导肽切除，成熟蛋白质在基质中被折叠。

Tim23 的 N 端结构域含有一个亮氨酸拉链模体，可能参与它的二聚体作用（Bauer et al., 1996）。实验结果表明，当与前体蛋白接触后 Tim23 二聚体分解，可能导致内膜通道的开启（Bauer et al., 1996）。当利用脂质体携载纯化的 Tim23 时，会形成一个阳离子选择性通道，特异性地允许线粒体前导序列通过。Tim23 孔的内径约为 1.3nm，即只允许多肽链的一个 α 螺旋通过，这表明前体蛋白通过线粒体内膜时必须完全处于解折叠状态，至少达到单个 α 螺旋的水平（Truscott et al., 2001）。由于 Tim17 与 Tim23 同源，因此 Tim17 理应也可形成一个通道，但 Tim17 在前导序列转运中的特殊作用尚不清楚。

蛋白质通过和插入内膜的过程严格依赖于膜电势 Δψ。内膜基质一侧的负电荷对带正电荷的前导序列产生一种电泳作用力，从而使它们转运通过内膜（Martin et al.，1991）。此外，$\Delta\psi$ 似乎还激活并打开由 Tim23 形成的通道（Bauer et al.，1996；Truscott et al.，2001）。膜电势只在蛋白质通过 TIM 通道的起始步骤中起重要作用，对于前体蛋白成熟部分的转运不起作用（Schleyer and Neupert，1985；Martin et al.，1991）。

前体蛋白的主要部分进入基质需要水解 ATP，提供能量给基质热激蛋白 Hsp70，使其与内膜蛋白 Tim44 结合。当前体蛋白从 TIM23 转运通道伸出时，就会与内膜基质一侧的 Tim44 相互作用（Scherer et al.，1992；Blom et al.，1993）。

Tim44 是一种外周膜蛋白，尽管一些证据表明它的 C 端暴露在膜间（Maarse et al.，1992）。Tim44 与基质中的分子伴侣 mtHsp70 及其共同分子伴侣（co-chaperone）——核苷酸转换因子 Mge1 一同作用，作为基质蛋白的输入马达。MtHsp70 与 Tim44 以 1∶1 的比例形成复合体，与 ATP 结合可使之解体（Kronidou et al.，1994；Rassow et al.，1994；Schneider et al.，1994，1996；Moro et al.，1999；Voisine et al.，1999）。

目前关于 Tim44 和 mtHsp70 在蛋白质输入中的作用提出了两种相互矛盾的模型。“布朗捕获”（Brownian ratchet or trapping）模型认为，TOM 和 TIM23 复合体形成被动扩散通道，前体蛋白通过前后布朗运动通过此通道。在内膜基质侧，mtHsp70 与前体蛋白结合，阻止它反向退回通道，前体蛋白被基质中的 mtHsp70 捕获（Schneider et al.，1994，1996；Moro et al.，1999）。因此，mtHsp70 被认为在蛋白质输入过程中起到一种更加被动的作用（Gaume et al.，1998）。与此不同，“牵引”（pulling）模型认为，Tim44 结合的 mtHsp70 与前体蛋白结合，后在 ATP 的诱导下使 mtHsp70 的构象发生改变，产生一种对前体蛋白的牵引力（Horst et al.，1996；Matouschek et al.，1997）。在溶液中，一种蛋白质在它的中部开始解折叠，利用这种模式蛋白进行实验，支持 mtHsp70 可主动对前体蛋白进行解折叠的观点。可是当把线粒体前导序列融合到模式蛋白中，模式蛋白的解折叠首先从 N 端开始，证明线粒体输入系统改变了蛋白质的折叠路径，主动催化其解折叠（Huang et al.，1999）。由线粒体 Hsp70 系统催化蛋白质解折叠的动力学过程明显快于其在溶液中的解折叠过程，这表明线粒体具有主动解折叠功能（Matouschek et al.，1997；Lim et al.，2001）。利用酵母 mtHsp70 突变体实际上可同时证明牵引和捕获在前体蛋白输入过程中共同起作用。松散折叠的前体蛋白通过捕获机制被输入，而紧密折叠的前体蛋白的输入还需要 mtHsp70 构象变化产生的牵引力（Voos et al.，1996；Voisine et al.，1999）。

尽管 TOM 和 TIM 在体外都可独立地输入蛋白质（Hwang et al.，1989，1991；Rassow and Pfanner，1991），但前体蛋白与两种转运酶的转运接触位点都发生短暂的物理接触（Schleyer and Neupert，1985）。当一种前体蛋白以两次跨膜方式发生堆积时，90 kDa 的 TIM23 复合体可与 400 kDa 的 TOM 复合体结合形成一个大的超复合体（Dekker et al.，1997）。尚不清楚前体蛋白未存在时 TOM 和 TIM 是否仍发生短暂的接触，比如通过膜间假设的接头蛋白发生接触。就在最近，有证据表明内膜蛋白 Tim23 的 N 端整合到外膜中，从而把两层线粒体膜连接起来（Donzeau et al.，2000）。但没有观察到 Tim23 连接到 TOM 上，因此关于 Tim23 这种令人惊讶的拓扑结构在前体蛋白输入中的作用尚不了解。

10.5.2 载体转运酶

一旦线粒体载体蛋白家族的成员，如 ADP/ATP 载体（AAC）或磷酸载体，以及其他多向性内膜蛋白进入膜间隙，它们就被一种或两种可溶性、70 kDa 蛋白复合体运输至内膜上的 TIM22 复合体（图 10.4）。这些膜间复合体由所谓的“小 Tim”蛋白组成，包含 Tim9 和 Tim10 或 Tim8 和 Tim13（Koehler et al., 1998a, 1998b, 1999; Sirrenberg et al., 1998; Adam et al., 1999）。所有小 Tim 蛋白都含有锌指样模体，似乎促进蛋白质-蛋白质相互作用。据认为，每个复合体都作为特殊的分子伴侣介导一类内膜蛋白通过膜间隙（Leuenberger et al., 1999）。Tim9 和 Tim10 对于细胞的存活都十分重要，而缺少 Tim8 和 Tim13 时细胞仍可存活（表 10.3）（Koehler et al., 1998a, 1998b; Adam et al., 1999）。Tim9-Tim10 复合体在输入内膜蛋白过程中的重要功能是由 Tim10 的缺失对蛋白质穿过外膜的影响中推测出来的（Koehler et al., 1998a; Sirrenberg et al., 1998）。Tim8 和 Tim13 具有更特殊的作用，尤其在 Tim23 前体蛋白的输入过程中（Koehier et al., 1999; Davis et al., 2000; Paschen et al., 2000）。有趣的是，酵母 Tim8 蛋白是人 DDP1 蛋白的同源物（Koehler et al., 1999）。DDP1 发生突变可引起人耳聋肌张力障碍综合征（deafness dystonia syndrome）。因此，线粒体蛋白输入缺陷可能会导致这种疾病。

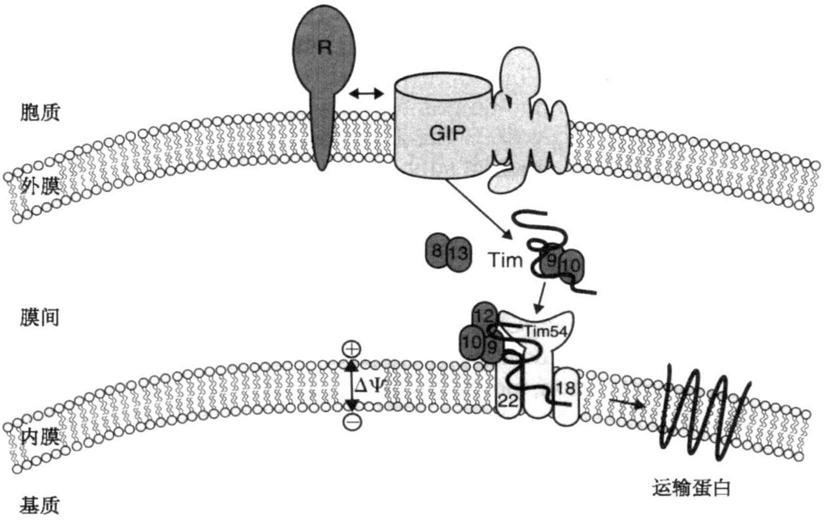

图 10.4 线粒体内膜 TIM22 复合体（载体转运酶）的组成。通过外膜后，疏水性的前体蛋白被一个由“小”Tim 蛋白 Tim9 和 Tim10 组成的复合体运通过膜间空间（IMS）送到 TIM22 复合体。TIM22 复合体由膜蛋白 Tim54、Tim22、Tim18 和外周蛋白 Tim12 组成。TIM22 复合体介导前体蛋白依赖于膜电势的膜插入过程。之后前体蛋白横向移入 IM，并装配成它的活性形式。

内膜的 300 kDa TIM22 复合体由整合膜蛋白 Tim22、Tim54 和 Tim18，以及外周

膜蛋白 Tim12 组成（Sirrenberg et al.，1996，1998；Koehler et al.，1998a．2000；Kerscher et al.，2000）。Tim12 与膜间的小 Tim 蛋白同源。Tim12 可能是膜间 70 kDa 复合体的停靠位点。

在内膜确实发现有少量 Tim9、Tim10 与 Tim12 结合（Adam et al.，1999）。Tim12 突变可阻碍被转运蛋白插入内膜（Koehler et al.，1998a）。

Tim22 与 TIM23 复合体中的 Tim23 和 Tim17 同源（Sirrenberg et al.，1996），并且可能为插入的前体蛋白形成一个通道。Tim54 跨越内膜 1-2 次，它的 C 端暴露在膜间（Kerscher et al.，1997）。就像 Tim23 对于细胞的存活至关重要那样，Tim54 和 im22 对于被转运的蛋白质插入内膜是必需的。非本质的 Tim18 可能在 TIM22 复合体的组装和稳定方面起作用，而不直接参与蛋白质向内膜中的插入（Koehler et al.，2000）。

转运酶的作用机制仍不清楚。已知内膜电势对于前体蛋白插入转运酶是必需的（Pfanner et al.，1987；Endres et al.，1999；Wiedemannet al.，2001）。转运酶通道可能侧向打开，将前体蛋白释放到内膜的脂相中。

10.5.3 小结：内膜转运机制

- 内膜中含有两种不同的转运酶用于前体蛋白的输入。含有前导序列的前体蛋白通过前导序列转运酶（TIM23 复合体）运输，TIM23 复合体由整合膜蛋白 Tim23 和 Tim17，以及外周膜蛋白 Tim44 组成，另外还附着有基质分子伴侣 Hsp70。
- 通过前导序列转运酶进行的运输需要两种能量来源。膜电势（在膜内侧为负）驱动带正电的前导序列的转运，并激活通道蛋白 Tim23。基质 Hsp70 作为一种依赖于 ATP 的输入马达，与 Tim44 及其共同的分子伴侣 Mge1（一种核苷酸转换因子）协同作用。
- 带有多个内部定向信号的疏水前体蛋白，如载体蛋白，由 Tim 蛋白（Tim9-Tim10）引导通过水质的膜间隙，通过 TIM22 复合体（载体转运酶）插入内膜，TIM22 复合体由 Tim54、Tim22、Tim18 和 Tim12 组成。
- 通过 TIM22 复合体的运输需要膜电势的存在，但不需要 ATP。

10.6 线粒体前体蛋白转运酶的生成

所有 Tom 和 Tim 蛋白由核基因编码，在胞质的多核糖体上以前体形式被合成。只有少数的前体蛋白含有典型的前导序列定向信号；多数 Tom 或 Tim 蛋白的前体在成熟蛋白质的特定位置含有内部定向信号。已发现这些输入组分都不能引导自身的前体蛋白输入到线粒体。例如，受体 Tom20 的前体不利用成熟的受体 Tom20，但其他的 Tom 蛋白利用它定向到线粒体（Schneider et al.，1991）。因此，可以排除少数受体分子的错误定向（如 Tom20 定向到其他细胞器），而导致更多受体分子以及其他线粒体前体蛋白发生错误定向。

一个有趣的例子是 Tom40 前体，它输入和装配到 TOM 复合体中时需要几乎所有的其他 Tom 蛋白（Model et al.，2001）。Tom40 前体定向到线粒体时需要 Tom20 和 Tom22 两种受体。在 Tom40 装配到 400 kDa TOM 复合体的过程中形成两种中间复合物，令人惊讶的是其中一种位于膜间隙一侧。在装配过程中，Tom40 前体先后与 Tom5、Tom6 和 Tom22 结合。显著的是，新合成的 Tom40 可以组装到已存在的 TOM 复合体中（Rapaport and Neupert，1999；Model et al.，2001）。Tom7 和 Tom6 促使成熟 TOM 复合体和最后装配的中间体之间连续的转换，这似乎是新亚基装配成有活性的复合体过程中重要的机制。总体上这项研究表明，TOM 复合体处于一种受小 Tom6、7 蛋白调节的动态变化中。

转运途径中 Tim 蛋白的生成过程也存在几处令人惊讶的地方（Kurz et al.，1999）。首先，膜间小 Tim 蛋白前体的转运不需要任何线粒体表面的经典受体。前体蛋白仅与 Tom5 相互作用，之后通过 Tom40 转运到它们最终位置。第二，Tim22 和 Tim54 的前体蛋白将两种主要输入途径（前导序列途径和载体途径）中的不同部分组合成一个新的输入途径中。另一方面，Tim22 的前体蛋白被 Tom20 样前体蛋白受体的前导序列识别，但在通过 GIP 时却通过 TIM22 复合体以载体蛋白的途径输入。而 Tim54 的前体蛋白由 Tom70 样载体蛋白识别，通过 GIP 后经 TIM23 复合体通过前导序列途径输入。这样前导序列途径和载体途径可以在 GIP 发生交叉（Kurz et al.，1999）。

小结：线粒体前体蛋白转运酶的生成

- 所有 Tom 和 Tim 蛋白均由核基因编码，而且必须输入到线粒体。
- 多数 Tom 和 Tim 蛋白的前体没有经典的前导序列定向信号，而含有各种内部定向信号。这些前体蛋白利用主要输入途径的各种变化形式装配到已存在的转运酶复合体中。

10.7 展望

线粒体蛋白转运领域仍存在许多未解决的问题。定向信号中包含什么确切的信息？线粒体内的分选信号是如何被解读的？哪些组分负责引导前体蛋白到达线粒体中正确的位置？最近的证据表明，线粒体内膜含有至少多于一种的蛋白转运酶。Oxa1 复合体负责参与蛋白质从基质输出到内膜的过程（He and Fox，1997；Hell et al.，1998）。Oxa1 的确切作用以及其他可能的转运组分在线粒体编码及核编码蛋白分选过程所起的作用将是今后研究的课题。

一个紧迫的问题是阐明转运酶、受体和通道的结构。哪些能量来源驱使前体蛋白转运通过外膜？输入马达 mtHsp70 和 Tim44 如何在分子水平行使功能？多肽链通过内膜转运通道时，如何保持对离子紧闭？总之，内外膜转运酶的协作和调节机制将是今后研究中的重要问题。

10.8 参考文献

Abe，Y.，Shodai，T.，Muto，T. et al.（2000）Structural basis of presequence recognition by the mitochondrial protein import receptor Tom20. *Cell* **100**：551-560.

Adam，A.，Endres，M.，Sirrenberg. C. et al.（1999）Tim9，a new component of the TIM22・54 translocase in mitochondria. *EMBO J* **18**: 313-319.

Ahting, U., Thun, C., Hegerl, R. et al. (1999) The TOM core complex: the general protein import pore of the outer membrane of mitochondria. *J Cell Biol* **147**: 959-968.

Baker, K. P., Schaniel, A., Vestweber, D. and Schatz, G. (1990) A yeast mitochondrial outer membrane protein essential for protein import and cell viability: *Nature* **348**: 605-609.

Bauer, M. F., Sirrenberg, C., Neupert, W. and Brunner, M. (1996) Role of Tim23 as voltage sensor and presequence receptor in protein import into mitochondria. *Cell* **87**: 33-41.

Blom, J., Kübrich, M., Rassow, J. et al. (1993) The essential yeast protein MIM44 (encoded by *MPI1*) is involved in an early step of preprotein translocation across the mitochondrial inner membrane. *Mol Cell Biol* **13**: 7364-7371.

Bolliger, L., Deloche, O., Glick, B. S. et al. (1994) A mitochondrial homolog of bacterial GrpE interacts with mitochondrial hsp70 and is essential for viability. *EMBO J* **13**: 1998-2006.

Bolliger, L., Junne, T., Schatz, G. and Lithgow T. (1995) Acidic receptor domains on both sides of the outer membrane mediate translocation of precursor proteins into yeast mitochondria. *EMBO J* **14**: 6318-6326.

Brix, J., Dietmeier, K. and Pfanner N. (1997) Differential recognition of preproteins by the purified cytosolic domains of the mitochondrial import receptors Tom20, Tom22, and Tom70. *J Biol Chem* **272**: 20730-20735.

Brix, J., Ziegler, G. A., Dietmeier, K. et al. (2000) The mitochondrial import receptor Tom70: identification of a 25 kDa core domain with a specific binding site for preproteins. *J Mol Blol* **303**: 479-488.

Davis, A. J., Sepuri, N. B., Holder, J., Johnson, A. E. and Jensen, R. E. (2000) Two intermembrane space TIM complexes interact with different domains of Tim23p during its import into mitochondria. *J Cell Biol* **150**: 1271-1282.

Dekker, P. J., Keil, P., Rassow, J. et al. (1993) Identification of MIM23, a putative component of the protein import machinery of the mitochondrial inner membrane. *FEBS Lett* **330**: 66-70.

Dekker, P. J., Martin, F., Maarse, A. C. et al. (1997) The Tim core complex defines the number of mitochondrial translocation contact sites and can hold arrested preproteins in the absence of matrix Hsp70-Tim44. *EMBO J* **16**: 5408-5419.

Dekker, P. J., Ryan, M. T., Brix. J. et al. (1998) Preprotein translocase of the outer mitochondrial membrane: molecular dissection and assembly of the general import pore complex. *Mol Cell Biol* **18**: 6515-6524.

Dietmeier, K., Hönlinger, A., Bömer, U. et al. (1997) Tom5 functionally links mitochondrial preprotein receptors to the general import pore. *Nature* **388**: 195-200.

Donzeau, M., Kaldi, K., Adam, A. et al. (2000) Tim23 links the inner and outer mitochondrial membranes. *Cell* **101**: 401-412.

Eilers, M. and Schatz G. (1986) Binding of a specific ligand inhibits import of a purified precursor protein into mitochondria. *Nature* **322**: 228-232.

Emtage, J. L. and Jensen, R. E. (1993) *MAS6* encodes an essential inner membrane component of the yeast mitochondrial protein import pathway. *J Cell Biol* **122**: 1003-1012.

Endres, M., Neupert, W. and Brunner M. (1999) Transport of the ADP/ATP carrier of mitochondria from the TOM complex to the TIM22 · 54 complex. *EMBO J* **18**: 3214-3221 .

Gärtner, F., Bömer, U., Guiard, B. and Pfanner N. (1995) The sorting signal of cytochrome b_2 promotes early divergence from the general mitochondrial import pathway and restricts the unfoldase activity of matrix Hsp70. *EMBO J* **14**: 6043-6057.

Gaume, B., Klaus, C., Ungermann, C. et al. (1998) Unfolding of preproteins upon import into mitochondria. *EMBO J* **17**: 6497-6507.

Glick, B. S., Brandt. A., Cunningham. K. et al. (1992) Cytochromes c_1 and b_2 are sorted to the intermembrane space of yeast mitochondria by a stop-transfer mechanism. *Cell* **69**: 809-822.

Hallermayer, G., Zimmermann, R. and Neupert, W. (1977) Kinetic studies on the transport of cytoplasmically synthesized proteins into the mitochondria in intact cells of *Neurospora crassa*. *Eur J Biochem* **81**: 523-532.

Hartl, F. U., Ostermann, J., Guiard, B. and Neupert, W. (1987) Successive translocation into and out of the mitochondrial matrix: targeting of proteins to the intermembrane space by a bipartite signal peptide. *Cell* **51**: 1027-1037.

Hawlitschek, G., Schneider, H., Schmidt, B. et al. (1988) Mitochondrial protein import: identification of processing peptidase and of PEP, a processing enhancing protein. *Cell* **53**: 795-806.

He, S. and Fox, T. D. (1997) Membrane translocation of mitochondrially coded Cox2p: distinct requirements for export of N and C termini and dependence on the conserved protein Oxalp. *Mol Biol Cell* **8**: 1449-1460.

Hell, K., Herrmann, J. M., Pratje, E., Neupert, W. and Stuart, R. A. (1998) Oxalp, an essential component of the N-tail protein export machinery in mitochondria. *Proc NatlAcad Sci US*. **495**: 2250-2255.

Hill, K., Model. K., Ryan, M. T. et al. (1998) Tom40 forms the hydrophilic channel of the mitochondrial import pore for preproteins. *Nature* **395**: 516-521.

Hönlinger, A., Bömer, U., Alconada, A. et al. (1996) Tom7 modulates the dynamics of the mitochondrial outer membrane translocase and plays a pathway-related role in protein import. *EMBO J* **15**: 2125-2137.

Horst, M., Oppliger, W., Feifel, B., Schatz, G. and Glick, B. S. (1996) The mitochondrial protein import motor: dissociation of mitochondrial hsp70 from its membrane anchor requires ATP binding rather than ATP hydrolysis. *Protein Sci* **5**: 759-767.

Horwich, A. L., Kalousek, F., Mellman, I. and Rosenberg, L. E. (1985) A leader peptide is sufficient to direct mitochondrial import of a chimeric protein. *EWBO J* **4**: 1129-1135.

Huang, S., Ratliff, K. S., Schwartz, M. P, Spenner, J. M. and Matouschek, A. (1999) Mitochondria unfold precursor proteins by unraveling them from their N-termini. *Nat Struct Biol* **6**: 1132-1138.

Hurt, E. C., Pesold-Hurt, B. and Schatz, G. (1984) The cleavable prepiece of an imported mitochondrial protein is sufficient to direct cytosolic dihydrofolate reductase into the mitochondrial matrix. *FEBS Lett*, **178**: 306-310.

Hwang, S., Jascur, T., Vestweber, D., Pon, L. and Schatz, G. (1989) Disrupted yeast mitochondria can import precursor proteins directly through their inner membrane. *J Cell Biol* **109**: 487-493.

Hwang, S. T., Wachter, C. and Schatz, C. (1991) Protein import into the yeast mitochondrial matrix. A new translocation intermediate between the two mitochondrial membranes. *J Biol Chem* **266**: 21083-21089.

Kang, P. J., Ostermann, J., Shilling, J. et al. (1990) Requirement for hsp70 in the mitochondrial matrix for translocation and folding of precursor proteins. *Nature* **348**: 137-143.

Kerscher, O., Holder, J., Srinivasan, M., Leung, R. S. and Jensen, R. E. (1997) The Tim54p-Tim22p complex mediates insertion of proteins into the mitochondrial inner membrane. *J Cell Blol* **139**: 1663-1675.

Kerscher, O., Sepuri, N. B. and Jensen, R. E. (2000) Timl8p is a new component of the Tim54p-Tim22p translocon in the mitochondrial inner membrane. *Mol Biol Cell* **11**: 103-116.

Kiebler, M., Keil, P., Schneider, H. et al. (1993) The mitochondrial receptor complex: a central role of MOM22 in mediating preprotein transfer from receptors to the general insertion pore. *Cell* **74**: 483-492.

Koehler, C. M., Jarosch, E., Tokatlidis, K. et al. (1998a). Import of mitochondrial carriers mediated by essential proteins of the intermembrane space. *Science* **279**: 369-373 .

Koehler, C. M., Merchant, S., Oppliger, W. et al. (1998b). Tim9p, an essential partner subunit of Timl0p for the import of mitochondrial carrier proteins. *EMBO J* **17**: 6477-6486.

Koehler, C. M., Leuenberger, D., Merchant, S. et al. (1999) Human deafness dystonia syndrome is a mitochondrial disease. *Proc Natl. Acad Sci USA* **96**: 2141-2146.

Koehler, C. M., Murphy, M. P., Bally, N. A. et al. (2000) Timl8p, a new subunit of the TIM22 complex that mediates insertion of imported proteins into the yeast mitochondrial inner membrane. *Mol Cell Biol* **20**: 1187-1193.

Komiya, T., Rospert, S.. Schatz, G. and Mihara, K. (1997) Binding of mitochondrial precursor proteins to the cytoplasmic domains of the import receptors Tom70 and Tom20 is determined by cytoplasmic chaperones. *EMBO J*

16: 4267-4275.

Komiya, T., Rospert, S., Koehler, C. et al. (1998) Interaction of mitochondrial targeting signals with acidic receptor domains along the protein import pathway: evidence for the 'acid chain' hypothesis. *EMBO J* **17**: 3886-3898.

Krimmer, T., Rapaport, D., Ryan, M. T. et al. (2001) Biogenesis of porin of the outer mitochondrial membrane involves an import pathway via receptors and the general import pore of the TOM complex. *J Cell Biol* **152**: 289-300.

Kronidou, N. G., Oppliger, W., Bolliger, L. et al. (1994) Dynamic interaction between Isp45 and mitochondrial hsp70 in the protein import system of the yeast mitochondrial inner membrane. *Proc Natl Acad Sci USA* **91**: 12818-12822.

Kübrich, M., Keil, P. Rassow, J. et al. (1994) The polytopic mitochondrial inner membrane proteins MIM17 and MIM23 operate at tke same preprotein import site. *FEBS Lett* **349**: 222-228.

Künkele, K. P., Heins, S., Dembowski, M. et al. (1998) The preprotein translocation channel of the outer membrane of mitochondria. *Cell* **93**: 1009-1019.

Kurz, M., Martin, H., Rassow, J., Pfanner, N. and Ryan. M. J. (1999) Biogenesis of Tim proteins of the mitochondrial carrier import pathway: differential targeting mechanisms and crossing over with the main import pathway. *Mol Biol Cell* **10**: 2461-2474.

Leuenberger, D., Bally, N. A., Schatz, G. and Koehler, C. M. (1999) Different import pathways through the mitochondrial intermembrane space for inner membrane proteins. *EMBO J* **18**: 4816-4822.

Lim, J. H., Martin, F., Guiard, B., Pfanner, N. and Voos, W. (2001) The mitochondrial Hsp70-dependent import system actively unfolds preproteins and shortens the lag phase of translocation. *EMBO J* **20**: 941-950.

Lithgow, T., Junne, T., Suda, K., Gratzer, S. and Schatz, G. (1994) The mitochondrial outer membrane protein Mas22p is essential for protein import and viability of yeast. *Proc Natl Acad Sci USA* **91**: 11973-11977.

Maarse, A. C., Blom, J., Grivell. L. A. and Mejer. M. (1992) *MPI1*, an essential gene encoding a mitochondrial membrane protein, is possibly involved in protein import into yeast mitochondria. *EMBO J* **11**: 3619-3628.

Maarse, A. C., Blom, J., Keil, R, Pfanner, N. and Meijer, M. (1994) Identification of the essential yeast protein MIM17, an integral mitochondrial inner membrane protein involved in protein import. *FEBS Lett* **349**: 215-221.

Maccecchini, M. L., Rudin, Y., Blobel, G. and Schatz, G. (1979) Import of proteins into mitochondria: precursor forms of the extramitochondrially made F_1-ATPase subunits in yeast. *Proc Natl. Acad Sci USA* **76**: 343-347.

Martin, J., Mahlke, K. and Pfanner, N. (1991) Role of an energized inner membrane in mitochondrial protein import: $\Delta\Psi$ drives the movement of presequences. *J Biol Chem* **266**: 18051-18057.

Matouschek, A., Azem, A., Ratliff, K. et al. (1997) Active unfolding of precursor proteins during mitochondrial protein import. *EMBO J* **16**: 6727-6736.

Meisinger, C., Ryan, M. T., Hill, K. et al. (2001) Protein import channel of the outer mitochondrial membrane: a highly stable Tom40-Tom22 core structure differentially interacts with preproteins, small Tom proteins, and import receptors. *Mol Cell Biol* **21**: 2337-2348.

Moczko, M., Bömer, U., Kübrich, M. et al. (1997) The intermembrane space domain of mitochondrial Tom22 functions as a *trans* binding site for preproteins with N-terminal targeting sequences. *Mol Cell Biol* **17**: 6574-6584.

Model, K., Meisinger, C., Prinz, T. et al. (2001) Multistep assembly of the protein import channel of the mitochondrial outer membrane. *Nat Struct Blol* **8**: 361-370.

Mori, M. and Terada, K. (1998) Mitochondrial protein import in animals. *Biochim Biophys Acta* **1403**: 12-27.

Moro, F., Sirrenberg, C., Schneider, H. C., Neupert, W. and Brunner, M. (1999) The TIM17 · 23 preprotein translocase of mitochondria: composition and function in protein transport into the matrix. *EMBO J* **18**: 3667-3675.

Neupert, W. (1997) Protein import into mitochondria. *Annu Rev Biochem* **66**: 863-917.

Ostermann, J., Horwich, A. L., Neupert, W. and Hartl, F. U. (1989) Protein folding in mitochondria requires complex formation with hsp60 and ATP hydrolysis. *Nature* **341**: 125-130.

Paschen, S. A., Rothbauer, U., Kaldi, K. et al. (2000) The role of the TIM8-13 complex in the import of Tim23 into mitochondria. *EMBO J* **19**: 6392-6400.

Pfanner, N. and Neupert, W. (1986) Transport of F_1-ATPase subunit β into mitochondria depends on both a membrane potential and nucleoside triphosphates. *FEBS Lett* **209**: 152-156.

Pfanner, N., Tropschug, M. and Neupert, W. (1987) Mitochondrial protein import: nucleoside triphosphates are involved in conferring import-competence to precursors. *Cell* **49**: 815-823.

Pfanner, N., Craig, E. A. and Hönlinger. A. (1997) Mitochondrial preprotein translocase. *Annu Rev Cell Dev Biol* 1997; **13**: 25-51.

Ramage, L., Junne, T., Hahne, K., Lithgow, T. and Schatz, G. (1993) Functional cooperation of mitochondrial protein import receptors in yeast. *EMBO J* **12**: 4115-4123.

Rapaport, D. and Neupert, W. (1999) Biogenesis of Tom40, core component of the TOM complex of mitochondria. *J Cell Biol* **146**: 321-331.

Rassow, J. and Pfanner, N. (1991) Mitochondrial preproteins en route from the outer membrane to the inner membrane are exposed to the intermembrane space. *FEBS Lett* **293**: 85-88.

Rassow, J., Maarse, A. C., Krainer, E. et al. (1994) Mitochondrial protein import: biochemical and genetic evidence for interaction of matrix hsp70 and the inner membrane protein MIM44. *J Cell Biol* **127**: 1547-1556.

Roise, D., Horvath, S. J., Tomich, J. M., Richards, J. H. and Schatz, G. (1986) A chemically synthesized presequence of an imported mitochondrial protein can form an amphiphilic helix and perturb natural and artificial phospholipid bilayers. *EMBO J* **5**: 1327-1334.

Ryan, K. R., Menold, M. M., Garrett, S. and Jensen, R. E. (1994) SMS1, a high-copy suppressor of the yeast mas6 mutant, encodes an essential inner membrane protein required for mitochondrial protein import. *Mol Biol Cell* **5**: 529-538.

Schatz, G. and Dobberstein, B. (1996) Common principles of protein translocation across membranes. *Science* **271**: 1519-1526.

Scherer, P. E., Manning-Krieg, U. C., Jeno, R, Schatz, G. and Horst, M. (1992) Identification of a 45-kDa protein at the protein import site of the yeast mitochondrial inner membrane. *Proc Natl Acad Sci USA* **89**: 11930-11934.

Scheufler, C., Brinker, A., Bourenkov, G. et al. (2000) Structure of TPR domain-peptide complexes: critical elements in the assembly of the Hsp70-Hsp90 multichaperone machine. *Cell* **101**: 199-210.

Schleyer, M. and Neupert, W. (1985) Transport of proteins into mitochondria: translocational intermediates spanning contact sites between outer and inner membranes. *Cell* **43**: 339-350.

Schneider, H., Söllner, T., Dietmeier, K. et al. (1991) Targeting of the master receptor MOM19 to mitochondria. *Science* **254**: 1659-1662.

Schneider, H. C., Berthold, J., Bauer, M. F. et al. (1994) Mitochondrial Hsp70/MIM44 complex facilitates protein import. *Nature* **371**: 768-774.

Schneider, H. C., Westermann, B., Neupert, W. and Brunner, M. (1996) The nucleotide exchange factor MGE exerts a key function in the ATP-dependent cycle of mt-Hsp70-Tim44 interaction driving mitochondrial protein import. *EMBO J* **15**: 5796-5803.

Sirrenberg, C., Bauer, M. F., Guiard, B., Neupert, W. and Brunner, M. (1996) Import of carrier proteins into the mitochondrial inner membrane mediated by Tim22. *Nature* **384**: 582-585.

Sirrenberg, C., Endres, M., Fölsch, H. et al. (1998) Carrier protein import into mitochondria mediated by the intermembrane proteins Tim10/Mrs11 and Tim12/Mrs5. *Nature* **391**: 912-915.

Söllner, T., Griffiths, G., Pfaller, R., Pfanner, N. and Neupert, W. (1989) MOM19, an import receptor for mitochondrial precursor proteins. *Cell* **59**: 1061-1070.

Steger, H. F., Söllner, T., Kiebler, M. et al. (1990) Import of ADP/ATP carrier into mitochondria: two receptors act in parallel. *J Cell Biol* **111**: 2353-2363.

Truscott, K. N., Kovermann, P., Geissler, A. et al. (2001) A presequence- and voltage-sensitive channel of the mitochondrial preprotein translocase formed by Tim23. *Nat Struct Biol* **8**: 1074-1082.

van Wilpe, S., Ryan, M. T., Hill, K. et al. (1999) Tom22 is a multifunctional organizer of the mitochondrial preprotein translocase. *Nature* **401**: 485-489.

Voisine, C., Craig, E. A., Zufall, N. et al. (1999) The protein import motor of mitochondria: unfolding and trapping of preproteins are distinct and separable functions of matrix Hsp70. *Cell* **97**: 565-574.

von Heijne, G. (1986) Mitochondrial targeting sequences may form amphiphilic helices. *EMBO J* **5**: 1335-1342.

Voos, W., von Ahsen, O., Müller, H. et al. (1996) Differential requirement for the mitochondrial Hsp70-Tim44 complex in unfolding and translocation of preproteins. *EMBO J* **15**: 2668-2677.

Voos, W., Martin, H., Krimmer, T. and Pfanner, N. (1999) Mechanisms of protein translocation into mitochondria. *Biochim Biophys Acta* **1422**: 235-254.

Wiedemann, N., Pfanner, N. and Ryan, M. T. (2001) The three modules ofADP/ATP carrier cooperate in receptor recruitment and translocation into mitochondria. *EMBO J* **20**: 951-960.

Yano, M., Hoogenraad, N., Terada, K. and Mori, M. (2000) Identification and functional analysis of human Tom22 for protein import into mitochondria. *Mol Cell Biol* **20**: 7205-7213.

Zimmerman, R., Paluch, U., Sprinzl, M. and Neupert, W. (1979) Cell-free synthesis of the mitochondrial ADP/ATP carrier protein of *Neurospora crassa*. *Eur J Biochem* **99**: 247-252.

10.9 推荐读物

Bauer, M. F., Hofmann, S., Neupert, W. and Brunner, M. (2000) Protein translocation into mitochondria: the role of TIM complexes. *Trends Cell Biol* **10**: 25-31.

Gabriel, K., Buchanan, S. K. and Lithgow, T. (2001) The alpha and the beta: protein translocation across mitochondrial and plastid outer membranes. *Trends Biochem Sci* **26**: 36-40.

Koehler, C. M., Merchant, S. and Schatz, G. (1999) How membrane proteins travel across the mitochondrial intermembrane space. *Trends Biochem Sci* **24**: 428-432.

Matouschek, A., Pfanner, N. and Voos, W. (2000) Protein unfolding by mitochondria: the Hsp70 import motor. *EMBO. Reports* **1**: 404-410.

Pfanner, N. and Geissler, A. (2001) Versatility of the mitochondrial protein import machinery. *Nat Rev* **2**: 339-349.

Schatz, G. and Dobberstein, B. (1996) Common principles of protein translocation across membranes. *Science* **271**: 1519-1526.

Voos, W., Martin, H., Krimmer, T. and Pfanner, N. (1999) Mechanisms of protein translocation into mitochondria. *Biochim Biophys Acta* **1422**: 235-254.

11　叶绿体蛋白质的输入和分选

Jürgen Soll，Colin Robinson 和 Lisa Heins

11.1　引言

植物细胞的特征细胞器是质体。根据组织和发育阶段，质体有不同的功能，如合成主要存在于花瓣和果实色质体中的类胡萝卜素。根的造粉质体中含有大的淀粉颗粒，作为一种代谢储藏库。除根以外，在其他深色组织中可形成黄化质体，它是一种结晶状原类囊体。在受到光照时，黄化质体转化为叶绿体，其基本功能是进行光合作用，通过同化作用利用二氧化碳生成氧。所有质体都是从未分化的半自主前质体演化而来，均有各自的基因组，但只含有部分生成各种质体所需的遗传信息。高度专一化的细胞器是从自由生存的蓝细菌祖先演变而来的，在此过程中，多数内共生生物的基因已转移到宿主的细胞核中（Martin et al.，1998）。目前估计，拟南芥叶绿体的蛋白质组含有 2500 种蛋白质，其中只有 87 种蛋白质是由叶绿体基因组编码的（Abdallah et al.，2000）。因此，质体的生成需要核编码和叶绿体编码蛋白的协同运输和装配。由于叶绿体结构复杂（可分为 6 个亚区），使原有的困难更具挑战性。尽管结构有很大不同，叶绿体与其他所有质体一样是由一层被膜包裹着，被膜由外膜、内膜和膜间隙组成。光合作用发生在类囊体上，它是一种分散的内膜系统，将类囊体腔与叶绿体基质分开。

11.2　叶绿体生成的关卡：蛋白质在被膜处的转运

被膜位于质体与胞质的交界处地方，此关键位置协调着细胞分化、质体发育，而且调节叶绿体的生成。在外膜和内膜上分别有由蛋白质构成的输入装置（Toc 复合体和 Tic 复合体），将核基因编码的蛋白质输入进来。多数在胞质中合成的送往叶绿体的蛋白质，其 N 端有一段可被切除的前体序列。前体蛋白与胞质中的因子一起先到达细胞器表面，然后进入基质中，这显然采用的是跨越被膜时所使用的一般输入途径（图 11.1）。在叶绿体基质中前体序列的切除标志着前体蛋白转运的完成，而进一步到达最终位置是由其他的定向信号引导实现。

11.2.1　胞质中的运输控制

胞质不是一个开放的空间。相反，去往叶绿体的蛋白质就像上班高峰时要去上班的人们。由于几种细胞器的形成有赖于核编码的蛋白质，需要特殊的定向信息帮助叶绿体蛋白避免陷入混乱。同时，要保持蛋白质处于一种松散折叠的状态，以确保蛋白质符合输入的条件。根据对放射性标记的前体蛋白进入被分离叶绿体的实验观察，研究人员已对定向信号的一级结构进行了研究（图 11.2）。采用固定化多肽技术，将固定化多肽与

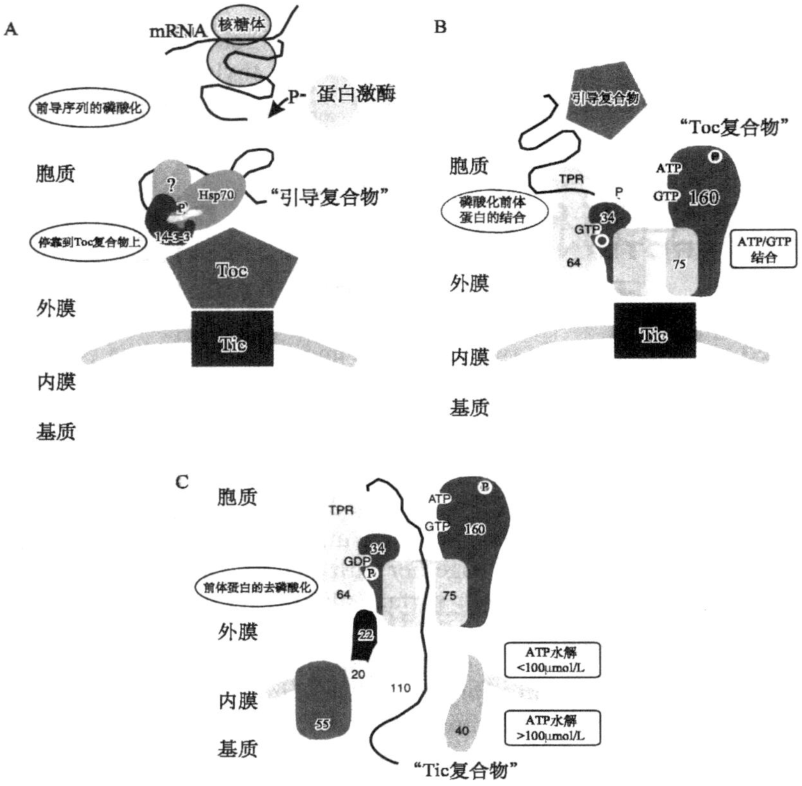

图 11.1　叶绿体的"一般输入途径"。

胞质提取物保温，鉴定出前体序列可与特殊的胞质因子和分子伴侣结合。

11.2.1.1　前体序列的多种功能

核编码叶绿体蛋白的定向信息位于其氨基酸序列中：多数已知的叶绿体蛋白含有可切除的 N 端前体序列。前体序列的 N 端起始处富含不带电的氨基酸；中间部分主要是带正电的和带羟基的残基，如丝氨酸和苏氨酸。C 端部分富含精氨酸（综述见 Bruce，2000）。

由于前体序列缺少严格的共有序列，一种特殊的修饰可能帮助提高叶绿体信号的忠实性。在体外，丝氨酸和苏氨酸作为胞质蛋白激酶的作用靶点，专门对叶绿体的前体序列进行磷酸化，而对线粒体蛋白的前体序列不起作用（Waegemann and soll，1996）。磷酸化不仅使前体序列与细胞质中的异源寡聚复合体结合（May and Soll，2000），而且可与分离的输入受体 Toc34 相互作用（Sveshnikova et al.，2000）。可是，磷酸化的前体蛋白无法通过输入装置（Waegemann and Soll，1996），因此，推测在膜的外侧应当存在一种尚未发现的磷酸化酶活性。彻底去除叶绿体内部的铁氧还蛋白证明叶绿体表面除了 Toc34，还有另外一个受体——Toc160，参与前导序列 N 端的最初识别（Rensink et al.，2000）。因此，Toc160 和 Toc34 可能共同识别前导序列，尽管这当中的一系列分子步骤还没有确立。另一个支持前导序列可与叶绿体表面发生特殊相互作用的机

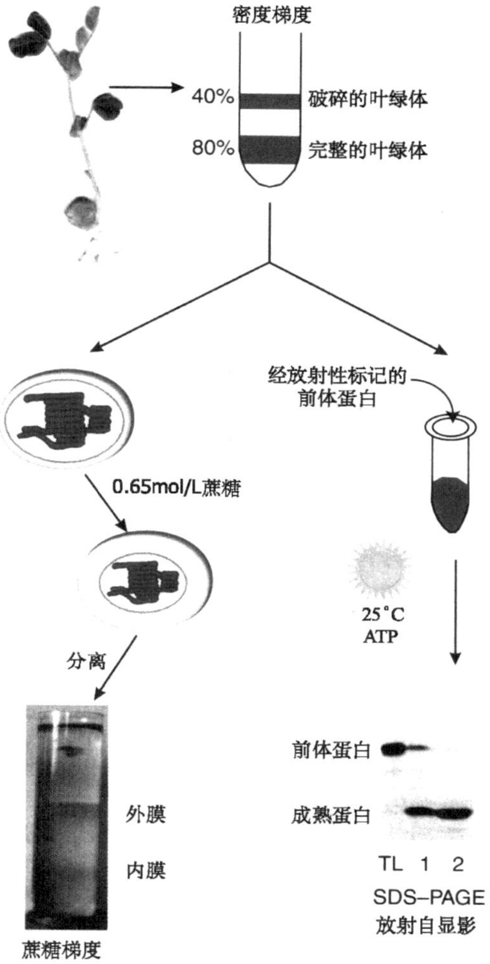

图 11.2 叶绿体的分离和膜组分的纯化。从生长了 10 到 12 天的豌豆叶中分离出叶绿体。经过滤和离心去除细胞碎片，利用硅胶梯度纯化出完整的叶绿体。标准输入测定法使用含有相当于 20μg 叶绿素的叶绿体，在体外对前体进行翻译和放射性标记。混合物与 ATP 一起在 25℃条件下光照约 10 分钟。再次分离出叶绿体，用蛋白酶处理，去除那些结合在叶绿体表面而没有进入的前体蛋白。一旦前体蛋白进入叶绿体，前体蛋白即被加工为其成熟时的大小，并免受蛋白酶的作用。最后，将叶绿体溶于去污剂，对蛋白质进行十二烷基硫酸钠聚丙烯酰胺凝胶电泳（SDS-PAGE）和放射自显影（TL：翻译产物；泳道 1：输入蛋白；泳道 2：经蛋白酶处理后的输入蛋白）。完整的叶绿体经渗透皱缩，再用杜恩斯组织匀浆器使其破裂，通过蔗糖梯度将外膜和内膜组分分开。

制来自在脂环境中发生的一种构象变化。在水溶液中，前导序列基本上是无组织的（Pilon et al.，1992），但在膜模拟溶剂中，如三氟乙烷，铁氧还蛋白（Fd）和核酮糖二磷酸羧化酶-加氧酶的前导序列为螺旋-卷曲结构（Lancelin et al.，1994；Krimm et al.，1999）。在脂环境中，Fd 前体可分别在 N 端和 C 端形成一个螺旋（Wienk et al.，1999）。采用由叶绿体特有的脂组成的人工膜已证明 Fd 前体的 N 端可插入到含有单半乳糖-二酰甘油的膜表面，而 C 端参与插入到带负电荷的脂表面（Pilon et al.，1995；

Pinnaduwage and Bruce，1996）。此外，从拟南芥双半乳糖二酰甘油缺陷突变体中分离到的叶绿体不具备输入基质定向前体蛋白的能力（Chen and Li，1998）。这些结果支持叶绿体特异的半乳糖脂、带负电的硫代喹啉并一缩二甘油和磷脂酰甘油阴离子可促进前体蛋白与叶绿体表面的相互作用的观点。

11.2.1.2 前体蛋白和分子伴侣

分子伴侣，如 Hsp70 家族中的成员，已被证实可维持前体蛋白在胞质核糖体被合成后处于一种解折叠的、可被输入的构象。纯化在大肠杆菌中表达的 PreLHCP（光捕获叶绿素 *a*/*b*-结合蛋白），它向叶绿体中的有效输入依赖于从叶中提取的可溶性蛋白质。纯化的胞质 Hsp70 可部分地替代叶提取物，所以至少需要一种或多种未知的成分确保 preLHCP 的有效转运（Waegemann et al.，1990）。尽管 Hsp70 促进跨类囊体膜的 LHCP 的输入，但 Hsp70 对于其他可溶性基质蛋白前体，如 Fd 和 Rubisco 小亚基（SSU）的输入却不发挥作用。有趣的是，有几个发现表明，叶绿体表面存在强解折叠活性（综述见 Heins et al.，1998）。SSU 前体在与叶绿体表面结合的过程中对蛋白酶越来越敏感，直到最终进入叶绿体内对蛋白酶具有抵抗作用的位置（Waegemann and Soll，1991）。有关前体蛋白处于解折叠状态的进一步证据来自对纯化的叶绿体外膜上的转运孔 Toc75 的物理特性研究。它的直径很小，可能是为了防止折叠的前体蛋白的通过（Hinnah et al.，1997）。可是，一种由前体 SSU 和牛胰蛋白酶抑制剂组成的前体蛋白在转运时却保持紧密的折叠状态通过被膜（Clark and Theg，1997）。由于牛胰蛋白酶抑制剂结构域的直径约为 18Å，长 30Å，原位转运孔可能具有不同的构象，以满足球蛋白的通过。除了保持蛋白质的解折叠状态，Hsp70 似乎可与叶绿体前体蛋白的前导序列发生特异性的相互作用（Ivey Ⅲ et al.，2000）。对 CHLPEP 数据库（von Heijne et al.，1991）的统计分析表明，多于 75%的前导序列据预测在 N 端和 C 端含有 Hsp70 的结合位点。这说明 Hsp70 可能位于叶绿体外膜胞质一侧和膜间隙（Marshall et al.，1990；Waegemann and Soll，1991；Kourtz and Ko，1997），作为叶绿体转运分子马达，就像线粒体基质中的 Hsp70 那样，牵引前导序列（Ivey III et al.，2000）。Hsp70 与前导序列的结合在叶绿体和线粒体对前体蛋白的输入过程中似乎是相似的，尽管在叶绿体中 Hsp70 作为转运马达还未得到证实。

11.2.1.3 到达叶绿体表面的引导过程

然而，前体蛋白与分子伴侣的相互作用可能不是细胞器特异性机制。除了 Hsp70 结合位点，前导序列还含有一个前体蛋白激酶磷酸化模体，此模体与被 14-3-3 类分子伴侣成员之一特异性识别的一个模体非常相似。只有在小麦胚芽中翻译时，磷酸化的叶绿体前体蛋白才与一种由 14-3-3 蛋白、Hsp70，可能还有其他组分的大分子组成的“引导复合体”结合（图 11.1A），而在动物网织红细胞中翻译时，叶绿体前体蛋白既不发生磷酸化，也不与 14-3-3 蛋白结合（Waegemann and Soll，1996；May and Soll，2000）。相反，线粒体的前导序列不能发生磷酸化（Waeoemann and Soll，1996），不能与小麦胚芽的植物引导复合体同时被纯化出来（May and Soll，2000）。

去除前体蛋白激酶磷酸化模体/14-3-3-结合模体可阻止引导复合体的形成，但仍能将前体蛋白输入到分离出的叶绿体内（May and Soll，2000；Waegemann and Soll，1996）。引导复合体的存在可使叶绿体前体蛋白的输入提高 10 倍（May and Soll，2000）。这些复合物的发现引发了关于这种叶绿体特有现象的许多问题：该机制是否可以使前体蛋白保持一种更适于输入的状态，确保在体内对前体蛋白进行有效的定向？或是这种机制在核信息与叶绿体生成过程中起协调作用？

11.2.2 前体蛋白在叶绿体被膜上的转运

叶绿体外膜和内膜上的异源寡聚蛋白复合体共同协助转运含有可切除前导序列的前体蛋白。采用不同的实验技术对叶绿体外膜和内膜上转运体的组成和功能进行研究。将前体蛋白结合到经放射性标记的交联剂和分离到叶绿体上，在蛋白质输入实验中发现，前体蛋白与可能的组分 Toc 和 Tic 复合体相邻。前体蛋白与交联剂结合后，转移到靶蛋白上的放射性标记可通过氨基酸测序被鉴定出来。第二种方法将分离到的被膜或叶绿体溶解，纯化出完整的 Toc 或 Tic 复合体（图 11.2），与复合体分离或结合在一起的前体蛋白此后可被捕获到被膜上。接下来，利用天然电泳、蔗糖密度梯度和大小排阻色谱或亲和色谱方法对蛋白复合体进行分离。

但要考虑这些实验方法的局限性。通常，交联剂的一端含有一个化学反应基团，该基团可与一个长度可变的间隔物连在一起。由于存在这个间隔物，相距很近的蛋白质尽管在功能上无关也可能发生交联。同样地，非特异性的相互作用也可能阻碍对输入体的纯化，因为在体外 Toc 和 Tic 复合体的组成成分因实验条件的变化而变化，如使用的去污剂或分离缓冲液的离子强度。此外，植物的生长条件在所有实验室中也不是相同的，这也丰富了我们关于蛋白质通过叶绿体被膜方面的知识。因此，下面的模型可能反映了植物发育不同阶段的情况，而非最终的结论。

11.2.3 用能量的观点看待蛋白质在被膜上的转运

前体蛋白与叶绿体表面最初的相互作用被认为首先是特异性的前体蛋白-脂相互作用，之后是前体蛋白-受体相互作用。第一步识别步骤不依赖于能量，并且是可逆的，低浓度 ATP（10～100 μmol/L）的水解导致前体蛋白紧密地结合到输入复合体上，但蛋白酶仍可接触到前体蛋白（Waegemann and Soll，1991）。因此前体蛋白虽然没有进入叶绿体内部，但在物理上已经与 Toc、Tic 复合体结合（Caliebe et al.，1997；Nielsen et al.，1997）。这表明，前体蛋白与 Toc、Tic 复合体同时发生相互作用，尽管前体蛋白的出现并不是 Toc 和 Tic 复合体中不同组分发生结合的前提条件（Nielsen et al.，1997）。到目前为止，没有证据表明 Toc 或 Tic 的任何组分通过水解 ATP 来驱动前体蛋白的转运。相反，已观察到位于叶绿体膜胞质一侧和膜间隙中的 Hsp70 具有水解 ATP 的活性（Waegemann and Soll，1991；Kounz and Ko，1997）。最后，前体蛋白的转运需要基质中 ATP 的水解（＞0.1 mmol/L）。与线粒体不同，叶绿体前体蛋白的转运不需要膜电势的参与（Theg et al.，1989）。另一类分子伴侣中的成员 Hsp100 与 Tic 复合体稳定地结合，被认为协助拉动前体蛋白穿过内膜（Nielsen et al.，1997）。

作为一种独特的特征，叶绿体前体蛋白的转运需要 GTP（Young et al.，1999）。Toc160 和 Toc34 具有 GTP 结合位点（Hirsch et al.，1994；Kessler et al.，1994），结

合 GTP 的 Toc34 已被证明可与前体蛋白发生相互作用。而且，磷酸化的 Toc34 具有依赖于 GTP 或 ATP 的蛋白激酶活性（Sveshnikova et al.，2000）。尤其是，由于前体蛋白与 Toc34 的相互作用依赖于 Toc34 的 GTP、GDP 结合形式（Sveshnikova et al.，2000），因此 GTP 具有调节前体蛋白-受体相互作用的功能。

11.2.3.1 Toc 复合体

过去，叶绿体蛋白输入装置的组分被称为 OEP（外包被蛋白）或 IAP（输入结合蛋白）。现在，Toc 代表叶绿体外膜转运体，数字代表用千道尔顿表示特定蛋白质的理论分子质量（Schnell et al.，1997）。Toc 复合体由四种组分组成：Toc34、Toc64、Toc75 和 Toc160，Toc160 以前被称为 Toc86，Toc 复合体蛋白是外被膜蛋白的主要部分（综述见 Vothknecht and Soll，2000）（图 11.1B）。

Toc64 是最近鉴定出来的 Toc 复合体中的组分（Sohrt and Soll，2000），但它可能是 Toc 复合体中第一个与含有前体蛋白的胞质引导复合体发生相互作用的蛋白质。初步结果支持以下观点：Toc64 的 C 端部分可能参与引导复合体停靠。因为 Toc64C 端含有三个三十四肽重复模体（tetratricopeptide-repeat motif），从外膜伸到胞质中。在线粒体输入受体 Tom70 和过氧化物酶体蛋白 Pex5 中，可以看到更多的三十四肽重复模体在蛋白质转运过程中参与蛋白质相互作用的例子（综述见 Vothknecht and Soll，2000）。

接下来，前体蛋白可能与叶绿体表面的受体结合。Toc34 和 Toc160 N 端在结构上相关的 GTP 结合结构域暴露到胞质中。这两种蛋白质都对蛋白酶解活性敏感（Hirsch et al.，1994；Kessler et al.，1994；Seedorf et al.，1995）。Toc160 最初被鉴定为 Toc86，是一个 86 kDa 的蛋白酶片段 C 端，在标准的叶绿体分离过程中容易被发现。尽管完整的 Toc160 显著促进被放射性标记的前体蛋白转运进入叶绿体，其 86kDa 片段似乎在体外也具有相同的作用（Bölter et al.，1998a）。几个观察结果表明，86kDa 多肽可以作为前体蛋白的受体。标记转移交联实验表明，前体 SSU 在起始的非能量依赖步骤中与 86kDa 多肽相互作用（Perry and Keegstra，1994）。进一步，采用抗 86kDa 多肽抗体的 Fab 片段在蛋白质输入前对叶绿体进行分离，防止前体蛋白与叶绿体表面结合（Hirsch et al.，1994）。在体外，拟南芥 Toc160 缺陷突变体不能在土壤中生长，因此影响光合作用蛋白质的输入（Bauer et al.，2000）。

目前，需要对 Toc160 酸性 N 端部分的确切作用进行重新研究，尤其是因为另外两种被称为 Toc132 和 Toc120 的蛋白质与 Toc160 的 C 端具有非常高的同源性（Bauer et al.，2000）。存在这两种蛋白质的原因仍令人不解。尽管精细的分子机制还不清楚，Toc160 和 Toc34 都对前体蛋白与 Toc 复合体的起始结合和结合过程的监督起协调作用。分离不含跨膜结构域的 Toc34 用于研究它与前体蛋白的相互作用（Sveshnikova et al.，2000）。在这些条件下利用 Toc34 的抗体进行的免疫共沉淀实验表明，磷酸化的前体蛋白与分离出的 Toc34 的结合能力比非磷酸化的前体蛋白高出 5 到 10 倍。Toc34 特异性地被 ATP 或 GTP 依赖的蛋白激酶磷酸化，Toc34 与 GTP 的结合因此受阻。GDP 结合的 Toc34 与磷酸化的前体蛋白的相互作用显著降低，表明磷酸化的前体蛋白通过 GTP-GDP 在 Toc34 上的交换反应被释放。在拟南芥中，已发现第二个 GTP 结合蛋白 Toc33 与 Toc34 具有很高的序列相似性（Jarvis et al.，1998）。破坏这个基因不会致死，但蛋白质的输入受到很大影响，尤其在植物早期发育阶段，当 Toc33 处于高表达时，Toc34 处于低水平。

Toc160 和两种相似的蛋白质，以及 Toc34 和 Toc33 的存在产生这样一个问题，叶绿体的产生是否由不同的蛋白质输入装置来维持，这些蛋白质输入装置适应植物的发育或生理需要。Toc34 的多种形式可能形成了对蛋白质输入调节的初始阶段，因为它很靠近 Toc75，体外实验证实，它们之间形成一个共价的二硫键（Seedorf et al.，1995）。这几方面的证据证实，Toc75 形成中央前体蛋白转运孔。对叶绿体或外膜囊泡进行酶解处理并未导致 Toc75 的降解，表明蛋白质被埋在膜内（Tranel et al.，1995）。在有低浓度 ATP（<0.1mmol/L）存在的条件下，在蛋白质输入的后期，Toc75 和经放射性标记的前体蛋白可形成大的交联产物（Perry and Keegstra，1994）。利用在大肠杆菌中表达纯化的 Toc75 进行的电泳实验有力证实了 Toc75 是转运孔（Hinnah et al.，1997）。进行脂质体重建时形成了一个充满水的通道，该通道为 β 桶构象，与细菌的孔蛋白相似。而且，Toc75 主要识别前体蛋白，而不识别成熟蛋白质；因此 Toc75 可能含有其自身前体蛋白的结合位点（Perry and Keegstra，1994；Hinnah ez al.，1997）。

即使 Toc75 与线粒体或内质网的运输组分具有结构的相似性，与多数叶绿体膜转运组分相似，它们也不会具有显著的氨基酸序列相似性。可是，在蓝细菌 *Synechocystis* 的完整基因组序列中，PCC6803（Kancko et al.，1996）是一个可读框（slr1227），其编码的氨基酸与植物的 Toc75 具有约 55%的相似性（Heins et al.，1998）。同样地，植物蛋白质 synToc75 在脂质体重建时也形成一个孔，它由 β 折叠组成，只与叶绿体前体蛋白特异地发生作用（Bölter et al.，1998b）。有趣的是，两种蛋白质都定位在外膜上，在蓝细菌 *Synechocystis* 中，synToc75 受到破坏时表现为致死（Reumann et al.，1999）。由于叶绿体起源于自由生活的蓝细菌祖先，结论显然是 syn75 可能为一种未知运输系统的组成部分。后来形成的叶绿体蛋白输入装置，将真核宿主和蓝细菌中新演化出的组分，如 Toc160 和 Toc34 组装在一起。

11.2.3.2 Tic 复合体

Toc 和 Tic 组分共同协助前体蛋白的转运（Lübeck et al.，1996；Nielsen et al.，1997）。在对 Toc 组分的功能和相互作用进行许多研究的同时，对 Tic 的蛋白质组成数目、排列方式和功能却了解不很清楚。到目前为止，Tic 复合体可能由 Tic110、Tic55、Tic40、Tic22 和 Tic20 组成（综述见 Keegstra and Cline，1999；Vothknecht and Soll，2000）（图 11.1C）。

由于免疫共沉淀实验结果显示 Tic 与 Toc 复合体的组分相距很近，Tic110 成为 Tic 复合体中第一个被鉴定出的组分（Kessler and Blobel，1996；Lübeck et al.，1996）。通过对分离的内膜囊泡或基本完整的叶绿体进行选择性蛋白酶处理，描绘出 Tic110 的拓扑结构，实验结果支持 Tic110 可能具有不同的功能（Lübeck et al.，1996；Jackson et al.，1998）。胰蛋白酶可穿过叶绿体外膜，此后只有内膜中可伸入到膜间隙的蛋白质可接触到胰蛋白酶；与此同时内膜保持完整。最后，在有蛋白酶抑制剂存在的条件下，通过透析得到膜分离物。这个实验在不同的实验室中得到相互矛盾的结果。①由于大的 C 端部分对蛋白酶敏感，Tic110 伸入到膜间隙的主要部分在前体蛋白转运过程中可能参与 Toc 和 Tic 复合体的相互作用。这种观点一直被 Toc75 和 Tic110 的免疫共沉淀实验所支持，发生交联后前体蛋白的抗体被捕获到输入装置上（Lübeck et al.，1996）。②Jackson 及其同事们对实验条件只稍做改变（1998），Tic110 便对蛋白酶具有很强的抗性。因此，Tic110 的一个主要功能是汇集基质中的分子伴侣，如 cpn60 或 Hsp100。稍早些时候交联实验证实，在前体蛋白转运的后面阶段，这些分子伴侣与 Tic110 相互作用（Kessler and Blobel，1996；Nielsen et al.，1997）。

采用 blue-native 凝胶电泳，Tic110 与 Tic55 共同迁移，Tic55 是一种不寻常的组分，它含有一个铁-硫中心（Caliebe et al.，1997）。此外，Tic55 抗体与 Tic110 发生免疫共沉淀。由于发现 Tic55 可与一种亲和性弱的前体蛋白共纯化，以及 Toc 和 Tic 组分可通过能量限制将前体蛋白锁定到转运体上，从而进一步证实 Tic55 确实是 Tic 复合体的一个功能组分。Tic55 可能作为氧化还原感受器的观点源于前体蛋白易于转运到焦碳酸二乙酯，已证明焦碳酸二乙酯可修饰 Rieske 型蛋白质的铁-硫中心。结果是前体蛋白停留在内膜上。

而且，Tic110 可被 Tic40 的抗体免疫共沉淀，Tic40 的 C 端部分与分子伴侣具有相似性（Staid et al.，1999）。人们对于 Tic40 的分子结构和定位一直感到疑惑。因为在完整的叶绿体中，一种 44kDa 蛋白质的交联产物同时定位在内、外膜上，并且还得到一个前体蛋白，它最初被命名为 Cim/Com44（Ko et al.，1995）。后来它又被称为 Toc36，尽管还没有得到实验的证实（Schnell et al.，1997）。最后，一种豌豆克隆得到鉴定，与最初从油菜（Ko et al.，1995）中得到的克隆相比，它编码一段重要的 N 端延伸（Stahl et al.，1999）。对豌豆蛋白质的 N 端进行了氨基酸测序，它定位在内膜上，可与其经过放射性标记的前体蛋白结合，形成目前所称的 Tic40（Stahl et al.，1999）。Tic40 可与大肠杆菌 SecA 缺陷突变体互补，SecA 缺陷突变体在蛋白质分泌方面存在缺陷（Pang et al.，1997），氨基酸序列提供的线索表明，Tic40 可能作为定位在膜上的分子伴侣。可是，Tic40 前体蛋白的功能仍不清楚。

Tic 复合体的两种小组分 Tic22 和 Tic20 已通过标记转移交联实验被鉴定出来，两种蛋白质在转运过程中都与前体蛋白相距很近。两种前体蛋白的不寻常之处在于它们的前导序列都含有相当数量的带负电氨基酸（Kouranov et al.，1998）。据预测，Tic20 是一种整合膜蛋白，研究者因此认为，Tic20 可能代表了到目前为止已知的转运孔，而在膜间隙中，Tic22 从 Toc 复合体上将前体蛋白接管下来。但这些假设缺少实验证据。总之，人们对于前体蛋白在 Tic 复合体上转运的机制了解得还很少。

11.2.4 蛋白质插入外膜和内膜

一般输入途径主要转运具有 N 端前导序列的蛋白质，而对于多数不含可切除前导序列的蛋白质来说，需要另外一条不同的途径将它们输入到叶绿体内。目前已鉴定出的外膜蛋白包括：①含有一个 α 螺旋膜锚定的蛋白质；②跨膜区仅为 β 折叠的蛋白质；③跨膜区同时具有 α 螺旋和 β 折叠的蛋白质（综述见 Soll and Tien，1998）。

与一般输入途径不同，几乎所有外膜蛋白的插入都不依赖于 ATP 或对蛋白酶敏感的膜组分，这说明这些蛋白质的插入可能是自发的，或有未知的抗蛋白酶组分参与。然而，蛋白质插入的分子机制仍不清楚：①哪些因子决定着 N 端和 C 端的定向？②蛋白质在它们插入膜之前或插入膜的过程中是如何被组装的？研究最清楚的机制是 Toc34 的插入。可能是由于疏水氨基酸的原因，Toc34 的 C 端起到 α 螺旋膜锚定的作用（Seedorf et al.，1995）。可是，通过在体外将突变体输入叶绿体，以及通过蛋白酶处理确定最终拓扑结构的实验结果表明，带电氨基酸靠近膜锚锭，影响 Toc34 的取向（May and Soll，1998）。而且在体外，GTP 可有效地刺激 Toc34 插入到膜内（Chen and Schnell，1997；Tsai et al.，1999）。这种刺激作用可能是由于核苷结合导致 Toc34 构象发生变化，是蛋白质装配的前提（Chen and Schnell，1997），或是其他未知的、依赖于 GTP 的蛋白质参与 Toc34 向膜内插入的过程（Tsai et al.，1999）。

这些结果解释了外膜蛋白跨膜插入膜内的分子机制，但对于多次跨膜的蛋白质的插入方式还了解很少（综述见 Soll and Tien，1998）。Toc75 是一个例外，因为它的 N 端含有特殊的二重前导序列，具有一般输入通路的功能。在基质中切除 N 端部分后，C 端部分引导 Toc75 以一种未知的机制返回到外膜（Tranel and Keegstra. 1996）。内膜蛋白含有两类不同的定向信息。N 端可被切除的前导序列将蛋白质定向到细胞器表面，并使之进入基质，膜定向信息保持在成熟蛋白质中。证据是这种信号位于疏水的、可能的跨膜结构域中，但它的特性还未被研究（Brink et al.，1995；Lubeek et al.，1997）。有两种可能的途径插入膜。疏水信号可能作为一种转移停止信号，使前体蛋白从输入装置上释放，直接插入到膜上。另一方面，将前体蛋白完全转运到基质，可能是插入内膜的前提。使用一个严格的时间表来监测放射性标记的前体蛋白输入至分离的叶绿体中，所采用的融合蛋白包括 Tic110 的 N 端部分，在早期成熟的 SSU 主要发现于基质中，该结果支持后面的假说（Ltibeck et al.，1997）。到目前为止，还没有发现内膜上有帮助蛋白质插入的基质因子或蛋白复合体。

11.3 叶绿体内部类囊体蛋白的定向

输入到叶绿体中的多数蛋白质需进入类囊体，执行捕获光、光合电子传递和光合磷酸化等重要功能。这些过程由非常丰富的膜结合复合体调节，特别是光合系统 I 和 II（PSI，PSII）、细胞色素 *b*6-*f* 复合体和 ATP 合成酶。可是目前有证据表明，类囊体（类囊体腔）的可溶相中也含有许多种蛋白质，肯定超过 30 种，也可能多于 100 种，尽管它们不直接参与光合作用（Kieselbach et al.，1998）。许多体外重建实验和遗传实验对这些蛋白质的定向问题进行了研究，至少已发现一些重要的通路。

现有的所有证据表明，一条基本的通路负责类囊体蛋白首先定向通过被膜（见上），目前它们在主要方面看起来类似被输入的基质蛋白（Cline et al.，1993）。因此，所有已知的在细胞质中合成的类囊体蛋白在 N 端都具有“包被转移”信号，该信号负责调节蛋白质与 Toc 的结合，以及转运进入基质（综述见 Dalbey and Robinson，1999）。然而，目前已发现至少 4 条不同的通路用于将这些蛋白质转运并穿过类囊体膜，这些通路和转运机制将在下面的章节中讨论。

11.4 类囊体腔蛋白的两种不同定向通路

人们对类囊体腔蛋白的产生特别感兴趣，因为这些蛋白质必须穿过叶绿体全部三层膜才到达它们行使功能的位置，这是一个非常复杂的定向途径。有关这方面的研究始于20世纪80年代后期，研究找到了一条共同的基本输入途径，但80年代最后几年的研究使得这个故事变得更加复杂和令人感兴趣。

所有输入到类囊体腔中的蛋白质都具有二重前导序列，它由两个定向信号串联组成。N端部分是一个典型的“被膜转移”信号，专门负责将蛋白质转运进入基质，一些实验已经证实这些信号在结构和功能上相当于被输入到基质中蛋白质的前导序列（Hageman et al.，1990）。而第二个信号与碱性的、疏水的叶绿体输入信号非常不同。它们都可被分为三个不同的结构域：一个带电的N端（N）结构域，疏水的（H）核心结构域和以Ala-X-Ala共有模体结尾的强极性的C端（C）结构域（综述见Dalbey and Robinson，1999；Robinson and Bohuis. 2001）。这些信号很像细菌的“信号”肽（见下），一旦被膜转移信号（envelope transit signals）在基质中被切除，它们便暴露出来，早期的几个研究表明，它们含有通过类囊体膜所需的重要信息（Hageman et al.，1990）。

该领域的早期研究表明，与二重定向信号的存在相一致，类囊体蛋白的定向过程可分为两个基本步骤。前体蛋白首先被运入基质，通常N端信号在此被去除（尽管不总是这样，比如对于PsaN；Nielsen et al.，1994）。这样就产生一个短暂的基质中间物，利用某些抑制剂常常可以看到它（见下）。出乎意料的是，类囊体腔蛋白通过两个完全不同的途径被定向，尽管它的所有定向信号与细胞的信号肽很相似。一部分蛋白质通过与Sec相关的系统被运输，这与原核生物的Sec途径非常相似。细菌中的这些途径将新合成的蛋白质输出到周质（综述见Dalbey and Robinson，1999），被转运的蛋白质N端具有含3个结构域的信号肽结构，如前所述。输出过程涉及可溶性的胞质分子伴侣蛋白：如SecB，它们可防止底物蛋白在输出之前发生折叠；周质中的SecA ATP酶；与膜结合的SecYEG转运体，SecA通过它利用ATP水解产生的能量将串起底物。许多类囊体腔蛋白以类似的机制通过叶绿素的类囊体膜，这个机制涉及基质中的SecA、类囊体中的SecY和SecE的同源物（Yuan et al.，1994；Laidler et al.，1995；Schuenemann et al.，1999）。可是，叶绿体中没有SecB的同源物，但这并不奇怪，因为在至今被研究过的蓝细菌中没有发现*SecB*基因。

11.4.1 不依赖于Sec的类囊体腔蛋白运输途径的特点

叶绿体Sec途径在进化学上具有重要意义，普遍认为叶绿体是由蓝细菌型的原核生物演化而来，因而Sec组分既存在于类囊体，也存在于蓝细菌的质膜中（有趣的是，对蓝细菌*Synechocystis*的基因组进行测序，发现它只含有一套*sec*基因，从而产生这样一个问题：类囊体腔和周质蛋白是如何被正确分选的?）。然而，最近几年已鉴定出第二条定向通路，最初是在叶绿体中发现的，但很快就在许多细菌中被发现。对叶绿体进行的体外研究清楚地表明，很多类囊体腔蛋白通过一种不需要任何基质蛋白或三磷酸核苷的机制被运输，但却完全依赖于类囊体的质子梯度（Mould and Robinson，1991；Cline et al.，1992）。最重要的是，通路的选择大部分是由前导序列的类型决定的，依赖于 Sec 的成熟蛋白质通过附加一个适当的定向信号可被定量地重新进入依赖于 ΔpH 的通路中（Robinson et al.，1994；Henry et al.，1994）。这个发现最初令人感到惊讶，因为所有已知的类囊体腔定向信号基本上与已确定的细菌信号肽相似，但随后的研究发现二者存在微小的差别，对于决定通路的特异性至关重要。首先，依赖于 ΔpH 系统的信号具有一个不变的重要双精氨酸模体，此模体就在 H 结构域之前（Chaddock et al.，1995），其次，经过这条通路转运 H 结构域中的两个或三个强疏水性残基（Brink et al.，1998）。

在分离出玉米突变体 *hcf106*（代表 high chlorophyll fluorescence；Voelker and Barkan，1995）后，鉴定出依赖于 ΔpH 系统中的第一个组分。进一步的研究以及对这个基因的测序（Settles et al.，1997）表明，它编码一个小的、只跨越类囊体膜一次的蛋白质，这个蛋白质与任何已知的蛋白质无关。可是，同源基因在多数已测序的细菌基因组中都存在，当时被命名为未指定的读码框。大肠杆菌基因组中含有三个与 *hcf106* 同源的基因；这些基因被命名为 *tat* 基因（代表 twin-arginine translocase），图 11.3 表示出大肠杆菌中 *tat* 基因的组织形式。对 *hcf106* 的同源基因 *tatA*、*tatE* 和 *tatB* 破坏，

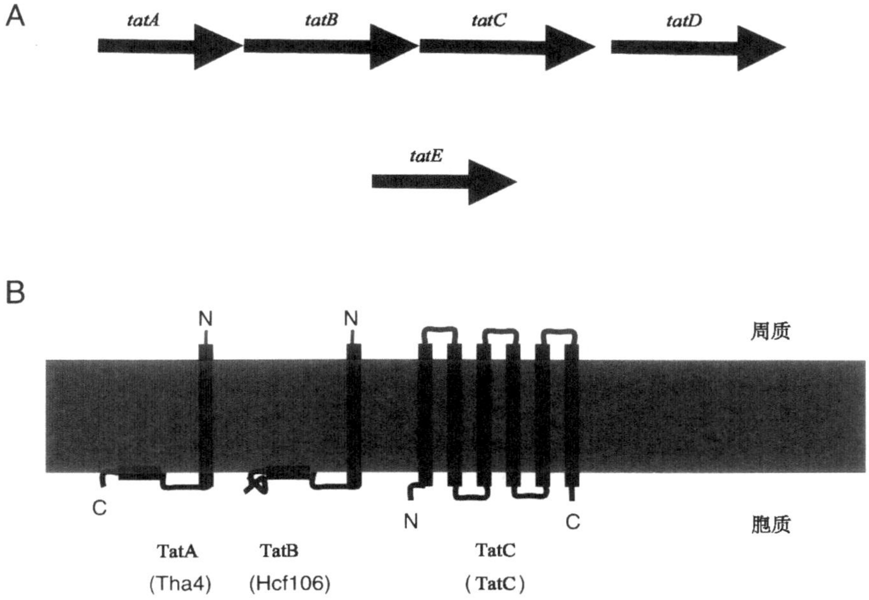

图 11.3　Tat 途径中涉及的基因和多肽。A. 大肠杆菌中的基因组织结构。如图所示，已知基因多数位于 *tatABCD* 操纵元中。*tatABC* 基因编码重要的（TatA）或主要的（TatB 和 TatC）膜结合组分，*tatD* 基因编码一种胞质蛋白，该蛋白质对依赖于 Tat 的蛋白质输出并不重要。单顺反子 *tatE* 基因编码一个 TatA 同源物，但这个基因的表达水平低，而且所编码蛋白的功能并不是必需的。B. 预测的蛋白质结构。预测的大肠杆菌 Tat 蛋白的基本结构如图所示，植物类囊体中相应的同源蛋白也显示在图中（Tha4、Hcf106、TatC）。值得注意的是，Tha4 和 Hcf106 还没有被实验所证实是 TatA/TatB 的同源物。根据预测，TatA 和 B 含有一个短的周质 N 端结构域，一个跨膜区，其后为一个短的两性区域和胞质结构域。TatC 含有 6 个跨膜螺旋，其间有短的 loop 区。

结果表明这些基因确实编码不依赖于 Sec 的输出系统中的组分，尽管有趣的是这些 Hcf106 同源物在输出过程中起到两种不同的作用。TatA 和 TatE 具有相似的作用，二者中任何一个都可使依赖于 Tat 蛋白输出得以进行。但 TatA 似乎丰富得多，它的受损会导致更严重的后果（Sargent et al.，1998，1999）。TatB 对于依赖于 Tat 的蛋白质输入也很重要（Weiner et al.，1998），操纵元中的 *tatC* 基因也编码系统中的一个重要组分（Bogsch et al.，1998）。第四个基因 *tatD* 可能不编码 Tat 系统中的重要组分，它在操纵元中的位置有些神秘（Wexler et al.，2000）。

所有现有的数据表明，一种基本相似的 Tat 系统在类囊体中发挥作用；Hcf106 被认为是 TatB 的同源物，一种显然是 TatA 的同源物已被克隆（Walker et al.，1999），编码一种叶绿体 TatC 同源物的 cDNA 也已被克隆。类囊体 Tat 组分的抗体可以有效地抑制依赖于 Tat 的蛋白质输入类囊体，表明它们参与这个途径（Mori et al.，1999）。最近从大肠杆菌中纯化出一种 TatABC 复合体（Bolhuis et al.，2000，2001），目前没有证据表明存在其他亚基，可能说明 Tat 复合体在亚基组成方面是一种相当简单的系统。可是，大肠杆菌复合体不具活性，因此存在其他亚基的可能性还不能被排除。

11.4.2 小结

- 类囊腔蛋白通过两种完全不同的系统穿过类囊体膜。
- 蛋白质运输途径的选择决定于前导序列的类型。
- 类囊体膜同时含有 Sec 型系统和一种新的 Tat 系统，后者存在于许多细菌中。

11.4.3 Tat 复合体对折叠蛋白的运输

Tat 系统在特性、能力和机制方面与 Sec 系统都很不同。Sec 系统利用 SecYEG 复合体将底物“拉成”大部分为解折叠状态（综述见第 4 章），现在有确凿的证据表明，Tat 复合体可对完全折叠的大球形蛋白质进行运输。这直接来自两个关于类囊体系统的不同研究。一项研究（Clark and Theg，1997）表明，即使最开始在内部发生交联无法解折叠，牛胰蛋白酶抑制剂也可利用 Tat 型定向信号通过 Tat 途径被运输。另一项研究发现，当把一种叶酸类似物结合到二氢叶酸还原酶的活性位点上时，二氢叶酸还原酶可通过 Tat 系统被有效地运输穿过类囊体膜（Hynds et al.，1998）。图 11.4 显示并比较了叶绿体中依赖于 Tat 和 Sec 定向系统的基本功能。

对细菌 Tat 系统的研究为折叠蛋白的运输提供了更加有力的证据。在大肠杆菌中，Tat 输出途径的初级底物是周质蛋白，这些蛋白质结合一种氧化还原因子，包括硫化铁和钼蝶呤中心（Berks，1996；Santini et al.，1998）。特别是这些辅助因子只被插入到胞质内（采取复杂的酶催化机制），这意味着这些蛋白质进行了很大程度的折叠。因此，这些蛋白质必须以折叠的方式通过质膜，尽管细菌的 Tat 系统可以运输折叠好的球蛋白。

并非所有 Tat 底物都与辅助因子结合，类囊体底物也是这样，很少有底物结合任何形式的辅助因子。因此，Tat 系统的第二个作用可能只是运输这些折叠太快和（或）Sec 系统难于有效处理的蛋白质。

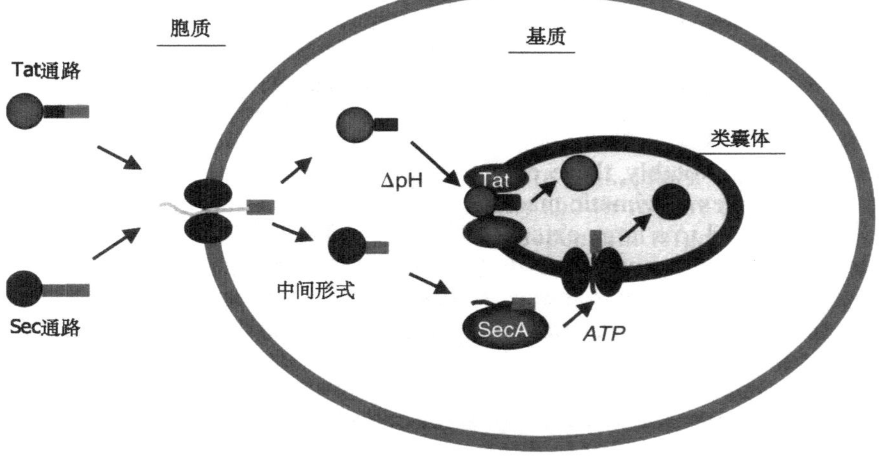

图 11.4　叶绿体中蛋白质定向到类囊体的途径。图中表示了依赖于 Tat 和 Sec 途径的不同特征。定向到这两个途径中的蛋白质含有双重前导序列，一个是被膜转移信号（红色），另一个是类囊体定向信号，它们串联排列。23K 的类囊体定向信号和质体蓝素（分别是依赖于 ΔpH 的和依赖于 Sec 的底物）用蓝色或绿色表示。被膜中的蛋白质转移系统可识别两种前体中的被膜转移肽，协助它们转移到基质中。被膜转移信号通常在基质中被去除，中间形式被定向到不同途径中。依赖于 Tat 途径的蛋白质（如 23K）在以折叠的形式通过 ΔpH 驱使的 Tat 途径被运输之前在基质中需要重新折叠；其他类囊体腔蛋白，如 33 K 和质体蓝素，通过 Sec 途径被运输，运输过程涉及基质 SecA、ATP 水解和与膜结合的 Sec 转运体。经过转运，两条途径中的底物都被类囊体加工肽酶加工成成熟蛋白质。另见彩图。

11.4.4　小结

- 只有 Tat 系统可将折叠蛋白运输穿过类囊体膜或细菌的质膜。
- 它负责运输那些在转运之前必须经过折叠的蛋白质（例如与辅助因子结合），或折叠太快，或 Sec 系统难于处理的蛋白质。

11.5　依赖于 SRP 的类囊体膜蛋白的定向

已发现还有两种类囊体膜蛋白的定向途径用于疏水蛋白在进入质体后的运输（见 Dalbey and Robinson，1999 的综述）。第一类蛋白质需要信号识别颗粒（SRP），已发现在细菌中很多质膜蛋白的插入需要 SRP 的参与（见第 4 章）。大肠杆菌中的 SRP 是一个由 48 kDa 亚基和 4.5S RNA 组成的复合体，4.5S RNA 易与高疏水性区域结合，如新合成的膜蛋白。至少在有些情况下，这个因子与另一个因子 FtsY，以及膜结合 SecYEG复合体一起帮助插入膜蛋白（详见第 4 章综述）。SRP 和 FtsY 在它们的循环过程中都水解 GTP。叶绿体 SRP 的结构在某种程度上有所不同，它缺少 RNA，由 54 kDa 亚基（大肠杆菌 48kDa 亚基的同源物）和一种新的 43kDa 亚基组成（Li et al.，1995；Schuenemann et al.，1998；DeLille et al.，2000）。大的捕光叶绿素结合蛋白

Lhcb1 的插入需要 SRP，其他研究已证明一种叶绿体 FtsY 的同源物参与此过程（Tu et al.，1999；Kogata et al.，1999）。

最近已证明 Oxa1 相关蛋白质在类囊体和细菌的依赖于 SRP 定向途径中都起核心作用。Oxa1p 是一种线粒体内膜蛋白，它在许多内膜蛋白的插入过程中都起重要作用，尤其是那些从基质一侧插入的蛋白质（Hemnann et al.，1997；Hell et al.，2001）。类囊体含有一种同源蛋白 Albino3（Alb3），它对于依赖于 SRP 的 Lhcbl 蛋白的插入很重要（Moore et al.，2000），最近发现大肠杆菌中与 Albino3 相关的 YidC 蛋白对于许多膜蛋白的有效插入很重要（Samuelson et al.，2000）。有趣的是，YidC 对于几种不依赖于 SRP 的蛋白质，如 M13 衣壳蛋白也是必需的，说明它在膜蛋白的形成过程中起着广泛的作用。这个发现表明，YidC 可能以两种不同的形式存在，一种与 Sec 复合体结合，参与更为复杂的插入途径，另外一种是以转运体的形式存在。图 11.5 描绘了一种依赖于 SRP 的蛋白质插入途径模型，需要强调的是，在类囊体膜上发生的详细过程还不清楚。还没有证据表明类囊体的 SecYEG 系统参与 SRP 途径，虽然确实发现 SecY 的抗体可阻碍类囊体腔的 Sec 底物的输入，而不阻碍依赖于 SRP 的 Lhcb1 蛋白输入（Mori et al.，1999）。

11.6 几种类囊体蛋白通过一种不依赖于 SRP 的、可能“自发的”途径插入膜中

已建立了许多研究类囊体膜蛋白的体外方法，这些研究得到了一个令人惊讶的结果：绝大多数被研究的蛋白质均不需要任何已知的定向装置（综述见 Dalbey and Robinson，1999）。几种这类蛋白质形成一个相当新奇的组，因为它们含有二重前导序列，与那些输入到类囊体腔中的蛋白质非常相似：这些蛋白质包括 CF_0 的亚基 II 和光合系统 II 的 W、X 和 Y 亚基。在没有 SRP、SecA、FtsY 或三磷酸核苷（NTP）存在的情况下这些蛋白质有效地插入，蛋白酶解类囊体可破坏被膜包裹的 Sec 和 Tat 转运体，但对这些蛋白质的插入没有影响（Michl et al.，1994；Kim et al.，1998；Robinson et al.，1996）。插入后，经类囊体加工肽酶切割后释放出成熟蛋白质。在没有任何可确认的定向因子或能量的情况下，这些蛋白质可自发地插入到类囊体膜中，此过程中，信号肽（二重前导序列中的第二个结构域）可能提供了第二个疏水区域，以 loop 中间物的形式帮助插入过程（Thompson et al.，1999）。图 11.5 表示这个定向途径。

CF_0 II 型前导序列非常与众不同，因为仅发现还有另外一种膜蛋白（大肠杆菌中的 M13 衣壳蛋白）含有一段信号肽（signal-type peptide），这种膜蛋白的插入不需要 Sec 或 Tat 型转运体的参与（见 Dalbey and Robinson，1999 综述）。可是，M13 衣壳蛋白的插入不依赖于 YidC，因此不是真正意义上的自发过程，而最近的研究表明，前面提到的类囊体蛋白不依赖于 Alb3 同源蛋白（Woolhead，Thompson，Moore，Henry and Robinson 手稿已提交）。因此这些蛋白质可能直接插入到双层膜中而不需要任何其他蛋白质的参与，尽管这仍需要实验的证实或否定。

其他没有可被切除信号肽的蛋白质也通过不依赖于 SRP/Sec 的途径插入，令人惊奇的是，这些蛋白质中包括与 Lhcb1 相关蛋白质。一种早期的受光诱导蛋白（Elip）和

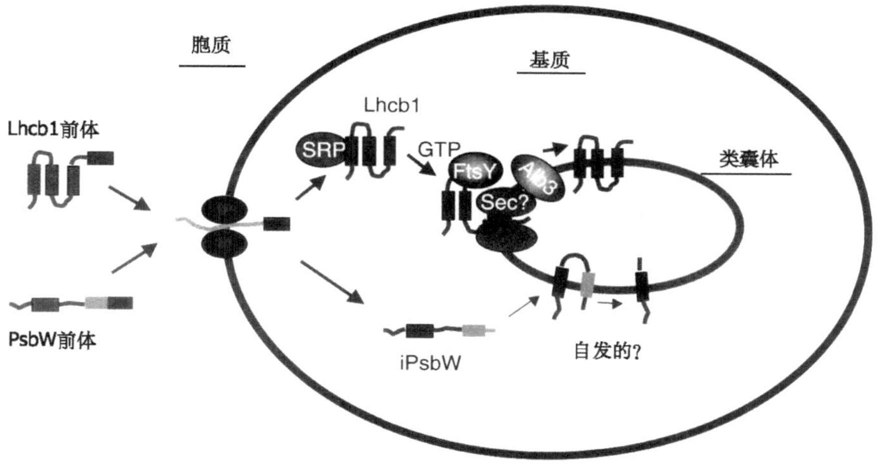

图 11.5 类囊体膜蛋白的“受助”定向途径和“自发”定向途径模型。SRP 途径：Lhcb1 是一种叶绿素结合蛋白，跨膜三次（跨膜区以灰色表示）。它在胞质中以前体的形式被合成，含有一个包被转移肽。在与基质信号识别颗粒 SRP 相互作用后，此肽引导蛋白质以解折叠形式穿过被膜。之后，SRP 将蛋白质送到类囊体膜中的转运装置（可能是 SecYEG 转运体，这一点不肯定），与 FtsY 一起，通过依赖于 GTP 的过程协助蛋白质插入。蛋白质的完全插入还需要 Alb3 因子。自发途径：PsbW 是一种单次跨膜蛋白，在胞质中合成，双重前导序列由一段包被转移肽和其后的一段疏水信号肽组成。跨越被膜可能通过标准途径进行，此前转移肽被去除，蛋白质以一种 loop 构象插入类囊体膜。类囊体加工肽酶在膜的腔内侧切除转移肽，产生成熟的 PsbW 蛋白。

PsbS 都是大的叶绿素结合蛋白家族成员，但这些蛋白质可通过叶绿体中依赖于 SRP Sec/NTP 机制进行插入（Kim et al.，1999）。因此，对于那些到目前为止研究过的类囊体蛋白，只有 Lhcb1 需要 SRP 和被膜包裹的转运装置，尽管 Kim 等（1999）发现相关的 Lhcb5 蛋白插入需要基质提取物和 NTP，可能同样通过 SRP 作用被插入膜中。

小结

- 一部分类囊体膜蛋白通过依赖于 SRP/FtsY 的途径插入膜中，类似于 Sec/Tat 系统，是由叶绿体的蓝细菌型祖先遗传而来的。
- 其他膜蛋白通过一种更简单的自发机制插入膜中。

11.7 历史注释

第一个类囊体腔蛋白在 20 世纪 80 年代晚期被克隆，它含有一段“信号”肽和一段叶绿体输入信号。这本身说明，Sec 系统可能存在于类囊体中；没有想到存在另一个系统，因为细菌只采用 Sec 途径。在 20 世纪 90 年代中期克隆出第一批叶绿体 Sec 蛋白，与此同时，生物化学研究证实类囊体中存在两种不同的转运系统。1997 年，不依赖于 Sec 的系统中第一个组分被克隆，证明：许多细菌中存在的同源物表明了细菌中也含有第二种转运系统。

11.8 参考文献

Abdallah, F., Salamini, F. and Leister, D. (2000) A prediction of the size and evolutionary origin of the proteome of chloroplasts of *Arabidopsis*. *Trends Plant Sci* **5**: 141-142.

Bauer, J., Chen, K., Hiltbunner, A. et al. (2000) The major protein import receptor of plastids is essential for chloroplast biogenesis. *Nature* **403**: 203-207.

Berks, B. C. (1996) A common export pathway for proteins binding complex redox cofactors? *Mol Microbiol* **22**: 393-404.

Bogsch, E. G., Sargent, F, Stanley, N. R. et al. (1998) An essential component of a novel bacterial protein export system with homologues in plastids and mitochondria. *J Biol Chem* **273**: 18003-18006.

Bolhuis, A., Bogsch, E. G. and Robinson, C. (2000) Subunit interactions in the twin-arginine translocase complex of *Escherichia coli*. *FEBS Lett* **472**: 88-92.

Bolhuis, A., Mathers, J. E., Thomas, J. D. et al. (2001) TatB and TatC form a structural and functional unit of the twin-arginine translocase from *Escherichia coli*. *J Biol Chem* **276**: 20213-20219.

Bölter, B., May, T. and Soll, J. (1998a) A protein import receptor in pea chloroplasts, Toc86, is only a proteolytical fragment of a larger polypeptide. *FEBS Lett* **441**: 59-62.

Bölter, B., Soll, J., Schulz, A. et al. (1998b) Origin of a chloroplast protein importer. *Proc Natl Acad Sci USA* **95**: 15831-15836.

Brink, S., Fischer, K., Klösgen, R. B. et al. (1995) Sorting of nuclear encoded chloroplast membrane proteins to the envelope and the thylakoid membrane. J *Biol Chem* **270**: 20808-20815.

Brink, S., Bogsch, E. G., Edwards, W. R. et al. (1998) Targeting of thylakoid proteins by the ΔpH-driven twin-arginine translocation pathway requires a specific signal in the hydrophobic domain in conjunction with the twin-arginine motif. *FEBS Lett* **434**: 425-430.

Bruce, B. D. (2000) Chloroplast transit peptides: structure, function and evolution. *Trends Cell Biol* **10**: 440-446.

Caliebe, A., Grimm, R., Kaiser, G. et al. (1997) The chloroplastic protein import machinery contains a Rieske-type iron-sulfur cluster and a mononuclear iron-binding protein. *EMBO J* **16**: 7342-7350.

Chaddock, A. M., Mant, A., Karnauchov, I. et al. (1995) A new type of signal peptide: central role of a twin-arginine motif in transfer signals for the ΔpH-dependent thylakoidal protein translocase. *EMBO J* **14**: 2715-2722.

Chen, K. and Schnell, D. J. (1997) Insertion of the 34-kDa chloroplast protein import component, IAP34, into the chloroplast outer membrane is dependent on its intrinsic GTP-binding capacity. *J Biol Chem* **272**: 6614-6620.

Chen, L. J. and Li, H. M. (1998) A mutant deficient in the plastid lipid DGD is defective in protein import into chloroplasts. *Plant J* **16**: 33-39.

Clark, S. A. and Theg, S. M. (1997) A folded protein can be transported across the chloroplast envelope and thylakoid membranes. *Mol Biol Cell* **8**: 923-934.

Cline, K., Ettinger, W. F. and Theg, S. M. (1992) Protein-specific energy requirements for protein transport across or into thylakoid membranes. Two lumenal proteins are transported in the absence of ATP. *J Biol Chem* **267**: 2688-2696.

Cline, K., Henry, R., Li, C. and Yuan, J. (1993). Multiple pathways for protein transport into or across the thylakoid membrane. *EMBO J* **12**: 4105-4114.

Dalbey, R. E. and Robinson, C. (1999) Protein translocation into and across the bacterial plasma membrane and the plant thylakoid membrane. *Trends Biochem Sci* **24**: 17-22.

DeLille, J., Peterson, E. C., Johnson, T. et al. (2000) A novel precursor recognition element facilitates post-translational binding to the signal recognition particle in chloroplasts. *Proc Natl Acad Sci USA* **97**: 1926-1931.

Hageman, J., Baecke, C., Ebskamp, M. et al. (1990) Protein import and sorting inside the chloroplast are independent processes. *Plant Cell* **2**: 479-494.

Heins, L., Collinson, I. and Soil, J. (1998) The protein translocation apparatus of chloroplast envelopes. *Trends Plant Sci* **3**: 56-61.

Hell, K., Neupert, W. and Stuart, R. A. (2001) Oxalp acts as a general membrane insertion machinery for proteins encoded by mitochondrial DNA. *EMBO J* **20**: 1281-1288.

Henry, R., Kapazoglou, A., McCaffery, M. and Cline, K. (1994) Differences between lumen targeting domains of chloroplast transit peptides determine pathway specificity for thylakoid transport. *J Biol Chem* **269**: 10189-10192.

Herrmann, J. M., Neupert, W. and Stuart, R. A. (1997) Insertion into the mitochondrial inner membrane of a polytopic protein, the nuclear-encoded Oxalp. *EMBO J* **16**: 2217-2226.

Hinnah, S. C., Hill, K., Wagner, R. et al. (1997) Reconstitution of a chloroplast protein import channel. *EMBO J* **16**: 7351-7360.

Hirsch, S., Muckel, E., Heemeyer, F. et al. (1994) A receptor component of the chloroplast protein translocation machinery. *Science* **266**: 1989-1992.

Hynds, P. J., Robinson, D. and Robinson, C. (1998) The Sec-independent twin-arginine translocation system can transport both tightly folded and malfolded proteins across the thylakoid membrane. *J Biol Chem* **273**: 34868-34874.

Ivey III, R. A., Subramanian, C. and Bruce, B. D. (2000) Identification of a Hsp70 recognition domain within the Rubisco small subunit transit peptide. *Plant Physiol* **122**: 1289-1299.

Jackson, D. T., Froehlich, J. E. and Keegstra, K. (1998) The hydrophilic domain of Tic110, an inner envelope membrane component of the chloroplastic protein translocation apparatus, faces the stromal compartment. *J Biol Chem* **273**: 16583-16588.

Jarvis, P., Chen, L. J., Li, H. M. et al. (1998) An *Arabidopsis* mutant defective in the plastid general protein import apparatus. *Science* **282**: 100-103.

Kaneko, T., Sato, S., Kotani, H. et al. (1996) Sequence analysis of the genome of the unicellular cyanobacterium *Synechocystis* sp. strain PCC6803. II. Sequence determination of the entire genome and assignment of potential protein-coding regioins *DNA Res* **3**: 109-136.

Keegstra, K. and Cline, K. (1999) Protein import and routing systems of chloroplasts. *Plant Cell* **11**: 557-570.

Kessler, F. and Blobel, G. (1996) Interaction of the protein import and folding machineries of the chloroplast. *Proc Natl Acad Sci USA* **93**: 7684-7689.

Kessler, F., Blobel, G., Patel, H. A. et al. (1994) Identification of two GTP-binding proteins in the chloroplast protein import machinery. *Science* **266**: 1035-1039.

Kieselbach, T., Hagman, Å., Andersson, B. and Schröder, W. P. (1998) The thylakoid lumen of chloroplasts: isolation and characterisation. *J Biol Chem* **273**: 6710-6716.

Kim, S. J., Robinson, C. and Mant, A. (1998) Sec/SRP-independent insertion of two thylakoid membrane proteins bearing cleavable signal peptides. *FEBS Lett* **424**: 105-108.

Kim, S. J., Jansson, S., Hoffman, N. E. et al. (1999) Distinct 'assisted' and 'spontaneous' mechanisms for the insertion of polytopic chlorophyll-binding proteins into the thylakoid membrane. *J Biol Chem* **274**: 4715-4721.

Ko, K., Budd, D., Wu, C. et al. (1995) Isolation and characterization of a cDNA clone encoding a member of the Com/Cim44 envelope components of the chloroplast protein import apparatus. *J Biol Chem* **270**: 28601-28608.

Kogata, N., Nishio, K., Hirohashi, T. et al. (1999) Involvement of a chloroplast homologue of the signal recognition particle receptor protein, FtsY, in protein targeting to thylakoids. *FEBS Lett* **329**: 329-333.

Kouranov, A., Chen, X., Fuks, B. et al. (1998) Tic20 and Tic22 are new components of the protein import apparatus at the chloroplast inner envelope membrane. *J Cell Biol* **143**: 991-1002.

Kourtz, L. and Ko, K. (1997) The early stage of chloroplast protein import involves Com70. *J Biol Chem* **272**: 32264-32271.

Krimm, I., Gans, P., Hernandez, J. F. et al. (1999) A coil-helix instead of a helix-coil motif can be induced in a chloroplast transit peptide from *Chlamydomonas reinhardtii*. *Eur J Biochem* **265**: 171-180.

Laidler, V., Chaddock, A. M., Knott, T. G. et al. (1995) A SecY homolog in *Arabidopsis thaliana*. Sequence of a full-length cDNA clone and import of the precursor protein into chloroplasts. *J Biol Chem* **270**: 17664-17667.

Lancelin, J. M., Bally, I., Arlaud, G. J. et al. (1994) NMR structures of ferredoxin chloroplastic transit peptide from *Chlamydomonas reinhardtii* promoted by trifluoroethanol, in aqueous solution. *FEBS Lett* **343**: 261-266.

Li, X., Henry, R., Yuan, J. et al. (1995) A chloroplast homologue of the signal recognition particle subunit SRP54 is involved in the post-translational integration of a protein into thylakoid membranes. *Proc Natl Acad Sci USA* **92**: 3789-3793.

Lübeck, J., Soll, J., Akita, M et al. (1996) Topology of IEP110, a component of the chloroplastic protein import machinery present in the inner envelope membrane. *EMBO J* **15**: 4230-4238.

Lübeck, J., Heins, L. and Soll, J. (1997) A nuclear-coded chloroplastic inner envelope protein uses a soluble sorting intermediate upon import into the organelle. *J Cell Biol* **137**: 1279-1286.

Marshall, J. S., DeRocher, A. E., Keegstra K et al. (1990) Identification of heat shock protein hsp70 homologues in chloroplasts. *Proc Natl Acad Sci USA* **87**: 374-378.

Martin, W., Stoebe, B., Goremykin, V. et al. (1998) Gene transfer to the nucleus and the evolution of chloroplasts. *Nature* **393**: 162-165.

May, T. and Soll, J. (1998) Positive charges determine the topology and functionality of the transmembrane domain in the chloroplastic outer envelope protein Toc34. *J Cell Biol* **141**: 895-904.

May, T. and Soll, J. (2000) 14-3-3 proteins form a guidance complex with chloroplast precursor proteins in plants. *Plant Cell* **12**: 53-63.

Michl, D., Robinson, C., Shackleton, J. B. et al. (1994) Targeting of proteins to the thylakoids by bipartite presequences: CF_0 II is imported by a novel, third pathway. *EMBO J* **13**: 1310-1317.

Moore, M., Harrison, M. S., Peterson, E. C. and Henry, R. (2000) Chloroplast Oxalp homolog albino3 is required for post-translational integration of the light harvesting chlorophyll-binding protein into thylakoid membranes. *J Biol Chem* **275**: 1529-1532.

Mori, H., Summer, E. J., Ma, X. and Cline, K. (1999) Component specificity for the thylakoidal Sec and delta pH-dependent protein transport pathways. *J Cell Biol* **146**: 45-55.

Mould, R. M. and Robinson, C. (1991) A proton gradient is required for the transport of two lumenal oxygen-evolving proteins across the thylakoid membrane. *J Biol Chem* **266**: 12189-12193.

Nielsen, V. S., Mant, A., Knoetzel, J. et al. (1994) Import of barley photosystem I subunit N into the thylakoid lumen is mediated by a bipartite presequence lacking an intermediate processing site; role of the delta pH in translocation across the thylakoid membrane. *J Biol Chem* **269**: 3762-3766.

Nielsen, E., Akita, M., Davila-Aponte, J. et al. (1997) Stable association of chloroplastic precursors with the protein translocation complexes that contain proteins from both envelope membranes and a stromal hsp100 molecular chaperone. *EMBO J* **16**: 935-946.

Pang, P., Meathrel, K. and Ko, K. (1997) A component of the chloroplast protein import apparatus functions in bacteria. *J Biol Chem* **272**: 25623-25627.

Perry, S. E. and Keegstra, K. (1994) Envelope membrane proteins that interact with chloroplast precursor proteins. *Plant Cell* **6**: 93-105.

Pilon, M., Rietveld, A. G., Weisbeek, P. J. et al. (1992) Secondary structure and folding of a functional chloroplast precursor protein. *J Biol Chem* **267**: 19907-19913.

Pilon, M., Wienk. H., Sips, W. et al. (1995) Functional domains of the ferredoxin transit sequence involved in chloroplast import. *J Biol Chem* **270**: 3882-3893.

Pinnaduwage, P. and Bruce, B. D. (1996) *In vitro* interaction between a chloroplast transit peptide and chloroplast outer envelope lipids is sequence-specific and lipid-class dependent. *J Biol Chem* **271**: 32907-32915.

Rensink, W. A., Schnell, D. J. and Weisbeek, P. J. (2000) The transit sequence of ferredoxin contains different domains for translocation across the outer and inner membrane of the chloroplast envelope. *J Biol Chem* **275**: 10265-10271.

Reumann, S., Davila-Aponte, J. and Keegstra, K. (1999) The evolutionary origin of the protein-translocation channel of chloroplastic envelope membranes: identification of a cyanobacterial homolog. *Proc Natl Acad Sci USA* **96**: 784 -789.

Robinson, C., Cai. D., Hulford, A. et al. (1994) The presequence of a chimeric construct dictates which of two mechanisms are utilized for translocation across the thylakoid membrane: evidence for the existence of two distinct translocation systems. *EMBO J* **13**: 279-285.

Robinson, D., Karnauchov, I., Herrmann, R. G. et al. (1996) Protease-sensitive thylakoidal import machinery, for the Sec-, ΔpH- and signal recognition particle-dependent protein targeting pathways, but not for CF_0II integration. *Plant J* **10**: 149-155.

Robinson, C. and Bolhuis, A. (2001) Protein targeting by the twin-arginine translocation pathway. *Nature Reviews Molec Cell Biol* **2**: 350-355.

Samuelson, J. C., Chen, M., Jiang, F. et al. (2000) YidC mediates membrane protein insertion in bacteria. *Nature* **406**: 637-641.

Santini, C. L., Ize, B., Chanal, A. et al. (1998) A novel Sec-independent periplasmic protein translocation pathway in *Escherichia colt*. *EMBO J* **17**: 101-112.

Sargent, F., Bogsch, E. G., Stanley, N. R. et al. (1998) Overlapping functions of components of a bacterial Sec-independent export pathway. *EMBO J* **17**: 3640-3650.

Sargent, F., Stanley, N. R., Berks, B. C. and Palmer, T. (1999) Sec-independent protein translocation in *Escherichia coli*. A distinct and pivotal role for the TatB protein. *J Biol Chem* **274**: 36073-36082.

Schnell, D. J., Blobel, G., Keegstra, K. et al. (1997) A consensus nomenclature for the protein-import components of the chloroplast envelope. *Trends Cell Biol* **7**: 303-304.

Schuenemann, D., Gupta, S., Persello-Cartieaux, F. et al. (1998) A novel signal recognition particle targets light-harvesting proteins to the thylakoid membranes. *Proc Natl Acad Sci USA* **95**: 10312-10316.

Schuenemann, D., Amin, P., Hartmann, E. and Hoffman, N. E. (1999) Chloroplast SecY is complexed to SecE and involved in the translocation of the 33-kDa, but not the 23-kDa subunit of the oxygen-evolving complex. *J Biol Chem* **274**: 12177-12182.

Seedorf, M., Waegemann, K. and Soll, J. (1995) A constituent of the chloroplast import complex represents a new type of GTP-binding protein. *Plant J* **7**: 401-411.

Settles, M. A., Yonetani, A., Baron, A. et al. (1997) Sec-independent protein translocation by the maize Hcf106 protein. *Science* **278**: 1467-1470.

Sohrt, K. and Soll, J. (2000) Toc64, a new component of the protein translocon of chloroplasts. *J Cell Biol* **148**: 1213-1221.

Soll, J. and Tien, R. (1998) Protein translocation into and across the chloroplastic envelope membranes. *Plant Mol Biol* **38**: 191-207.

Stahl, T., Glockmann, C., Soll, J. et al. (1999) Tic40, a new 'old' subunit of the chloroplast protein import translocon. *J Biol Chem* **274**: 37467-37472.

Sveshnikova, N., Soll, J. and Schleiff, E. (2000) Toc34 is a preprotein receptor regulated by GTP and phosphorylation. Proc *Natl Acad Sci USA* **97**: 4973-4978.

Theg, S. M., Baeuerle, C., Olsen, L. J. et al. (1989) Internal ATP is the only energy requirement for the translocation of precursor proteins across chloroplastic membranes. *J Biol Chem* **264**: 6730-6736.

Thompson, S. J., Robinson, C and Mant, A. (1999) Dual signal peptides mediate the Sec/SRP-independent insertion of a thylakoid membrane polyprotein. PsbY. *J Biol Chem* **274**: 4059-4066.

Tranel, P. J. and Keegstra, K. (1996) A novel, bipartite transit peptide targets OEP75 to the outer membrane of the chloroplastic envelope. *Plant Cell* **8**: 2093-2104.

Tranel, PJ., Froehlich, J., Goyal, A. et al. (1995) A component of the chloroplastic protein import apparatus is targeted to the outer envelope membrane via a novel pathway. *EMBO J* **14**: 2436-2446.

Tsai, L. Y., Yu, S. L. and Li, H. M. (1999) Insertion of at Toc34 into chloroplastic outer membrane is assisted by at least two proteinaceous components in the import system. *J Biol Chem* **274**: 18735-18740.

Tu, C. J., Schuenemann, D. and Hoffman, N. E. (1999) Chloroplast FtsY, chloroplast signal recognition particle, and GTP are required to reconstitute the soluble phase of light-harvesting chlorophyll protein transport into thylakoid membranes. *J Biol Chem* **274**: 27219-27224.

Voelker, R. and Barkan, A. (1995) Two nuclear mutations disrupt distinct pathways for targeting proteins to the chloroplast thytakoid. *EMBO J* **14**: 3905-3914.

von Heijne, G., Hirai, T., Klösgen, R. B. et al. (1991) CHLPEP: a database of chloroplast transit peptides. *Plant Mol Biol Rep* **9**: 104-126.

Vothknecht, U. and Soll, J. (2000) Protein import: the hitchhikers guide into chloroplasts. *Biol Chem* **381**: 887-897.

Waegemann, K. and Soll, J. (1991) Characterization of the protein import apparatus in isolated outer envelopes of chloroplasts. *Plant J* **1**: 149-158.

Waegemann, K. and Soll, J. (1996) Phosphorylation of the transit sequence of chloroplast precursor proteins. *J Biol Chem* **271**: 6545-6554.

Waegemann, K., Paulsen, H. and Soll, J. (1990) Translocation of proteins into isolated chloroplasts requires cytosolic factors to obtain import competence. *FEBS Lett* **261**: 89-92.

Walker, M. B., Roy, L. M., Coleman, E. et al. (1999) The maize tha4 gene functions in sec-independent protein transport in chloroplasts and is related to hcf106, tatA, and tatB. *J Cell Biol* **147**: 267-276.

Weiner, J. H., Bilous, P. T., Shaw, G. M. et al. (1998) A novel and ubiquitous system for membrane targeting and secretion of cofactor-containing proteins. *Cell* **93**: 93-101.

Wexler, M., Sargent, F., Jack, R. L. et al. (2000) TatD is a cytoplasmic protein with DNase activity. No requirement for TatD family proteins in Sec-independent protein export. *J Biol Chem* **275**: 16717-16722.

Wienk, H. J. L., Czisch, M. and De Kruijff, B. (1999) The structural flexibility of the preferredoxin transit peptide. *FEBS Lett* **453**: 318-326.

Young, M. E., Keegstra, K. and Froehlich, J. E. (1999) GTP promotes the formation of early-import intermediates but is not required during the translocation step of protein import into chloroplasts. *Plant Physiol* **121**: 237-244.

Yuan, J., Henry, R., McCaffery, M. and Cline, K. (1994) SecA homolog in protein transport within chloroplasts: evidence for endosymbiont-derived sorting. *Science* **266**: 796-798.

12 蛋白质向过氧化物酶体的输入

SURESH SUBRAMANI，VINCENT DAMMAI，PARTHA HAZRA，
IVET SURIAPRANATA 和 SOOJIN LEE

12.1 过氧化物酶体的发现和功能

12.1.1 什么是过氧化物酶体？对它们的研究目的是什么？

过氧化物酶体是细胞器中最后被发现的。它们最初被描述为“微体”，或为小鼠体内肾小管附近胞质中颗粒状基质周围小的、单层膜包被的结构（Rhodin，1954）。由于其内含有（氢）过氧化物生成和降解的酶类，这种细胞器重新被命名为“过氧化物酶体”（De Duve and Baudhuin，1966）。

过氧化物酶体在真核细胞中普遍存在，直径为 0.1～1.0 μm。尽管现在认识到过氧化物酶体对于人的生存是十分重要的（Fujiki，2000；Gould and Valle，2000），并且过氧化物酶体在脂代谢的许多方面都起到核心作用（Wanders and Tager，1998），但其酶学作用仍没有完全认清。过氧化物酶体令人感兴趣的原因很多：

（1）是复杂性最低的细胞器之一，后基因组时代的到来使识别和鉴定所有细胞器组分成为可能，过氧化物酶体在实现这一目标的过程中具有特殊意义。

（2）过氧化物酶体在细胞代谢，尤其是脂代谢中的作用令生物化学家们感兴趣（Wanders and Tager，1998）。

（3）对过氧化物酶体组装和转化的认识是过氧化物酶体动态平衡及其受营养状况调节问题的核心。

（4）过氧化物酶体至少在 17 种人类疾病中起作用，这些疾病多数是致死的，因此生物医学科学家们对此产生了浓厚兴趣（Fujiki，2000；Gould and Valle，2000）。

（5）过氧化物酶体在进化起源上与其他细胞器之间的关系仍是一个谜。过氧化物酶体易于鉴别、纯化和诱导，适宜的生长条件下在单细胞中可以缺少。

12.1.2 过氧化物酶体在代谢中的功能

什么原因使得过氧化物酶体对于人的生存如此重要呢？一个明显的原因是，过氧化物酶体在脂代谢的许多方面发挥作用。它们的作用包括：①脂肪酸的 β-氧化；②脂肪酸的 α-氧化；③胆固醇和其他类异戊二烯的合成；④醚-磷脂的合成；⑤多不饱和脂肪酸的生物合成（Wanders and Tager，1998）。表 12.1 列出了过氧化物酶体及在进化中与其相似的被称为乙醛酸循环体（存在于植物和真菌中）和酵解酶体［存在于（无脊椎）动质体目中］在代谢中的主要功能。过氧化物酶体在代谢中的功能因细胞类型和营养条件而异（Wanders and Tager，1998）。细胞对生长环境作出的反应表现为，在某些诱导条件下生成过氧化物酶体（Kunau et al.，1993），以及通过溶酶体或液泡自吞噬，

降解过多的过氧化物酶体（Dunn，1994；Tuttle and Dunn，1995）。过氧化物酶体的生成和降解使得这种细胞器非常令人感兴趣。人们不仅可以研究这些过程本身，而且可以将这些过程与细胞外的信号联系起来，研究它们是进入细胞内的过程。

表 12.1　过氧化物酶体在代谢中的主要功能

	过氧化物酶体（哺乳动物）	乙醛小体（植物）	乙醛小体或过氧化物酶体（酵母、真菌）	乙醛小体（动质体目）
过氧化物代谢	+	+	+	−
醚磷脂合成	+	−	−	+
脂肪酸 β-氧化	+	+	+	+
乙醛酸循环	−	+	+	−
光呼吸	−	+	−	−
糖酵解	−	−	−	+

注：引自 Wiemer and Subramani（1994）。经 Academic Press 许可引用。

12.1.3　小结：过氧化物酶体的发现和功能

- 过氧化物酶体是已发现的所有真核细胞中最简单的细胞器。就代谢功能和生物合成机制而言，它与植物和真菌中的乙醛酸循环体和鞭毛虫中的酵解酶体有关。
- 过氧化物酶体中的酶类参与过氧化氢的生成、降解以及脂代谢。
- 过氧化物酶体与许多人类疾病密切相关，是研究细胞器生成和周转的良好模型。

12.2　过氧化物酶体的产生

与细胞核、线粒体和叶绿体不同，过氧化物酶体中没有 DNA。因此它的所有多肽成分都由核基因编码，在胞质中的多核糖体上合成，然后以后翻译的方式被转运到过氧化物酶体中。定位到过氧化物酶体基质或膜中的蛋白质拥有不同的定向信号，信号受体蛋白驱动它们到达细胞中的最终位置。除了蛋白质，过氧化物酶体的膜中也含有脂类，据认为脂类来自内质网，但此过程的发生机制尚不清楚。因此，以下部分中只讨论蛋白质的输入，而不讨论脂类如何进入过氧化物酶体基质和膜。

12.2.1　过氧化物酶体基质蛋白和膜蛋白的输入信号

1987 年，在萤火虫萤光素酶中发现了第一个过氧化物酶体定向信号（peroxisome targeting signal，PTS），命名为 PTS1（Gould et al.，1987，1989）。PTS1 是一个保守的 C 端三肽 SKL 或它的变形，它对于定向到过氧化物酶体基质或腔内的蛋白质是必需的（图 12.1）。这种信号在过氧化物酶体基质蛋白中最多。此后，在缺少 PTS1 序列的蛋白质中，另一种被称为 PTS2 的九肽也被发现可将蛋白质定向到过氧化物酶体基质中（Osumi et al.，1991；Swinkels et al.，1991）。这个序列靠近 N 端或在蛋白质内部，具有这种信号序列的过氧化物酶体基质蛋白很少，与 PTS1 序列一样，PTS2 在进化中也保守。PTS1 和 PTS2 负责多数过氧化物酶体基质蛋白的运输。

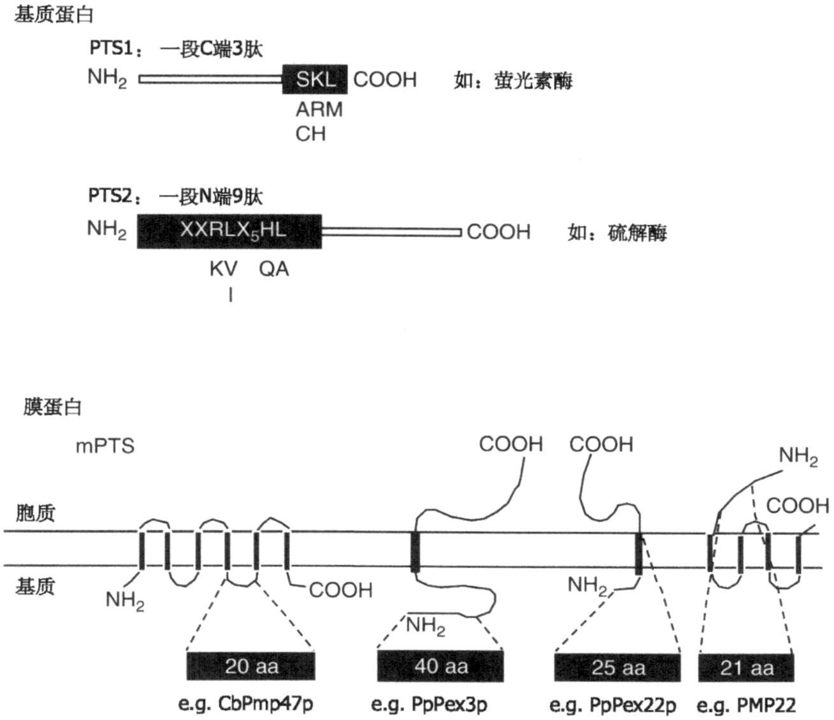

图 12.1 过氧化物酶体基质蛋白和膜蛋白使用的定向信号。黑框中的字母代表以单字母形式表示的氨基酸序列，或 PTS 的长度。其中一些共同的氨基酸变异也表示在这些序列下方。mPTS 可能位于过氧化物酶体膜腔体或胞质一侧，有可能包括邻近的跨膜结合域，在图中以垂直的黑色长方形表示。

嵌入到过氧化物酶体膜中的过氧化物酶体膜蛋白（PMP）使用膜 PTS（mPTS）定向。这已在几种蛋白质中被证明，但除了一段碱性区域外，mPTS 很少有共性（Baerends et al.，2000；Dyer et al.，1996；Subramani et al.，2000）。它们可能包括也可能不包括邻近的跨膜结构域，可以存在于过氧化物酶体膜的腔内或胞质一侧（图 12.1）。

12.2.2 蛋白质向过氧化物酶体基质的输入

12.2.2.1 胞质中的受体对 PTS 的识别

20 世纪 80 年代晚期，对报告蛋白和内源性蛋白向过氧化物酶体转运的早期研究表明，人类使用与酵母类似的 PTS（Gould et al.，1989）。这说明参与过氧化物酶体蛋白分选的信号，也许还包括分选系统，在进化过程中是保守的。之后在 20 世纪 90 年代早期，世界上的几个研究小组开始利用酵母，后来又利用中国仓鼠卵巢细胞进行研究，得到了参与过氧化物酶化酶体形成的 *PEX* 基因突变体（Subramani，1993）。利用遗传学方法（Subramani，1993）定义了许多互补群。*PEX* 基因和蛋白质（被统称为 peroxin）参与过氧化物酶体的装配。研究工作的进展已清楚地表明许多由过氧化物酶体形成失调导致的人类疾病均由类似于中国仓鼠卵巢细胞突变体中的互补群引起（Slawecki et al.，

1995)。

这些研究发现了至少 23 个 *PEX* 基因（表 12.2）。通过对这些突变体表型的分析，直接克隆出编码 PTS1 和 PTS2 受体的基因。例如，只在含有 PTS1 的输入蛋白质中 *pex5* 突变才被选择性破坏，而含有 PTS2 和 mPTS 的多肽中 *pex5* 突变不受影响。这是因为在 PTS1 受体中存在一个由 *PEX5* 基因编码的突变（McCollum et al.，1993）。同样，*PEX7* 基因编码 PTS2 受体（Marzioch et al.，1994；Zhang and Lazarow，1995）。对受体-配体的生物化学和（或）酵母双杂交实验表明，PTS1 和 PTS2 分别与 Pex5p 和 Pex7p 发生相互作用（Rehling et al.，1996；Terlecky et al.，1995）。在 Pex5p 中存在 7 个 tetratricopeptide 重复，在 Pex7p 中存在 WD40 重复，它们都参与蛋白（多）肽的相互作用（图 12.2）。

表 12.2　*PEX* 基因及它们的特性

PEX 基因	Peroxin 的特性
PEX1	AAA ATP 酶
PEX2	C_3HC_4 锌结合 PMP，可能是转运亚复合体的一部分
PEX3	膜生成所需的 PMP，对接亚复合体的组成部分
PEX4	与过氧化物酶体关联的泛素结合酶
PEX5	PTS1 受体，往返于胞液到达或进入过氧化物酶体
PEX6	AAA ATP 酶
PEX7	PTS2 受体
PEX8	含有一个 PTS2 和（或）PTS1 的腔蛋白
PEX9	未知功能的 PMP
PEX10	C_3HC_4 锌结合 PMP，可能是转运亚复合体的一部分
PEX11	参与过氧化物酶体的增殖，但不是一个 MCTA transporter
PEX12	C_3HC_4 锌结合 PMP，与 PTS1 受体结合，可能是转运亚复合体的一部分
PEX13	含有 SH3 结构域的 PMP，与 PTS1 受体结合，对接亚复合体的一部分
PEX14	Pex5p 和 Pex7p 的膜对接蛋白，对接亚复合体的一部分
PEX15	过氧化物酶体整合膜蛋白
PEX16	过氧化物酶体内外围膜蛋白
PEX17	发现于 PTS -受体与 Pex14p 形成的对接复合体中
PEX18	与 Pex21p 一起参与 Pex7p 介导的定向
PEX19	主要存在于胞液中，与许多过氧化物酶体上的 PMP 发生相互作用
PEX20	硫解酶寡聚化和输入所需蛋白质
PEX21	与 Pex18p 一起参与 Pex7p 介导的定向
PEX22	将 Pex4p 锚定到过氧化物酶体膜上
PEX23	参与基质蛋白的输入

注：此表根据不同生物中发现的 peroxin 整理而成（引自 Subramani et al.，2000，经 *Annual Review of Biochemistry*，Volume 69，© 2000，by Annual Reviews，**www.AnnualReviews.org** 许可引用）。其中多数蛋白质是保守的，存在于所有生物中，仅有少数蛋白质例外。

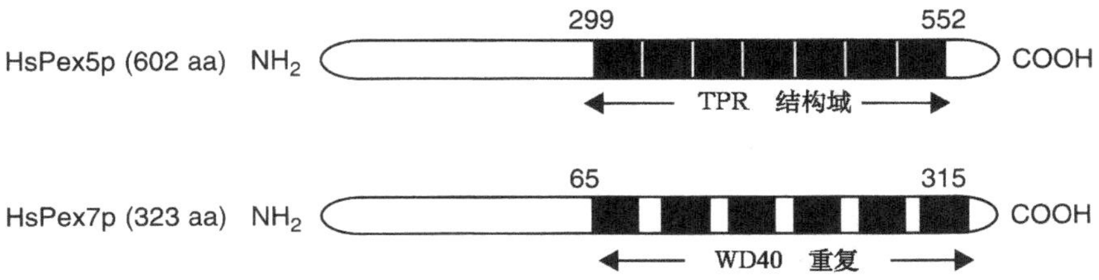

图 12.2 人 PTS1 受体 Pex5p 和 PTS2 受体 Pex7p 结构示意图。TPR 结构域与 PTS1 肽结合，WD40 重复区参与蛋白质间相互作用。

12.2.2.2 PTS 受体/被转运蛋白复合物在过氧化物酶体膜上的停靠

PTS1 和 PTS2 的受体分别为 Pex5p 和 Pex7p，目前对酵母、哺乳动物、植物和寄生虫中的这两种受体进行了研究。在多数情况下它们存在于胞质中，只有一部分与过氧化物酶体结合。受体可识别胞质中含有的 PTS 蛋白，但受体还必须把这些蛋白质运送到过氧化物酶体（Subramani et al.，2000）。结合有被转运蛋白的 PTS 受体与停靠在过氧化物酶体上的复合物（由 Pex3p、Pex13p、Pex14p 和 Pex17p 组成）相互作用（Albertini et al.，1997；Elgersma et al.，1996；Erdmann and Blobel，1996；Gould et al.，1996；Huhse et al.，1998；Johnson et al.，2001；Snvder et al.，1999b）。受体与 Pex13p 和 Pex14p 发生相互作用，但不与 Pex17p 直接作用，Pex17p 与 Pex14p 结合在一起（Huhse et al.，1998）（图 12.3）。因此，PTS1 和 PTS2 输入途径在胞质中是特异的，二者最终集中停靠于过氧化物酶体膜上的复合物。

尽管输入蛋白对 Pex5p 和 Pex7p 的依赖性还未被深入研究，但已有报道 PTS1/Pex5p 复合物对 Pex14p 的亲和力要高于单独 Pex5p 对 Pex14p 的亲和力。而该复合物对 Pex13p 的亲和力则低于单独 Pex5p 对 Pex13p 的亲和力，这种现象使人想到结合蛋白的 PTS 受体首先停靠于 Pex14p，然后再与 Pex13p 作用，之后蛋白质可能被释放（Urquhart et al.，2000）。当 Pex14p 缺失时，Pex5p 不停靠于过氧化物酶体膜（Otera et al.，2000）。

12.2.2.3 停靠复合物下游的 PTS 受体与 peroxin 的相互作用

最近的实验已表明两种锌结合的环指蛋白——Pex10p 和 Pex12p 位于同一复合物中，该停靠复合物的下游与 Pex5p 蛋白相互作用。当 Pex10p 和 Pex12p 缺失时，Pex5p 仍可与该停靠复合物相互作用（Chang et al.，1999b；Okumoto et al.，2000）。锌结合蛋白可能作为转运系统协助蛋白质穿过过氧化物酶体膜，但还需要更多证据的支持（Chang et al.，1999b）（图 12.3）。我们发现，在毕赤酵母属中存在 Pex 家族中的第三个成员 Pex2p，也与 Pex10p 和 Pex12p 形成复合物（Hazra，Suriapranata and Subramani，未发表）。该复合物中的某些蛋白质可能在 PTS 受体循环至胞质中的过程中起作用。例如，Pex2p 的突变可引起过氧化物酶体中 Pex5p 发生积累（Otera et al.，2000）。

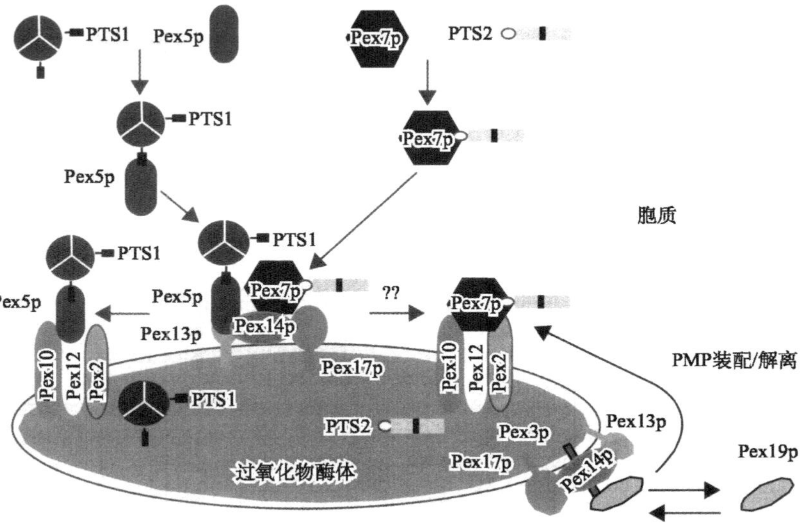

图 12.3 过氧化物酶体蛋白输入模型示意图。含有 PTS1 和 PTS2 的蛋白质分别被胞质中的特异受体 Pex5p 和 Pex7p 识别。该受体-蛋白复合物移到过氧化物酶体膜上，与停靠在膜上的亚复合物（由 Pex3p、Pex13p、Pex14p 和 Pex17p 组成）相互作用。在酵母中，Pex5p 与 Pex13p 和 Pex14p 均可进行相互作用，而 Pex7p 只与 Pex14p 作用。Pex5p-蛋白复合物后与转运亚复合物（由锌结合蛋白 Pex2p、Pex10p 和 Pex12p 组成）作用。由于 PTS1 和 PTS2 可能采用同一条转运途径，猜测（用?? 表示）Pex7p-蛋白复合物也与推测的转运亚复合物作用。之后蛋白质进入过氧化物酶体基质，Pex19p 与 Pex3p 和几种 PMP（见正文）结合，这种结合可能帮助 PMP 亚复合物的装配和解离，在几种生物中 Pex19p 是胞质中主要的法尼基化蛋白。此图还显示了过氧化物酶体蛋白输入的一个独有特性——蛋白质在跨膜过程中不需要解折叠。带有或不带有 PTS 的被转运蛋白（由寡聚体组成）可进入过氧化物酶体基质。

12.2.2.4 PTS1 受体结合于过氧化物酶体的穿梭运动

尽管多数研究认为 Pex5p 和 Pex7p 主要位于胞质，只有部分与过氧化物酶体结合，但也有报道认为它们位于过氧化物酶体（Szilard et al.，1995；van der Klei et al.，1998；Zhang and Lazarow，1996）。PTS 受体存在于不同的亚细胞位点，已有几种模型用于解释 PTS 受体在蛋白质向过氧化物酶体基质的转运过程。例如，过氧化物酶体中存在 Pex5p 和 Pex7p 提示这些受体在细胞器内牵引蛋白质进入基质（Zhang and Lazarow，1996）。

过氧化物酶体采用的机制类似于 Hsp70 在线粒体基质蛋白转运过程中 ATP 依赖型分子伴侣的功能（见第 10 章）。但没有证据表明 Pex5p 和 Pex7p 具有这种功能。

另一个模型认为，PTS 受体识别胞质中的蛋白质，将它们转运到过氧化物酶体（Rachubinski and Subramani，1995）。一些证据支持 Pex5p 起协助蛋白质穿梭的作用。首先，已知 Pex5p 在胞质中与被转运蛋白结合，并与停靠在过氧化物酶体上的蛋白质（Pex13p 和 Pex14p）和转运亚复合物（Pex10p 和 Pex12p）相互作用（Subramani et al.，2000）。其次，转运亚复合物中的一些蛋白质缺失可导致 Pex5p 在过氧化物酶体表面停靠位点处的积累（Chang et al.，1999b；Dodt and Gould，1996）。再次，一些抑制蛋白质向过氧化物酶体基质转运的条件（低温或ATP耗尽）可引起Pex5p在过氧化物酶体膜上的积累（Dodt and Gould，1996）。当蛋白质向基质中转运的条件恢复后，Pex5p又返回到其在基质中的主要位点（Dodt and Gould，1996）。最后，在某些人类患者细胞系中Pex5p位于过氧化物酶体内（Chang et al.，1999b；Otera et al.，2000）。除了最后一个发现，这些研究都侧重于Pex5p对蛋白质的穿梭运输作用，而没有说明Pex5p是否将含有PTS1的蛋白质运送到过氧化物酶体膜并返回胞质（简单的穿梭模型），或Pex5p是否与被转运蛋白一同进入过氧化物酶体基质，将蛋白质释放到基质后再返回胞质（扩展的穿梭模型）（Rachubinski and Subramani，1995）。

12.2.2.5 蛋白质转运通过过氧化物酶体膜

过氧化物酶体蛋白输入的一个显著特征是没有完全折叠蛋白（Wahon et al.，1995）和寡聚化蛋白（Glover et al.，1994；Hausler et al.，1996；Lee et al.，1997；McNew and Goodman，1994），甚至结合有9nm金粒的PTS1肽（Walton et al.，1995）都可以穿越过氧化物酶体膜。一个有力证据显示：含有PTS的亚基可以携带缺少PTS的亚基进入过氧化物酶体。这说明转运孔一定很大，足以容纳寡聚蛋白。

12.2.2.6 扩展的穿梭模型对不同位置上Pex5p的兼容性

据报道，来自各种不同生物中的Pex5p和Pex7p定位于不同位置，关于Pex5p功能的扩展穿梭模型很容易对这种矛盾进行解释。Pex5p在胞质中或过氧化物酶体基因中的稳定态水平受两个速率常数的控制——其一是进入过氧化物酶体的常数（k1），其二是转出过氧化物酶体的常数（k2）。容易看出，如果k1远远大于k2，多数Pex5p将位于过氧化物酶体内，如果k2远远大于k1，Pex5p将主要位于胞质中。更重要的是，与受体稳定态所在的位置无关，循环受体仍可将蛋白质从胞质运往过氧化物酶体。甚至可以想象，环境条件或营养条件也可影响受体稳定态在胞质或过氧化物酶体内的定位（Rachubinski and Subramani，1995）。

12.2.2.7 哺乳动物中PTS1和PTS2通路之间的联系

酵母中，*PEX5*和*PEX7*基因突变分别只影响PTS1和PTS2的输入途径，这些蛋白质仅以单个的亚型存在。但在哺乳动物细胞中，Pex5p有不同剪接变体，导致合成短的（Pex5pS）和长的（Pex5pL）亚型，它们的不同之处在于长的亚型在其内部插入了37个氨基酸。这些亚型可形成同源和异源二聚体。当分别表达时，两种亚型都可输入PTS1蛋白，但只有Pex5pL受体可以输入PTS2蛋白。哺乳动物Pex5pL输入PTS2蛋白的机制似乎是只有Pex5pL可与Pex7p相互作用，Pex5pS不与Pex7p相互作用，而蛋白质/ Pex7p复合物从胞质转移到过氧化物酶体膜是这个转运途径中所必需的。酵母中，Pex5p和Pex7p各自独立地与过氧化物酶体膜上的Pex14p结合，而在哺乳动物细胞中它们是相互依赖的。遗传学证据表明Pex5pL在PTS2蛋白输入过程中发挥作用，在*pex5*缺陷CHO细胞系中，只有PTS2蛋白的输入发生缺陷，而PTS1蛋白的输入不受影响。*PEX5*中S214F突变特异性地破坏Pex5pL与Pex7p之间的相互作用（Fujiki，

2000)。

12.2.2.8 用于分析过氧化物酶体基质蛋白输入的体外系统

与其他细胞器不同，蛋白质进入过氧化物酶体基质过程中没有生物化学特征，如糖基化或蛋白酶解去除信号序列。这阻碍了体外系统在最初的发展，但根据以下策略目前已发展出几种系统（Subramani et al.，2000）：

- 将被放射性标记的底物输入纯化的过氧化物酶体，蛋白酶抵制输入的物质。
- 向哺乳动物细胞中进行显微注射，采用免疫荧光方法间接监测输入的底物。
- 将底物输入半透性的哺乳动物细胞中，然后采用免疫荧光方法间接监测输入过程。
- 一种基于定量酶联免疫吸附试验的方法用于将被生物素标记的底物输入过氧化物酶体基质。

这些研究表明，含有 PTS1 和 PTS2 的底物的输入都是依赖于时间、温度、PTS 受体、ATP 和胞质的，并且需要某些过氧化物酶体膜蛋白（如 Pex14p）以及 Hsp40 和 Hsp70 的协助（Legakis and Terlecky，2001；Terlecky et al.，2001）。

12.2.2.9 其他参与基质蛋白输入和装配的蛋白质

热激蛋白 DnaK（Hsp70）和 DnaJ（djp1p）是 PTS1 蛋白输入过程中胞质中所必需的蛋白质（Hettema et al.，1998；Preisig-Muller et al.，1994；Walton et al.，1994），但考虑到蛋白质解折叠不是基质蛋白输入的前提条件，分子伴侣的作用还不清楚。在西瓜的乙醛酸循环体中有一种过氧化物酶体内的 Hsp70，是依靠 PTS2 序列定向到乙醛酸循环体，但其在蛋白质输入和装配中的作用尚不清楚（Wimmer et al.，1997）。

胞质中另外两种 peroxin、Pex18p 和 Pex21p，都参与酿酒酵母中含有 PTS2 的蛋白质输入（Purdue et al.，1998）。它们存在于胞质，与 Pex7p 形成复合物。另一种蛋白质——Pex20p，是胞质中硫解酶进行二聚化和输入所需的，硫解酶是一种含有 PTS2 的蛋白质（Titorenko et al.，1998）。Pex20p 与 Pex8p 直接作用，Pex8p 是过氧化物酶体中的一种 peroxin。Pex8p 的定向不依赖于 Pex20p 的存在。当缺少 Pex8p 时，硫解酶、Pex20p 与过氧化物酶体结合，并被保护免受蛋白酶的作用，这说明 Pex20p 可能与硫解酶相伴进入过氧化物酶体。Pex8p 可能在 Pex20p 从硫解酶解离或 Pex20p 重新返回胞质的过程中起作用（Smith and Rachubinski，2001）。值得一提的是，Pex8p 也与 Pex5p 相互作用，Pex5p 的 N 端区域与 Pex20p 相关（Rehling et al.，2000；Titorenko et al.，1998）。

12.2.3 小结：蛋白质向过氧化物酶体基质中的输入

- 参与过氧化物酶体蛋白输入和过氧化物酶体生成的蛋白质被称为 peroxin，它们是由*PEX*基因编码的。这种命名方法取代了这些基因旧的名字，如 *PAS*、*PER*、*PAY*等。
- 蛋白质向过氧化物酶体的定向受 PTS 介导。PTS1 和 PTS2 参与蛋白质定向到过氧化物酶体基质，mPTS 参与蛋白质定向到过氧化物酶体膜。

- PTS1 和 PTS2 分别由胞质中的 PTS 受体 Pex5p 和 Pex7p 识别。
- PTS 受体/蛋白复合物在过氧化物酶体膜上与停靠在膜上的亚复合物相互作用，亚复合物由 peroxin Pex3p、Pex13p、Pex14p 和 Pex17p 组成。
- PTS 受体/蛋白复合物（表示为 Pex5p）被转移到一个假设的转运亚复合物，该亚复合物由三种环指、锌结合蛋白 Pex2p、Pex10p 和 Pex12p 组成。
- 不同于蛋白质向许多其他细胞器的运输，折叠的和寡聚化的蛋白质可通过过氧化物酶体膜。PTS 无需作为蛋白质一级结构的一部分，甚至金粒与 PTS1 肽结合后也可被运输到过氧化物酶体基质中。
- 除了停靠亚复合物和转运亚复合物，还有其他几种 peroxin 和分子伴侣参与蛋白质向过氧化物酶体的输入和（或）过氧化物酶体基质蛋白的装配。

12.2.4 过氧化物酶体膜蛋白的输入

相对于我们对过氧化物酶体基质蛋白的了解，我们对于蛋白质如何穿入过氧化物酶体膜的机制了解很少。多数 PMP 的定向被认为是以后翻译转运的方式进行的，并且直接从胞质到过氧化物酶体（Lazarow and Fujiki，1985）。三种哺乳动物蛋白 Pex2p、PMP22 和 PMP70 可作为这些观点的良好例证（Diestelkotter and Just，1993；Imanaka et al.，1996）。

所有整合 PMP 的定向都由 mPTS 介导，其受体尚未鉴定，部分原因是仅在 mPTS 输入途径中的突变缺陷没有简易的表型筛选方法。由于许多 PMP 对于 PTS1 和 PTS2 输入途径也是必需的，mPTS 受体的任何突变缺陷都将破坏整个过氧化物酶体输入途径。PMP 中 mPTS 序列缺乏共有序列也使利用生物化学方法去发现 mPTS 受体难以成功。主要存在于胞质中的法尼基化蛋白 Pex19p 与许多 PMP 结合，这提示 Pex19p 有可能是 mPTS 受体（Sacksteder et al.，2000）。但也有证据表明不是这种情况（Snyder et al.，2000），因为在没有 Pex19p 的条件下几种 PMP 也可插入到过氧化物酶体膜中，并且 PMP 上与 Pex19p 的结合位点并不与 mPTS 区域重叠。此外，在 PMP 插入到过氧化物酶体膜中之后 Pex19p 才对 PMP 复合物的装配/解离起作用。有证据表明在过氧化物酶体膜中有动态的亚复合物形成，但这个过程是由什么机制来调节的尚不清楚（Subramani et al.，2000）。

在体外分析过的少数 PMP 中，这个过程不依赖于 ATP，而依赖于胞质中的因子（Just and Diestelkotter，1996；Pause et al.，1997）。

在胞质中合成的 PMP 如何利用其跨膜结构域而免于发生聚集，通过对哺乳动物系统的研究可在一定程度上回答此问题。胞质 TCP1（T-complex protein 1）环复合物（一种分子伴侣）与 PMP22 和其他因子结合，原则上这些因子中包括 mPTS 受体（Pause et al.，1997）。

参与 PMP 输入和（或）装配的 peroxin

四种 peroxin——Pex3p、Pex16p、Pex17p 和 Pex19p，据认为在 PMP 输入和（或）装配中发挥作用（Subramani et al.，2000）。Pex3p 是参与过氧化物酶体膜初期形成阶段的一种 PMP（Wiemer et al.，1996）。缺少 Pex3p 时未发现生成过氧化物酶体的中间物，并且其他 PMP 也不稳定（Hettema et al.，2000）。Pex3p 可能是 Pex19p 在过氧化物酶体膜上的停靠位点（Snyder et al.，1999a）。如上所述，插入过氧化物酶体膜后，Pex3p 在 PMP 复合物装配/解离过程中起作用（Snyder et al.，2000）。在哺乳动物细胞中，Pex16p 参与过氧化物酶体膜的早期装配，因为在缺少 Pex16p 时没有发现形成过氧化物酶体中间物（South and Gould，1999）。鉴于所采用的方法和鉴定中间物所用的试剂，没有发现过氧化物酶体形成中间物这一结果尚不能确定。此外，尽管有报道称在 pex16 和 pex19 突变体的某些细胞类型中没有发现过氧化物酶体中间物，这些中间物已在其他模式生物中被发现（Eitzen et al.，1997；Snyder et al.，1999a）。停靠亚复合物 Pex17p 在 Pex3p 有效插入过氧化物酶体膜过程中起作用，但具体作用方式尚不清楚（Snyder et al.，1999b）。

12.2.5 小结：过氧化物酶体膜蛋白的输入

- 过氧化物酶体膜蛋白利用 mPTS 定位到过氧化物酶体膜上。
- 多数 PMP 据信是在胞质中合成的，以后翻译方式从胞质中输入到过氧化物酶体中。
- mPTS 受体和转运孔还未得到确定。
- PMP 的输入不需要能量。
- 几种 peroxin（Pex3p、Pex16p、Pex17p、Pex19p）参与过氧化物酶体膜中 PMP 亚复合物的输入和（或）装配，但它们的确切功能不清楚。
- 在 PMP 输入过程中有分子（如 TCP1 环状复合物）执行分子伴侣样功能。
- 包括 PMP 在内的亚复合物在过氧化物酶体膜中动态形成。

12.2.6 过氧化物酶体蛋白输入的独特性质

与蛋白质转运通过其他细胞器膜相比，过氧化物酶体蛋白输入的独特性质。

（1）不同于蛋白质通过线粒体膜、内质网膜或叶绿体膜时蛋白质处于解折叠状态，蛋白质通过过氧化物酶体膜处于完全折叠和寡聚化状态（Walton et al.，1995）。实际上，缺少 PTS 的蛋白质可以与含有 PTS 的同源多聚体或异源多聚体蛋白一起进入过氧化物酶体基质中（Glover et al.，1994；Hausler et al.，1996；Lee et al.，1997；McNew and Goodman，1994）。

（2）与内质网、线粒体和叶绿体相比，蛋白质输入到过氧化物酶体基质和膜中的途径有所不同。

（3）热激蛋白，如 Hsp40 和 Hsp70，对于蛋白质输入到过氧化物酶体基质是必需的，但这些分子伴侣不参与使被转运蛋白保持解折叠状态的过程（Hettema et al.，1998；Preisig-Muller et al.，1994；Walton et al.，1994）。

（4）peroxin（AAA 家族成员 Pex1p 和 Pex6p 除外）与将多肽转运到其他细胞器的蛋白质无关（Faber et al.，1998）。

12.3 过氧化物酶体的遗传和形成中间物

12.3.1 过氧化物酶体向子代细胞中的遗传

过氧化物酶体分布于哺乳动物细胞质，其运动依赖于微管。除了有丝分裂，多数过氧化物酶体与微管结合（Rapp et al.，1996；Schrader et al.，1996；Wiemer et al.，1997）。将水母绿色荧光蛋白加到 PTS1 序列（GFP-SKL）中，可以在活细胞中监测到有丝分裂时的过氧化物酶体。过氧化物酶体随机分布到子细胞中，即在细胞分裂过程中每一个子细胞都有很大的可能获得一些过氧化物酶体。胞质分裂完成后，过氧化物酶体的组成型分裂使每个细胞中恢复到所需的过氧化物酶体数目。

12.3.2 过氧化物酶体增殖的代谢调控

过氧化物酶体的数目、大小和增殖因细胞器对营养条件作出的反应和细胞器内酶的含量而变化（Chang et al.，1999a；Sakai et al.，1998）。在酵母和哺乳动物细胞中，peroxin Pex11p 的过量表达会导致过氧化物酶体的增殖（Erdmann and Blobel 1995；Marshall et al.，1995，1996；Sakai et al.，1995；Schrader et al.，1998）。当缺少 Pex11p 时，过氧化物酶体的分裂、增殖因巨大过氧化物酶体的积累而受阻。但最近研究发现，Pex11p 参与中等链状脂肪酸（medium chain fatty acids，MCFA）的 β-氧化。尤其在酵母 *S. cererisiae* 中，在它被乙酰辅酶 A 合成酶 Faa2p 激活之前，Pex11p 对于 MCFA 通过过氧化物酶体膜是必需的（van Roermund et al.，2000）。因此，一种过氧化物酶体膜转运蛋白可以影响过氧化物酶体的增殖，尽管还没有排除 Pex11p 在这个过程中还有第二种功能。过氧化物酶体的数目受信号分子的调节，据认为 MCFA 氧化途径可调节信号分子的水平。有报道念珠菌属的过氧化物酶体膜蛋白 PMP47 可能是一种 ATP 载体，对于酵母过氧化物酶体中 MCFA 氧化是必需的，PMP47 对于正常的过氧化物酶体增殖也是必需的，这个结果支持了前面的观点（Nakagawa et al.，2000）。

在小鼠过氧化物酶体乙酰辅酶 A 氧化酶基因敲除实验中，观察到过氧化物酶体的过度增殖（Chang et al.，1999a；Fan et al.，1998）。这个实验认为，乙酰辅酶 A 氧化酶被激活时可维持脂肪乙酰辅酶 A 和其他被检测的 PPARα 的水平（Fan et al.，1998）。细胞器（如过氧化物酶体）的代谢活动可以调节细胞器的增殖，这种产生信号和反馈机制将是今后值得进一步深入研究的迷人课题。

在细胞正常生长过程中，过氧化物酶体可以持续增殖，它们也可根据代谢的需要被诱导增殖。例如在酵母中，脂肪酶的 β-氧化发生在过氧化物酶体中，当在油酸上生长时，过氧化物酶体可被诱导增殖。酵母 *S. cerevisiae* 中这种诱导作用受可对油酸作出反应的反式作用因子 Oaf1 和 Pip2（Oaf2）介导（Karpichev and Small，1998；Small et al.，1997）。同样，有呼吸缺陷的酵母细胞通过增加乙酰辅酶 A 的产生诱导过氧化物酶体的生成，以补偿氧化磷酸化的减少（Liu and Butow，1999）。在哺乳动物中观察到，过氧化物酶体的增殖是对细胞分化、发育作出的反应。类固醇激素受体超家族的成员之一，转录因子 PPARα 通过启动特殊的基因调节哺乳动物细胞中的这种诱导作用。

通过形态学观察，尤其是对酵母的观察，人们已形成这样的观点，过氧化物酶体产生于之前已存在的过氧化物酶体，它的发生是通过老的过氧化物酶体的出芽和融合来完成的（Lazarow and Fujiki，1985）。有几篇文献质疑这种长期持有的观点，认为在某些条件下（如过氧化物酶体受到外部条件的诱导）过氧化物酶体可以从头产生。

12.3.3 过氧化物酶体在诱导过程中产生的中间产物

对于新的过氧化物酶体只来自老的过氧化物酶体提出的主要争议是，在某些特殊peroxin发生缺陷的酵母和人类细胞系中检测不到过氧化物酶体的残留物（即没有预先存在的过氧化物酶体），可是在用适当的基因进行遗传互补后过氧化物酶体重新出现（显然是从头产生的）（South and Gould. 1999；Waterham et al.，1993）。

产生质疑的另外一个原因是，一些peroxin已被明确定位在不同的区室中，它们不同于在成熟过氧化物酶体中的位置，并且它们的功能对于过氧化物酶体的增殖至关重要（Faber et al.，1998；Titorenko et al.，2000）。一项研究已鉴定出过氧化物酶体的5个亚组（P_1-P_5），并表明这些亚组之间囊泡的融合是一项系统性的进程最终产生成熟的过氧化物酶体（Titorenko et al.，2000）。从这些研究中可以清晰地看到，过氧化物酶体可以被诱导增殖，而不只是从已存在的过氧化物酶体产生。可是，老的假说在组成型分裂过程中仍可能发挥作用（South and Gould，1999）。

采用遗传学和生物化学方法对过氧化物酶体诱导的早期步骤进行了深入研究。利用酵母 *P. pastoris* 的各种 *pex* 突变体发现，在 *pex3*Δ 突变体中检测不到过氧化物酶体的残余物（Hettema et al.，2000；Muntau et al.，2000；Wiemer et al.，1996），在 *pex19*Δ 细胞中存在非常小的（早期）前过氧化物酶体（Snyder et al.，1999a），在其他 *pex* 突变体中存在中等大小的（晚期）前过氧化物酶体（Snyder et al.，1999a）。这提示，这些前过氧化物酶体是过氧化物酶体生成过程中的中间物（Subramani et al.，2000）。

对酵母 *Yarrowia lipolytica* 进行一流的生物化学研究，已证明除了成熟的过氧化物酶体（P_6）外存在更多的中间物（P_1-P_5）（Titorenko et al.，2000）。这些亚组在密度和内含蛋白方面存在不同。P_1 和 P_2 首先以一种 Pex1p/Pex6p 和依赖于 ATP 的方式产生 P_3，脉冲追踪实验显示，P_3 成熟形成 P_4，再形成 P_5，最终形成成熟的过氧化物酶体 P_6（图 12.4）。这些结果明显与过氧化物酶体是从预先存在的成熟过氧化物酶体产生的观点相矛盾。

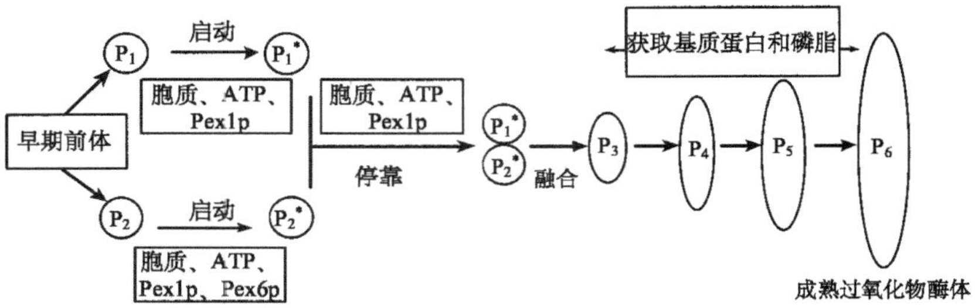

图 12.4 酵母 *Y. lipolytica* 中从其他中间物产生成熟过氧化物酶体的假想示意图（经 The Rockefeller University Press 许可，根据 Titorenko et al.，2000，*J Cell Biol* **150**：881-886 重新绘制）。经引导，早期的前体已发生融合，停靠过程需要有 AAA 家族的 ATP 酶 Pex1p 和 Pex6p 存在。$P_1{}^*$ 和 $P_2{}^*$ 融合产生 P_3，经 P_4 和 P_5 产生成熟的过氧化物酶体 P_6。

即使在检测不到过氧化物酶体的 *pex* 突变体中，也不能确定，是否可以通过基因互补以一种严格的从头生成的方式产生新的过氧化物酶体，或利用某种非过氧化物酶体成分来达到这个目的。有人提出内质网参与过氧化物酶体的产生（Titorenko and Rachubinski，1998）。

12.3.4 小结：过氧化物酶体的遗传和形成中间物

- 在哺乳动物细胞中，过氧化物酶体与微管结合在一起。它们在细胞分裂过程中以随机的方式分布到子代细胞中。
- 过氧化物酶体可以通过组成型方式增殖（即分裂），也可通过对代谢作出反应的方式增殖。
- 目前流行的观点认为，所有新产生的过氧化物酶体都是通过从预先存在的过氧化物酶体出芽和融合而产生的，这种观点可能只适用于过氧化物酶体的组成型分裂。
- 越来越多的证据表明，在过氧化物酶体产生的过程中出现许多大小、组分和密度不同的中间物，这种现象尤其发生在过氧化物酶体因对环境条件作出反应时进行的分裂。
- 过氧化物酶体中的酶和代谢途径可以通过代谢中间产物影响过氧化物酶体的增殖，这些代谢中间产物可能对转录因子进行调节。
- 用于形成过氧化物酶体中间物的脂和膜的来源还不清楚，但已有暗示内质网膜参与其中。在回答过氧化物酶体是否真的从头产生之前需要解决这个问题。

12.4 过氧化物酶体与人类疾病

20 世纪 60 年代早期，Hans Zellweger 及其同事们对脑肝肾综合征进行了描述，后来命名为 Zellweger 综合征（Subramani et al.，2000）。Sidney Goldfischer 的努力使得过氧化物酶体在这种疾病中的作用变得明朗起来。在过去的 40 年里，已认识到有两大类疾病与过氧化物酶体有关：①影响过氧化物酶体代谢途径的疾病；②与过氧化物酶体蛋白输入/生成有关的疾病。第一类疾病由单个基因的突变引起，这些基因突变影响了过氧化物酶体酶的定位或活性，突变的基因不包括 *PEX* 基因（Wanders and Tager，1998）。第二类疾病是由于 *PEX1*、*PEX2*、*PEX3*、*PEXS*、*PEX6*、*PEX7*、*PEX10*、*PEX12*、*PEX13*、*PEX16* 和 *PEX19* 基因发生突变引起的（Fujiki，2000；Gould and Valle，2000）。它们包括 Zellweger 综合征、infantile Refsum 病、新生儿肾上腺脑白质营养不良和 rhizomelic chondrodysplasia punctata（RCDP）。前三种疾病可由相同或不同 *PEX* 基因（*PEX7* 除外）发生不同程度的突变引起，RCDP 由 *PEX7* 基因突变引起（Fujiki，2000；Gould and Valle，2000）。

几项重要的进展确定出与人类过氧化物酶体形成失调有关的基因。尽管患者都在 10 岁前患病，但从患者体中获得的细胞可在实验室中生长，用于进行遗传互补实验，这些实验包括将细胞融合，观察是否有过氧化物酶体重新出现，或表现出过氧化物酶体具有的代谢活性。因此建立了许多缺失互补组：①只在 PTS1 途径中（如某些 *PEX5* 突变）；②只在 PTS2 途径中（如 *PEX7* 突变）；③同时在 PTS1 和 PTS2 途径中（如编码停靠或转运亚复合物组分的基因突变）；④在 PMP 生成途径中（如 *PEX3*、*PEX16* 或 *PEX19* 突变）（Gould and Valle. 2000；Slawecki et al.，1995）。

由于采用 PMP 抗体，利用间接免疫荧光方法发现某些 Zellweger 综合征患者细胞中存在过氧化物酶体膜残余物，该领域的科学家们从研究受损伤的过氧化物酶体转向更专一地研究过氧化物酶体产生生成缺陷的可能性，但多数基质蛋白，例如过氧化氢酶和硫解酶，被错误地定位到了胞质（Santos et al.，1988）。将萤火虫萤光素酶显微注射到正常人纤维原细胞中，它定位到过氧化物酶体，这一发现使得该酶被直接用于证明基质蛋白输入缺陷，这种酶曾被用于阐明 PTS1 序列，但在 Zellweger 综合征患者的含有过氧化物酶体残余物的细胞中，它存在于胞质中（Walton et al.，1992）。对所有人互补群中过氧化物酶体基质和膜蛋白输入途径进行更加系统的分析，十分清楚地表明它们与在酵母 *pex* 突变体中观察到的生成表现型属于同组（Slawecki et al.，1995）。在至少一种 *PEX5* 缺陷 CHO 突变细胞系中观察到的过氧化物酶体残余物最近被证明确实是过氧化物酶体形成的中间物（Yamasaki et al.，1999）。

另一项进展是产生并鉴定了 CHO 细胞 *PEX* 基因突变体，这实际上为采用功能互补的方法分离第一个 *PEX* 基因（*PEX2*）铺平了道路（Tsukamoto et al.，1991），并在随后克隆出人的同源基因。然而之所以能够鉴定出人体中参与这些疾病的基因，其中最重要的原因是过氧化物酶体的发生和 *PEX* 基因在进化过程中是保守的。换句话说，有关酵母基因的知识导致很快发现人类中它们的同源基因。酵母中的基因是通过酵母 *pex* 突变体的遗传互补被发现的，而人的同源基因则是在人类基因组计划产生的数据库中发现。最初通过与同源酵母 *PEX* 基因鉴定出的人候选 *PEX* 基因被克隆并导入人或 CHO 细胞系，这些细胞系对应于不同的互补群，从而确定了导致多数可遗传的人过氧化物酶体发生失调的基因和突变体（Fujiki，2000；Gould and Valle，2000）。

小结：过氧化物酶体与人类疾病

- 人类至少有 17 种失调症可影响到过氧化物酶体。它们由 *PEX* 基因突变或编码各种过氧化物酶体酶的基因突变引起，而不是由编码 peroxin 的基因发生突变引起的。
- 过氧化物酶体的发生在进化中具有保守性，这促使对多数已知人类过氧化物酶体生成失调基因和突变体的发现。

12.5 致谢

本工作得到美国国立卫生研究院对 S. S. 的支持（合同号：DK41737）。感谢实验室以往成员所做的科学贡献。

12.6 参考文献

说明：* 为作者推荐进一步阅读的文献。

* Albertini，M.，Rehling，P.，Erdmann，R. et al.（1997）Pex14p. a peroxisomal membrane protein binding both receptors of the two PTS-dependent import pathways. *Cell* **89**：83-92.

Baerends, R. J., Faber, K. N., Kram. A. M. et al. (2000) A stretch of positively charged amino acids at the N terminus of Hansenula polymorpha Pex3p is involved in incorporation of the protein into the peroxisomal membrane. *J Biol Chem* **275**: 9986-9995.

Chang, C. C., South, S., Warren, D. et al. (1999a) Metabolic control of peroxisome abundance. *J Cell Sci* **112**: 1579-1590.

Chang, C. C., Warren, D. S., Sacksteder, K. A. et al. (1999b) PEX12 interacts with PEX5 and PEX10 and acts downstream of receptor docking in peroxisomal matrix protein import. *J Cell Biol* **147**: 761-774.

De Duve, C. and Baudhuin, P. (1966) Peroxisomes (microbodies and related particles). *Physiot Rev* **46**: 323-357.

Diestelkotter, P. and Just, W. W. (1993) In vitro insertion of the 22-kD peroxisomal membrane protein into isolated rat liver peroxisomes. *J Cell Biol* **123**: 1717-1725.

* Dodt, G. and Gould, S. J. (1996) Multiple PEX genes are required for proper subcellular distribution and stability of Pex5p. the PTS1 receptor: evidence that PTS1 protein import is mediated by a cycling receptor. *J Cell Biol* **135**: 1763-1774.

* Dunn, W. A., Jr. (1994) Autophagy and related mechanisms of lysosome-mediated protein degradation. *Trends Cell Biol* **4**: 139-143.

Dyer, J. M., McNew, J. A. and Goodman, J. M. (1996) The sorting sequence of the peroxisomal integral membrane protein PMP47 is contained within a short hydrophilic loop. *J Cell Biol* **133**: 269-280.

Eitzen, G. A., Szilard, R. K. and Rachubinski, R. A. (1997) Enlarged peroxisomes are present in oleic acid-grown *Yarrowia lipolytica* overexpressing the PEX16 gene encoding an intraperoxisomal peripheral membrane peroxin. *J Cell Biol* **137**: 1265-1278.

Elgersma, Y., Kwast, L., Klein, A. et al. (1996) The SH3 domain of the peroxisomal membrane protein Pex13p functions as a docking site for Pex5p, a mobile receptor for peroxisomal proteins. *J Cell Biol* **135**: 97-109.

Erdmann, R. and Blobel, G. (1995) Giant peroxisomes in oleic acid-induced *Saccharomyces cerevisiae* lacking the peroxisomal membrane protein Pmp27p. *J Cell Biol* **128**: 509-523.

Erdmann, R. and Blobel, G. (1996) Identification of Pex13p a peroxisomal membrane receptor for the PTS1 recognition factor. *J Cell Biol* **135**: 111-121.

Faber, K. N., Heyman, J. A. and Subramani, S. (1998) Two AAA family peroxins, PpPex1p and PpPex6p, interact with each other in an ATP-dependent manner and are associated with different subcellular membranous structures distinct from peroxisomes. *Mol Cell Biol* **18**: 936-943.

Fan, C. Y., Pan, J., Usuda, N. et al. (1998) Steatohepatitis, spontaneous peroxisome proliferation and liver tumors in mice lacking peroxisomal fatty acyl-CoA oxidase. Implications for peroxisome proliferator-activated receptor alpha natural ligand metabolism. *J Biol Chem* **273**: 15639-15645.

* Fujiki, Y. (2000) Peroxisome biogenesis and peroxisome biogenesis disorders. *FEBS Lett* **476**: 42-46.

* Glover, J. R., Andrews, D. W. and Rachubinski, R. A. (1994) *Saccharomyces cerevisiae* peroxisomal thiolase is imported as a dimer. *Proc Natl Acad Sci USA* **91**: 10541-10545.

* Gould, S. J. and Valle, D. (2000) Peroxisome biogenesis disorders: genetics and cell biology. *Trends Genet* **16**: 340-345.

Gould, S. J., Keller, G.-A. and Subramani, S. (1987) Identification of a peroxisomal targeting signal at the carboxy terminus of firefly luciferase. *J Cell Biol* **105**: 2923-2931.

Gould, S. J., Keller, G. A., Hosken, N. et al. (1989) A conserved tripeptide sorts proteins to peroxisomes. *J Cell Biol* **108**: 1657-1664.

Gould, S. J., Kalish, J. E., Morrell, J. C. et al. (1996) Pex13p is an SH3 protein of the peroxisome membrane and a docking factor for the predominantly cytoplasmic PTS1 receptor. *J Cell Biol* **135**: 85-95.

Hausler, T., Stierhof, Y.-D., Wirtz, E. et al. (1996) Import of DHFR hybrid protein into glycosomes *in vivo* is not inhibited by the folate-analogue aminopterin. *J Cell Biol* **132**: 311-324.

Hettema, E. H., Ruigrok, C. C. M., Koerkamp, M. G. et al. (1998) The cytosolic DnaJ-like protein djp1p is involved specifically in peroxisomal protein import. *J Cell Biol* **142**: 421-434.

Hettema, E. H., Girzalsky, W., van Den Berg, M. et al. (2000) *Saccharomyces cerevisiae* Pex3p and Pex19p are required for proper localization and stability of peroxisomal membrane proteins. *EMBO J* **19**: 223-233.

Huhse, B., Rehling, P., Albertini, M. et al. (1998) Pex17p of *Saccharomyces cerevisiae* is a novel peroxin and component of the peroxisomal protein translocation machinery. *J Cell Biol* **140**: 49-60.

Imanaka, T., Shiina, Y., Takano, T. et al. (1996) Insertion of the 70-kDa peroxisomal membrane protein into peroxisomal membranes *in vivo* and *in vitro*. *J Biol Chem* **271**: 3706-3713.

Johnson, M. A., Snyder, W. B., Cereghino, J. L. et al. (2001) *Pichia pastoris* Pex14p, a phosphorylated peroxisomal membrane protein, is part of a PTS-receptor docking complex and interacts with many peroxins. *Yeast* **18**: 621-641.

Just, W. W. and Diestelkotter, P. (1996) Protein insertion into the peroxisomal membrane. *Ann NY Acad Sci* **804**: 60-75.

Karpichev, I. V. and Small, G. M. (1998) Global regulatory functions of Oaf1p and Pip2p (Oaf2p), transcription factors that regulate genes encoding peroxisomal proteins in *Saccharomyces cerevisiae*. *Mol Cell Biol* **18**: 6560-6570.

Kunau, W. H., Beyer, A., Franken, T. et al. (1993) Two complementary approaches to study peroxisome biogenesis in *Saccharomyces cerevisiae*: forward and reversed genetics. *Biochimie* **75**: 209-224.

* Lazarow, P. B. and Fujiki, Y. (1985) Biogenesis of peroxisomes. *Annu Rev Cell Biol* **1**: 489-530.

Lee, M. S., Mullen, R. T. and Trelease, R. N. (1997) Oilseed isocitrate lyases lacking their essential type 1 peroxisomal targeting signal are piggybacked to glyoxysomes. *Plant Cell* **9**: 185-197.

Legakis, J. E. and Terlecky, S. R. (2001) PTS2 Protein import into mammalian peroxisomes. *Traffic* **2**: 252-260.

Liu, Z. and Butow, R. A. (1999) A transcriptional switch in the expression of yeast tricarboxylic acid cycle genes in response to a reduction or loss of respiratory function. *Mol Cell Biol* **19**: 6720-6728.

Marshall, P. A., Krimkevich, Y. I., Lark, R. H. et al. (1995) Pmp27 promotes peroxisomal proliferation. *J Cell Biol* **129**: 345-355.

Marshall, P. A., Dyer, J. M., Quick, M. E. et al. (1996) Redox-sensitive homodimerization of Pex11p: a proposed mechanism to regulate peroxisomal division. *J Cell Biol* **135**: 123-137.

Marzioch, M., Erdmann, R., Veenhuis, M. et al. (1994) PAS7 encodes a novel yeast member of the WD-40 protein family essential for import of 3-oxoacyl-CoA thiolase, a PTS2-containing protein, into peroxisomes. *EMBO J* **13**: 4908-4918.

McCollum, D., Monosov, E. and Subramani, S. (1993) The pas8 mutant of Pichia pastoris exhibits the peroxisomal protein import deficiencies of Zellweger syndrome cells - the PAS8 protein binds to the COOH-terminal tripeptide peroxisomal targeting signal, and is a member of the TPR protein family. *J Cell Biol* **121**: 761-774.

* McNew, J. A. and Goodman, J. M. (1994) An oligomeric protein is imported into peroxisomes *in vivo*. *J Cell Biol* **127**: 1245-1257.

Muntau, A. C.. Mayerhofer, P. U., Paton, B. C. et al. (2000) Defective peroxisome membrane synthesis due to mutations in human PEX3 causes Zellweger syndrome, complementation group G. *Am J Hum Genet* **67**: 967-975.

Nakagawa, T., Imanaka, T., Morita, M. et al. (2000) Peroxisomal membrane protein Pmp47 is essential in the metabolism of middle-chain fatty acid in yeast peroxisomes and is associated with peroxisome proliferation. *J Biol Chem* **275**: 3455-3461.

Okumoto, K., Abe, I. and Fujiki, Y. (2000) Molecular anatomy of the peroxin Pex12p: ring finger domain is essential for Pex12p function and interacts with the peroxisome-targeting signal type 1-receptor Pex5p and a ring peroxin, Pex10p. *J Biol Chem* **275**: 25700-25710.

Osumi, T., Tsukamoto, T, Hata, S. et al. (1991) Amino-terminal presequence of the precursor of peroxisomal 3-ketoacyl-CoA thiolase is a cleavable signal peptide for peroxisomal targeting. *Biochem Biophys Res Commun* **181**:

947-954.

Otera, H., Harano, T., Honsho, M. et al. (2000) The mammalian peroxin Pex5pL, the longer isoform of the mobile peroxisome targeting signal (PTS) type 1 transporter, translocates the Pex7p. PTS2 protein complex into peroxisomes via its initial docking site, Pex14p. *J Biol Chem* **275**: 21703-21714.

Pause, B., Diestelkotter, P., Heid, H. et al. (1997) Cytosolic factors mediate protein insertion into the peroxisomal membrane. *FEBS Lett* **414**: 95-98.

Preisig-Muller, R., Muster, G. and Kindl, H. (1994) Heat shock enhances the amount of prenylated Dnaj protein at membranes of glyoxysomes. *Eur J Biochem* **219**: 57-63.

Purdue, P. E., Yang, X. and Lazarow, P. B. (1998) Pex18p and Pex21p, a novel pair of related peroxins essential for peroxisomal targeting by the PTS2 pathway. *J Cell Biol* **143**: 1859-1869.

Rachubinski, R. A. and Subramani, S. (1995) How proteins penetrate peroxisomes. *Cell* **83**: 525-528.

Rapp, S., Saffrich, R., Anton, M. et al. (1996) Microtubule-based peroxisome movement. *J Cell Sci* **109**: 837-849.

Rehling, P., Marzioch, M., Niesen, F. et al. (1996) The import receptor for the peroxisomal targeting signal 2 (PTS2) in *Saccharomyces cerevisiae* is encoded by the PAS7 gene. *EMBO J* **15**: 2901-2913.

Rehling, P., Skaletz-Rorowski, A., Girzalsky, W. et al. (2000) Pex8p, an intraperoxisomal peroxin of *Saccharomyces cerevisiae* required for protein transport into peroxisomes binds the PTS1 receptor Pex5p. *J Biol Chem* **275**: 3593-3602.

Rhodin, J. (1954) Correlation of ultrastructural organization and function in normal and experimentally changed proximal convoluted tubule cells of the mouse kidney. Karolinska Institute, Stockholm, Sweden.

Sacksteder, K. A., Jones, J. M., South, S. T. et al. (2000) PEX19 binds multiple peroxisomal membrane proteins, is predominantly cytoplasmic, and is required for peroxisome membrane synthesis. *J Cell Biol* **148**: 931-944.

Sakai, Y., Marshall, P. A., Saiganji, A. et al. (1995) The *Candida boidinii* peroxisomal membrane protein Pmp30 has a role in peroxisomal proliferation and is functionally homologous to Pmp27 from *Saccharomyces cerevisiae*. *J Bacteriol* **177**: 6773--6781.

Sakai, Y., Yurimoto, H., Matsuo, H. et al. (1998) Regulation of peroxisomal proteins and organelle proliferation by multiple carbon sources in the methylotrophic yeast. *Candida boidinii*. *Yeast* **14**: 1175-1187.

Santos, M. J., Imanaka, T., Shio, H. et al. (1988) Peroxisomal membrane ghosts in Zellweger syndrome-aberrant organelle assembly. *Science* **239**: 1536-1538.

Schrader, M., Burkhardt, J. K., Baumgart, E. et al. (1996) Interaction of microtubules with peroxisomes. Tubular and spherical peroxisomes in HepG2 cells and their alteration induced by microtubule-active drugs. *Eur J Cell Biol* **69**: 24-35.

Schrader, M., Reuber, B. E., Morrell, J. C. et al. (1998) Expression of PEX11β mediates peroxisome proliferation in the absence of extracellular stimuli. *J Biol Chem* **273**: 29607-29614.

Slawecki, M. L., Dodt, G., Steinberg, S. et al. (1995) Identification of three distinct peroxisomal protein import defects in patients with peroxisome biogenesis disorders. *J Cell Sci* **108**: 1817-1829.

Small, G. M., Karpichev, I. V. and Luo, Y. (1997) Regulation of peroxisomal fatty acyl-CoA oxidase in the yeast *Saccharomyces cerevisiae*. *Adv Exp Med Biol* **422**: 157-166.

Smith, J. J. and Rachubinski, R. A. (2001) A role for the peroxin Pex8p in Pex20p-dependent thiolase import into peroxisomes of the yeast *Yarrowia lipolytica*. *J Biol Chem* **276**: 1618-1625.

Snyder, W. B., Faber, K. N., Wenzel, T. J. et al. (1999a) Pex19p interacts with Pex3p and Pex10p and is essential for peroxisome biogenesis in *Pichia pastoris*. *Mol Biol Cell* **10**: 1745-1761.

Snyder, W. B., Koller, A., Choy, A. J. et al. (1999b) Pex17p is required for import of both peroxisome membrane and lumenal proteins and interacts with Pex19p and the peroxisome targeting signal-receptor docking complex in *Pichia pastoris*. *Mol Biol Cell* **10**: 4005-4019.

Snyder, W. B., Koller, A., Choy, A. J. et al. (2000) The peroxin Pex19p interacts with multiple, integral membrane proteins at the peroxisomal membrane. *J Cell Biol* **149**: 1171-1178.

South, S. T. and Gould, S. J. (1999) Peroxisome synthesis in the absence of preexisting peroxisomes. *J Cell Biol* **144**: 255-266.

Subramani, S. (1993) Protein import into peroxisomes and biogenesis of the organelle. *Annu Rev Cell Biol* **9**: 445-478.

Subramani, S., Koller, A. and Snyder, W. B. (2000) Import of peroxisomal matrix and membrane proteins. *Annu Rev Biochem* **69**: 399-418.

Swinkels, B. W., Gould, S. J., Bodnar, A. G. et al. (1991) A novel, cleavable peroxisomal targeting signal at the amino-terminus of the rat 3-ketoacyl-CoA thiolase. *EMBO J* **10**: 3255-3262.

Szilard, R. K., Titorenko, V. I., Veenhuis, M. et al. (1995) Pay32p of the yeast *Yarrowia lipolytica* is an intraperoxisomal component of the matrix protein translocation machinery. *J Cell Biol* **131**: 1453-1469.

Terlecky, S. R., Nuttley, W. M., McCollum, D. et al. (1995) The *Pichia pastoris* peroxisomal protein PAS8p is the receptor for the C-terminal tripeptide peroxisomal targeting signal. *EMBO J* **14**: 3627-3634.

Terlecky, S. R., Legakis, J. E., Hueni, S. E. et al. (2001) Quantitative analysis of peroxisomal protein import *in vitro*. *Exp Cell Res* **263**: 98-106.

Titorenko, V. I. and Rachubinski, R. A. (1998) The endoplasmic reticulum plays an essential role in peroxisome biogenesis. *Trends' Biochem Sci* **23**: 231-233.

Titorenko, V. I., Smith, J. J., Szilard, R. K. et al. (1998) Pex20p of the yeast *Yarrowia lipolytica* is required for the oligomerization of thiolase in the cytosol and for its targeting to the peroxisome. *J Cell Biol* **142**: 403-420.

* Titorenko, V. I., Chan, H. and Rachubinski, R. A. (2000) Fusion of small peroxisomal vesicles *in vitro* reconstructs an early step in the *in vivo* multistep peroxisome assembly pathway of *Yarrowia lipolytica*. *J Cell Biol* **148**: 29-44.

Tsukamoto, T., Miura, S. and Fujiki, Y. (1991) Restoration by a 35K membrane protein of peroxisome assembly in a peroxisome-deficient mammalian cell mutant. *Nature* **350**: 77-81.

Tuttle, D. L. and Dunn, W. A. (1995) Divergent modes of autophagy in the methylotrophic yeast *Pichia pastoris*. *J Cell Sci* **108**: 25-35.

Urquhart, A. J., Kennedy, D., Gould, S. J. et al. (2000) Interaction of Pex5p, the type 1 peroxisome targeting signal receptor, with the peroxisomal membrane proteins Pex14p and Pex13p. *J Biol Chem* **275**: 4127-4136.

van der Klei, I. J., Hilbrands, R. E., Kiel, J. A. et al. (1998) The ubiquitin-conjugating enzyme Pex4p of *Hansenula polymorpha* is required for efficient functioning of the PIS1 import machinery. *EMBO J* **17**: 3608-3618.

van Roermund, C. W., Tabak, H. F., van Den Berg, M. et al. (2000) Pex11p plays a primary role in medium-chain fatty acid oxidation, a process that affects peroxisome number and size in *Saccharomyces cerevisiae*. *J Cell Biol* **150**: 489-498.

Walton, P. A., Gould, S. J., Feramisco, J. R. et al. (1992) Transport of microinjected proteins into peroxisomes of mammalian cells: inability of Zellweger cell lines to import proteins with the SKL tripeptide peroxisomal targeting signal. *Mol Cell Biol* **12**: 531-541.

Walton, P. A., Wendland, M., Subramani, S. et al. (1994) Involvement of 70-kDa heatshock proteins in peroxisomal import. *J Cell Biol* **125**: 1037-1046.

* Walton, P. A., Hill, P. E. and Subramani, S. (1995) Import of stably folded proteins into peroxisomes. *Mol Biol Cell* **6**: 675-683.

Wanders, R. J. and Tager, J. M. (1998) Lipid metabolism in peroxisomes in relation to human disease. *Mol Aspects Med* **19**: 69-154.

Waterham, H. R., Titorenko, V. I., Swaving, G. J. et al. (1993) Peroxisomes in the methylotrophic yeast *Hansenula polymorpha* do not necessarily derive from pre-existing organelles. *EMBO J* **12**: 4785-4794.

Wiemer, E. A. and Subramani, S. (1994) Protein import deficiencies in human peroxisomal disorders. *Mol Genet*

Med **4**: 119-152.

Wiemer, E. A. C., Luers, G., Faber, K. N. et al. (1996) Isolation and characterization of Pas2p, a peroxisomal membrane protein essential for peroxisome biogenesis in the methylotrophic yeast *Pichia pastoris*. *J Biol Chem* **271**: 18973-18980.

Wiemer, E. A. C., Wenzel, T., Deerinck, T. J. et al. (1997) Visualization of the peroxisomal compartment in living cells: dynamic behavior and association with microtubules. *J Cell Biol* **136**: 71-80.

Wimmer, B., Lottspeich, F., van der Klei, I. et al. (1997) The glyoxysomal and plastid molecular chaperones (70-kDa heat shock protein) of watermelon cotyledons are encoded by a single gene. *Proc NatlAcad Sci USA* **94**: 13624-13629.

Yamasaki, M., Hashiguchi, N., Fujiwara, C. et al. (1999) Formation of peroxisomes from peroxisomal ghosts in a peroxisome-deficient mammalian cell mutant upon complementation by protein microinjection. *J Biol Chem* **274**: 35293-35296.

Zhang, J. W. and Lazarow, P. B. (1995) PEB1 (PAS7) in *Saccharomyces cerevisiae* encodes a hydrophilic, intra-peroxisomal protein that is a member of the WD repeat family and is essential for the import of thiolase into peroxisomes. *J Cell Biol* **129**: 65-80.

Zhang, J. W. and Lazarow, P. B. (1996) Peb1p (Pas7p) is an intraperoxisomal receptor for the NH_2-terminal, type 2, peroxisomal targeting signal of thiolase: Peb1p itself is targeted to peroxisomes by an NH_2-terminal peptide. *J Cell Biol* **132**: 325-334.

13 核胞质运输

Dirk Görlich和 Stefan Jäkel

细胞核是最重要的细胞器，是真核生物所特有的。它被核膜（nuclear envelope，NE）包裹，核膜将核与胞质分开，将蛋白质合成（翻译）与转录和 RNA 加工分开，因此使 RNA 和蛋白质的核质运输成为必要。这种运输通过核孔复合体（NPC）进行，通常需要特异的核运输受体的参与。运输装置使用了约 100 种不同的、高丰度蛋白质，因此利用了相当多的细胞资源。可是要满足这些条件，实际情况是只有真核生物进化成为复杂得多细胞生物。

可以列举几条理由来说明细胞核对于高等细胞的作用。首先，存在于特定组织细胞中的基因组必须保证其遗传的稳定性，并且一个关键的问题可能就是要能够控制比原核生物大 1000 倍的基因组。其次，这种分区可以在原核生物不具备的水平上对关键的细胞事件进行调节，比如控制转录因子与染色质的接触。最后，真核基因的外显子和内含子在翻译进行之前需要对最初的转录进行剪接。未被剪接的前体 mRNA 经翻译产生可被损坏、无功能的，甚至潜在的负显性蛋白片段，因此许多机制共同参与使这种情况不可能发生。核膜成为实现这一目的的结构基础，它可阻止胞质中的翻译组分接近细胞核中的新生转录物及剪接中间物。

13.1 核运输概述

在详细讨论核运输的组分和机制之前，先概述核运输的一般特点，以及核运输与其他一些细胞定向途径之间的相同点和不同点。核运输是一个复杂的过程（进一步见综述 Görlich and Kutay，1999；Mattaj and Englmeier，1998；Nakielny and Dreyfuss，1999）。每一种核蛋白，如组蛋白、聚合酶、转录因子等，在胞质中产生，需要输入到核中。由于在至少 35 000 种人类蛋白质中约有 22%为核蛋白（Cokol et al.，2000），因此需要输入到核中的蛋白质是非常多的。另一方面，mRNA 和 tRNA 在核中合成，需要运输到胞质中进行翻译。核糖体的产生甚至涉及多次穿过核膜：核糖体蛋白首先从胞质进入核内，在核内与 rRNA 装配，最终以核糖体亚基的形式再输出到胞质中。信号识别颗粒的形成可能与核糖体的发生方式类似。

核孔复合体允许物质主要以两种方式通过：被动扩散和协助转运。与 NPC 不发生相互作用的“惰性物质”采取被动扩散的方式通过核孔复合体。对于小分子，比如代谢物，这种方式很快，但大于 20～40 kDa 的扩散物将受到限制而无法进行（Bonner，1978；Paine et al.，1975）。相反，协助转运甚至允许非常大的颗粒通过，极端的例子如核糖体亚基（1.4MDa 和 2.8MDa）、巴尔比亚尼环形颗粒（巨大的 mRNP，分子质量大于 10MDa，见 Daneholt，1997）或病毒颗粒（Whittaker and Helenius，1998）。协助转运常常与一种代谢能量输入过程偶联，使主动运输可以逆化学活性梯度发生。

通过 NPC 的协助转运不是随机发生的，它以信号和受体介导的方式发生。目前已鉴定出许多核输入和输出信号；它们常常由短肽组成，有时也可以是大的蛋白质结构域。信号的这种多样性可被多种同源的核运输受体识别。核运输受体可分为几类：首先是 importin β（Impβ）型核运输受体，负责大蛋白的输入和输出，以及 tRNA、UsnRNA（富含尿苷酸的小核 RNA）、SRP 和核糖体亚基的输出（见下），在酿酒酵母中有 14 种这样的受体，在人类中可能有 22 种；第二类受体是 NTF2（nuclear transport factor 2），它介导 GTP 酶 Ran 的输入，反过来 Ran 的核定位对于 Impβ 型受体的功能是必需的（见下）。最终，mRNA 的输出利用它自己的一套输出介导物，如 Mex67p（见下）。核运输受体与核膜一侧的被转运分子结合，转运通过 NPC 后将被转运分子释放，最后返回初始位点调节下一轮运输。这种利用穿梭受体的方式不同于向粗面型内质网（rER）、线粒体或质体内转运的方式（分别见第 5、10 和 11 章），在很长时间里这被认为是核运输系统所特有的。但近期数据表明，过氧化物酶体蛋白的输入可能也依靠这类穿梭受体（Dammai and Subramani，2001；见第 12 章）。

引导蛋白质从胞质进入粗面内质网、线粒体或质体的输入信号通常在运输过程中被去除。而有理由认为核运输信号不被切除。首先，核输入信号通常是功能结构域的一部分，如 RNA 或 DNA 结合模体。其次，许多蛋白质经常在核与胞质间循环，因此需要反复进入核内。此外，高等真核生物有丝分裂（每个细胞周期发生一次）导致核和胞质混合。有丝分裂后，核蛋白必须重新被输入到新形成的核中，只有当蛋白质保留其输入信号时，这种情况才可能发生。

NPC 可运输天然的、完全折叠的蛋白质，甚至多亚基复合体或核糖核蛋白颗粒（RNP，如核糖体亚基），直径可达约 25 nm（Feldherr and Akin，1990）。由于转运蛋白通常也包括与之结合的转运受体，转运蛋白的有效直径甚至可达到 40 nm（Ribbeck and Görlich，2001）。通过 NPC 进行的天然蛋白和大蛋白集合体的运输在根本上不同于进入到线粒体、叶绿体或粗面内质网的蛋白质输入，后者的蛋白质跨膜转运只采取逐个输入方式，并且蛋白质处于完全的解折叠状态（见第 5、10 和 11 章）。转运天然蛋白质的能力在过氧化物酶体蛋白（第 12 章）及各种形式液泡蛋白的输入（第 16 章），和通过胞间连丝的运输中都是一致的（Zambryski and Crawford，2000）。

13.2 核孔复合体

20 世纪 50 年代，通过电子显微观察，NPC 首次被注意到，被怀疑是核质交换的位点（关于这部分早期工作的综述见 Maul，1977），最终通过实验得以证实。将胶体金颗粒通过显微注射注入到两栖动物的卵母细胞中，结合电子显微观察，结果确实发现一些金粒存在于 NPC 通道中（Feldherr，1962）。胶体金粒很容易包裹各种蛋白质，更复杂的这类实验证明，NPC 高度选择性地获取核（带信号的）蛋白（Dingwall et al.，1982；Feldherr et al.，1984）。

每个细胞上 NPC 的数目取决于对核运输的需求，随细胞大小、合成和繁殖速度的快慢而有很大的变化。一个酵母细胞上有 200 个 NPC（Maul，1977；Rout and Blobel，1993），在人的一个增殖细胞上大约有 2000～4000 个（Maul et al.，1972），在一个成熟的非洲爪蟾卵母细胞上约有 5000 万个（Cordes et al.，1995）。

真核生物的 NPC 是巨大分子，分子质量为 125 MDa（Reichelt et al.，1990）。通过电子显微镜已对它们的形态进行了相当详细的研究（Akey and Radermacher，1993；Fahrenkrog et al.，2001；Pante and Aebi，1996），图 13.1 是一个示意图。NPC8 具有 8 面环状对称特征。

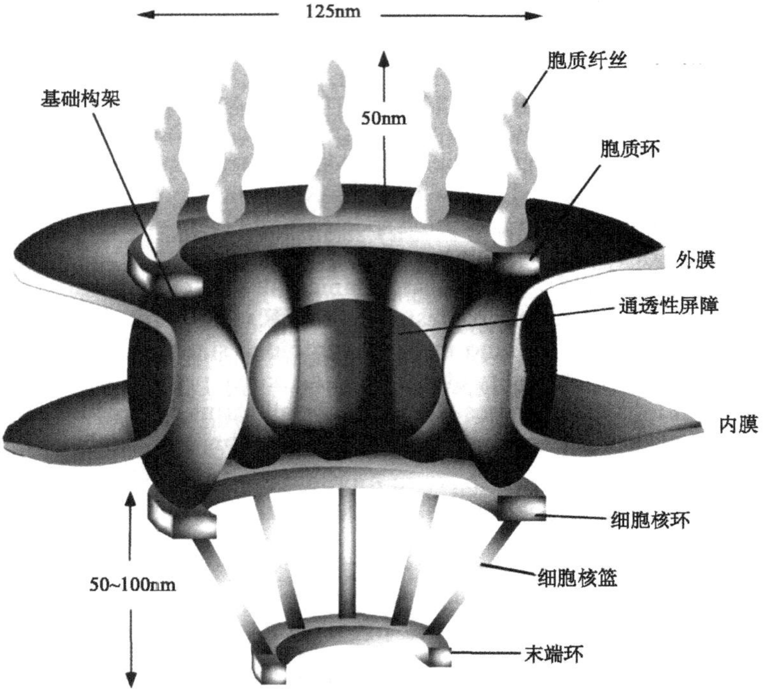

图 13.1 嵌入在核被中的核孔复合体（NPC）模型纵切图。

除了大的嵌在膜中的中央孔结构，NPC 在胞质和核内都还有延伸结构，分别为胞质鞭毛和核内篮状结构。内、外侧核膜在核孔复合体处连接在一起，形成一个大的中央通道。在拓扑结构上，这是一个重要的细节，暗示核运输并不穿过脂双分子层，而是“沿着”核膜行进。约 40nm 的中央通道并不完全打开，而是填有一些具有通透性的障碍物。这种障碍限制惰性大分子的流动，但允许核运输受体和受体-蛋白复合体通过。我们将在讨论完核运输受体后再回来详细讨论这个问题。

NPC 是由蛋白质组成的结构，组成 NPC 的蛋白质被统称为核孔蛋白。酵母中有 30 种不同的核孔蛋白（Rout et al.，2000），在高等真核生物中可能有 30～50 种（Vasu and Forbes，2001）。由于对称的原因，每个核孔中某种特定蛋白质的数目应为 8 或 8 的倍数。假设核孔蛋白的平均分子质量为 120 kDa（Vasu and Forbes，2001），可计算出高等真核生物的 NPC 一定由大约 1000 个多肽组成。

NPC不仅质量很大，而且容积也很大。一个NPC每秒钟可通过累积达80MDa的大分子（Ribbeck and Görlich，2001），比粗面内质网膜的转运能力高约5个数量级。不同细胞对核运输能力的要求是相似的。处于增殖期的HeLa细胞中，据估计约3000的NPC每秒钟必须运输10～20MDa的物质来为核提供酶、组蛋白、核糖体蛋白，为胞质提供核糖体、mRNA和tRNA（Ribbeck and Görlich，2001）。

13.3 输入蛋白β样转运受体

通过对带有核定位信号（NLS）蛋白质的输入进行研究，得到了许多关于核运输机制的基础知识。存在核定位信号的第一个证据来自对线虫细胞核中发生核质蛋白积累的研究（Dingwall et al.，1982）。核质蛋白是来自非洲爪蟾（*Xenopus laevis*）卵母细胞中的五聚体核蛋白，含有一个抗蛋白酶核心结构域和一个“尾巴”。当核质蛋白被注入胞质中后，会迅速进入核。当使用蛋白酶将“尾巴”从五聚体中切除时，五聚体仍保存，但余下的“核心”部分不能进入细胞核中。相反，分离后的尾部迅速在核中发生积累，表明尾部含有某种核定向信号。不久，来自SV40大的T抗原的NLS被准确地描述出来（Kalderon et al.，1984）。核质蛋白和SV40大的T抗原的输入信号代表了经典的NLS原型（Kalderon et al.，1984；Makkerh et al.，1996；Robbins et al.，1991），它们被Importin α/β（Impα/β）识别（见下）。此外，还有许多核信号被其他受体识别（见下）。除了少数例外，它们通常位于蛋白质中碱性最强的区域，并且常常是RNA或DNA结合结构域。

人们利用经通透化处理的哺乳动物细胞在体外建立了一种方法，使得关于中介体对NLS依赖型核输入蛋白的识别研究取得了巨大进展（Adam et al.，1990）。采用毛地黄皂苷使富含胆固醇的质膜产生选择性通透，得出两个重要结果。①荧光输入底物可被导入细胞，通过荧光显微镜可以跟踪它被摄取的情况。②细胞中的可溶物被耗尽。输入过程需要再加入胞质或胞质分级物（Adam et al.，1990；Moore and Blobel，1992），这个观察提供了一种重要的方法，检测可溶性的运输因子。这种方法导致了对经典的NLS依赖型核输入途径中四种关键组分的纯化、分子克隆和功能鉴定，即NLS受体Importin α（Impα）（Adam and Adam，1994；Görlich et al.，1994）、Impβ（Chi et al.，1995；Görlich et al.，1995a；Imamoto et al.，1995a）、Ran（Melchior et al.，1993；Moore and Blobel，1993）和NTF2（Moore and Blobel，1994；Paschal and Gerace，1995）。它们的功能将在下面进行详细讨论。这些因子有不同的名字。例如，输入介导物（importin）有时也被称为亲核蛋白（karyopherin），NTF2有时被称为p10。为了避免混乱，这里我们还是称为importin和NTF2。

Impβ介导NLS-Impα/β复合体的协助转运通过NPC（Görlich et al.，1996a；Weis et al.，1996），因此代表了经典输入途径中的真正输入受体。可是它不能与经典的NLS直接结合，而要利用Impα的输入接头功能（Adam and Adam，1994；Görlich et al.，1995a；Imamoto et al.，1995a；Weis et al.，1995）。已提过Impβ还可以直接与输入转运分子结合，例如某些核糖体蛋白（Jäkel and Görlich，1998）。使用接头分子极大地增加了NLS输入的复杂程度，为了简洁，在接头问题之前我们先讨论简单情况。

13.3.1 Impβ型转运受体的转运循环

Impβ是整个核转运受体的原型（Fornerod et al.，1997b；Görlich et al.，1997），由输入介导物（importin）和exportin组成。这些受体可以识别并与运载分子结合，协助它们转运通过NPC，从而穿过核膜（图13.2）。它们常在核和胞质间循环，问题是受体的出入如何能调节单向的输入和输出。

例如，importin在胞质中先与被转运蛋白结合，将其转运到核，在核中将蛋白质释放，最后再返回胞质，执行另外一轮输入。因此可以推测，蛋白质的携载和释放是以一种细胞器特异性的方式进行调节，但是importin和exportin是如何区分核与胞质环境的呢？RanGTP梯度模型就此问题作出了详细解释（Görlich et al.，1996b；Izaurralde et al.，1997；Nachury and Weis，1999）。Ran是一种小的GTP酶，以GDP和GTP结合转换形式存在（Bischoff and Ponstingl，1991b）。Ran的核苷结合状态调节物位于NE的两侧。GTP酶激活蛋白（RanGAP，Bischoff et al.，1994）从核中被排出，并从胞质中耗尽RanGTP，而核苷酸转换因子（被称为RCCI或RanGEF，Bischoff and Ponstingl，1991a）位于核中，在核中产生RanGTP。期望的结果是，在核被的两侧存在一个RanGTP梯度，在核内RanGTP浓度较高，在胞质中RanGTP浓度较低。令人惊奇的是，importin和exportin是RanGTP结合蛋白，通过对RanGTP梯度作出反应，在适当的细胞器中装载和卸载被转运蛋白。

importin最初在胞质中与携载分子结合，在核中与RanGTP结合后将搭载分子释放（Chi et al.，1996；Görlich et al.，1996b；Izaurralde et al.，1997；Rexach and Blobel，1995；Siomi et al.，1997），然后回到胞质中以RanGTP复合体的形式存在，不与携载物结合（Hieda et al.，1999；Izaurralde et al.，1997）。结合和输入其他底物后，RanGTP需要与importin分开。这个通过水解与Ran结合的GTP来实现，这个过程反过来被RanGAP引发，并以RanBP1或RanBP2为辅助因子（Bischoff and Görlich，1997；Floer et al.，1997；Lounsbury and Macara，1997）。

另一方面，exportin常在核中与其底物结合，与RanGTP形成三聚体复合物后（Fornerod et al.，1997a；Kutay et al.，1997），被转运到胞质进行解聚，从而与Ran结合的GTP被水解。无底物和无Ran的exportin此后可以再进入核中，结合并输出下一个携载分子（见图13.2）。

importin和exportin常从核中输入RanGTP，这暗示RanGTP梯度不久将被破坏，除非核中的RanGTP池能够得到有效的补充。这由NTF2（Ribbeck et al.，1998；Smith et al.，1998）和专门定位在核中的核苷酸转换因子RCCI完成（Bischoff and Ponstingl，1991a）。NTF2介导RanGDP的核输入，而RCCI在核中利用GTP重新补充Ran。Importin和exportin可以逆化学活性梯度积累货物蛋白，这是一种耗能过程。RanGTPase系统在每个运输循环中水解一分子GTP成GDP（见图13.2），值得注意的是，这种在细胞质中的GPT水解过程是唯一的代谢能量输入方式。这点很重要，暗示着通过NPC的协助运输本质上不直接与核苷酸水解偶联（Englmeier et al.，1999；Kose et al.，1997；Nachury and Weis，1999；Nakielny and Dreyfuss，1998；Ribbeck et al.，1998，1999；Schwoebel et al.，1998及下文）。它还暗示核质转换代表了一种

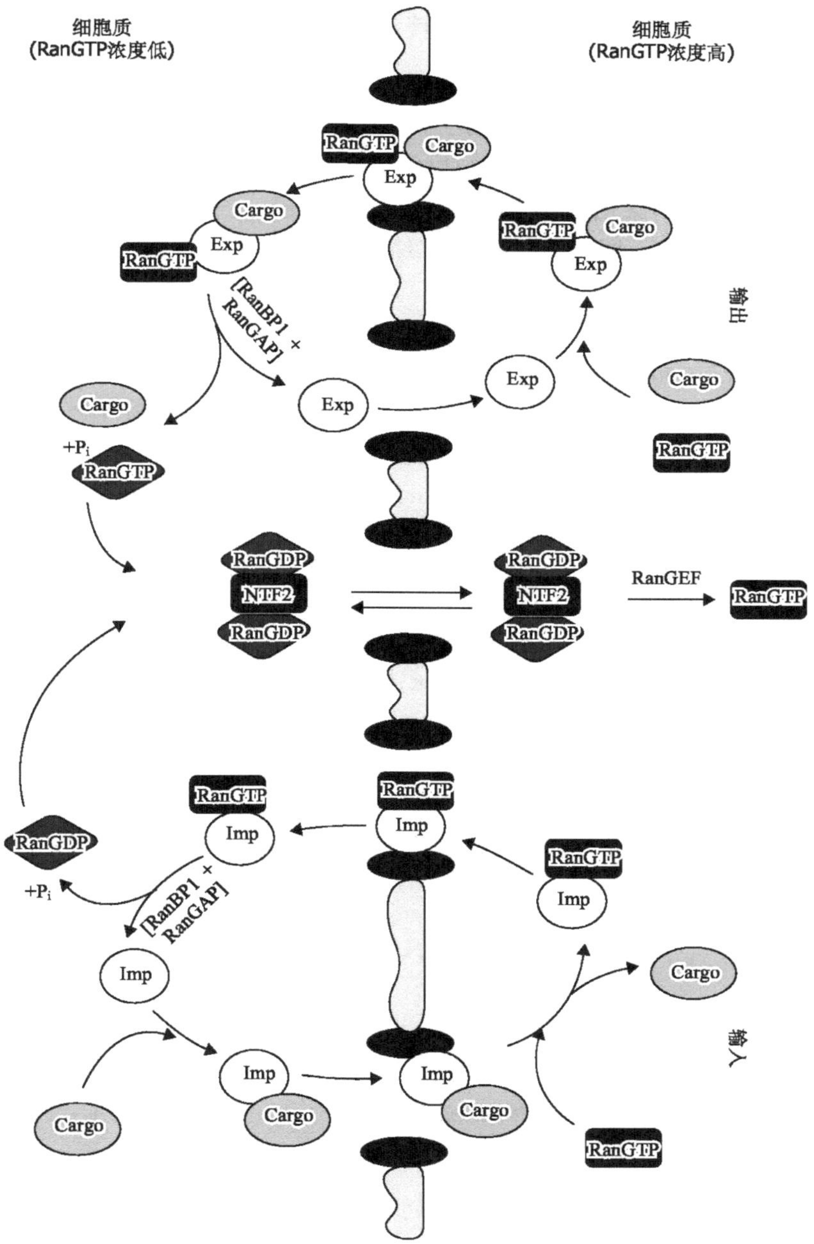

图 13.2　importin（Imp）和 exportin（Exp）的转运循环以及通过 RanGTP 酶系统进行的协调。

非常经济的运输方式：切除一个高能磷酸键通常足够将一个蛋白质分子采用主动运输穿过核膜。而由氨基酸合成一个 30kDa 的蛋白质需要水解多于 1000 个高能磷酸键。

13.3.2 由 Impβ 型转运受体介导的转运事件

讨论完受体功能的机制性问题，现在我们将更详细地描述几种 Impβ 型受体。

这些受体都与 NPC 发生相互作用，并与 RanGTP 特异性地结合。它们通常是大的（90～140 kDa）酸性蛋白。各种运输受体的序列在整体上的相似性很低，在很多情况下 N 端 RanGTP 结合模体保守（Fornerod et al.，1997c；Görlich et al.，1997）。这些受体所结合的蛋白质非常不同，例如，Impβ 结合碱性输入信号（Görlich et al.，1996a；Henderson and Percipalle，1997；JZikel and Görlich，1998；Weis et al.，1996），exportin-t 与 tRNA 结合（Arts et al.，1998a；Kutay et al.，1998），CRMI 与富含亮氨酸的 NES 结合（Fischer et al.，1995；Fornerod et al.，1997a；Stade et al.，1997；Wen et al.，1995），这至少可以部分地解释受体在序列上的低相似性。因此，RanGTP 结合模体可被认为是鉴别与 Impβ 有关的运输受体的一个特征，实际上它可以鉴定出来自酿酒酵母的 14 个家族中的多数成员（Fornerod et al.，1997c；Görlich et al.，1997；Wozniak et al.，1998）。高等真核生物使用更多的运输受体，在哺乳动物中至少有 22 种（表 13.1 和 E. Hartmann and D. Görlich，未发表）。

表 13.1 脊椎动物中 importin β 样家族的核运输受体，它们的接头分子和运载蛋白举例

受体	接头分子/共同受体	运载蛋白举例	参考文献
importin			
importin β		HIV Rev，HIV tat	Henderson and Percipalle，1997；Truant and Cullen，1999
		核糖体蛋白	Jäkel and Görlich，1998
	importin αs	经典的 NLS 运载蛋白	见文中
	snurportin 1	加有 m3G 帽的 UsnRNPs	Huber et al.，1998
	XRIP	复制蛋白 A	Jullien et al.，1999
	importin 7	接头组蛋白	Jäkel et al.，1999
importin 5		核糖体蛋白	Deane et al.，1997；Jäkel and Görlich，1998
importin 7		核糖体蛋白	Jäkel and Görlich，1998
importin 8		SRP19	Dean et al.，2001
importin 9a+b		核糖体蛋白	Unpublished
importin 11		UbcM2	Plafker and Macara，2000
importin 13		hUbc9，RBM8/YI4（和 eIF1A 的输出）	Mingot et al.，2001
transportin		hnRNP 蛋白 A1，F（B，D，E）	Fridell et al.，1997；Pollard et al.，1996；Siomi et al.，1997
		核糖体蛋白	Jäkel and Görlich，1998
		TAP/NXF1	Bear et al.，1999；Truant et al.，1999
transportin SR1+2		SR 蛋白	Kataoka et al.，1999；Lai et al.，2000

续表

受体	接头分子/共同受体	运载蛋白举例	参考文献
exportin			
CRM1		富含亮氨酸的 NES 运载蛋白	见文中
	PHAX+CBC	加有 m7G 帽的 UsnRNA	Ohno et al.，2000
	HIV Rev	含有 RRE 的 RNA	Fischer et al.，1995；Malim et al.，1989，1991
CAS		importin αs	Kutay et al.，1997
exportin-t		tRNA	Arts et al.，1998a；Kutay et al.，1998
exportin-4		eIF-5A	Lipowsky et al.，2000

注：11 种受体为 importin，4 种为 exportin。importin 13 显然可以作为 importin 和 exportin。组合使用接头分子或共同受体使 importin β 和 CRM1 具有广泛的底物多样性。以下家族成员的功能还未阐明：transportin 2（Siomi et al.，1997），RanBP16 和 17，以及 RanBP4、6、21 和 22（未发表）。

13.3.3 importin β

Impβ 是输入受体的原型（Chi et al.，1995；Görlich et al.，1995a；Imamoto et al.，1995a）。它在酿酒酵母中很重要（Iovine et al.，1995；Koepp et al.，1996）并且在所有真核生物中保守。Impβ 与 RanGTP［即与 Impα 的 Impβ 结合（IBB-）结构域形成的复合体］，以及与核孔蛋白中富含苯丙氨酸的重复区形成复合体的晶体结构已解出（Bayliss et al.，2000；Cingolani et al.，1999；Vetter et al.，1999）。晶体结构表明，Impβ 作为一种纯 α 螺旋蛋白含有两个串联重复的 α 螺旋，有些由一个松散的连接分开，有些由第三个短的 α 螺旋分开。

在最简单的情况中，Impβ 直接结合并输入它的货物分子，例如 HIV Rev 蛋白和某些核糖体蛋白（Henderson and Percipalle，1997；Jäkel and Görlich，1998）。

可是，高等真核生物的 Impβ 具有显著的组合灵活性，可与许多其他的因子组合，扩大它的底物专一性。例如，Impβ 与另外一种核输入受体 importin 7（Imp7）形成二聚体，输入组蛋白 H1（Jäkel et al.，1999）。一旦三聚体 Impβ－Imp7－H1 到达核中，RanGTP 与 Impβ、Imp7 结合使三聚体解聚。Impβ 和 Imp7 均为自主型运输受体，因此可以在没有任何反式作用因子帮助的情况下返回胞质。

Impβ 还可与已经提到的接头分子形成复合体。接头分子参与对底物的识别，但不是自主的，协助转运通过 NPC。鉴定最好的接头分子是 Impα（Adam and Adam，1994；Görlich et al.，1994；Imamoto et al.，1995b）。如前面提到的，Impα 识别经典的 NLS，NLS 可能是最普通的核输入信号。酿酒酵母只有唯一的一种 Impα（也称为 Srplp 或 KAP60），而哺乳动物中至少有 6 种（Köhler et al.，1999）。各种 Impα 形式之间有功能上的重叠。可是某些 NLS 底物对某一种等形体也具有偏爱性。所有 Impα 在 N 端有一个 Impβ 结合位点，IBB 结构域（Görlich et al.，1996a；Weis et al.，1996）。IBB 结构域本身构成一个特别强的核输入信号。可是它也相当大（41 个残基），同时也比经典的 NLS 碱性更强。

NLS-Impα-Impβ 复合体在胞质中形成，它们一进入细胞核，RanGTP 就结合到

Impβ，使复合体解聚。Impβ-RanGTP复合体自身可以迅速返回胞质（Görlich et al.，1995b；Izaurralde et al.，1997），而Impα不能，它需要反式作用exportin的帮助。这种exportin被称为CAS（在酵母中称为Cse1p），可形成三聚体的RanGTP-CAS-Impβ复合物（Kutay et al.，1997）。复合物的形成需要高度协作，确保只有在RanGTP存在的情况下CAS才与Impα相互作用，例如在核内环境下。复合物可能转运通过NPC，在胞质中GTP水解的情况下可发生解聚。之后Impα可再与Impβ结合，输入另外一种NLS蛋白，而CAS将再进入核中输出另外一种Impα分子。CAS的显著特点是无NLS的Impα优先（Kutay et al.，1997；Solsbacher et al.，1998），无NLS的Impα确保与其携载蛋白分离并进入核后才从核中转出。这对于确保单向的NLS输入循环显然是十分重要的。snurportin 1是第二种类型的Impβ特异的输入接头分子（Huber et al.，1998），参与剪接体UsnRNP U1、U2、U3、U4和U5的生成（综述见Will and Lührmann，2001）。这些前体UsnRNA最初以带有7-甲基鸟苷酸（m^7G）帽子结构的RNA聚合酶II转录产物形式被合成，并输出到胞质成为成熟产物。在胞质中它们与Sm蛋白装配，m^7帽子结构被超甲基化，成为2，2，7-三甲基鸟苷酸（m_3G）帽子。m_3G帽子是再输入到核中的信号，它被snurportin 1识别。snurportin 1还通过IBB结构域与Impβ结合，从而引发成熟UsnRNP输入到核中。与Impα不同，snurportin 1不是通过CAS被输出，而是通过CRM1被输出（Paraskeva et al.，1999）。

XRIPα是第三种类型的输入接头分子（Jullien et al.，1999），负责非洲爪蟾复制蛋白A（RPA）的输入。至今，关于这类分子再次输出到胞质的机制一无所知。有趣的是，Impα/β二聚体不仅在细胞间期核输入过程中起作用，而且在有丝分裂中也发挥作用，它帮助纺锤体确定方向。这超出了本章的范围，推荐读者阅读有关这个问题的原始文献（Gruss et al.，2001；Nachury et al.，2001；Wiese et al.，2001）。

13.4 核糖体蛋白的输入

核糖体的形成是一个非常复杂的过程，它同时涉及核的输出和输入。核糖体蛋白首先从胞质输入到核内。一旦进入核内，核糖体蛋白与核仁中的rRNA装配，形成核糖体亚基，并最终再输出到胞质。核糖体的生成深刻地证明核运输是一个主要的活动。例如，一个HeLa细胞含有1000万个核糖体。细胞每24小时复制并分裂一次。这意味着每分钟总共有约15 000个核糖体亚基必须被输出，600 000个核糖体蛋白的分子被输入。因此在输入蛋白中，核糖体蛋白构成十分丰富的种类。

到目前为止，只有极少数输入到核中的核糖体蛋白被仔细研究过。人的rpL23a及其酵母同源物L25可以作为范例。L23a不是通过经典的Impα/β途径被输入的。而是通过至少四种不同的运输受体，即Impβ、transportin、importin 5和importin 7，直接与rpL23a结合并输入到核中（Jäkel and Görlich，1998）。同样，酵母rpL25可被至少2个因子，Yrb4p/KAP123和Pse1p/KAP121输入到核中（Rout et al.，1997；Schlenstedt et al.，1997）。这种冗余证明，在核输入中显然有一种共同的原理，即某些底物可以在几种不同的载体之间"选择"（Mosammaparast et al.，2001）。

核糖体蛋白在进化上比核运输蛋白受体更古老，可能组成目前Impβ样输入受体假想祖先最早识别的一类输入蛋白。在进化过程中，这些受体产生分化，可能获得额外的、特异的结合位点，如 Impβ 中与 Impα 结合的位点，或 transportin 中与 M9 结构域（hnRNP A1 蛋白的输入信号）结合的位点；但显然它们仍保持与核糖体蛋白结合并将其输入的能力。transportin 确实是一个说明这个问题的好例子：它与两种类型的输入底物（M9 结构域和 L23a）通过不同的、且非重叠的结合位点结合（Jäkel and Görlich，1998；Pollard et al.，1996）。推而广之，我们能够预计可以发现比核运输受体更多的输入和输出信号。

13.5 exportin-t

真核生物 tRNA 最初以前体 tRNA 的形式在核中被合成，再加工为成熟 tRNA 并输出到胞质。在胞质中，它们参与氨酰化循环，与延长因子 eEF1A 结合并在翻译过程中发挥功能。在高等真核生物中，tRNA 的核输出受 exportin-t 介导，在酿酒酵母中受 exportin-t 的直系同源物 Los1p 介导。根据前面描述的 exportin 范例，exportin-t 是到目前为止唯一直接与 RNA 结合的核运输受体。

前体 tRNA 的成熟发生在核中，包括切除 5′和 3′端，许多核苷酸的修饰，转录后在 3′端加上 CCA，这是此后氨基酸附着的位置，在有些情况下还要去除小的内含子（综述见 Wolin and Matera，1999）。只有成熟的 tRNA 才被最终输出到胞质（例子见 Melton et al.，1980）。非常值得注意的是，exportin-t 喜欢结合并输出 3′和 5′端被正确加工、核苷酸被正确修饰的成熟 tRNA（Arts et al.，1998b；Kutay et al.，1998；Lipowsky et al.，1999）。因此，exportin-t 介导的输入构成一个判读或质量控制机制，将 RNA 加工与输入协调起来，从而确保只有有功能的 tRNA 可以到达胞质。

13.6 CRM 1

CAS 和 exportin-t 在输出过程中都只对一类底物发挥作用，即分别输出 Impα 和 tRNA。而 CRM1（又称 exportin 1）可以对非常广泛的底物进行输出，蛋白质和 RNA 都可以（Fornerod et al.，1997a；Ossareh-Nazari et al.，1997；Stade et al.，1997；Wolff et al.，1997）。在所有真核生物中，CRM1 似乎都保守且很重要，它是细胞毒素药物 leptomycin B 的细胞靶标（LMB；Hamamoto et al.，1983）。LMB 共价修饰 CRM1 中单个的半胱氨酸，并因此选择性地使这个受体失活（Kudo et al.，1999；Neville and Rosbash，1999）。LMB 可以穿过膜，易被应用于多种细胞，以及用于检测 CRM1 参与的运输过程。

CRM1 直接与富含亮氨酸的核输出信号（NES；Bogerd et al.，1996；Fischer et al.，1995；Wen et al.，1995）蛋白结合并将其输出，例子有蛋白激酶抑制剂（PKI）（见下）、肿瘤抑制因子 p53 和许多转录因子（Freedman and Levine，1998；Kehlenbach et al.，1998）。与 Impβ 类似，CRM1 也可利用接头分子扩展其底物的专一性，接下来我们将举一些例子。第一个例子是 HIV Rev 蛋白，此蛋白质在 HIV 复制过程中起关键作用（综述见 Pollard and Malim，1998）。同其他逆转录病毒相似，HIV-1 利用宿主细胞核中的酶进行复制，由几种可变剪接 mRNA 翻译出蛋白质。在感染后不久，全长的基因组 RNA 必须从核中输出以便装配成病毒颗粒。问题是在这个基因组 RNA 中存在内含子，常使 RNA 驻留核中。因此，未经剪接的 HIV-1 RNA 中有一个含有 RRE（Rev 应答元件）的内含子，其中 RRE 是输出接头 Rev 多个拷贝结合的部位。接着，Rev 通过其"激活结构域"（一个富含亮氨酸的 NES）汇集 CRM1，在 CRM1 介导下将未被剪接的 RNA 输出（Fischer et al.，1995；Malim et al.，1991；Wolff et al.，1997）。Impβ 将 Rev 重新送回细胞核。这里，Rev 不能同时与 RNA 和 Impβ 结合是十分重要的，这确保 Rev 只能被输入，而 RNA 存在于胞质。在核中，RanGTP 使 Rev 蛋白从 Impβ 上解离，然后与一个含有 RRE 的 RNA 结合并输出。

第二个例子是已提到过的带有 m^7G 帽子结构的 UsnRNA 前体的输出。UsnRNA 的单甲基帽子结构在这种情况中作为输出信号（Fischer and Ltlhrmann，1990；Hamm and Mattaj，1990）并汇集一个复杂的接头系统。这个帽子结构首先被核 CAP 结合复合体（CBC；Izaurratde et al.，1995）识别，CBC 也与 PHAX 结合（Ohno et al.，2000）。PHAX 含有一个富含亮氨酸的 NES，最终与 CRM1 结合并输出。

第三个例子是核糖体大亚基（60S）向胞质的输出。这种情况中的输出接头分子被称为 NMD3。NMD3 通过核糖体蛋白 L10 与核糖体结合，也通过 CRM1 输出（Gadal et al.，2001；Ho et al.，2000）。NMD3 和 CRM1 对于 60S 亚基的输出很重要（至少在酵母 *S. cerevisiae* 中是这样）。可是还不清楚是否只调集一个 exportin 分子就足以介导这样大的一个颗粒通过 NPC。另外，其他接头分子可能也参与这个过程。SRP 的输出显然也由 CRM1 介导（Ciufo and Brown，2000）。

13.7 转运受体在输入和输出过程中的功能

一个标准的 importin 只将蛋白质转运进入细胞核，而在核内以游离状态存在。而 exportin 与此正相反。大多数 Impβ 型转运受体的功能确实是作为 importin 或 exportin。可是最近发现了两个例外。酵母 exportin Msn5p 一方面专门输出磷酸化的转录因子（Kaffman et al.，1998a，见下）。可是在酵母中它还可以输入 RPA（Yoshida and Blobel，2001）。第二个例子是人 importin 13（Mingot et al.，2001）。它的功能主要是输入和介导核糖体蛋白及 hUBC9 向核内的输入。此外，它还可以输出转录起始因子 eIF1A，帮助将翻译装置限制在胞质中。

13.8 mRNA 的输出

mRNA 最初是以前体（pre-mRNA，hnRNA）形式被转录的，而前体则需要加工、装配到核糖核蛋白颗粒（RNP）并输出到胞质。前体 mRNA 的成熟过程包括在 5′端加一个 m^7G 帽子结构、通过剪接去除内含子以及 3′端的多聚腺苷酸化，而 RNP 的装配涉及调集许多 mRNA（前体）结合蛋白（如 hnRNP 或 SR 蛋白），并且在转录阶段就已经开始了。一般可接受的观点认为，这些 mRNA 结合蛋白在 mRNA 成熟和输出的各个方面都起关键作用。

mRNA通常需要成熟后才被输出，这种先后顺序是有意义的，可避免未成熟mRNA在胞质中的积累。正是由于剪接机制使带有内含子的RNA滞留在核中才避免了在胞质中出现未被剪接的mRNA（Chang and Sharp，1989；Hamm and Mattaj，1990；Legrain and Rosbash，1989）。然而细胞并不完全依赖于这种机制。第二种机制被称为受无义调节的延迟（nonsense-mediated decay，NMD），这种机制中发生错误剪接的mRNA被迅速降解，不经过前面提到的滞留过程而进入胞质（Hentze and Kulozik，1999；Lykke-Andersen，2001）。

对于某种特定的RNP，它的蛋白质组成不是固定的，而是随着（前体）mRNA在剪接、输出和翻译过程中的变化而变化。剪接的结果，mRNA调集一组特殊的mRNA结合蛋白输出介导物（Kataoka et al.，2000；Le Hir et al.，2000；Strasser and Hurt，2000；Zhou et al.，2000）。了解最清楚的介导物是酵母Mex67p-Mtr2p复合物，在高等真核生物中它的对等物是TAP-pl5复合物（Grtiter et al.，1998；Katahira et al.，1999；Segref et al.，1997）（注：TAP也称为NXF1，它与粗面内质网中的TAP transporter无任何关系）。酵母Mex67和脊椎动物NXF1复合体对于mRNA的输出很重要，它们与NPC结合，协助mRNA通过NPC。

Mex67/NXF1、Mtr2、p15与Impβ型的核运输受体无关（Conti and Tzaurralde，2001）。相应地，mRNA输出本身在很大程度上不依赖于RanGTPase系统。可是，与Ran结合的Impβ型受体在mRNA输出过程中起间接作用，因为它们使很多（前体）mRNA结合蛋白循环使用，并且将输出因子运回核中。

如果mRNA输出本身不直接与RanGTPase系统偶联，那么此过程的方向性如何确定呢？dead-box-protein DBP5能够出色地行使这种功能（Schmitt et al.，1999；Snay-Hodge et al.，1998；Tseng et al.，1998）。它是一种ATP驱动的RNA螺旋酶，位于NPC胞质一侧的鞭毛中。DBP5从mRNA中去除输出介导物，使通过NPC不可逆。

如前所述，释放出的输出产物会被迅速地再输入，因而平衡被打破。甚至可以想象，DBP5介导的RNA解旋使用一种拉力协助将mRNA输出核。

13.9 核定位的调节

基因表达或细胞周期在许多水平上被调控。其中一种调节方式是核运输，主要调节因子与其核靶标的接近是被精确控制的（综述见Kaffman and O’Shea，1999；Komeili and O’Shea，2000；Takizawa and Morgan，2000；Hoppe et al.，2001；Patil and Walter，2001）。至今对受调控核运输事件的报道很多，不可能在一章中全部覆盖，因此只能举一些例子。

第一个例子是酵母转录因子Pho4p，它在发生磷酸饥饿时被激活，并诱导基因表达，最终改善对磷酸的利用（综述见Kaffman and O’Shea，1999）。当酵母生长在富含磷酸的培养基中时，Pho4p完全在胞质中，因此与它的靶标基因分开。在这些条件下，Pho85-Pho80激酶复合体对Pho4p中的多个位点进行磷酸化（Kaffman et al.，1994），使依赖于Pse1p的NLS失活，从而阻止核输入（Kaffman et al.，1998b）。磷酸化还激活依赖于 Msn5p 的核输入信号，并因此加快核输出（Kaffman et al.，1998a）。磷酸饥饿引起的 Pho4p 去磷酸化诱导输入，阻止输出，从而将 Pho4 输入到核中，激活磷酸饥饿基因。Pho4p 对输入和输出的双重调节使得系统可以作出快速反应并进行双向调节。通过受调节的核输入来使系统作出响应显然要比从头合成 Pho4p 快得多，从头合成涉及转录、mRNA 加工、输出以及翻译，在细胞资源有限的情况下，这也将是浪费的。Pho4p 的磷酸化还能降低它的转录激活能力，但这种调节方式有可能与受调节的核输入和输出调节方式一起进行更严格的控制（Kaffman and O'Shea，1999）。

Pho4p 不是唯一的 Msn5 特异的输出底物。这种 exportin 也输出磷酸化形式的 Mig1p 葡萄糖抑制物（DeVit and Johnston，1999）、Rtg3p（调节氮的利用；Komeili et al.，2000）和 Far1p（调节信息素反应；Blondel et al.，1999），并因此控制几种细胞过程。这可能也解释了在调节运输过程时，为什么要对货物蛋白进行磷酸化，而不对受体进行修饰。打开或关闭整个输出途径将产生多种效果并对这些信号转导途径中的每一条产生无差别的影响。

第二个例子是蛋白激酶 A（PICA）。它涉及几条信号转导途径和胞质及核蛋白的磷酸化。PKA 的失活形式包括两个催化和两个（抑制）调节亚基（综述见 Taylor et al.，1990）。这个复合体太大，以致无法扩散进入核，因此保留在胞质中（Meinkoth et al.，1993；Feliciello et al.，2001）。cAMP 结合到调节亚基使催化亚基被释放（综述见 Taylor et al.，1990）。游离的激酶亚基小到足以通过被动扩散进入核（Nigg et al.，1985）并使核靶标，如 CREB 蛋白（cAMP 反应元件结合蛋白，综述见 Montminy，1997）磷酸化进入核中。当 cAMP 水平下降时，（胞质）调节亚基与催化亚基再次结合，在胞质中快速消灭 PKA 活性。PKA 抑制剂（PKI）对于核中 PKA 的失活至关重要。它与催化亚基结合并抑制催化亚基（Meinkoth et al.，1993）。此外，它向胞质提供 CRM1 介导快速恢复所需的 NES（Wen et al.，1995），接下来对信号进行剪接。

另一个转录因子受控输入原理的例子是甾酮反应元件结合蛋白（SREBP）。它最初以整合蛋白的形式存在于内质网，当胆固醇耗尽时它被蛋白酶水解加工（Wang et al.，1994）。释放出的可溶性胞质结构域被 Impβ 输入到核中（Nagoshi et al.，1999），一旦进入核，它激活胆固醇吸收或合成所需的基因（Brown and Goldstein，1999）。SREBP 的蛋白酶水解激活显然是不可逆的，因此转录反应显然只被游离转录因子的高转换率所减弱（Wang et al.，1994）。有许多受控的核转运过程，而不仅仅是这里提到的这些。例如，配体诱导核激素受体的输入（Picard and Yamamoto，1987），肿瘤抑制因子 p53 的受调节运输（Stommel et al.，1999），NFAT 和 Yap1 转录因子的受调节运输（Kehlenbach et al.，1998；Yan et al.，1998），细胞周期调节物，如 CDC6（Petersen et al.，1999）或细胞周期蛋白 B-Cdc2 复合体的受调节运输（Hagting et al.，1998；Yang et al.，1998）。总之，真核生物一定会充分利用核膜所提供的强大的调节潜能。

13.10 核孔的功能

至此我们讨论了运载的分子，它可以是一种蛋白质、一种 mRNA、tRNA 甚至是一个核糖体，在调集到适当的运输受体时，可以通过协助转运穿过 NPC。下面我们讨论为什么这些受体可以完成通过 NPC 的协助转运，而“正常的”蛋白质不能。在核运输研究领域，这是一个核心的、但基本上没有解决的问题。由于已经获得许多零散的知识，因此我们将尝试把它们组合在一起。

通过 NPC 的过程不直接与 NTP 的水解或任何其他不可逆的步骤偶联，因此表现为某种类型的扩散（见上）。它通过 NPC 通道进行，通道直径约为 40 nm。这个通道不能被完全打开，相反必须填充有一些具有通透性的阻碍物。这个阻碍物在大小上有选择：小于 10～20kDa 的蛋白质可以自由通过，而牛血清白蛋白（BSA），举例来说（68 kDa）则被排除在外（Bonner，1978；Paine et al.，1975）。但大小并不是唯一的选择标准。例如，输入受体 transportin 比 BSA 大（约 100 kDa），但比 BSA 通过 NPC 的速度快 500 倍（Ribbeck and Görlich，2001）。为什么 transportin 的转运速度这么快？或者说为什么 BSA 的转运速度这么慢？受协助的转运显然不能与通透性屏障的性质分开；这两方面反映的是同一个问题。

使核运输受体产生特异性的原因显然是它们可以与被称为富含苯丙氨酸的重复序列发生相互作用（Bayliss et al.，2000 及其中的参考文献）。这些序列被认为是核孔蛋白的识别特征，它们是一些短的由疏水残基组成的片段，之间被亲水性很强的间隔序列分开（Rout and Wente，1994）。有几条证据支持这样的假设，这些富含苯丙氨酸的重复序列可能是通透性阻碍物主要的和与功能有关的组成性特点。首先，单克隆抗体可识别这些重复序列或小麦胚凝集素，与重复序列中的糖结合，也可使中央通道染色（Akey and Goldfarb，1989）。其次，据估计每个 NPC 中存在多于 1000 个拷贝的重复序列（Bayliss et al.，1999），因此应当足以构成通透性阻碍物的主要结构。最后，也是最重要的，对 NTF2 或 Impβ 进行点突变可破坏它们与重复序列之间的相互作用，同时也危及协助转运（Bayliss et al.，1999，2000）。

被转运的样本如何与 NPC 中协助转运的重复序列发生相互作用呢？简单的相互作用不能对现象作出解释，相反会导致运输受体的滞留，延迟它们的通过。选择相位模型（selective phase model）给出一种可能的解释（Ribbeck and Görlich，2001）。这个模型认为，中央通道中的通透性阻碍物是通过核孔蛋白中疏水性的富含苯丙氨酸重复序列间的相互吸引产生的。这导致网状结构的形成，限制了惰性分子的流动。这种吸引确保了通透性阻碍物结构的完整性，而位于富含苯丙氨酸序列之间的亲水性区域可防止这种结构的坍塌。可以想象，这种相互作用是如何产生允许小分子通过而限制大分子流动的筛状结构的。可是转运物质可被组织到网状结构中，因为它们可与富含苯丙氨酸的序列相互作用，因此可参与与重复序列之间的互相吸引。因此对样本的转运可被选择性地区分进入通透性阻碍物，并利用这种“选择性溶剂”高速通过通透性阻碍物。换句话说，通透性阻碍物封闭在转运样品的周围，即使有大分子通过时对惰性分子仍保持阻碍作用。

13.11 致谢

感谢 Katharina Ribbeck 提供图 13.1 和重要的手稿。在作者实验室中进行的研究得到德意志研究联合会的支持。

13.12 参考文献

Adam, E. J. H. and Adam, S. A. (1994) Identification of cytosolic factors required for nuclear location sequence-mediated binding to the nuclear envelope. *J Cell Biol* **125**: 547-555.

Adam, S. A., Marr, R. S. and Gerace, L. (1990) Nuclear protein import in permeabilized mammalian cells requires soluble cytoplasmic factors. *J Cell Biol* **111**: 807-816.

Akey, C. W. and Goldfarb, D. S. (1989) Protein import through the nuclear pore complex is a multistep process. *J Cell Biol* **109**: 971-982.

Akey, C. W. and Radermacher, M. (1993) Architecture of the *Xenopus* nuclear pore complex revealed by three-dimensional cryo-electron microscopy. *J Cell Biol* **122**: 1-19.

Arts, G. J., Fornerod, M. and Mattaj, I. W. (1998a) Identification of a nuclear export receptor for tRNA. *Curr Biol* **8**: 305-314.

Arts, G. J., Kuersten, S., Romby, P., Ehresmann, B. and Mattaj, I. W. (1998b) The role of exportin-t in selective nuclear export of mature tRNAs. *EMBO J* **17**: 7430-7441.

Bayliss, R., Ribbeck, K., Akin, D. et al. (1999) Interaction between NTF2 and xFxFG-containing nucleoporins is required to mediate nuclear import of RanGDP. *J Mol Biol* **293**: 579-593.

Bayliss, R., Littlewood, T. and Stewart, M. (2000) Structural basis for the interaction between FxFG nucleoporin repeats and importin-beta in nuclear trafficking. *Cell* **102**: 99-108.

Bear, J., Tan, W., Zolotukhin, A. S. et al. (1999) Identification of novel import and export signals of human TAP, the protein that binds to the constitutive transport element of the type D retrovirus mRNAs. *Mol Cell Biol* **19**: 6306-6317.

Bischoff, F. R. and Görlich, D. (1997) RanBP1 is crucial for the release of RanGTP from importin beta-related nuclear transport factors. *FEBS Lett* **419**: 249-254.

Bischoff, F. R. and Ponstingl, H. (1991a) Catalysis of guanine nucleotide exchange on Ran by the mitotic regulator RCC1. *Nature* **354**: 80-82.

Bischoff, F. R. and Ponstingl, H. (1991b) Mitotic regulator protein RCC1 is complexed with a nuclear ras-related polypeptide. *Proc Natl Acad Sci USA* **88**: 10830-10834.

Bischoff, F. R., Klebe, C., Kretschmer, J., Wittinghofer, A. and Ponstingl, H. (1994) RanGAP1 induces GTPase activity of nuclear ras-related Ran. *Proc Natl Acad Sci USA* **91**: 2587-2591.

Blondel, M., Alepuz, P. M., Huang, L. S. et al. (1999) Nuclear export of Far1p in response to pheromones requires the export receptor Msn5p/Ste21p. *Genes Dev* **13**: 2284-2300.

Bogerd, H. P., Fridell, R. A., Benson, R. E., Hua, J. and Cullen, B. R. (1996) Protein sequence requirements for function of the human T-cell leukemia virus type 1 Rex nuclear export signal delineated by a novel *in vivo* randomization-selection assay. *Mol Cell Biol* **16**: 4207-4214.

Bonner, W. M. (1978) Protein migration and accumulation in nuclei. In: Busch. H. (ed.) *The Cell Nucleus*, Vol. 6, part C, pp. 97-148. New York: Academic Press.

Brown, M. S. and Goldstein, J. L. (1999) A proteolytic pathway that controls the cholesterol content of membranes, cells, and blood. *Proc Natl Acad Sci USA* **96**: 11041-11048.

Chang, D. D. and Sharp, P. A. (1989) Regulation by HIV Rev depends upon recognition of splice sites. *Cell* **59**: 789-795.

Chi, N. C., Adam, E. J. and Adam, S. A. (1995) Sequence and characterization of cytoplasmic nuclear protein import factor p97. *J Cell Biol* **130**: 265-274.

Chi, N. C., Adam, E. J. H., Visser, G. D. and Adam, S. A. (1996) RanBP1 stabilises the interaction of Ran with p97 in nuclear protein import. *J Cell Biol* **135**: 559-569.

Cingolani, G., Petosa, C., Weis, K. and Muller, C. W. (1999) Structure of importin-beta bound to the IBB domain of importin-alpha. *Nature* **399**: 221-229.

Ciufo, L. F. and Brown, J. D. (2000) Nuclear export of yeast signal recognition particle lacking Srp54p by the Xpo1p/Crm1p NES-dependent pathway. *Curr Biol* **10**: 1256-1264.

Cokol, M., Nair, R. and Rost, B. (2000) Finding nuclear localization signals. *EMBO Rep* **1**: 411-415.

Conti, E. and Izaurralde, E. (2001) Nucleocytoplasmic transport enters the atomic age. *Curr Opin Cell Biol* **13**: 310-319.

Cordes, V. C., Reidenbach, S. and Franke, W. W. (1995) High content of a nuclear pore complex protein in cytoplasmic annulate lamellae of *Xenopus* oocytes. *Eur J Cell Biol* **68**: 240-255.

Dammai, V. and Subramani, S. (2001) The human peroxisomal targeting signal receptor, Pex5p, is translocated into the peroxisomal matrix and recycled to the cytosol. *Cell* **105**: 187-196.

Daneholt, B. (1997) A look at messenger RNP moving through the nuclear pore. *Cell* **88**: 585-588.

Deane, R., Schafer, W., Zimmermann, H. P. et al. (1997) Ran-binding protein 5 (RanBP5) is related to the nuclear transport factor importin-beta but interacts differently with RanBP1. *Mol Cell Biol* **17**: 5087-5096.

Dean, K. A., von Ahsen, O., Görlich, D. and Fried, H. M. (2001) Signal recognition particle protein 19 is imported into the nucleus by importin 8 (RanBP8) and transportin. *J Cell Sci* **114**: 3479-3485.

DeVit, M. J. and Johnston, M. (1999) The nuclear exportin Msn5 is required for nuclear export of the Mig1 glucose repressor of *Saccharomyces cerevisiae*. *Curr Biol* **9**: 1231-1241.

Dingwall, C., Sharnick, S. V. and Laskey, R. A. (1982) A polypeptide domain that specifies migration of nucleoplasmin into the nucleus. *Cell* **30**: 449-458.

Englmeier, L., Olivo, J. C. and Mattaj, I. W. (1999) Receptor-mediated substrate translocation through the nuclear pore complex without nucleotide triphosphate hydrolysis. *Curr Biol* **9**: 30-41.

Fahrenkrog, B., Stoffier, D. and Aebi, U. (2001) Nuclear pore complex architecture and functional dynamics. *Curr Top Microbiol Immunol* **259**: 95-117.

Feldherr, C. M. (1962) The nuclear annuli as pathways for nucleocytoplasmic exchanges. *J Cell Biol* **14**: 65-72.

Feldherr, C. M. and Akin, D. (1990) EM visualization of nucleocytoplasmic transport processes. *Electron Microsp Rev* **3**: 73-86.

Feldherr, C. M., Kallenbach, E. and Schultz, N. (1984) Movement of a karyophilic protein through the nuclear pores of oocytes. *J Cell Biol* **99**: 2216-2222.

Feliciello, A., Gottesman, M. E. and Avvedimento, E. V. (2001) The biological functions of A-kinase anchor proteins. *J Mol Biol* **308**: 99-114.

Fischer, U. and Lührmann, R. (1990) An essential signaling role for the m3G cap in the transport of U1 snRNP to the nucleus. *Science* **249**: 786-790.

Fischer, U., Huber, J., Boelens, W. C., Mattaj, I. W. and Lührmann. R. (1995) The HIV-1 Rev activation domain is a nuclear export signal that accesses an export pathway used by specific cellular RNAs. *Cell* **82**: 475-483.

Floer, M., Blobel, G. and Rexach, M. (1997) Disassembly of RanGTP-karyopherin beta complex, an intermediate in nuclear protein import. *J Biol Chem* **272**: 19538-19546.

Fornerod, M., Ohno, M., Yoshida, M. and Mattaj, I. W. (1997a) Crm1 is an export receptor for leucine rich nuclear export signals. *Cell* **90**: 1051-1060.

Fornerod, M., van Baal, S., Valentine, V., Shapiro, D. N. and Grosveld. G. (1997b) Chromosomal localization of genes encoding CAN/Nup214-interacting proteins-human CRM1 localizes to 2p16, whereas Nup88 localizes to 17p13 and is physically linked to SF2p32. *Genomics* **42**: 538-540.

Fornerod, M., van Deursen, J., van Baal, S. et al. (1997c) The human homologue of yeast CRM1 is in a dynamic subcomplex with CAN/Nup214 and a novel nuclear pore component Nup88. *EMBO J* **16**: 807-816.

Freedman, D. A. and Levine, A. J. (1998) Nuclear export is required for degradation of endogenous p53 by MDM2 and human papillomavirus E6. *Mol Cell Biol* **18**: 7288-7293.

Fridell, R. A., Truant, R., Thorne, L., Benson, R. E. and Cullen, B. R. (1997) Nuclear import of hnRNP A1 is mediated by a novel cellular cofactor related to karyopherin-beta. *J Cell Sci* **110**: 1325-1331.

Gadal, O., Strauss, D., Kessl, J. et al. (2001) Nuclear export of 60s ribosomal subunits depends on Xpo1p and requires a nuclear export sequence-containing factor. Nmd3p, that associates with the large subunit protein Rpl10p. *Mol Cell Biol* **21**: 3405-3415.

Görlich, D. and Kutay, U. (1999) Transport between the cell nucleus and the cytoplasm. *Annu Rev Cell Dev Biol* **15**: 607-660.

Görlich, D., Prehn, S., Laskey, R. A. and Hartmann, E. (1994) Isolation of a protein that is essential for the first step of nuclear protein import. *Cell* **79**: 767-778.

Görlich, D., Kostka, S., Kraft, R. et al. (1995a) Two different subunits of importin cooperate to recognize nuclear localization signals and bind them to the nuclear envelope. *Curr Biol* **5**: 383-392.

Görlich, D., Vogel, F., Mills, A. D., Hartmann, E. and Laskey, R. A. (1995b) Distinct functions for the two importin subunits in nuclear protein import. *Nature* **377**: 246-248.

Görlich, D., Henklein, P, Laskey, R. A. and Hartmann, E. (1996a) A 41 amino acid motif in importin alpha confers binding to importin beta and hence transit into the nucleus. *EMBO J* **15**: 1810-1817.

Görlich, D., Pante, N., Kutay, U., Aebi, U. and Bischoff, F. R. (1996b) Identification of different roles for RanGDP and RanGTP in nuclear protein import. *EMBO J* **15**: 5584-5594.

Görlich, D., Dabrowski, M., Bischoff, F. R. et al. (1997) A novel class of RanGTP binding proteins. *J Cell Biol* **138**: 65-80.

Gruss, O. J., Carazo-Salas, R. E., Schatz, C. A. et al. (2001) Ran induces spindle assembly by reversing the inhibitory effect of importin alpha on TPX2 activity. *Cell* **104**: 83-93.

Grüter, P., Tabernero, C., von Kobbe, C. et al. (1998) TAP, the human homolog of Mex67p, mediates CTE-dependent RNA export from the nucleus. *Mol Cell* **1**: 649-659.

Hagting, A., Karlsson, C., Clute, P., Jackman, M. and Pines, J. (1998) MPF localization is controlled by nuclear export. *EMBO J* **17**: 4127-4138.

Hamamoto, T, Gunji, S., Tsuji, H. and Beppu, T (1983) Leptomycins A and B, new antifungal antibiotics. I. Taxonomy of the producing strain and their fermentation, purification and characterization. *J Antibiot* (*Tokyo*) **36**: 639-645.

Hamm, J. and Mattaj, I. W. (1990) Monomethylated cap structures facilitate RNA export from the nucleus. *Cell* **63**: 109-118.

Henderson, B. R. and Percipalle, P. (1997) Interactions between HIV Rev and nuclear import and export factors: the Rev nuclear localisation signal mediates specific binding to human importin-beta. *J Mol Biol* **274**: 693-707.

Hentze, M. W. and Kulozik, A. E. (1999) A perfect message: RNA surveillance and nonsense-mediated decay. *Cell* **96**: 307-310.

Hieda, M., Tachibana, T., Yokoya, F. et al. (1999) A monoclonal antibody to the COOH-terminal acidic portion of Ran inhibits both the recycling of Ran and nuclear protein import in living cells. *J Cell Biol* **144**: 645-655.

Ho, J. H., Kallstrom, G. and Johnson, A. W. (2000) Nmd3p is a Crm1p-dependent adaptor protein for nuclear export of the large ribosomal subunit. *J Cell Biol* **151**: 1057-1066.

Hoppe, T., Rape, M. and Jentsch, S. (2001) Membrane-bound transcription factors: regulated release by RIP or RUP *Curr Opin Cell Biol* **13**: 344-348.

Huber, J., Cronshagen, U., Kadokura, M. et al. (1998). Snurportin1, an m_3Gcap-specific nuclear import receptor with a novel domain structure. *EMBO J* **17**: 4114-4126.

Imamoto, N., Shimamoto, T., Kose, S. et al. (1995a) The nuclear pore targeting complex binds to nuclear pores after association with a karyophile. *FEBS Lett* **368**: 415-419.

Imamoto, N., Tachibana, T., Matsubae, M. and Yoneda, Y. (1995b) A karyophilic protein forms a stable complex with cytoplasmic components prior to nuclear pore binding. *J Biol Chem* **270**: 8559-8565.

Iovine, M. K., Watkins, J. L. and Wente, S. R. (1995) The GLFG repetitive region of the nucleoporin Nup116p interacts with Kap95p, an essential yeast nuclear import factor. *J Cell Biol* **131**: 1699-1713.

Izaurralde, E., Lewis, J., Gamberi, C. et al. (1995) A cap-binding protein complex mediating U snRNA export. *Nature* **376**: 709-712.

Izaurralde, E., Kutay, U., Von Kobbe, C., Mattaji, I. and Görlich, D. (1997) The asymmetric distribution of the constituents of the Ran system is essential for transport into and out of the nucleus. *EMBO J* **16**: 6535-6547.

Jäkel, S. and Görlich, D. (1998) Importin beta, transportin, RanBP5 and RanBP7 mediate nuclear import of ribosomal proteins in mammalian cells. *EMBO J* **17**: 4491-4502.

Jäkel, S., Albig. W., Kutay, U. et al. (1999) The importin beta/importin 7 heterodimer is a functional nuclear import receptor for histone H1. *EMBO J* **18**: 2411-2423.

Jullien, D.. Görlich, D., Laemmli, U. K. and Adachi, Y. (1999) Nuclear import of RPA in Xenopus egg extracts requires a novel protein XRIPalpha but not importin alpha. *EMBO J* **18**: 4348-4358.

Kaffman, A. and O' Shea, E. K. (1999) Regulation of nuclear localization: a key to a door. *Annu Rev Cell Dev Biol* **15**: 291-339.

Kaffman, A., Herskowitz, I., Tjian, R. and O' Shea, E. K. (1994) Phosphorylation of the transcription factor PHO4 by a cyclin-CDK complex, PHO80-PHO85. *Science* **263**: 1153-1156.

Kaffman, A., Rank, N. M., O' Neill, E. M., Huang, L. S. and O' Shea, E. K. (1998a) The receptor Msn5 exports the phosphorylated transcription factor Pho4 out of the nucleus. *Nature* **396**: 482-486.

Kaffman, A., Rank, N. M. and O' Shea, E. K. (1998b) Phosphorylation regulates association of the transcription factor Pho4 with its import receptor Pse1/Kap121. *Genes Dev* **12**: 2673-2683.

Kalderon, D., Richardson, W. D., Markham, A. F. and Smith, A. E. (1984) Sequence requirements for nuclear location of Simian Virus 40 large T antigen. *Nature* **311**: 33-38.

Katahira, J., Strasser, K., Podtelejnikov, A. et al. (1999) The Mex67p-mediated nuclear mRNA export pathway is conserved from yeast to human. *EMBO J* **18**: 2593-2609.

Kataoka, N., Bachorik, J. L. and Dreyfuss, G. (1999) Transportin-SR, a nuclear import receptor for SR proteins. *J Cell Biol* **145**: 1145-1152.

Kataoka, N., Yong, J., Kim, V. N. et al. (2000) Pre-mRNA splicing imprints mRNA in the nucleus with a novel RNA-binding protein that persists in the cytoplasm. *Mol Cell* **6**: 673-682.

Kehlenbach, R. H., Dickmanns, A. and Gerace, L. (1998) Nucleocytoplasmic shuttling factors including Ran and CRM1 mediate nuclear export of NFAT *in vitro*. *J Cell Biol* **141**: 863-874.

Koepp, D. M., Wong, D. H., Corbett, A. H. and Silver, P. A. (1996) Dynamic localization of the nuclear import receptor and its interactions with transport factors, *J Cell Biol* **133**: 1163-1176.

Köhler, M., Speck, C., Christiansen, M. et al. (1999) Evidence for distinct substrate specificities of importin alpha family members in nuclear protein import. *Mol Cell Biol* **19**: 7782-7791.

Komeili, A. and O' Shea, E. K. (2000) Nuclear transport and transcription. *Curr Opin Cell Biol* **12**: 355-360.

Komeili, A., Wedaman, K. P., O' Shea, E. K. and Powers, T. (2000) Mechanism of metabolic control. Target of rapamycin signaling links nitrogen quality to the activity of the Rtg1 and Rtg3 transcription factors. *J Cell Biol* **151**: 863-878.

Kose, S., Imamoto, N., Tachibana, T., Shimamoto, T. and Yoneda, Y. (1997) Ranunassisted nuclear migration of a 97-kD component of nuclear pore-targeting complex. *J Cell Biol* **139**: 841-849.

Kudo, N., Matsumori, N., Taoka, H. et al. (1999) Leptomycin B inactivates CRM1/exportin 1 by covalent modification at a cysteine residue in the central conserved region. *Proc Natl Acad Sci USA* **96**: 9112-9117.

Kutay, U., Bischoff, E. R., Kostka, S., Kraft, R. and Görlich, D. (1997) Export of importin alpha from the nucleus is mediated by a specific nuclear transport factor. *Cell* **90**: 1061-1071.

Kutay, U., Lipowsky, G., Izaurralde, E. et al. (1998) Identification of a tRNA-specific nuclear export receptor. *Mol Cell* **1**: 359-369.

Kutay, U., Hartmann, E., Treichel, N. et al. (2000) Identification of two novel RanGTP-binding proteins belonging to the importin beta superfamily. *J Biol Chem* **275**: 40163-40168.

Lai, M. C., Lin, R. I., Huang, S. Y., Tsai, C. W. and Tarn, W. Y. (2000) A human importinbeta family protein, transportin-SR2, interacts with the phosphorylated RS domain of SR proteins. *J Biol Chem* **275**: 7950-7957.

Le Hir, H., Izaurralde, E., Maquat, L. E. and Moore, M. J. (2000) The spliceosome deposits multiple proteins 20-24 nucleotides upstream of mRNA exon-exon junctions. *EMBO J* **19**: 6860-6869.

Legrain, P. and Rosbash, M. (1989) Some *cis*- and *trans*-acting mutants for splicing target pre-mRNA to the cytoplasm. *Cell* **57**: 573-583.

Lipowsky, G., Bischoff, F. R., Izaurralde, E. et al. (1999) Coordination of tRNA nuclear export with processing of tRNA. *RNA* **5**: 539-549.

Lipowsky, G., Bischoff, F. R., Schwarzmaier, P. et al. (2000) Exportin 4: a mediator of a novel nuclear export pathway in higher eukaryotes. *EMBO J* **19**: 4362-4371.

Lounsbury, K. M. and Macara, I. G. (1997) Ran-binding protein 1 (RanBP1) forms a ternary complex with Ran and karyopherin beta and reduces Ran GTPaseactivating protein (RanGAP) inhibition by karyopherin beta. *J Biol Chem* **272**: 551-555.

Lykke-Andersen, J. (2001) mRNA quality control: marking the message for life or death. *Curr Biol* **11**: R88-91.

Makkerh, J. P. S., Dingwall, C. and Laskey, R. A. (1996) Comparative mutagenesis of nuclear localization signals reveals the importance of neutral and acidic amino acids. *Curr Biol* **6**: 1025-1027.

Malim, M. H., Hauber, J., Le, S. Y., Maizel, J. and Cullen, B. R. (1989) The HIV-rev *trans*-activator acts through a structured target sequence to activate nuclear export of unspliced viral mRNA. *Nature* **338**: 254-257.

Malim, M. H., McCarn, D. F., Tiley, L. S. and Cullen, B. R. (1991). Mutational definition of the human immunodeficiency virus type 1 Rev activation domain. *J Virol* **65**: 4248-4254.

Mattaj, I. W. and Englmeier, L. (1998) Nucleocytoplasmic transport: the soluble phase. *Annu Rev Biochem* **67**: 265-306.

Maul, G. G. (1977) The nuclear and the cytoplasmic pore complex: structure, dynamics, distribution, and evolution. *Int Rev Cytol Suppl*: 75-186.

Maul, G. G., Maul, H. M., Scogna, J. E. et al. (1972) Time sequence of nuclear pore formation in phytohemagglutinin-stimulated lymphocytes and in HeLa cells during the cell cycle. *J Cell Biol* **55**: 433-447.

Meinkoth, J. L. Alberts, A. S., Went, W. et al. (1993) Signal transduction through the cAMP-dependent protein kinase. *Mol Cell Biochem* **127-128**: 179-186.

Melchior, F, Paschal, B., Evans, E. and Gerace, L. (1993) Inhibition of nuclear protein import by nonhydrolyzable analogs of GTP and identification of the small GTPase Ran/TC4 as an essential transport factor. *J Cell Biol* **123**: 1649-1659.

Melton, D. A., De Robertis, E. M. and Cortese, R. (1980) Order and intracellular location of the events involved in the maturation of a spliced tRNA. *Nature* **284**: 143-148.

Mingot, J. M., Kostka, S., Kraft, R., Hartmann, E. and Görlich, D. (2001) Importin 13: a novel mediator of nuclear import and export. *EMBO J* **20**: 3685-3694.

Montminy, M. (1997) Transcriptional regulation by cyclic AMP. *Annu Rev Biochem* **66**: 807-822.

Moore, M. S. and Blobel, G. (1992) The two steps of nuclear import, targeting to the nuclear envelope and translocation through the nuclear pore, require different cytosolic factors. *Cell* **69**: 939-950.

Moore, M. S. and Blobel, G. (1993) The GTP-binding protein Ran/TC4 is required for protein import into the nucleus. *Nature* **365**: 661-663.

Moore, M. S. and Blobel, G. (1994) Purification of a Ran-interacting protein that is required for protein import into the nucleus. *Proc Natl Acad Sci USA* **91**: 10212-10216.

Mosammaparast, N., Jackson, K. R., Guo, Y. et al. (2001) Nuclear import of histone H2A and H2B is mediated by a network of karyopherins. *J Cell Biol* **153**: 251-262.

Nachury, M. V. and Weis, K. (1999) The direction of transport through the nuclear pore can be inverted. *Proc Natl Acad Sci USA* **96**: 9622-9627.

Nachury, M. V., Maresca, T. J., Salmon, W. C. et al. (2001) Importin beta is a mitotic target of the small GTPase Ran in spindle assembly. *Cell* **104**: 95-106.

Nagoshi, E., Imamoto, N., Sato, R. and Yoneda, Y. (1999) Nuclear import of sterol regulatory element-binding protein-2, a basic helix-loop-helix-leucine zipper (bHLH-Zip) -containing transcription factor, occurs through the direct interaction of importin beta with HLH-Zip. *Mol Biol Cell* **10**: 2221-2233.

Nakielny, S. and Dreyfuss, G. (1998) Import and export of the nuclear protein import receptor transportin by a mechanism independent of GTP hydrolysis. *Curr Biol* **8**: 89-95.

Nakielny, S. and Dreyfuss, G. (1999) Transport of proteins and RNAs in and out of the nucleus. *Cell* **99**: 677-690.

Neville, M. and Rosbash, M. (1999) The NES-Crm1p export pathway is not a major mRNA export route in *Saccharomyces cerevisiae*. *EMBO J* **18**: 3746-3756.

Nigg, E. A., Hilz, H., Eppenberger, H. M. and Dutly, F. (1985) Rapid and reversible translocation of the catalytic subunit of cAMP-dependent protein kinase type II from the Golgi complex to the nucleus. *EMBO J* **4**: 2801-2806.

Ohno, M., Segref, A., Bachi, A., Wilm, M. and Mattaj, I. W. (2000) PHAX. a mediator of U snRNA nuclear export whose activity is regulated by phosphorylation. *Cell* **101**: 187-198.

Ossareh-Nazari, B., Bachelerie, F. and Dargemont, C. (1997) Evidence for a role of CRM1 in signal-mediated nuclear protein export. *Science* **278**: 141-144.

Paine, P. L., Moore, L. C. and Horowitz, S. B. (1975) Nuclear envelope permeability. *Nature* **254**: 109-114.

Palmeri, D. and Malim, M. H. (1999) Importin beta can mediate the nuclear import of an arginine-rich nuclear localization signal in the absence of importin alpha. *Mol Cell Biol* **19**: 1218-1225.

Pante, N. and Aebi, U. (1996) Molecular dissection of the nuclear pore complex. *Crit Rev Biochem Mol Biol* **31**: 153-199.

Paraskeva, E., Izaurralde, E., Bischoff, F. R. et al. (1999) CRM1-mediated recycling of snurportin 1 to the cytoplasm. *J Cell Biol* **145**: 255-264.

Paschal, B. M. and Gerace, L. (1995) Identification of NTF2, a cytosolic factor for nuclear import that interacts with nuclear pore protein p62. *J Cell Biol* **129**: 925-937.

Patil, C. and Walter, P. (2001) Intracellular signaling from the endoplasmic reticulum to the nucleus: the unfolded protein response in yeast and mammals. *Curr Opin Cell Biol* **13**: 349-355.

Petersen, B. O., Lukas, J., Sorensen, C. S., Bartek, J. and Helin, K. (1999) Phosphorylation of mammalian CDC6 by cyclin A/CDK2 regulates its subcellular localization. *EMBO J* **18**: 396-410.

Picard, D. and Yamamoto, K. R. (1987) Two signals mediate hormone-dependent nuclear localization of the glucocorticoid receptor. *EMBO J* **6**: 3333-3340.

Plafker, S. M. and Macara, I. G. (2000) Importin-11, a nuclear import receptor for the ubiquitin-conjugating enzyme, UbcM2. *EMBO J* **19**: 5502-5513.

Pollard, V. W., Michael, W. M., Nakielny, S. et al. (1996) A novel receptor-mediated nuclear protein import pathway. *Cell* **86**: 985-994.

Pollard, V. W. and Malim, M. H. (1998) The HIV-1 Rev protein. *Annu Rev Microbiol* **52**: 491-532.

Reichelt, R., Holzenburg, A., Buhle, E. L., Jr. et al. (1990) Correlation between structure and mass distribution of the nuclear pore complex and of distinct pore complex components. *J Cell Biol* **110**: 883-894.

Rexach, M. and Blobel, G. (1995) Protein import into nuclei: association and dissociation reactions involving transport substrate, transport factors, and nucleoporins, *Cell* **83**: 683-692.

Ribbeck, K. and Görlich, D. (2001) Kinetic analysis of translocation through nuclear pore complexes. *EMBO J* **20**: 1320-1330.

Ribbeck, K., Lipowsky, G., Kent, H. M., Stewart, M. and Görlich, D. (1998) NTF2 mediates nuclear import of Ran. *EMBO J* **17**: 6587-6598.

Ribbeck, K., Kutay, U., Paraskeva, E. and Görlich, D. (1999) The translocation of transportin-cargo complexes through nuclear pores is independent of both Ran and energy. *Curr Biol* **9**: 47-50.

Robbins, J., Dilworth, S. M., Laskey, R. A. and Dingwall, C. (1991) Two interdependent basic domains in nucleoplasmin nuclear targeting sequence: identification of a class of bipartite nuclear targeting sequence. *Cell* **64**: 615-623.

Rout, M. P. and Blobel, G. (1993) Isolation of the yeast nuclear pore complex. *J Cell Biol* **123**: 771-783.

Rout, M. P. and Wente, S. R. (1994) Pores for thought: nuclear pore complex proteins. *Trends Cell Biol* **4**: 357-364.

Rout, M. P., Blobel, G. and Aitchison, J. D. (1997) A distinct nuclear import pathway used by ribosomal proteins. *Cell* **89**: 715-725.

Rout, M. P., Aitchison,, J. D., Suprapto, A. et al. (2000) The yeast nuclear pore complex: composition, architecture, and transport mechanism. *J Cell Biol* **148**: 635-651.

Schlenstedt, G., Smirnova, E., Deane, R. et al. (1997) Yrb4p, a yeast ran-GTP-binding protein involved in import of ribosomal protein L25 into the nucleus. *EMBO J* **16**: 6237-6249.

Schmitt, C., von Kobbe, C., Bachi, A. et al. (1999) Dbp5, a DEAD-box protein required for mRNA export, is recruited to the cytoplasmic fibrils of nuclear pore complex via a conserved interaction with CAN/Nup159p. *EMBO J* **18**: 4332-4347.

Schwoebel, E. D., Talcott, B., Cushman, I. and Moore, M. S. (1998) Ran-dependent signal-mediated nuclear import does not require GTP hydrolysis by Ran. *J Biol Chem* **273**: 35170-35175.

Segref, A., Sharma, K., Doye, V. et al. (1997) Mex67p, a novel factor for nuclear mRNA export, binds to both Poly (a) + RNA and nuclear pores. *EMBO J* **16**: 3256-3271.

Siomi, M. C., Eder, P. S., Kataoka, N. et al. (1997) Transportin-mediated nuclear import of heterogeneous nuclear RNP proteins. *J Cell Biol* **138**: 1181-1192.

Smith, A., Brownawell, A. and Macara, I. G. (1998) Nuclear import of ran is mediated by the transport factor NTF2. *Curr Biol* **8**: 1403-1406.

Snay-Hodge, C. A., Colot, H. V., Goldstein, A. L. and Cole, C. N. (1998) Dbp5p/Rat8p is a yeast nuclear pore-associated DEAD-box protein essential for RNA export. *EMBO J* **17**: 2663-2676.

Solsbacher, J., Maurer, P., Bischoff, F. R. and Schlenstedt, G. (1998) Cse1p is involved in export of yeast importin alpha from the nucleus. *Mol Cell Biol* **18**: 6805-6815.

Stade, K., Ford, C. S., Guthrie, C. and Weis, K. (1997) Exportin 1 (Crm1p) is an essential nuclear export factor. *Cell* **90**: 1041-1050.

Stommel, J. M., Marchenko, N. D., Jimenez, G. S. et al. (1999) A leucine-rich nuclear export signal in the p53 tetramerization domain: regulation of subcellular localization and p53 activity by NES masking. *EMBO J* **18**: 1660-1672.

Strasser, K. and Hurt, E. (2000) Yra1p, a conserved nuclear RNA-binding protein. interacts directly with Mex67p and is required for mRNA export. *EMBO J* **19**: 410-420.

Takizawa, C. G. and Morgan, D. O. (2000) Control of mitosis by changes in the subcellular location of cyclin-B1-Cdk1 and Cdc25C. *Curr Opin Cell Biol* **12**: 658-665.

Taylor, S. S., Buechler, J. A. and Yonemoto, W. (1990) cAMP-dependent protein kinase: framework for a diverse family of regulatory enzymes. *Annu Rev Biochem* **59**: 971-1005.

Truant, R. and Cullen, B. R. (1999) The arginine-rich domains present in human immunodeficiency virus type 1 tat and rev function as direct importin beta-dependent nuclear localization signals. *Mol Cell Biol* **19**: 1210-1217.

Truant, R., Kang, Y. and Cullen, B. R. (1999) The human tap nuclear RNA export factor contains a novel transportin-dependent nuclear localization signal that lacks nuclear export signal function. *J Biol Chem* **274**: 32167-32171.

Tseng, S. S., Weaver, P. L., Liu, Y. et al. (1998) Dbp5p, a cytosolic RNA helicase, is required for poly (A) + RNA export. *EMBO J* **17**: 2651-2662.

Vasu, S. K. and Forbes, D. J. (2001) Nuclear pores and nuclear assembly. *Curt Opin Cell Biol* **13**: 363-375.

Vetter, I. R., Arndt, A., Kutay, U., Görlich, D. and Wittinghofer, A. (1999) Structural view of the Ran-Importin beta interaction at 2.3 A resolution. *Cell* **97**: 635-646.

Wang, X., Sato, R., Brown, M. S., Hua, X. and Goldstein, J. L. (1994) SREBP-1. a membrane-bound transcription factor released by sterol-regulated proteolysis. *Cell* **77**: 53-62.

Weis, K., Mattaj, I. W. and Lamond, A. I. (1995) Identification of hSRP1α as a functional receptor for nuclear localization sequences. *Science* **268**: 1049-1053.

Weis, K., Ryder, U. and Lamond, A. I. (1996) The conserved amino-terminal domain of hSRP1 alpha is essential for nuclear protein import. *EMBO J* **15**: 1818-1825.

Wen, W., Meinkoth, J. L., Tsien, R. Y. and Taylor, S. S. (1995) Identification of a signal for rapid export of proteins from the nucleus. *Cell* **82**: 463-473.

Whittaker, G. R. and Helenius, A. (1998) Nuclear import and export of viruses and virus genomes. *Virology* **246**: 1-23.

Wiese, C., Wilde, A., Moore, M. S. et al. (2001) Role of importin-beta in coupling Ran to downstream targets in microtubule assembly. *Science* **291**: 653-656.

Will, C. L. and Lührmann, R. (2001) Spliceosomal UsnRNP biogenesis, structure and function. *Curr Opin Cell Biol* **13**: 290-301.

Wolff, B.. Sanglier, J. J. and Wang, Y. (1997) Leptomycin B is an inhibitor of nuclear export: inhibition of nucleo-cytoplasmic translocation of the human immunodeficiency virus type 1 (HIV-1) Rev protein and Rev-dependent mRNA. *Chem Biol* **4**: 139-147.

Wolin, S. L. and Matera, G. (1999) The trials and travels of tRNA. *Genes Dev* **13**: 1-10.

Wozniak, R. W., Rout, M. P. and Aitchison, J. D. (1998) Karyopherins and kissing cousins. *Trends Cell Biol* **8**: 184-188.

Yan, C., Lee, L. H. and Davis, L. I. (1998) Crm1p mediates regulated nuclear export of a yeast AP-1-like transcription factor. *EMBO J* **17**: 7416-7429.

Yang, J., Bardes, E. S., Moore, J. D. et al. (1998) Control of cyclin B1 localization through regulated binding of the nuclear export factor CRM1. *Genes Dev* **12**: 2131-2143.

Yoshida, K. and Biobel, G. (2001) The karyopherin kap142p/msn5p mediates nuclear import and nuclear export of different cargo proteins. *J Cell Biol* **152**: 729-740.

Zambryski, P. and Crawford, K. (2000) Plasmodesmata: gatekeepers for cell-to-cell transport of developmental signals in plants. *Annu Rev Cell Dev Biol* **16**: 393-421.

Zhou, Z., Luo, M. J., Straesser, K. et al. (2000) The protein Aly links pre-messenger-RNA splicing to nuclear export in metazoans. *Nature* **407**: 401-405.

14　蛋白质向酵母液泡中的转运

Todd R. Graham和 Steven F. Nothwehr

14.1　引言

研究蛋白质向酵母液泡中的运输正为大量真核生物蛋白质分选和运输机制的研究提供大量的信息。蛋白质可通过受体介导的内吞作用进入液泡，也可通过遗传将母细胞液泡中的内含物转移到子代（出芽）液泡中，或通过相关的胞质到液泡转运（cytosol-to-vacuole transport，*cvt*）和自体吞噬（autophagic，*apg*）途径进入液泡。可是，多数新合成蛋白分选到达液泡前，可能穿过内质网和高尔基体，是通过分泌途径被运输的。一些蛋白质，如碱性磷酸化酶（alkaline phosphatase，ALP）和液泡 t-SNARE Vam3p，可从高尔基复合体直接运输到液泡，而其他蛋白质，如羧肽酶 Y（carboxypeptidase Y，

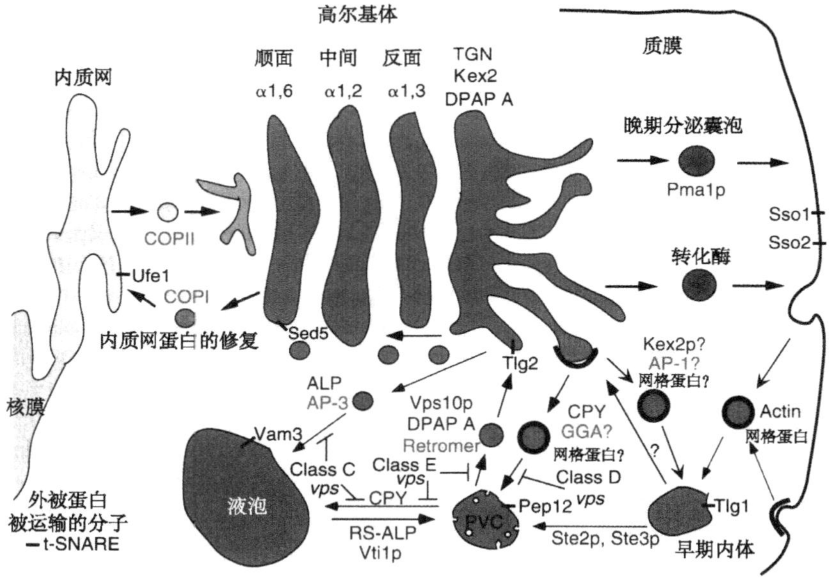

图 14.1　蛋白质通过分泌和内吞途径被转运到酵母液泡。蓝色字体列出了几种被运输的蛋白质，详见表 14.1。ALP 和 CPY 途径定义了新合成蛋白从高尔基复合体反面管状和球状结构运输到液泡的两种主要途径，而信息素（pheromone）受体 Ste2p 和 Ste3p 从质膜 CPY 被内在化，在到达液泡前信息素受体通过一个被称为前液泡区室（prevacuolar compartment，PVC）的晚期内体中间物。红色字体表示外被蛋白（coat protein），它们可能在 TGN 和内体/液泡系统之间调节液泡的转运，详见表 14.2 和表 14.4。一些蛋白质参与转运中间体，并与 PVC 或液泡融合，编码这些蛋白质的基因见表 14.3 和表 14.6。这些融合步骤中的 t-SNARE 标记了膜系统中的特殊区室。注意 PVC 可使膜发生内在化，产生一个多囊泡体（multivesicular body，MVB），参与此过程的基因见表 14.5。另见彩图。

CPY）和蛋白酶 A，途经成熟内含体到达液泡（图 14.1）。最近有几篇关于 *cvt*、内吞作用和遗传途径的综述（Catlett and Weisman，2000；D' Hondt et al.，2000；Klionsky and Emr，2000），本章将重点讨论蛋白质如何通过分泌途径被分选进入液泡。

14.2 羧肽酶 Y（CPY）通过分泌途径进行的转运和修饰

CPY 可能是被认识最清楚的液泡蛋白，同许多其他可溶性液泡蛋白一样，它以一种高分子质量的前体形式被合成，N 端带有一段信号肽，引导蛋白质通过内质网（ER）膜。尽管有内质网中酶的作用，信号肽被切除，还是有 4 个 *N*-连接的寡糖被加到 CPY，通过适当的二硫键，CPY 折叠成一种结构。这个 67 kDa 的 CPY 核心糖基化形式是一种没有活性的酶原，带有一个 N 端片段，被称为 p1 或 ER 前体形式（综述见 Klionsky et al.，1990）。

整体加入酵母内质网糖蛋白中的 *N*-连接寡糖的结构与多数真核生物中的一样（$GlcNAc_2Man_9Glc_3$）。而对这些寡糖的修整和延长只在真菌系统中发生。这三个葡萄糖和一个甘露糖在内质网中被去除，然后在高尔基复合体中再添加额外的甘露糖。几种分泌蛋白，如转化酶（即 β-呋喃果糖苷酶）和 α 因子前体，可得到一个长的异源外部链，这个链由许多 α1→6、α1→2 和 α1→3 连接的甘露糖残基组成（综述见 Dean，1999）。这些修饰依次在高尔基体不同的功能区室中被加入，这些区室分别是顺面、中间和反面高尔基体膜囊。反面高尔基体网状结构（*trans*-Golgi network，TGN）中含有 Kex2p、Kex1p 和二肽氨基肽酶（DPAPA），参与 α 因子前体的溶蛋白性裂解及随后将其加工为成熟 α-因子的过程（Brigance et al.，2000）。

羧肽酶 Y（CPY）在更适宜的位点，也进行了高尔基体特异的糖修饰。CPY 在通过高尔基体运输时，一般在每个 *N*-连接寡糖的 α1→6、α1→2 和 α1→3 连接的甘露糖残基上被修饰（Ballou et al.，1990）。被完全糖基化的 CPY 前体（69 kDa）被称为 p2 或 CPY 的高尔基体形式。CPY *N*-连接寡糖也被磷酸化修饰，在哺乳动物溶酶体酶类中，6-磷酸甘露糖是一种重要的分选决定因素，而这种修饰对于 CPY 到液泡的定向却并不重要（综述见 Klionsky et al.，1990）。

COPII 包被的运输液泡介导 p1 CPY 从内质网的输出，随后它被输入到高尔基复合体（综述见 Barlowe，2000）。*sec* 突变体带有对温度敏感的 COPII，在非适宜温度条件下可堆积 p1 CPY，证明这种酶被运输到高尔基体对其进一步的修饰过程是十分重要的（Stevens et al.，1982）。这种顺行蛋白运输途径在体内似乎也与 COPI 依赖途径相偶联，因为 COPI 突变体也堆积 p1 CPY。这反映出在货物分子受体从高尔基体返回内质网的过程中需要 COPI 包被的液泡，用来将 CPY 和其他蛋白质包装进入 COPII 液泡（综述见 Gaynaor et al.，1998）。尚未发现介导 CPY 从内质网出来的蛋白受体，因此 COPI 是否在 CPY 或其他蛋白质的顺行运输中起到直接或间接作用还不清楚。如第 15 章所述，蛋白质通过高尔基体的运输机制也存在争论。

14.2.1 CPY 从分泌途径中分选出来

液泡定位信号存在于 CPY 中，可使某种蛋白质从分泌途径中脱离出来，为了对其进行鉴定，Emr 及其同事们在对一株缺失转化酶基因（SUC2）的菌株中所表达的一组 CPY 和转化酶的融合蛋白进行了研究。

结果证明，一个 CPY 中带有信号肽的小片段及前体肽中前 30 个氨基酸就足以将转化酶运送到液泡。采用突变的方法，Stevens 及其同事们鉴定出同样的 CPY 片段及 QRPL 氨基酸片段。它们就位于信号肽切割位点之前，对于 CPY 分选到液泡来说，这段氨基酸是必需的。对这段分选信号进行突变可导致 p2 CPY 的分泌（Klionsky and Emr，1990；Conibear and Stevens，1998）。

在所有 *sec* 突变体中分泌蛋白和液泡蛋白受到同等程度的影响，都表现为蛋白质从内质网到高尔基体的运输以及通过高尔基体时受阻。这些途径在晚期的高尔基区室中彼此分开，因为可阻止晚期分泌液泡与质膜融合的 *sec* 突变体对于 CPY 向液泡的运输不起作用（Stevens et al.，1982）。为了确定液泡蛋白在运往液泡的途中是否进入 TGN，在前面描述的融合蛋白中在 CPY 和转化酶连接处导入一个 Kex2 切割位点。这种由三部分组成的融合蛋白在其转化酶部分添加上完整的外部链状甘露糖，在它能从分泌途径中分选出来之前，Kex2p 对 TGN 进行了有效切割（Graham and Emr，1991）。这些结果表明，CPY 是在 TGN 中被从分泌蛋白中分选出来的。

CPY 从 TGN，首先被运往后期核内体，即前液泡区室（prevacuolar compartment，PVC），在 PVC 中，液泡蛋白酶切除 p2 CPY 前体肽，形成 61 kDa、具酶活性的成熟（mCPY）肽。CPY 的酶解加工依赖于蛋白酶 A（由 *PEP4* 基因编码）的作用，蛋白酶 A 控制着包括蛋白酶 B 在内的酵母液泡中几种酶原的激活。p2 CPY 被蛋白酶 A 和蛋白酶 B 切割似乎可导致形成最终的 mCPY 形式（综述见 Klionsky and Emr，1990；Conibear and Stevens，1998）。

p2 CPY 前体肽中出现的分选信号说明一定存在其他蛋白质，负责识别 CPY 的分选信号，并将 CPY 递送到液泡。Emr 和 Stevens 小组推测，这些反式作用蛋白的突变体同 CPY 分选信号的突变体的分泌具有同样效果。为了鉴定参与这个过程的反式作用机器，这些小组设计了遗传筛选方案，鉴定那些在液泡蛋白分选方面存在缺陷的 *vps* 突变体（见历史注释 1）。其他研究小组在筛选液泡蛋白酶活性（pep）缺陷突变体（Jones，1977）或液泡形态（*vam*）突变体（Wada et al.，1988）的同时鉴定出了 *vps* 突变体。出乎意料的是，酵母可以耐受液泡形成过程中的整体缺陷并保持生存能力。这为大约 55 种 *VPS* 基因的突变鉴定提供了便利。所有 *vps* 突变体都分泌 CPY，但根据液泡形态、ALP 定位和液泡 ATP 酶的不同可将这些突变体分为 6 种表现型（A-F）（Raymond et al.，1992）。

多数 *vps* 突变体以前体的形式分泌几种可溶性液泡蛋白（如 CPY、蛋白酶 A 和蛋白酶 B）。一个值得注意的例外是 *vps10*，这种突变体分泌 p2 CPY，但表现出一种轻微的蛋白酶 A 分选缺陷。Vps10p 是一种 TGN 整合膜蛋白，现在被认为是 CPY 受体（Marcusson et al.，1994）。由其他 *VPS* 基因编码的蛋白质在高尔基体、内体系统和液泡间许多不同的运输途径中发挥功能。本章其余部分将更详细地探讨这些运输步骤。

14.2.2 小结：CPY 在分泌途径中的转运和修饰

- CPY 以高分子质量前体的形式被合成，其 N 端具有信号序列和前体片段。

- 在运输到内质网时，信号序列被切除，添加 N-连接寡糖产生 p1 CPY 前体。
- 包被有 COPII 的液泡将 CPY 由内质网运输到高尔基体，在高尔基体经糖基化产生 p2 前体。
- 在 TGN 中 Vps10 受体识别 CPY 前体片段中的分选信号（QRPL）。
- CPY 在被运送到液泡之前从 TGN 被运输至被称为 PVC 的晚期核内体。
- 在液泡中前体片段被酶解切后生成成熟的、具酶活性的成熟片段（mCPY）。
- 已分离出 50 多种 *vps* 突变体，它们的蛋白质在 TGN、PVC 和液泡间运输方面存在缺陷。这些突变体分泌 p2 CPY。*Vps* 突变体被分为 6 种表现型（A-F）。

14.3 蛋白质的 TGN 输出途径

从 TGN 产生出许多带有不同转运蛋白和去向不同的运输囊泡。在哺乳动物中，这种区室将溶酶体中的酶与到达极性化表皮细胞顶端和基底外侧表面的蛋白质，以及内分泌细胞中进入组成型和调节分泌途径的蛋白质分隔开。酵母 TGN 还能产生两种类型的分泌囊泡，它们具有不同的密度和内含物。密度小的囊泡中含有质膜 ATP 酶（Pma1p）和 β-葡聚糖酶（Bgl2p），密度较大的囊泡中含有转化酶和酸性磷酸化酶（Harsay and Bretscher，1995）。进入 TGN 的高尔基体糖基转化酶似乎被分选进入一个逆行途径，返回到以前的高尔基体区室中（Graham and Krasnov，1995；Harris and Waters，1996）。介导这种逆行途径囊泡的特性尚不清楚，但对于 α1→3 甘露糖转移酶（Mnn1p）来说，逆行途径需要维持 MAP 激酶级联反应中的信号水平（Reynolds et al.，1998）。还有两种作用用于从 TGN 分选液泡蛋白：CPY 途径和 ALP 途径（综述见 Odorizzi et al.，1998b）。此外，一些蛋白质可能在介于 TGN 和早期核内体之间循环，这不同于 CPY 及其受体从 TGN 到 PVC 的途径（Holthuis et al.，1998；Black and Pelham，2000）。因此，从酵母 TGN 可能产生三种类型的囊泡将蛋白质递送到核内体/液泡系统，但目前仅对 ALP 途径进行了鉴定（表 14.1）。

表 14.1 酵母 TGN/核内体系统中的常见蛋白质

蛋白质	基因	大小*	主要定位	注释
α-因子	*MFA1*	165aa	分泌	交配信息素
A-ALP	*STE13-PHO8*	653 aa	TGN	DPAP A-ALP 融合；II 型膜蛋白
ALP	*PHO8*	566 aa	液泡	碱性磷酸化酶；II 型膜蛋白
CPS	*CPS1*	576 aa	液泡	羧肽酶 S；II 型膜蛋白
CPY	*PRC1*	532 aa	液泡	羧肽酶 Y；亲水蛋白
DPAP A	*STE13*	931aa	TGN	二肽氨基肽酶 A；II 型膜蛋白
转化酶	*SUC2*	532aa	分泌	水解蔗糖；亲水蛋白
Kex2p	*KEX2*	814 aa	TGN	天冬酰胺内肽酶；I 型膜蛋白
Pma1p	*PMA1*	918 aa	PM	质子 ATP 酶，含有 10 个跨膜结构域
PrA	*PEP4*	405 aa	液泡	蛋白酶 A；亲水蛋白
RS-ALP	*pho8::rs*	569 aa	TGN	在胞质结构域中带有 DPAP A FXFXD 信号的 ALP

续表

蛋白质	基因	大小*	主要定位	注释
Ste3p	*STE3*	470aa	PM	α-因子受体；含有 7 个跨膜结构域
Ste2p	*STE2*	431 aa	PM	α-因子受体；含有 7 个跨膜结构域
Vps10p	*VPS10*	1579aa	TGN/VPC	CPY 受体；I 型膜蛋白

* 前体蛋白的大小。

14.3.1 哺乳动物溶酶体酶分选进入网格蛋白包被的囊泡

历史上，有关细胞内蛋白质运输最重要的范例之一就是 6-磷酸甘露糖依赖于溶酶体酶分选进入哺乳动物溶酶体的过程（见历史注释 2）。溶酶体酶 *N*-多聚糖上的 6-磷酸甘露糖识别模体产在高尔基体早期区室，此过程中的一种酶可以识别多种可溶性溶酶体酶的四级结构。到达 TGN 后，溶酶体酶与 6-磷酸甘露糖受体结合，这个复合物被包装到具网格蛋白、由 TGN 出芽产生的囊泡中。网格蛋白由三条重链和三条轻链组成，结合成一种三条腿的结构，称为三脚蛋白体（triskelion），它与三聚体接头蛋白（AP）装配成一种包被结构（表 14.2）。小的 GTP 结合蛋白 ARF 和三聚体接头蛋白 AP-1 在体外对于网格蛋白重新回到 TGN 是必需的，AP-1 由两个大的（γ 和 β1）、一个中等的（μ1）和一个小的（σ1）亚基组成。M6P 受体经包装进入网格蛋白包被的芽中，此过程可能受一种分选模体的介导。该模体存在于胞质尾部的 M6P 受体，可能与 AP-1 相互作用（Traub and Kornfeld，1997）。

表 14.2 参与 TGN 到核内体或 TGN 到液泡转运的网格蛋白、接头蛋白及网格蛋白结合蛋白

蛋白质	基因	大小	注释
网格蛋白			在 TGN 中参与内吞作用的内在化步骤和晚期高尔基体蛋白的滞留。在蛋白质从 IGN 到内小体的运输过程中可能发挥作用。
重链	*CHC1*	1653 aa	
轻链	*CLC1*	233 aa	
AP-1			AP-1 亚单位基因缺失的菌株在生长和蛋白质运输中未表现出任何缺陷。然而这些突变加重 *chcl-ts* 菌株在生长和蛋白质运输中的缺陷。当过表达时，Apm2p 可取代 Apm1p 形成另一种 AP-1 复合体。在功能上与 Gga 蛋白有重叠。
β1-衔接蛋白	*APL2*	726 aa	
γ-衔接蛋白	*APL4*	832 aa	
μ1-衔接蛋白	*APM1*	475 aa	
	APM2	605 aa	
σ1-衔接蛋白	*APS1*	156 aa	
AP-2			AP-2 亚单位基因缺失的菌株在生长和蛋白质运输中未表现出缺陷。
β2-衔接蛋白	*APL1*	700 aa	
α-衔接蛋白	*APL3*	1025 aa	
μ2-衔接蛋白	*APM4*	491 aa	
σ2-衔接蛋白	*APS2*	147 aa	

续表

蛋白质	基因	大小	注释
AP-3			AP-3 复合体对于 ALP 和 Vam3p 从 TGN 运输到液泡是必需的。
β3 -衔接蛋白	*APL6*	809 aa	
δ -衔接蛋白	*APL5*	932 aa	
μ3 -衔接蛋白	*APM3*	483 aa	
σ3 -衔接蛋白	*APS3*	194aa	
Gga1p	*GGA1*	557 aa	将 ARF-GTP 与网格蛋白结合。VHS 结构域在 N 端，γ1 ear 同源物在 C 端。同时去除 GGA 基因可干扰 CPY 的运输。与 AP-1 有功能重叠。
Gga2p	*GGA2*	585 aa	
Vps1p	*VPS1*	704 aa	Dynamin 相关蛋白质，对于从 TGN 到内含体，以及从 TGN 到液泡的蛋白质运输是必需的。
Swa2/Aux1p	*SWA2/ AUX1*	668 aa	Auxilin 相关蛋白质。与网格蛋白结合，便于网格蛋白包被的解体。缺失时仿佛网格蛋白无效。
Drs2p	*DRS2*	1355 aa	TGN 的 P 型整合膜蛋白 ATP 酶。缺失时干扰网格蛋白在 TGN 的功能。

出芽后，网格蛋白包被需要被脱去以便囊泡与核内体进行融合。牛脑中网格蛋白包被的囊泡主要含有 AP-2，它脱离过程需要 DnaJ 蛋白的辅助蛋白和 Hsc70（网格蛋白解包被 ATP 酶）（综述见 Lemmon，2001）。脱离包被的囊泡与成熟核内体融合，核内体中的低 pH 环境促使溶酶体酶从 M6P 受体上解离。此后受体返回到 TGN，参与下一轮分选。

14.3.2 TGN 中网格蛋白在 CPY 分选过程中的潜在作用

在许多方面，酵母的 CPY 途径似乎与哺乳动物 M6P 受体途径类似。例如，在 TGN 中 Vps10p 与 CPY 结合，并将 CPY 递送到成熟核内体（PVC）中，CPY 在 PVC 中与受体解离，受体返回参与下一轮分选。可是，网格蛋白在这条途径中的作用已成为一个谜。破坏网格蛋白重链（*CHC1*）或轻链（*CLC1*）基因可引起 TGN 蛋白的错误定位，例如，Kex2p 定位到质膜，并干扰内吞作用。令人惊讶的是，这些网格蛋白的突变体似乎不影响 CPY 运输到液泡（Payne et al.，1988；Payne and Schekman，1989；Chu et al.，1996）。这些观察使人们对网格蛋白在 CPY 途径中所起的作用产生了怀疑，但网格蛋白重链上某些条件等位基因的特性对此怀疑提出了挑战。采用反向遗传学方法，Seeger 和 Payne 得到网格蛋白重链的温度敏感型（ts）等位基因（*chcl-521*），并且发现该等位基因的突变可使 CPY 在温度转到非适宜温度（37℃）后的第一个小时发生错误分选。这些细胞不知为什么可适应网格蛋白功能的缺失，并且在 37℃保温较长时间后对 CPY 进行正常的分选。*chcl-521* 突变体中内吞作用和 TGN 蛋白定位缺陷不能适应温度的转变，因此这种适应反应是 CPY 途径所特有的（Seeger and Pavne，1992）。

chcl-521 突变体的表现型暗示，在 *chcl* 菌株中存在一种细胞适应过程，它可屏蔽 CPY 的分选缺陷。而其他 *chcl* 条件突变体不表现出 CPY 分选缺陷或适应过程。Lemmon 及其同事们通过删除重链 C 端的 57 个氨基酸获得一个 *chcl* ts 等位基因（*chcl-57*）。带有这个等位基因的突变体在 TGN 蛋白定位和 37℃条件下发生内吞作用方面表现出缺陷，但在此温度下 CPY 的分选正常（Lemmon et al.，1991）。Chen 和 Graham 在对具有 *arf1* 突变的合成致死突变体进行遗传筛选时分离到一个 *chcl* ts 等位基因（*chcl-5/swa5-1*）。网格蛋白和 ARF 突变体之间的这种遗传相互作用与推测的 ARF 在网格蛋白返回 TGN 中的作用是一致的。*chcl-5* 等位基因带有一个移码突变，可导致重链中最后 43 个氨基酸与 28 个错义氨基酸发生替换。将这 28 个错义氨基酸删除可得到 *chcl-43* 突变体，也可产生一个 ts 等位基因（Chen and Graham，1998）。

为了比较这些网格蛋白对蛋白质运输的影响，制备了一组带有 4 种不同 *chcl-ts* 等位基因的菌株。每种 *chcl-ts* 突变菌株在 TGN 蛋白定位方面表现出一种可比较的缺陷，但在每一种菌株中对于 CPY 运输的影响都是独特的。*chcl-5* 突变在糖基化方面表现部分缺陷，因此不产生明显的 p2 CPY。CPY 在这种突变体中被正常分选，但转运到液泡中的速度慢了 3 倍，并且在 37℃保温较长时间后也不能适应。*chcl-43* 突变表现出糖基化缺陷，但 CPY 分选和运输的动力学正常。*chcl-521* 突变如以前报道表现出短暂的 CPY 分选错误，在糖基化方面没有缺陷，*chcl-57* 突变体的糖基化和分选与野生型没有区别（Chen and Graham，1998）。

仅就 CPY 运输而言，*chcl-ts* 多种多样的表现型对于如何解释网格蛋白在 CPY 运输途径中的作用提出了挑战。在一个极端的例子中，网格蛋白可能在 CPY 从 TGN 到核内体的分选和运输过程中起重要作用。在这个例子中，*chcl-521* 突变可能将适应过程推迟到足够长，以致可以观察到 CPY 分选缺陷，而 *chcl-43* 和 *chcl-57* 株可以立即适应网格蛋白功能缺失造成的缺陷。对于这种适应过程的本质还了解不清。这是否反映了 CPY 通过第二种依赖于网格蛋白的途径进入液泡？或可能有其他蛋白质在形成这些运输囊泡时代替了网格蛋白的功能？在另一个极端的例子中，网格蛋白可能不直接参与 CPY 的运输途径，但某些网格蛋白的突变形式可以干扰这个途径。这种干扰可以通过与运输囊泡不适当的结合直接发生，也可通过等位基因特异的方式间接干扰 TGN 的正常组织形式。在这种情况下，*chcl-521* 突变产生的适应可能代表了这种干扰的逐渐衰减。为了支持网格蛋白在 CPY 运输中的直接作用，最近有报道称通过免疫方法从酵母中分离到的网格蛋白包被的囊泡带有 Vps10 CPY 受体（Deloche et al.，2001）。这种囊泡制备物中也含有 AP-1，尽管还不知同样有网格包被的囊泡中是否含有 Vps10p、CPY 和 AP-1。

14.3.3 与网格蛋白结合的蛋白质

采用 *arf1* 合成致死筛选鉴定出另外两种突变体——*swa2/aux1* 和 *swa3/drs2*，它们似乎在 TGN 干扰网格蛋白的功能。*Swa2/Aux1* 是一种类似于辅助蛋白的蛋白质，在 C 端具有一个保守的 DnaJ 模体。网格蛋白包被的囊泡在 *swa2/Aux1* 突变体中发生中等程度的积累，这种突变体中的多数网格蛋白与胞质中少数游离的三脚蛋白（triskelia）装配在一起。另外，在 *swa2/Aux1* 菌株的 TGN 中也同样发生蛋白质的错误定位，在 *chcl* 菌株中存在内吞缺陷问题。类似于 *chcl-5/swa5-1*，在 *swa2/Aux1* 突变中 CPY 分选相对正常，但蛋白质运输到液泡的速度比正常情况慢，只有正常速度的 $\frac{1}{3}$～$\frac{1}{2}$

(Chen and Graham，1998；Gall et al.，2000)。Swa3/Drs2p 是一种整合在膜上并定位于 TGN 的 P 型 ATP 酶。*drs2* 突变体表现出与 *arf1* 和 *chc1-ts* 等位基因有关的特异性合成致死，并引起 TGN 缺陷，类似于网格蛋白突变体。带有 *drs2* 的菌株在生长过程中对冷敏感，在不适宜的温度条件下其网格包被的囊泡存在出芽缺陷。*swa2*/*aux1* 和 *chc1-5* 对 CPY 的运输受 *drs2* 影响。

与网格蛋白结合对 CPY 运输产生最大影响的蛋白质是发动蛋白家族中一种大的 GTP 酶——Vps1p；*vps1* 突变体将 TGN 蛋白错误定向到细胞表面，并且错误地对 CPY 和 ALP 进行分选（Wilsbach and Payne，1993；Nothwehr et al.，1995）。因此，Vps1p 似乎对于所有从 TGN 到核内体的蛋白质运输途径都是必需的。动力蛋白可在质膜上内吞囊泡产生的芽，因此，需要深入研究 Vps1p 是否以同样的方式从 TGN 上修剪运输囊泡。

酵母中 AP 突变比网格蛋白突变造成的影响还要令人感到惊讶。AP-1 突变体是一个例外，与网格蛋白突变体相比它存在 TGN 特异性缺陷，AP-2 突变体在内吞作用内在化步骤中存在特异性缺陷。Payne 和 Lemmon 实验室已得到带有多个 AP-1 和 AP-2 亚基缺失而完全正常的菌株（Huang et al.，1999；Yeung et al.，1999）。菌株即使缺失全部 AP-1、AP-2、AP-3 亚基基因和 2 个 AP180 基因（编码一种网格蛋白装配蛋白，这种蛋白质不是四聚体复合物的组成部分），也不表现出与网格蛋白突变体有任何相同的表现型。实际上，正常网格蛋白包被的囊泡是从 AP 缺陷菌株中纯化得到的（Huang et al.，1999）。AP-1 的功能是通过删除 *chc1-ts* 菌株中的 AP-1 亚基基因被揭示的。提高温度时，在生长和 TGN 功能方面双突变（*aps1 chc1-ts*）比 *chc1-ts* 单突变表现出更严重的缺陷（Rad et al.，1995；Stepp et al.，1995）。然而同时删除 *APS1* 和 *APS2*（AP-2 小亚基基因）不能减轻 *chc1-521* 表现出的 CPY 分选缺陷。令人惊讶的是，删除 *chc1* 突变体中的 *APS1* 产生一个双突变，它的生长比 *chc1* 慢（Rad et al.，1995）。这表明 AP-1 在网格蛋白存在的情况下参与部分分选过程，对于 AP-3 来说这是明确的。

14.3.4 ALP/AP-3 分选途径

AP-3 在液泡蛋白运输过程中的作用之一是通过对 ALP 运输到液泡的分析被发现的。同 CPY 一样，ALP 也是以高分子质量前体的形式被合成的，但是利用一个不被切除的信号锚转运进入内质网。因此，ALP 以 II 型整合膜蛋白的形式被转运进入液泡，其 C 端在液泡中以一种依赖于 PEP4 的方式被切除（Klionsky et al.，1990）。ALP 液泡分选信号位于其 N 端短的胞质尾巴中，此前曾注意到，在 *vps* 突变体中 ALP 可被分选到液泡中，多数 CPY 在这些突变体中被错误定向。这包括内含体中的 t-SNARE Pepl2p（Vps6p）和其他几种参与内含体蛋白运输的 Vps 蛋白（Conibear and Stevens，1998；Odorizzi et al.，1998b）。因此，ALP 的运输途径与 CPY 不同，似乎是绕过内含体，从高尔基复合体直接运输到液泡。通过使用一种专门涉及 ALP 运输的遗传筛选方法，鉴定出酵母 AP-3（β 和 δ）的两个大亚基。实际上，与这些突变体中表现正常液泡不同，删除 4 个 AP-3 亚基基因中的任何一个都会导致胞质囊泡和微管中发生 ALP 的积累。这些突变体中液泡 t-SNARE Vam3p 蛋白运输受阻，但 CPY 运输不受影响。与此不同，在带有 AP-1 或 AP-2 亚基基因缺失的菌株中，ALP 去往液泡的运输正常

(Conibear and Stevens, 1998; Odorizzi et al., 1998b)。此外，在 *chc1* 菌株、*chcl-521* 和 *chcl-5* 突变体中，CPY 运输受到影响，但 ALP 的运输正常（Seeger and Payne, 1992; Chen and Graham, 1998）。这些结果表明，AP-3 可以在网格蛋白缺失的情况下正常发挥功能，网格蛋白在这条运输途径中的作用可能被另外一种包被样蛋白，如 Vps41p 替代（Rehling et al., 1999）。但需要指出的是，这些数据没有证明，在囊泡形成过程中网格蛋白不与 AP-3 发生相互作用。

在真核细胞中 AP-3 蛋白运输途径似乎具有很好的保守性，小鼠的毛色和果蝇眼睛的颜色分别定位在 AP-3 亚基基因上。酵母的 ALP 和 CPY 途径汇集到相同的液泡上，在多细胞动物中 AP-3 包被似乎也被一同选择用以产生黑色素和血小板密度颗粒，它们是溶酶体所特有的。一种参与突触囊泡生物合成的神经元特异性 AP-3 复合体也被发现（综述见 Odofizzi et al., 1998b）。在哺乳动物中 AP-3 的功能是否依赖于网格蛋白仍不清楚，在体外 AP-3 可与网格蛋白结合，在某些类型细胞的核内体膜上 AP-3 可与网格蛋白很好地进行共定位（Dell' Angelica et al., 1998）。可是还不清楚在体内网格蛋白与 AP-3 之间的相互作用是否具有重要的功能。实际上，在其他类型的细胞中，很少发生网格蛋白和 AP-3 的共定位（Simpson et al., 1996, 1997）。

14.3.5 GGA 蛋白可能介导 TGN 到 PVC 蛋白转运途径

最近，一个新的被称为 GGA（Golgi localized, gamma ear-containing, ARF-binding蛋白）的包被蛋白家族已被证明参与起始于 TGN 的蛋白质运输（Boman et al, 2000; Dell' Angelica et al., 2000; Hirst et al., 2000）。正如其名称所示，这些蛋白质具有一个与 AP-1 γ1 亚基耳附加物（ear appendage）同源的区域，这个区域直接与 ARF 结合并定位到哺乳动物的 TGN。GGA 不是四聚体接头复合物的组成部分，而是与其他包被蛋白相似，当使用布雷菲（尔）德菌素 A 处理细胞时，GGA 会从高尔基体上解离出来，布雷菲（尔）德菌素 A 是一种 ARF 鸟嘌呤核苷酸交换因子的抑制剂（Peyroche et al., 1999）。

酵母 GGA 由 *GGA1* 和 *GGA2* 基因编码，这两个基因都可被删除而不影响酵母的存活或生长率。然而这些菌株分泌 p2 CPY，并表现出在将余下的 p2 CPY 运往液泡的过程中运输速率减慢（Boman et al., 2000; Dell' Angelica et al., 2000; Hirst et al., 2000）。最近报道，酵母 GGA 蛋白与网格蛋白结合，并与网格蛋白包被的囊泡共分级分离。此外，同时缺失两种 *GGA* 基因和 AP-1 亚基基因的细胞表现出一种严重的生长缺陷，说明在 GGA 和 AP-1 之间存在一种功能冗余。与这种解释一致，删除 *GGA2* 和 *AP12*（β1 亚基）可导致羧肽酶 S（CPS）运输到 PVC 过程发生缺陷，而这种现象在单个突变体中没有发现（Costaguta et al., 2001）。

Black 和 Pelham 发现，GGA 对于 t-SNARE Pep12p 从 TGN 分选到 PVC 是必需的。Pep12 通常是 PVC 的标记，在 *gga1 gga2* 突变体中错误地定位到早期核内体中，并与 Tlg1p（核内体 t-SNARE）共分级分离。这条 Pep12p 途径似乎也需要网格蛋白，这再次说明网格蛋白/GGA 包被的囊泡可能介导从 TGN 到 PVC 的运输途径（Black and Pelham, 2000）。需要进一步研究以确定 GGA 蛋白的功能，它们可能参与网格蛋白包被的囊泡从 TGN 到 PVC 的出芽过程，囊泡中含有 CPY、CPS 和 Pep12p。已有证据表明，网格蛋白和 AP-1 介导网格蛋白-依赖的 Kex2p（和其他 TGN 蛋白）循环到早期核内体（Black and Pelham，2000）。AP-1 和 GGA 蛋白之间的冗余可能反映出细胞需要保持这两条从 TGN 到核内体途径中的一条。通常 CPY 可能采用 GGA 途径，但在没有 GGA 蛋白存在时可以转向 AP-1 途径。

14.3.6 含有 CPY 的运输囊泡定向转运到 PVC

运输囊泡与分泌和内吞途径中靶细胞器的融合需要多种蛋白质，这些蛋白质来自不同家族成员，在不同运输步骤中发挥作用。这些蛋白质包括 t-SNARE/v-SNARE 对、Rab 蛋白、与 Sec1 有关的蛋白质和 NSF/SNAP 复合物。几种 D 类 *VPS* 基因编码的蛋白质参与 TGN 衍生囊泡的定向及与 PVC 的融合（表 14.3），与此一致，几种 D 类 *vps* 突变体中积累了 40～60 nm 的运输囊泡，Vps21p 和 Vps9p 分别是 Rab 蛋白和同源的 GTP/GDP 蛋白的转换因子（Hama et al.，1999），而 Vps45p 是在此步骤中起作用的 Sec1 相关蛋白质（综述见 Conibear and Stevens，1998）。

表 14.3 参与 TGN 到 PVC 转运的 *VPS* 基因

基因	突变类别	产物大小	注释
VPS3	D	1011 aa	亲水的，多数在细胞质中
VPS6/PEP12	D	288 aa	t-SNARE 标记 PVC
VPS8	A	1176 aa	亲水的，与膜结合时需要 Vps21、RING 指结构域
VPS*9*	D	451 aa	Vps21p、RABEX5 同源物的 GDP/GTP 交换因子
VPS15	D	1454 aa	蛋白激酶，结合并激活 Vps34p
VPS19/ VAC1/PEP7	D	515 aa	FYVE 结构域与 PtdIns（3）P 结合，基因产物与 Vps21p 和 Vps45p、EEA1 同源物结合
VPS21	D	210 aa	Rab GTP 酶，与 VpsSp 和 Vps9p 结合
VPS34	D	875 aa	PtdIns 3-激酶，与 Vps15p 结合
VPS45	D	577 aa	类 Sec1 蛋白，与 Pep12-Vtil SNARE 复合体结合
VTI1	N/A	217 aa	突触囊泡蛋白成员（v-SNARE）

D 类突变中 *VPS34* 基因编码磷脂酰肌醇-3-激酶，这表明磷脂酰肌醇-(3)-磷酸[PtdIns（3）P]参与这个途径。Vps34p 与蛋白激酶 Vps15p 结合，Vps15p 对于 Vps34p 的活性是必需的，它的外围与 TGN 膜结合。PtdIns（3）P 在囊泡与 PVC 融合过程中起重要作用，PVC 的膜与效应器蛋白相互作用，效应器蛋白含有一个被称为 FYVE 域的结构模体（该名取自含有此结构域的四种蛋白质的第一个字母），可与 PtdIns（3）P直接结合。效应器蛋白包括一种被称为 Vac1p/Vps19p 的哺乳动物早期核内体自身抗原 1（early endosome autoantigen 1，EEA1）的酵母同源物，它可与 Vps21p 和 Vps45p 相互作用。因此，Vac1p/Vps19p 似乎将 Vps34p [PtdIns（3）P 的产物] 的功能结合到囊泡停靠和与 PVC 融合所需的结构中（综述见 Odorizzi et al.，2000）。

14.3.7 小结：蛋白质的 TGN 输出途径

- 酵母 TGN 可能产生 5 种不同的运输囊泡将蛋白质运送到不同的目的地（图 14.1）。
- 哺乳动物溶酶体酶与 6-磷酸甘露糖受体结合，被包装到网格蛋白包被的囊泡中，再运送到核内体中。CPY 在 TGN 被包装到网格蛋白包被的囊泡里，与其受体 Vps10p 结合。可是，不知为什么酵母可适应网格蛋白的缺失，并且可正常地对 CPY 进行分选。
- 与发动蛋白有关的蛋白质 Vps1p 可能对于所有由 TGN 到核内体/液泡的蛋白质运输都是必需的。
- 四聚体接头蛋白（AP-1、AP-2 和 AP-3）对于 CPY 运输似乎并不重要（下面的内容除外）。
- 可是 AP-3 复合体对于 ALP 从 TGN 直接运输到液泡是必需的。GGA 蛋白不是四聚体接头复合物的组成部分，但与同源物 AP-1 的 γ1 亚基有一段相同的区域，并且在功能上与 AP-1 是冗余的。此外，GGA 与 ARF 和网格蛋白结合。
- 删除 GGA 基因可引起部分 CPY 发生错误分选，这表明存在一条依赖于 GGA 的将 CPY 运送到 PVC 的途径。在 GGA 不存在时，一些 CPY 可能转向通过一条 AP-1 途径进行运输。
- D 类 Vps 蛋白和 PtdIns（3）P 对于蛋白质向 TGN 衍生的囊泡的定向以及 TGN 衍生的囊泡与 PVC 的融合是必需的。D 类蛋白包括囊泡融合机器中的组分，如 SNARE 和 Rab 蛋白（表 14.3）。

14.4 核内体到 TGN 的转运

酵母的前液泡/晚期核内体区室（PVC）是内吞途径和介导新合成蛋白质运送到液泡的生物合成途径的汇合点。例如，在 E 类 *vps* 突变细胞中，来自内吞途径和生物合成途径的蛋白质都在 PVC 中发生积累，这说明 PVC 到液泡的顺行运输和 PVC 到 TGN 的逆行运输都受到阻碍（Raymond et al.，1992）。运送到 PVC 的膜蛋白可被运送到液泡，也可被运回 TGN。最近的研究为揭示核内体到 TGN 返回途径的细节带来了光明。

最开始发现，CPY 通过一种被称为 Vps10p 的 TNG 整合膜蛋白被分选到液泡途径，这表明 Vps10p 类似于 6 磷酸甘露糖受体，可能在 TGN 和核内体之间循环运转。后来的发现支持了这种观点，CPY 的合成速度比 Vps10p 高 20 倍，但 CPY 与 Vps10p 的结合比为 1∶1（Cooper and Stevens，1996）。这种不平衡表明，每个 Vps10p 分子必须负责多轮分选。在野生型细胞中，Vps10p 主要定位在 TGN，但在 E 类 *vps* 突变细胞中 Vps10p 积累在 PVC 中。最后，Vps10p 胞质结构域中芳香族氨基酸序列（如 YSSL1495）发生突变，导致 Vps10p 错误定向到液泡（Cooper and Stevens，1996）。总体来看，这些结果强烈表明，Vps10p 通过在 TGN 和 PVC 之间循环完成作为 CPY 分选受体的功能。

14.4.1 TGN 和核内体间循环蛋白的返回信号

对酵母 TGN 驻留膜蛋白（Kex2p、Kex1p、DPAP A 和 A-ALP）的鉴定和研究为 TGN 和 PVC 之间的这种双向途径提供了关键证据。当外激素 α-因子通过 TGN 时，对它的酶解加工需要 DPAP A、Kex2p 和 Kex1p 的参与。A-ALP 是一种模式 TGN 膜蛋白，它由 DPAP A 的胞质结构域和液泡膜蛋白 ALP 组成，DPAP A 的胞质结构域融合在 ALP 的跨膜和腔内结构域中（Nothwehr et al.，1993）。DPAP A 的胞质结构域对于 TGN 定位是必需的；因此 A-ALP 被非常有效地定向到 TGN。可是在某些条件下，当 A-ALP 无法定位到 TGN 而被运送到液泡时，ALP 腔内结构域的 C 端前体肽就被液泡中的蛋白质切除。这个加工过程可通过 A-ALP 在 SDS 胶上的迁移率和 ALP 活性变化得到证实，因为未被加工的 A-ALP 无活性，通过切除前肽 A-ALP 被激活。

类似于 Vps10p，每种 TGN 驻留蛋白都有一个大的腔内结构域、一个跨膜结构域和一个由 90～160 个氨基酸组成的胞质结构域。DPAP A 和 Kex2p 都含有由芳香族氨基组成的 TGN 定位信号，分别为 $FXFXD_{89}$ 和 FXY_{713}，其中 X 表示非关键氨基酸（Wilcox et al.，1992；Nothwehr et al.，1993）。TGN 定位信号突变可导致 A-ALP 和 Kex2p 错误定位到液泡。为了说明 FXFXD 信号是否为 TGN 定位的充分条件，将一段含有 FXFXD 的由 10 个氨基酸组成的序列插入到 ALP 的胞质结构域中，替代 ALP 的液泡定向信号。构建的蛋白质被称为 RS-ALP，定位于 TGN，有效性低于 A-ALP。因此 FXFXD 信号对于 TGN 定位是足够的。如同 Vps10p，A-ALP 在 E 类 *vps* 突变的 PVC 中发生积累，这表明作为正常运输途径的一部分，A-ALP（很可能还有 Kex2p）在运输过程中也经过 PVC（Raymond et al.，1992；Nothwehr et al.，1999）。

几方面的证据表明，A-ALP、Kex2p 和 Vps10p 中主要由芳香族氨基酸组成的分选结构域参与这些蛋白质由 PVC 返回 TGN 的过程。例如，缺少返回信号的 DPAP A 和 Kex2p 突变体被运往液泡，这个过程不依赖于晚期分泌途径功能（Wilcox et al.，1992；Nothwehr et al.，1993）。此外，对定位在 TGN 的 RS-ALP 进行分析发现，它们当中的多数蛋白质缺少前肽（Bryant and Stevens，1997）。这一结果表明，RS-ALP 在到达具有液泡酶解活性的后 TGN（如 PVC 或液泡）后又返回 TGN。含有突变的 FXFXD 信号的 RS-ALP 被定位到液泡，这与返回 TGN 时需要芳香族氨基酸信号的观点一致。此外，缺少返回信号［Kex2-Y_{713}A and A（F_{85}A，F_{87}A）-ALP］的 A-ALP 和 Kex2p 突变形式以一种与野生型蛋白相似的速率被运输到 PVC。最后，在 E 类突变体 *vps27* 中，当诱导合成野生型 Vps27p 时，A-ALP 从 PVC 重新回到 TGN，而在相同条件下，A（F_{85}A，F_{87}A）-ALP 从 PVC 重新回到液泡（Bryant and Stevens，1997）。这些结果支持这样一种模型：TGN 膜蛋白以某种频率被直接或通过早期核内体运输到 PVC。一旦进入 PVC，这些蛋白质中的芳香氨基酸信号就会被一种分选装置识别，并被包装到囊泡中，运回 TGN。

14.4.2 循环蛋白突变体的循环缺陷

早期的研究发现酵母 TGN 蛋白中的循环信号类似于动物细胞中含有 YXXΦ 的由芳香族氨基酸构成的分选信号（Y 代表酪氨酸，X 代表任意氨基酸，Φ 代表具有大的疏水侧链的残基)。已发现 YXXΦ 信号与接头复合物中的 μ 亚基相互作用，接头复合物存在于网格蛋白囊泡包被中（Heilker et al.，1999)。除了这种相似性，还观察到酵母网格蛋白重链突变体的 Kex2p 和 DPAP A 蛋白被错误定向到细胞表面，这些结果表明，网格蛋白可能参与循环过程。然而最新的研究结果似乎否认了上述观点。网格蛋白重链似乎是在 TGN 使 Kex2p 和 DPAP A 失去定位能力的，因为这种影响依赖于循环信号（Redding et al.，1996)。另外，接头基因突变似乎不造成 Kex2p 定位缺陷，尽管在某些情况下已观察到网格蛋白重链突变对蛋白质合成产生影响。最后，一种不同的蛋白复合物——retromer，被发现参与循环过程（见下）。

采用遗传筛选方法已鉴定出几种在 PVC 到高尔基体循环过程中发挥功能的 TGN 蛋白（表 14.4)。E 类 Vps 蛋白是循环所必需的，这种需求可能不是直接的，因为这些蛋白质也是核内体到液泡运输及核内体膜动态变化所需的（见下)。在研究参与 PVC 到 TGN 循环的特异基因时得到一条早期线索，发现 VPY 受体功能缺失可对 CPY 分选途径产生特异影响。尽管 *vps10* 突变对 CPY 分选产生巨大影响，但其他液泡水解酶被运送到液泡的效率几乎是正常的（Marcusson et al.，1994)。而且与多数其他 *vps* 突变相比，在 *vps10* 突变中没有观察到形态异常的液泡。有趣的是，*vps29*、*vps30* 和 *vps35* 突变体具有非常相似的表现型，这说明它们在 Vps10p 的运输/定位中可能具有特殊作用（Seaman et al.，1997)。亚细胞器分离结果证明，在这三种突变体中 Vps10p 确实错误定位到液泡中。在这些菌株中 Vps10p 以依赖于 PVC t-SNARE Pep12p 的方式到达液泡，而不依赖于晚期分泌途径功能。在 *vps35* 突变菌中，Kex2p 和 A-ALP 也错误定位到液泡。当诱导 *vps27* 菌株合成 Vps27p 时，Vps35p 对于 A-ALP 从 PVC 到 TGN 的重新分配是必需的（Nothwehr et al.，1999)。

表 14.4　参与 PVC 到 TGN 运输的基因

基因	突变类别	产物大小	注释
GRD19	A	162 aa	亲水性的，定位在核内体，含有 PX 结构域
RIC1	B	1056 aa	亲水性的
VPS5	B	675 aa	定位在核内体的 retromer 复合体的亚基，含有 PX 结构域
VPS17	B	551 aa	定位在核内体的 retromer 复合体的亚基，含有 PX 结构域
VPS26	F	379 aa	定位在核内体的 retromer 复合体的亚基
VPS29	A	282 aa	定位在核内体的 retromer 复合体的亚基
VPS30	A	557 aa	亲水性的，与 Vps34p/Vps15p 复合体结合
VPS35	A	944 aa	定位在核内体的 retromer 复合体的亚基
VPS52	B	641 aa	亲水性的，定位在 TGN，与 Vps53p 和 Vps54p 结合
VPS53	B	822 aa	亲水性的，定位在 TGN，与 Vps52p 和 Vps54p 结合
VPS54	B	889 aa	亲水性的，定位在 TGN，与 Vps52p 和 Vps53p 结合
VTI1	N/A	217 aa	突触囊泡蛋白成员（v-SNARE）
YPT6	B	215 aa	小 GTP 酶，Rab6 样

14.4.3 retromer 复合物

生物化学和细胞生物学分析强烈提示，Vps35p 和 Vps29p 是一种位于 PVC 的蛋白复合体组成成分。该复合物参与高尔基体膜蛋白的重获（Seaman et al.，1998）。Vps35p、Vps29p 和 Vps26p 通过物理相互作用整合到与膜结合的复合物中。该亚复合物与由 Vps5p 和 Vps17p 组成的亚复合物之间结合较松散。完整的复合物被称为 retromer，似乎与囊泡和核内体膜结合。每个亚复合物的作用都不相同。例如，在体外已观察到 Vps5p 自身装配成大的同源寡聚物，并因此成为囊泡包被的结构组分。尽管 *vps5* 和 *vps17* 在 TGN 膜蛋白定位方面有缺陷，但它们比 *vps35* 和 *vps29* 突变体表现出广泛的突变表型，如液泡形成的缺陷（Horazdovsky et al.，1997；Nothwehr and Hindes，1997）。综合这些观察 Emr 及其同事们提出，Vps5p/Vps17p 亚复合物在囊泡形成过程中起到一种结构作用，而 Vps35p/Vps29p/Vps26p 亚复合物将蛋白质分选进入到形成过程中的囊泡内。因此在缺少 Vps5p 或 Vps17p 时，将不形成退行液泡，这比因缺少 Vps29p 或 Vps35p 时引起的表型变化更广，Vps29p 或 Vps35p 可能只影响蛋白质的分选。

哪个 retromer 亚基负责识别 TGN 膜蛋白上由芳香族氨基酸组成的循环信号？这个问题的线索来自于对 *VPS35* 基因详细的突变分析（Nothwehr et al.，1999）。*VPS35* 无效等位基因可造成 A-ALP 和 Vps10p 严重的循环缺陷。在遗传筛选中得到的一个被称为 *vps35-101* 的突变等位基因可引起 A-ALP 从 PVC 返回时发生缺陷，但 Vps10p 的返回是正常的。其他的等位基因也表现出这种特异性，即对于 A-ALP 表现为缺陷，但对于 Vps10p 表现为正常。两类突变将由 944 个氨基酸组成的 Vps35p 序列分隔成不同的区域。这些数据表明，Vps35p 可能与 A-ALP 和 Vps10p 上的分选信号结合，但采用稍有不同的结构特征。接下来的生物化学分析证明，Vps35p 确实以一种依赖于循环信号的方式与 A-ALP 的胞质结构域结合（Nothwehr et al.，2000）。而且在筛选 A-ALP 和 Vps10p 胞质结构域中的抑制突变时找到几种靠近循环信号的突变，它们可抑制 Vps35p 中的蛋白质特异性突变。这些数据强烈暗示，Vps35p 直接与这两种蛋白质中的循环信号结构域发生相互作用，并汇集这些蛋白质在 PVC 膜形成囊泡。另一种在循环中与 Vps35p 合作的蛋白质可能是 Grd19p（Woos and Stevens，1998）。Grd19p 突变可造成 A-ALP 和 Kex2p 的循环缺陷，但对于 Vps10p 的循环影响很弱。Grd19p 与大肠杆菌表达的 DPAP A 的胞质结构域结合，因此 Grd19p 可能也是 retromer 复合物中的一个成员。在与 Vps35p 结合的过程中，Grd19p 可能是一种辅助蛋白，它对一部分被转运的蛋白质进行分选。有趣的是，Grd19p 和 Vps5p 都含有 NADPH 氧化酶 p40（PX）结构域，该结构域已在一类参与蛋白质分选的蛋白家族——分选连接蛋白中被发现。在动物细胞中，分选连接蛋白家族成员与胰岛素受体、血小板衍生的生长因子和表皮生长因子相互作用。最近，一种哺乳动物分选连接蛋白，SNX15，被证实参与内吞运输（Barr et al.，2000；Phillips et al.，2001）。Retromer 蛋白亚基的序列同与膜结合的外周蛋白的序列一致，但对于它们的功能给出很少线索。然而，retromer 亚基在真核生物中高度保守。而且酵母 Vps26p、Vps29p 和 Vps35p 在人类中的直系同源物装配成多聚体复合物（Haft et al.，2000）。因此，一种由 retromer 介导的循环机制可能从酵母到人类都是保守的；可是，在高等真核生物中尚未发现此种蛋白质。

14.4.4 PVC 衍生囊泡的定向及其与 TGN 的融合

PVC 衍生囊泡向高尔基体的定向及与高尔基体的融合机制还未得到很好地理解。同其他已被深入研究的囊泡运输过程一样，据猜测 PVC 衍生囊泡也带有 v-SNARE，在囊泡融合过程中它与高尔基体 t-SNARE 结合。融合过程中一个典型的 v-SNARE 代表是 Vti1p（Fischer yon Mollard et al.，1997）。在 TGN 到 PVC 运输途径中已鉴定温度敏感的 *VTI1* 等位基因存在缺陷。在 Vti1p 和 PVC t-SNARE Pep12p 之间同时发现有遗传和物理相互作用；因此似乎清楚地表明 Vti1p 在 TGN 到 PVC 运输过程中起到 v-SNARE 的作用。在研究蛋白质向高尔基体顺面囊膜过程中还发现另一个 *VTI1* 温度敏感的等位基因也存在缺陷。相应地，它所编码的蛋白质与 *cis*-Golgi t-SNARE Sed5p 和 t-SNARE Tlg1p and Tlg2p 也发生物理相互作用。Tlg1p 和 Tlg2p 似乎定位到 TGN 和早期核内体上。因此，Vti1p 可随囊泡载体从 PVC 循环返回到 TGN，囊泡载体的形成受 retromer 介导。这些囊泡或者通过 Vti1p/Sed5p 相互作用与高尔基体顺面囊膜融合，或者通过 Vti1p/Tlg2p（或 Tlg1p）相互作用与 TGN 直接融合。SNARE 介导的囊泡融合可能也需要与 rab6、Ric1p 有关的 GTP 酶——Ypt6p。

PVC-囊泡定向和与高尔基体融合装置的其他组分是一种由 Vps52p、Vps53p 和 Vps54p 组成的蛋白复合体（Conibear and Stevens，2000）。缺少这种复合体的酵母细胞其 TGN 膜蛋白无法有效地返回 TGN，在囊泡样结构和一些液泡中都发现有这些蛋白质。这表明，由 PVC 形成的囊泡在细胞中缺少 Vps52p/Vps53p/Vps54p 复合体功能，不能与高尔基体融合。如果循环所需的装置无法返回到 PVC，这种融合障碍可能间接影响从 PVC 的返回。Vps52p/Vps53p/Vps54p 复合体似乎不定位到 PVC，而是部分定位到 TGN。这些结果表明，PVC 衍生囊泡的目的地可能实际上是 TGN 而不是高尔基体顺面囊膜，还需要进一步的研究以全面解决此问题。

14.4.5 小结：核内体到 TGN 的转运

- Vps10p 和 TGN 蛋白，如 Kex2 和 DPAP A，在 TGN 和核内体之间循环。
- E 类中的 *vps* 突变体阻碍 PVC 到液泡和 PVC 到 TGN 的运输，引起 Vps10p 和 TGN 蛋白在 PVC 中发生积累。
- 在循环过程中通过核内体的 TGN 蛋白在它们的胞质尾巴中带有一段由芳香族氨基酸组成的循环信号（如 FXFXD)。
- 几种 *vps* 突变体在循环途径中表现出特异性缺陷（表 14.4）。
- 一些 *VPS* 基因编码 retromer 亚基，retromer 可能是一种囊泡包被，由 Vps26p/29p/35p 和 Vps5p/17p 亚复合物组成。
- Vps35p 亚基识别循环蛋白中的循环信号。Vps35p 中的两个不同区域与 DPAPA 和 Vps10p 的循环信号结合。
- Grd19p 可能也参与 DPAP A 循环信号的识别。
- PVC 衍生囊泡似乎携带 Vti1p v-SNARE，被定向到高尔基体顺面囊膜或 TGN。
- Vps52p/53p/54p 复合体在囊泡与 TGN 融合过程中发挥功能。

14.5 蛋白质分选进入晚期核内体腔：多囊泡体途径

酵母的液泡和哺乳动物的溶酶体是降解多种大分子的场所，这些大分子包括脂类和来自质膜的膜蛋白受体。此外，已证明从质膜到溶酶体的受体内吞作用是对这些大分子进行下游调节的一种方式。另一方面，某些蛋白质和脂类在从生物合成途径运输到液泡的过程中没被降解。这表明存在一种机制使来自于质膜的脂类和蛋白质在液泡中被选择性地降解，某些来自生物合成途径中的膜组分还被降解。细胞可能对存在于核内体中的脂类和蛋白质通过分选进入到囊泡来解决这个问题，腔内囊泡通过反向出芽和分裂产生。成熟核内体，称为多囊泡体（MVB），可直接与液泡融合。通过这种方式，与囊泡结合的被降解物质更容易接触到液泡腔中的水解酶。

MVB 途径最初是通过分析哺乳动物细胞受体的内吞运输被发现的（Gruenberg and Maxfield，1995；Futter et al.，1996）。例如，通过质膜内在化，表皮生长因子（EGF）受体被内吞到由网格蛋白包被的凹陷中，并被运输到早期核内体。之后核内体经过一个成熟过程，包括将某些蛋白质运回质膜，将另外一些蛋白质分选到囊泡中，囊泡出芽进入腔内空间中。MVB 最终直接与溶酶体融合。

最近的研究给酵母 MVB 形成过程的调节以及蛋白质选择性的基础等问题提供了答案。到达酵母液泡的膜蛋白可被分为两大类：定位在液泡外膜的蛋白质和定位在液泡腔中的蛋白质。此外，对酵母核内体的形态学研究发现，核内体的出现与 MVB 相似（Prescianotto-Baschong and Riezman，1998）。

II 型整合膜蛋白羧肽酶 S（CPS）已作为研究运输的模式蛋白，以此研究到达液泡腔的膜蛋白运输途径。当把绿色荧光蛋白（GFP）融合到 CPS 的胞质 N 端，并在大肠杆菌中表达时，实际上所有荧光都只在液泡腔中被发现。对来自于无液泡水解酶活性的液泡进行分析发现，GFP-CPS 在液泡腔中与 40～50 nm 的囊泡结合。这些结果表明，CPS 的胞质和其他结构域存在于液泡腔，并且在酵母中存在一种类似于 MVB 的途径。一种含融合有 GFP 的交配信息素受体 Ste2p 也从质膜被运输到液泡腔中。已知 CPS 和 Ste2p 都通过 PVC 到达液泡。

有趣的是，ALP——一种在从 TGN 运输到液泡过程中绕过 PVC 的蛋白质（见上），定位在液泡外膜。此外，一种含有 ALP 液泡定向信号的 GFP-CPS 融合蛋白被运送到液泡外膜。因此，PVC 通路是定向到液泡腔的必经之路。这些结果说明，在与液泡融合之前，PVC 成熟并进入 MVB，CPS 存在于 MVB 的腔内囊泡。然而，不是所有通过 PVC 到达液泡的蛋白质都存在于腔中，这表明像 CPS 和 Ste2p 这样的蛋白质可能被主动分选到腔内囊泡。磷酸肌醇磷脂和 E 类 *vps* 突变体的研究已证实关于这个分选途径调节的更多线索。

14.5.1 磷酸肌醇磷脂可能调节 MVB 的形成

Wurmser 和 Emr 注意到，当 Vps34p（PtdIns-3 激酶）失活时磷脂酰肌醇-(3)-磷酸［PtdIns（3）P］的细胞水平下降很快。令人惊讶的是，腔内的液泡水解酶活性对于 PtdIns（3）P的转换是必需的，阻碍 PVC 到液泡运输的突变也保持 PtdIns(3)P 的稳定。

此外，PtdIns（3）P稳定的突变体在液泡或PVC中积累小的囊泡。因此，PtdIns（3）P可能被分选进入囊泡，这些囊泡出芽进入PVC腔产生MVB，这些囊泡在液泡腔中被降解。PtdIns（3）P中可能通过与Vps27p和Fab1p效应器蛋白相互作用在MVB途径中直接发挥作用。Vps27p有一个FYVE结构域，它是从PVC形成退行囊泡以及PVC到液泡运输所需的E类外周膜蛋白。有趣的是，Fab1p是一种含有FYVE结构域的蛋白质，在5个位置对PtdIns（3）P进行磷酸化，Fab1p可能与PVC结合（OdorizTi et al.，1998a）。FYVE和酶结构域看起来结构不同，因为在多肽一级结构中它们位于相对的两端。Fab1p是细胞中唯一一种可以由PtdIns（3）P合成PtdIns（3，5）P_2的酶。删除*FAB1*基因的酵母菌株未表现出蛋白质分选缺陷，但却显现出非常大的液泡。这些结果表明该菌株在液泡膜动态平衡方面存在缺陷，并且*FAB1*基因可能在MVB途径中起作用。

Fab1p和其他参与PVC的基因在MVB形成过程中发挥作用（Odorizzi et al.，1998a）（表14.5）。这13种E类*vps*基因中的任何一种发生突变，包括*VPS27*，都会导致被转运蛋白在被称为E类区室的缺乏核内体样结构中发生积累（Raymond et al.，1992）。已知几种E类*vps*蛋白与PVC直接结合，包括Vps27p、Vps4p、Vps24p和Vps32p。E类*vps*基因突变可导致部分GFP-CPS在E类区室中发生积累。有趣的是，被运输到液泡中的GFP-CPS在外膜，而不是在腔内被发现形成一个明显的池。这些结果表明，PVC腔囊泡的E类区室中存在部分缺陷。

表14.5 参与核内体膜动态变化的基因

基因	突变类别	产物大小	注释
FAB1	N/A	2278 aa	PtdIns（3）P 5-激酶，定位在核内体，含有FYVE结构域
VPS2	E		未被克隆
VPS4	E	437 aa	亲水性的，定位在核内体，含有AAA ATP酶结构域
VPS15	D	1454 aa	Ser/Thr蛋白激酶，与Vps34p结合
VPS20	E	221 aa	亲水性的，预测含有coiled-coil结构域
VPS22	E		未被克隆
VPS23	E	296 aa	亲水性的，定位在核内体，肿瘤易感基因同源物
VPS24	E	224 aa	亲水性的，定位在核内体，预测含有coiled-coil结构域
VPS25	E	202 aa	亲水性的
VPS27	E	622 aa	亲水性的，定位在核内体，含有FYVE结构域
VPS28	E	242 aa	亲水性的
VPS31	E		未被克隆
VPS32	E	240 aa	亲水性的，定位在核内体，预测含有coiled-coil结构域
VPS34	D	875 aa	PtdIns 3-激酶；与Vps15p结合
VPS36	E	566 aa	亲水性的
VPS37	E		未被克隆

*fab1*突变体在GFP-CPS分选到液泡腔过程中存在一种更严重的缺陷，因为核内体

到液泡的运输在这些细胞中不受影响。在带有 *FAB1* 删除（*fab1*）或因点突变生成的 Fab1p 激酶失活突变体中，几乎所有被运往液泡的 GFP-CPS 都被发现位于外膜。Fab1p 中发生的突变（G_{2042} V、G_{2045} V）可导致细胞中 PtdIns（3，5）P_2 水平下降 10 倍，在这些突变体中 GFP-CPS 仍被分选进入液泡腔。这些结果表明，PtdIns（3，5）P_2 是形成 MVB 所必需的，但这种脂只要有一个相对低的水平就足够了。*fab1* 突变体中增大的液泡体积是由于膜不能被送往 PVC 和液泡腔而造成的。然而，表达发生 G_{2042} V、G_{2045} V 突变的 Fab1p 的细胞也表现出具有大液泡，即使 CPS 分选到腔内是正常的。因此液泡体积的增大不仅仅是因为在形成 MVB 时存在缺陷造成的。在哺乳动物细胞中，PtdIns（3，5）P_2 在 MVB 形成过程中似乎也发挥作用，因为利用药物渥曼青霉素在含有抗原的细胞中阻断 MVB 的形成可以阻止它的 PtdIns（3）P 前体产生（Fernandez-Borja et al.，1999）。

总之，Fab1p 看起来在削弱 PtdIns（3）P 信号途径和激活 PtdIns（3，5）P_2 途径方面起关键作用。这两种途径可能在 PVC 成为 MVC 过程中发挥作用。根据这个模型（Odorizzi et al.，2000），一个未成熟 PVC 应当含有足够的 PtdIns（3）P 使其可以从 TGN 将囊泡运输过来。TGN 驻留蛋白在 retromer 介导下返回到 TGN，与此同时 PVC 中需要运往液泡的蛋白质的水平将提高。随着时间的推移，Fab1p 将越来越多的PtdIns（3）P转变为 PtdIns（3，5）P_2，导致囊泡被纳入其中。E 类蛋白据推测在囊泡形成过程中发挥作用，未被鉴定的受体蛋白也如此，它们与 PtdIns（3，5）P_2 结合。某些蛋白质，如 CPS 和特殊的脂［可能就是 PtdIns（3）P 自身］之后可能被分选进入正在形成的囊泡中。在动物细胞中，双膦酸脂也被特异性地分选进入 MVB 膜内。其他液泡蛋白，如 Vph1p 和 DPAP B，则保留在成熟核内体的外膜上。在完成 PVC 到 MVB 的成熟过程中，MVB 与液泡融合（见下），并将它的腔体内含物释放到液泡腔中。囊泡中的蛋白质和脂之后被液泡水解酶降解。这一领域的进展将包括识别 PtdIns（3，5）P_2、效应蛋白及鉴定蛋白中的分选信号，如被分选进入 MVB 囊泡中的 CPS 蛋白分选信号。

14.5.2 小结：蛋白质分选进入成熟核内体腔：MBV 途径

- 受到限制的 PVC 膜内陷产生内部囊泡并生成 MVB。
- 整合膜蛋白 CPS 和 Ste2p 被分选进入 MVB 内部囊泡中。
- PtdIns（3）P 可能也被分选进入 MVB 内部囊泡。
- E 类 *vps* 突变体在分选 CPS 到内部囊泡过程中存在缺陷，并积累一种被称为 E 类区室的异常核内体结构。
- PtdIns（3）P 通过与效应器蛋白（Vps27p 和 Fab1p）的 FYVE 结构域相互作用在 MVB 途径中发挥积极作用。
- Fab1p 是一种 PtdIns(3)-5-激酶，*fab*1 突变体的 MVB 途径存在缺陷，其液泡增大。
- Fab1p 可削弱 PtdIns(3)P 依赖途径，并通过未知效应器蛋白开启一个 PtdIns(3，5)P_2 依赖途径。

14.6 核内体和液泡之间的转运

生物合成和内吞途径中膜蛋白运输到液泡的最后步骤是来自 PVC 的膜和蛋白质被运送到液泡。尽管对介导这个过程的装置已了解很多，但对此仍有争议（Luzio et al.，2000）。其中的一种模型认为，囊泡是由 PVC 形成的，并与液泡膜融合。可是囊泡运输模型难以解释在囊泡上 CPS 和其他蛋白质被分选进入 MVC 腔，而囊泡此后被运送到液泡腔中。在动物细胞中，晚期核内体似乎直接与溶酶体融合，形成一种混合细胞器。膜成分的分子降解和重新循环回到核内体导致混合细胞器成熟，成为一个溶酶体。这些观察表明，在酵母中 PVC/MVB 可能也直接与液泡融合，将 MVB 腔中的内含物释放到液泡腔中。可是囊泡运输途径可能与一条直接融合途径共存。

14.6.1 与液泡的膜融合

近年来已得到许多新的有关介导核内体-液泡融合机制的信息（表 14.6）。许多 B 类和 C 类的 *vps* 突变体及 *vam* 突变体表现出严重的液泡形态缺陷，并堆积囊泡和核内体膜。多数突变体在 CPY 和 ALP 的液泡加工方面或表现为延迟，或完全阻塞。因此这些突变体在 CPY 和 ALP 途径交叉点，或在其后，蛋白质向液泡运输的晚期发生阻塞。许多突变体也阻塞液泡膜的同型融合；因此对这种融合的生物化学分析已为掌握了核内体-液泡融合提供的大量信息。

表 14.6 参与核内体-液泡转运的基因

基因	突变类别	产物大小	注释
SEC18	N/A	758 aa	亲水性的；哺乳动物 NSF 的酵母同源物
SEC17	N/A	292 aa	亲水性的；哺乳动物 α-SNAP 的酵母同源物
VAM3	B	283 aa	位于液泡膜上的 Syntaxin 成员（t-SNARE）
VAM7	B	316 aa	SNAP-25-样；含有 t-SNARE 结构域和 PX 结构域
VPS11	C	1029 aa	亲水性的，定位于液泡，含有 RING-H2 指结构域
VPS16	C	798 aa	亲水性的，定位于液泡
VPS18	C	918 aa	亲水性的，定位于液泡，含有 RING-H2 和锌指结构域
VPS33	C	691 aa	类 Sec1 蛋白，含有 ATP 结合结构域
VPS39	B	1049 aa	亲水性的，定位于液泡
VPS41	B	992 aa	亲水性的，具有 AP-3 装配作用，定位于液泡
VTI1	N/A	217 aa	突触囊泡蛋白成员（v-SNARE）
YPT7	B	208 aa	小 GTP 酶，Rab7 样

核内体与液泡的融合涉及一种特殊的、基于 SNARE 的膜融合机器。*VAM3* 编码一种定位在液泡的 t-SNARE，它是多种膜中间产物与液泡融合所必需的（Darsow et al.，1997；Wada et al.，1997）。Vam3p 功能的迅速丧失可导致包括 CPY、蛋白酶 A、CPS、APL 和氨肽酶 I（胞质-液泡运输途径的标志酶）在内的多种水解酶成熟过程的

立即受阻。Vam3p 与另一种液泡 t-SNARE——Vam7p——一种与 SNAP-25 有关的蛋白质结合。遗传学和生物化学研究表明，在膜融合过程中，两种位于液泡膜上的 t-SNARE 蛋白和一种核内体膜上的蛋白质 Vti1p 形成了一种三重复合体。这三种 SNARE 蛋白中的任何一种发生突变都会使体内的核内体与液泡无法融合，并且导致体外同型液泡融合实验受阻。

同其他膜融合系统中发生的情况一样，在酵母核内体与液泡进行膜融合过程中，其他分子也帮助 SNARE 蛋白。Ypt7p——一种 Rab 蛋白——是膜中间物与液泡停靠/融合及同型液泡融合所必需的（Wichmann et al.，1992；Wada et al.，1997）。此外，NSF 的同源物 Sec18p 和 SNAP 的同源物 Sec17p 在膜融合完成后参与 SNARE 复合体的解离（Ungermann et al.，1998）。

14.6.2 C-Vps 复合体

Sec1 的同源物也是膜融合过程中的重要因子。例如，酵母中的 Sec1p 和神经元细胞中的 n-Sec1/munc18 是胞吐作用囊泡与质膜融合所必需的。在酵母核内体-液泡融合过程中，Sec1 同源物 Vps33p 是必需的（Darsow et al.，1997）。Vps33p 是一种复合体的一个成员，该复合体由至少 6 种多肽组成（Vps11p、Vps16p、Vps18p、Vps33p、Vps39p 和 Vps41p），被称为 C-Vps 复合体（Wurmser ct al.，2000）或 HOPS [即 homotypic fusion and vacuole protein sorting complex（同型融合和液泡蛋白分选复合体）]（Seals et al.，2000）。Vps11p、Vps16p、Vps18p 或 Vps33p 的功能丧失可影响 C 类 *vps* 突变体的表现型，即细胞缺少可辨别的液泡，蛋白质转运存在缺陷，类似于在 *vam*3 突变体所发生的情况。Vps39p 和 Vps41p 功能丧失对液泡形态的影响小些（B 类表型）（Raymond et al.，1992）。此外，Vps41p 与 Apo3 复合体在 TGN 协同作用，在囊泡的介导下对转运蛋白分选使之进入 ALP 途径。Vps11p、Vps16p 和 Vps18p 形成亚复合体，它可将 Sec1 的同源物 Vps33p 运送到液泡。有趣的是，C-Vps 复合体在哺乳动物细胞、果蝇和线虫中是保守的（Sevrioukov et al.，1999）。

C-Vps 复合体在核内体-液泡融合过程中具有多种作用。它与 Vam3p 发生遗传和生物化学相互作用，但当与 Vti1p 和 Vam7p 结合后这种相互作用就不存在了（Sato et al.，2000）。C-Vps 复合体与 Vam3p 的相互作用可能阻止了它与液泡膜上 Vti1p 的结合。利用可识别带有同位素标签的 Vps18p 抗体使 C-Vps 复合体失活，可在体外阻止膜融合。对 C 类 *VPS* 基因进行突变可降低 Vam3-Vti1-Vam7 SNARE 复合体的稳定性。这些结果与在其他系统中观察到的 Sec1 同源物结果一致，它们只与 t-SNARE 结合。这些结果表明，C-Vps 复合体与 Vam3p 结合，介导与更多的 Vam7p 和定位在核内体的 Vti1p 的结合，并导致融合。但另外一项研究表明，C-Vps 与 Vam3-Vti1-Vam7 复合体结合，当 SNARE 解离后，这种结合也被破坏（Price et al.，2000）。因此，由于 C-Vps 复合体与 SNARE 的相互作用的细节存在争议，似乎清楚地表明某种相互作用在调节着 SNARE 的功能。

最近的数据显示，C-Vps 复合体和 Rab Ypt7p 之间存在相互作用，这表明 C-Vps 复合体还有其他方面的功能（Seals et al.，2000；Wurmser et al.，2000）。C-Vps 复合体通过 Vps39p 亚基直接与结合有 GDP 或无核苷酸形式的 Ypt7p 连接，并刺激核苷酸转换。此外，C-Vps 复合体可能还是结合有 GTP 的 Ypt7p 下游效应器。C-Vps 复合体和 Rab Ypt7p 可与核内体膜和液泡膜结合。在几种系统中，Rab 蛋白及它们的效应器介导依赖于 SNARE 的膜停靠起始过程，称为系留。该过程被认为先于 SNARE 配对而发生。Ypt7：存在于两种膜上的 GTP 和 C-Vps 复合体反映出一种对称桥（或系链结构），这种结构可介导两种膜最初的结合。在这点上，C-Vps 复合体可执行系留功能，类似于 TRAPP 复合体在囊泡与高尔基体顺面囊膜的融合过程，以及外吐复合体在外吐囊泡与质膜融合过程中所起的作用。

14.6.3 一种液泡到 PVC 途径

如上所述，动物细胞核内体与溶酶体融合产生混合细胞器后，循环膜蛋白返回到核内体进行一个成熟过程。最近的研究表明，在酵母中可能存在液泡到核内体的逆行途径（Bryant et al.，1998）。在对 ALP 突变形式的研究中发现，此突变在其胞质结构域中含有供 PVC 循环的 FXFXD 信号。在野生型细胞中，突变蛋白（RS-ALP）主要定位于 TGN。正如所预料的，RS-ALP 在 E 类细胞中定位到 PVC，造成 PVC 的大量积累，RS-ALP 循环返回 TGN 受阻。在 E 类细胞中，当 D 类/E 类（vps45 vps27）双突变体中从 TGN 出来的 CPY 途径受阻时，RS-ALP 可到达 PVC。但在 AP-3 缺陷的 E 类双突变体中，RS-ALP 不能到达 E 类区室。因此，RS-ALP 到达 E 类区室首先必须经过 ALP 途径到达液泡，再从液泡逆行运输到 E 类区室。有趣的是，v-SNARE Vti1p 可能也通过逆行液泡到 PVC 途径进行循环。酵母液泡是否真的需要一个从混合细胞器到成熟液泡的成熟过程，或者是否酵母中所有液泡结构在结构和功能上都是一样的，还有待研究。

14.6.4 小结：核内体和液泡之间的运输

- PVC 成熟进入到 MVB 后，可能直接与液泡融合，将内部的囊泡释放到液泡腔中进行降解。
- 依赖于 SNARE 的融合机器和 C-Vps 蛋白复合体（Vps11、16、18、33、39、41p）介导膜的融合。
- C-Vps 复合体可能起到一种系留作用，在 SNARE 配对之前介导膜之间的结合。
- 某些蛋白质，如 v-SNARE Vti1p，可以从液泡膜循环回到核内体。

14.7 历史注释

14.7.1 历史注释 1

20 世纪 70 和 80 年代对酵母进行遗传筛选，鉴定出液泡形成过程中的一些突变体缺陷。第一例筛选是鉴定对胰凝乳蛋白酶底物 *N*-乙酰-DL-苯丙氨酸 β- napthyl 酯切割能力减弱的突变体（Jones，1977）。许多 pep 突变体编码液泡蛋白酶的基因发生缺陷。后来发现，这种筛选同时也鉴定出对于液泡形成起重要作用的基因。因此，这些突变体的液泡蛋白酶活性有缺陷。20 世纪 80 年代中期进行了两项筛选，它们基于这样一种假设，认为在液泡水解酶分选过程中，CPY 可引起液泡水解酶分泌异常。通过对可分泌

CPY-转化酶受体蛋白的酵母突变体进行筛选分离到vpt突变体（存在液泡定向缺陷）(Bankaitis et al.，1986；Robinson et al.，1988)。在第二种方法中，对亮氨酸营养缺陷型突变体进行筛选，这些突变体的细胞表面具有CPY活性，鉴定出vpl（意为vacuolar protein localization）突变体（Rothman and Stevens，1986；Rothman et al.，1989)。这些突变体的胞外CPY活性可切割CBZ-L-苯丙氨酸-L-亮氨酸底物，从而释放出唯一可被利用的亮氨酸。在pep、vpt和vpl突变体之间观察到相当多的遗传重叠，这些突变体总共可分为40多个互补组。目前，分选液泡水解酶所需的基因已增长到50多个，这些基因被统称为vps，意为vacuolar protein sorting defective（液泡蛋白分选缺陷）。

14.7.2 历史注释2

溶酶体酶类中一种或多种酶存在缺陷可导致人类疾病的发生，在对溶酶体酶类的研究中发现了溶酶体酶类中识别6-磷酸甘露糖的决定因素。20世纪70年代早期Neufeld实验室发现，来自患者的成纤维细胞中一种特殊溶酶体酶存在遗传缺陷，正常成纤维细胞分泌的因子可“修正”这种缺陷（Neufeld and Cantz，1971)。在这些实验中，通过受体介导的内吞作用，培养基中正常溶酶体酶被运送到突变的溶酶体中。多数溶酶体酶带有共同的识别成分，这些成分对内吞作用起调节功能，关于这种观点的最初证据来自对成纤维I-细胞的研究，这种疾病表现为多种溶酶体酶存在缺陷。这些成纤维细胞可正常地合成酶，并将它们分泌出去，而不是将它们分选到溶酶体。分泌出去的酶不能被正常的成纤维细胞利用，尽管成纤维I-细胞可以内吞外源提供的酶。因此，Neufeld提出，I-细胞缺陷是因为对于许多不同的溶酶体酶，它只能产生一种识别决定物（Hickman and Neufeld，1972)。初步的实验表明，识别决定物至少部分地由糖类组成，对内吞作用中酶的化学抑制剂的筛选精确地证明了这一点。Kaplan、Achord和Sly、Sando和Neufeld都独立地报道，6-磷酸甘露糖是一种有力的竞争抑制剂（Kaplan et al.，1977；Sando and Neufeld，1977)。随后证明，溶酶体酶类中*N*-连接的寡糖，而不是其他糖蛋白，携带有6-磷酸甘露糖（von Figura and Hasilik，1986)。

14.8 参考文献

Ballou，L.，Hernandez，L. M.，Alvarado，E. and Ballou，C. E. (1990) Revision of the oligosaccharide structures of yeast carboxypeptidase Y. *Proc Natl Acad Sci USA* **87**: 3368-3372.

Bankaitis，V. A.，Johnson，L. M. and Emr，S. D. (1986) Isolation of yeast mutants defective in protein targeting to the vacuole. *Proc Natl Acad Sci USA* **83**: 9075-9079.

Barlowe，C. (2000) Traffic COPs of the early secretory pathway. *Traffic* **1**: 371-377.

Barr，V. A.，Phillips，S. A.，Taylor，S. I. and Haft，C. R. (2000) Overexpression of a novel sorting nexin，SNX15，affects endosome morphology and protein trafficking. *Traffic* **1**: 904-916.

Bensen，E. S.，Yeung，B. G. and Payne，G. S. (2001) Ric1p and the Ypt6p GTPase function in a common pathway required for localization of *trans*-Golgi network membrane proteins. *Mol Biol Cell* **12**: 13-26.

Black，M. W. and Pelham，H. R. (2000) A selective transport route from Golgi to late endosomes that requires the yeast GGA proteins. *J Cell Biol* **151**: 587-600.

Boman，A. L.，Zhang，C.，Zhu，X. and Kahn，R. A. (2000) A family of ADP-ribosylation factor effectors that can alter membrane transport through the *trans*-Golgi. *Mol Biol Cell* **11**: 1241-1255.

Brickner, J. H. and Fuller, R. S. (1997) *SOI1* encodes a novel, conserved protein that promotes TGN-endosomal cycling of Kex2p and other membrane proteins by modulating the function of two TGN localization signals. *J Cell Biol* **139**: 23-36.

Brigance, W. T, Barlowe, C. and Graham, T. R. (2000) Organization of the yeast Golgi complex into at least four functionally distinct compartments. *Mol Biol Cell* **11**: 171-182.

Bryant, N. J. and Stevens, T. H. (1997) Two separate signals act independently to localize a yeast late Golgi membrane protein through a combination of retrieval and retention. *J Cell Biol* **136**: 287-297.

Bryant, N. J., Piper, R. C., Weisman, L. S. and Stevens, T. H. (1998) Retrograde traffic out of the yeast vacuole to the TGN occurs via the prevacuolar/endosomal compartment. *J Cell Biol* **142**: 651-663.

Catlett, N. L. and Weisman, L. S. (2000) Divide and multiply: organelle partitioning in yeast. *Curr Opin Cell Biol* **12**: 509-516.

Chen, C. Y. and Graham, TR. (1998) An *arf1* synthetic lethal screen identifies a new clathrin heavy chain conditional allele that perturbs vacuolar protein transport. *Genetics* **150**: 577-589.

Chen, C. Y., Ingram, M. F., Rosal, P. H. and Graham, T. R. (1999) Role for Drs2p, a P-type ATPase and potential aminophospholipid translocase, in yeast late Golgi function. *J Cell Biol* **147**: 1223-1236.

Chu, D. S., Pishvaee, B. and Payne, G. S. (1996) The light chain subunit is required for clathrin function in *Saccharomyces cerevisiae*. *J Biol Chem* **271**: 33123-33130.

Conibear, E. and Stevens, T. H. (1998) Multiple sorting pathways between the late Golgi and the vacuole in yeast. *Biochim Biophys Acta* **1404**: 211-230.

Conibear, E. and Stevens, T. H. (2000) Vps52p, Vps53p, and Vps54p form a novel multisubunit complex required for protein sorting at the yeast late Golgi. *Mol Biol Cell* **11**: 305-323.

Cooper, A. A. and Stevens, T. H. (1996) Vps10p cycles between the late-Golgi and prevacuolar compartments in its function as the sorting receptor for multiple yeast vacuolar hydrolases. *J Cell Biol* **133**: 529-541.

Costaguta, G., Stefan, C. J., Benson, E. S., Emr, S. D. and Payne, G. S. (2001) Yeast Gga coat proteins function with clathrin in Golgi to endosome transport. *Mol Biol Cell* **12**: 1885-1896.

Darsow, T., Rieder, S. E. and Emr, S. D. (1997) A multispecificity syntaxin homologue, Vam3p, essential for autophagic and biosynthetic protein transport to the vacuole. *J Cell Biol* **138**: 517-529.

Dean, N. (1999) Asparagine-linked glycosylation in the yeast Golgi. *Biochim Biophys Acta* **1426**: 309-322.

Dell' Angelica, E. C., Klumperman, J., Stoorvogel, W. and Bonifacino, J. S. (1998) Association of the AP-3 adaptor complex with clathrin. *Science* **280**: 431-434.

Dell' Angelica, E. C., Puertollano, R., Mullins, C. et al. (2000) GGAs: a family of ADP ribosylation factor-binding proteins related to adaptors and associated with the Golgi complex. *J Cell Biol* **149**: 81-94.

Deloche, O., Yeung, B. G., Payne, G. S. and Schekman, R. (2001) Vps10p transport from the *trans*-Golgi network to the endosome is mediated by clathrin-coated vesicles. *Mol Biol Cell* **12**: 475-485.

D' Hondt, K., Heese-Peck, A. and Riezman, H. (2000) Protein and lipid requirements for endocytosis. *Annu Rev Genet* **34**: 255-295.

Fernandez-Borja, M., Wubbolts, R., Calafat, J. et al. (1999) Multivesicular body morphogenesis requires phosphatidyl-inositol 3-kinase activity. *Curr Biol* **9**: 55-58.

Fischer von Mollard, G., Nothwehr, S. F and Stevens, T. H. (1997) The yeast v-SNARE Vti1p mediates two vesicle transport pathways through interactions with the t-SNAREs SedSp and Pep12p. *J Cell Biol* **137**: 1511-1524.

Futter, C. E., Pearse, A., Hewlett, L. J. and Hopkins, C. R. (1996) Multivesicular endosomes containing internalized EGF-EGF receptor complexes mature and then fuse directly with lysosomes. *J Cell Biol* **132**: 1011-1023.

Gall, W. E., Higginbotham, M. A., Chen, C. et al. (2000) The auxilin-like phosphoprotein Swa2p is required for clathrin function in yeast. *Curr Biol* **10**: 1349-1358.

Gaynor, E. C., Graham, T. R. and Emr, S. D. (1998) COPI in ER/Golgi and intra-Golgi transport: do yeast COPI mutants point the way? *Biochim Biophys Acta* **1404**: 33-51.

Graham, T. R. and Emr, S. D. (1991) Compartmental organization of Golgi-specific protein modification and vacuolar protein sorting events defined in a *sec*18 (NSF) mutant. *J Cell Biol* **114**: 207-218.

Graham, T. R. and Krasnov, V. A. (1995) Sorting of yeast alpha-1, 3-mannosyltransferase is mediated by a lumenal domain interaction, and a transmembrane domain signal that can confer clathrin-dependant Golgi localization to a secreted protein. *Mol Biol Cell* **6**: 809-824.

Gruenberg, J. and Maxfield, E. R. (1995) Membrane transport in the endocytic pathway. *Curt Opin Cell Biol* **7**: 552-563.

Haft, C. R., de la Luz Sierra, M., Bafford, R. et al. (2000) Human orthologs of yeast vacuolar protein sorting proteins Vps26, 29, and 35: assembly into multimeric complexes. *Mol Biol Cell* **11**: 4105-4116.

Hama, H., Tall, G. G. and Horazdovsky, B. E. (1999) Vps9p is a guanine nucleotide exchange factor involved in vesicle-mediated vacuolar protein transport. *J Biol Chem* **274**: 15284-15291.

Harris, S. L. and Waters, M. G. (1996) Localization of a yeast early Golgi mannosyltransferase, Ochlp, involves retrograde transport. *J Cell Biol* **132**: 985-998.

Harsay, E. and Bretscher, A. (1995) Parallel secretory pathways to the cell surface in yeast. *J Cell Biol* **131**: 297-310.

Heilker, R., Spiess, M. and Crottet, P. (1999) Recognition of sorting signals by clathrin adaptors. *Bioessays* **21**: 558-567.

Hickman, S. and Neufeld, E. F. (1972) A hypothesis for I-cell disease: defective hydrolases that do not enter lysosomes. *Biochem Biophys Res Cornmun* **49**: 992-999.

Hirst, J., Lui, W. W., Bright, N. A. et al. (2000) A family of proteins with gamma-adaptin and VHS domains that facilitate trafficking between the *trans*-Golgi network and the vacuole/lysosome. *J Cell Biol* **149**: 67-80.

Holthuis, J. C. M., Nichols, B. J., Dhruvakumar, S. and Pelham, H. R. B. (1998) Two syntaxin homologues in the TGN/endosomal system of yeast. *EMBO J* **17**: 113-126.

Horazdovsky, B. F., Davies, B. A., Seaman, M. N. et al. (1997) A sorting nexin-1 homologue, Vps5p, forms a complex with Vps17p and is required for recycling the vacuolar protein-sorting receptor. *Mol Biol Cell* **8**: 1529-1541.

Huang, K. M., D' Hondt, K., Riezman, H. and Lemmon, S. K. (1999) Clathrin functions in the absence of heterotetrameric adaptors and AP180-related proteins in yeast. *EMBO J* **18**: 3897-3908.

Jones, E. W. (1977) Proteinase mutants of *Saccharomyces cerevisiae*. *Genetics* **85**: 23-33.

Kaplan, A., Achord, D. T. and Sly, W. S. (1977) Phosphohexosyl components of a lysosomal enzyme are recognized by pinocytosis receptors on human fibroblasts *Proc Natl Acad Sci USA* **74**: 2026-2030.

Klinosky, D. J. and Emr, S. D. (1990) A new class of lysosomal/vacuolar protein sorting signals. *J Biol Chem* **265**: 5349-5352.

Klionsky, D. J. and Emr, S. D. (2000) Autophagy as a regulated pathway of cellular degradation. *Science* **290**: 1717-1721.

Klionsky, D. J., Herman, P. K. and Emr, S. D. (1990) The fungal vacuole: Composition. function, and biogenesis. *Microbiol Rev* **54**: 266-292.

Lemmon, S. K. (2001) Clathrin uncoating: Auxilin comes to life. *Curr Biol* **11**: R49-52.

Lemmon, S. K., Pellicena-Palle, A., Conley, K. and Freund, C. L. (1991) Sequence of the clathrin heavy chain from *Saccharomyces cerevisiae* and requirement of the COOH terminus for clathrin function. *J Cell Biol* **112**: 65-80.

Luzio, J. P., Rous, B. A., Bright, N. A. et al. (2000) Lysosome-endosome fusion and lysosome biogenesis. *J Cell Sci* **113**: 1515-1524.

Marcusson, E. G., Horazdovsky, B. F., Cereghino, J. L., Gharakhanian, E. and Emr. S. D. (1994) The sorting receptor for yeast carboxypeptidase Y is encoded by the *VPS10* gene. *Cell* **77**: 579-586.

Neufeld, E. F. and Cantz, M. J. (1971) Corrective factors for inborn errors of mucopolysaccharide metabolism. *Ann N Y Acad Sci* **179**: 580-587.

Nothwehr, S. F. and Hindes, A. E. (1997) The yeast VPS5/GRD2 gene encodes a sorting nexin-1-like protein required for localizing membrane proteins to the late Golgi. *J Cell Sci* **110**: 1063-1072.

Nothwehr, S. F., Roberts, C. J. and Stevens, T. H. (1993) Membrane protein retention in the yeast Golgi apparatus: dipeptidyl aminopeptidase A is retained by a cytoplasmic signal containing aromatic residues. *J Cell Biol* **121**: 1197-1209.

Nothwehr, S. F, Conibear, E. and Stevens, T. H. (1995) Golgi and vacuolar membrane proteins reach the vacuole in *vpsl* mutant yeast cells via the plasma membrane. *J Cell Biol* **129**: 35-46.

Nothwehr, S. F., Bruinsma, P. and Strawn, L. A. (1999) Distinct domains within Vps35p mediate the retrieval of two different cargo proteins from the yeast prevacuolar/endosomal compartment. *Mol Biol Cell* **10**: 875-890.

Nothwehr, S. F., Ha, S. A. and Bruinsma, P. (2000) Sorting of yeast membrane proteins into an endosome-to-Golgi pathway involves direct interaction of their cytosolic domains with Vps35p. *J Cell Biol* **151**: 297-310.

Odorizzi, G., Babst, M. and Emr, S. D. (1998a) Fab1p PtdIns (3) P 5-kinase function essential for protein sorting in the multivesicular body. *Cell* **95**: 847-858.

Odorizzi, G., Cowles, C. R. and Emr, S. D. (1998b) The AP-3 complex: a coat of many cotours. *Trends Cell Biol* **8**: 282-288.

Odorizzi, G., Babst, M. and Emr, S. D. (2000) Phosphoinositide signaling and the regulation of membrane trafficking in yeast. *Trends Biochem Sci* **25**: 229-235.

Payne, G. S. and Schekman, R. (1989) Clathrin: a role in the intracellular retention of a Golgi membrane protein. *Science* **245**: 1358-1365.

Payne, G. S., Baker, D., van Tuinen, E. and Schekman, R. (1988) Protein transport to the vacuole and receptor-mediated endocytosis by clathrin heavy chain-deficient yeast. *J Cell Biol* **106**: 1453-1461.

Peyroche, A., Antonny, B., Robineau, S. et al. (1999) Brefeldin A acts to stabilize an abortive ARF-GDP-Sec7 domain protein complex: involvement of specific residues of the Sec7 domain. *Mol Cell* **3**: 275-285.

Phillips, S. A.. Barr, V. A., Haft, D. H., Taylor, S. I. and Renfrew Haft, C. (2001) Identification and characterization of SNX15, a novel sorting nexin involved in protein trafficking. *J Biol Chem* **276**: 5074-5084.

Prescianotto-Baschong, C. and Riezman, H. (1998) Morphology of the yeast endocytic pathway. *Mol Biol Cell* **9**: 173-189.

Price, A., Seals. D., Wickner, W. and Ungermann, C. (2000) The docking stage of yeast vacuole fusion requires the transfer of proteins from a *cis*-SNARE complex to a Rab/Ypt protein. *J Cell Biol* **148**: 1231-1238.

Rad, M. R., Phan, H. L., Kirchrath, L. et al. (1995) *Saccharomyces cerevisiae* Apl2p, a homologue of the mammalian clathrin AP beta subunit, plays a role in clathrin-dependent Golgi functions. *J Cell Sci* **108**: 1605-1615.

Raymond, C. K., Howald-Stevenson, I., Vater, C. A. and Stevens, T. H. (1992) Morphological classification of the yeast vacuolar protein sorting mutants: evidence for a prevacuolar compartment in class E *vps* mutants. *Mol Biol Cell* **3**: 1389-1402.

Redding, K., Seeger, M., Payne, G. S. and Fuller, R. S. (1996) The effects of clathrin inactivation on localization of Kex2 protease are independent of the TGN localization signal in the cytosolic tail of Kex2p. *Mol Biol Cell* **7**: 1667-1677.

Rehling, P., Darsow, T., Katzmann, D. J. and Emr, S. D. (1999) Formation of AP-3 transport intermediates requires Vps41 function. *Nat Cell Biol* **1**: 346-353.

Reynolds, T. B., Hopkins, B. D., Lyons, M. R. and Graham, T. R. (1998) The high osmolarity glycerol response (HOG) MAP kinase pathway controls localization of a yeast Golgi glycosyltransferase. *J Cell Biol* **143**: 935-946.

Robinson, J. S., Klionsky, D. J., Banta, L. M. and Emr, S. D. (1988) Protein sorting in *Saccharomyces cerevisiae*:

Isolation of mutants defective in the delivery and processing of multiple vacuolar hydrolases. *Mol Cell Biol* **8**: 4936-4948.

Rothman, J. H. and Stevens, T. H. (1986) Protein sorting in yeast: mutants defective in vacuole biogenesis mislocalization vacuolar proteins into the late secretory pathway. *Cell* **47**: 1041-1051.

Rothman, J. H., Howald, I. and Stevens, T. H. (1989) Characterization of genes required for protein sorting and vacuolar function in the yeast *Saccharomyces cerevisiae*. *EMBO J* **8**: 2057-2065.

Sando, G. N. and Neufeld, E. F. (1977) Recognition and receptor-mediated uptake of a lysosomal enzyme, alpha-1-iduronidase, by cultured human fibroblasts. *Cell* **12**: 619-627.

Sato, T. K., Rehling, P., Peterson, M. R. and Emr, S. D. (2000) Class C Vps protein complex regulates vacuolar SNARE pairing and is required for vesicle docking/fusion. *Mol Cell* **6**: 661-671.

Seals, D. F., Eitzen, G., Margolis, N., Wickner, W. T. and Price, A. (2000) A Ypt/Rab effector complex containing the Secl homolog Vps33p is required for homotypic vacuole fusion. *Proc Natl Acad Sci USA* **97**: 9402-9407.

Seaman, M. N., Marcusson, E. G., Cereghino, J. L. and Emr, S. D. (1997) Endosome to Golgi retrieval of the vacuolar protein sorting receptor, Vpsl0p, requires the function of the VPS29, VPS30, and VPS35 gene products. *J Cell Biol* **137**: 79-92.

Seaman, M. N., McCaffery, J. M. and Emr, S. D. (1998) A membrane coat complex essential for endosome-to-Golgi retrograde transport in yeast. *J Cell Biol* **142**: 665-681.

Seeger, M. and Payne, G. S. (1992) A role for clathrin in the sorting of vacuolar proteins in the Golgi complex of yeast. *EMBO J* **11**: 2811-2818.

Sevrioukov, E. A., He, J. P., Moghrabi, N., Sunio, A. and Kramer. H. (1999) A role for the deep orange and carnation eye color genes in lysosomal delivery in *Drosophila*. *Mol Cell* **4**: 479-486.

Simpson, F., Bright, N. A., West, M. A. et al. (1996) A novel adaptor-related protein complex. *J Cell Biol* **133**: 749-760.

Simpson, F., Peden, A. A., Christopoulou, L. and Robinson, M. S. (1997) Characterization of the adaptor-related protein complex, AP-3. *J Cell Biol* **137**: 835-845.

Stepp, J. D., Pellicena-Palle, A., Hamilton, S., Kirchhausen, T. and Lemmon, S. K. (1995) A late Golgi sorting function for *Saccharomyces cerevisiae* Apmlp. but not for Apm2p, a second yeast clathrin AP medium chain-related protein. *Mol Biol Cell* **6**: 41-58.

Stevens, T., Esmon, B. and Schekman, R. (1982) Early stages in the yeast secretory pathway are required for transport of carboxypeptidase Y to the vacuole. *Cell* **30**: 439-448.

Traub, L. M. and Kornfeld, S. (1997) The *trans*-Golgi network: a late secretory sorting station. *Curr Opin Cell Biol* **9**: 527-533.

Ungermann, C., Nichols, B. J., Pelham, H. R. and Wickner, W. (1998) A vacuolar v-t-SNARE complex, the predominant form in vivo and on isolated vacuoles, is disassembled and activated for docking and fusion. *J Cell Biol* **140**: 61-69.

von Figura, K. and Hasilik, A. (1986) Lysosomal enzymes and their receptors. *Ann Rev Biochem* **55**: 167-193.

Voos, W. and Stevens, T. H. (1998) Retrieval of resident late-Golgi membrane proteins from the prevacuolar compartment of *Saccharomyces cerevisiae* is dependent on the function of Grdl9p. *J Cell Biol* **140**: 577-590.

Wada, Y., Ohsumi, Y. and Anraku, Y. (1988) Isolation of vacuole-morphological mutants of the yeast, *Saccharomyces cerevisiae*. *Cell Struct Funct* **13**: 608.

Wada, Y., Nakamura, N., Ohsumi, Y. and Hirata, A. (1997) Vam3p, a new member of syntaxin related protein, is required for vacuolar assembly in the yeast *Saccharomyces cerevisiae*. *J Cell Sci* **110**: 1299-1306.

Wichmann, H., Hengst, L. and Gallwitz, D. (1992) Endocytosis in yeast: evidence for the involvement of a small GTP- binding protein (Ypt7p) . *Cell* **71**: 1131-1142.

Wilcox, C. A., Redding, K. A., Wright, R. and Fuller, R. S. (1992) Mutation of a tyrosine signal in the cytosolic tail of yeast Kex2 protease disrupts Golgi retention and results in default transport to the vacuole. *Mol Biol Cell* **3**:

1353-1371.

Wilsbach, K. and Payne, G. S. (1993) Vps1p, a member of the dynamin GTPase family, is necessary for Golgi membrane protein retention in *Saccharomyces cerevisiae*. *EMBO J* **12**: 3049-3059.

Wurmser, A. E. and Emr, S. D. (1998) Phosphoinositide signaling and turnover: PtdIns (3) P, a regulator of membrane traffic, is transported to the vacuole and degraded by a process that requires lumenal vacuolar hydrolase activities. *EMBO J* **17**: 4930-4942.

Wurmser, A. E., Sato, T. K. and Emr, S. D. (2000) New component of the vacuolar class C-Vps complex couples nucleotide exchange on the Ypt7 GTPase to SNARE-dependent docking and fusion. *J Cell Biol* **151**: 551-562.

Yeung, B. G., Phan, H. L. and Payne, G. S. (1999) Adaptor complex-independent clathrin function in yeast. *Mol Biol Cell* **10**: 3643-3659.

15 分泌途径

Benjamin S. C. Glick

15.1 引言

分泌途径有两个主要功能。第一，新合成的蛋白质和脂类从内质网运输至高尔基体，之后到达最终目的地。第二，许多蛋白质和脂类在转运过程中被修饰。

分泌途径和内吞途径中的细胞器共同形成具有独特性质的内膜系统，所有区室之间以及区室与细胞外环境之间都是通过运输囊泡联系的（见第 16 章）。

囊泡运输涉及细胞器识别。普遍认为内膜系统为稳定实体，物质交换是通过运输囊泡进行的。新近的研究认为，囊泡运输可导致区室的形成和消失（Helenius et al 1983；Glick and Malhotra，1998）。如图 15.1 所示，运输囊泡可能发生同型融合，重新产生一个区室。随着囊泡运输继续进行，新形成区室内发生内含物成分的改变，称为区室成熟。最终，现有的区室可能断开又成为运输囊泡。在这个模型中，某些区室可能只以短暂的中间物形式存在。通过分泌途径的运输可能既包括稳定区室间的囊泡运输，也包括囊泡驱使的短暂区室形成、成熟和消失的过程。

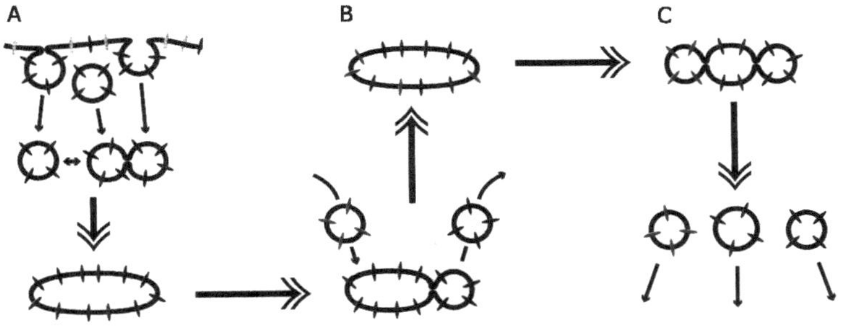

图 15.1 内膜系统中假想的区室生活周期。A. 形成——运输囊泡从上一代区室出芽，然后与另一个芽融合，产生新的区室。B. 成熟——新的区室接受含有区室组分的囊泡，同时排出含有异种组分的囊泡。C. 消失——最终，区室断裂，产生各种运输囊泡。经 Elsevier Science 同意，参考 *Cell*，95，Glick. B. S. and Malhotra，V. The curious status of the Golgi apparatus，pp. 883-489 重新绘制。

15.2 蛋白质从内质网的输出

本书其他章节讲述了新合成蛋白质如何被运输通过内质网膜，这些蛋白质如何折叠、寡聚化、形成二硫键及进行 *N*-连接寡糖链修饰（第 5～7 章）。内质网腔中复杂的质量控制系统确保蛋白质进行正确的折叠和装配（第 9 章）。新合成的蛋白质一旦由质量控制系统释放，便可能进入分泌途径。

分泌途径的第一步是，新合成的蛋白质被包装到由内质网产生的 COPII 运输囊泡中（第 16 章）。在多数类型的细胞中，COPII 囊泡从内质网上无核糖体的专门区域出芽产生，这些区域被称为过渡内质网（tER）位点或内质网出口位点。细胞中 tER 位点的数目差异很大，毕赤酵母属中有 2～5 个（Rossanese et al.，1999），在典型哺乳动物细胞中有几百个（Bannykh and Balch，1997）。tER 位点的存在时间长，结构相对稳定，直径约 0.5 μm（Bannykh and Balch. 1997；Stephens et al.，2000；Hammond and Glick，2000）。尽管已深入了解 COPII 的装配途径（Barlowe，2000），但实际上并不知道 COPII 囊泡如何在 tER 位点出芽。可能是构成 tER 位点的蛋白质自发结合，在内质网膜中形成特殊的补丁。

当 COPII 囊泡从内质网膜分离并脱去包被后，就会彼此融合形成“内质网-高尔基体中间区室”，或称 ERGIC（Bannykh and Balch，1997；Klumperman，2000）。对这种同型融合事件的了解尚不详细，推测它可能涉及标准的细胞融合系统（第 16 章）。由于 ERGIC 具有复杂的拓扑结构，被称为 VTC（vesicular-tubular cluster）（Bannykh and Balch，1997）。ERGIC 蛋白分选的位点。一些蛋白质，如蛋白受体（Herrmann et al.，1999），从 ERGIC 循环到 ER 开始新一轮的运输，而分泌蛋白则保留在 ERGIC，被运输到高尔基体。至少 COPI 囊泡采用这种分选方式从 ERGIC 出芽，将某些蛋白质选择

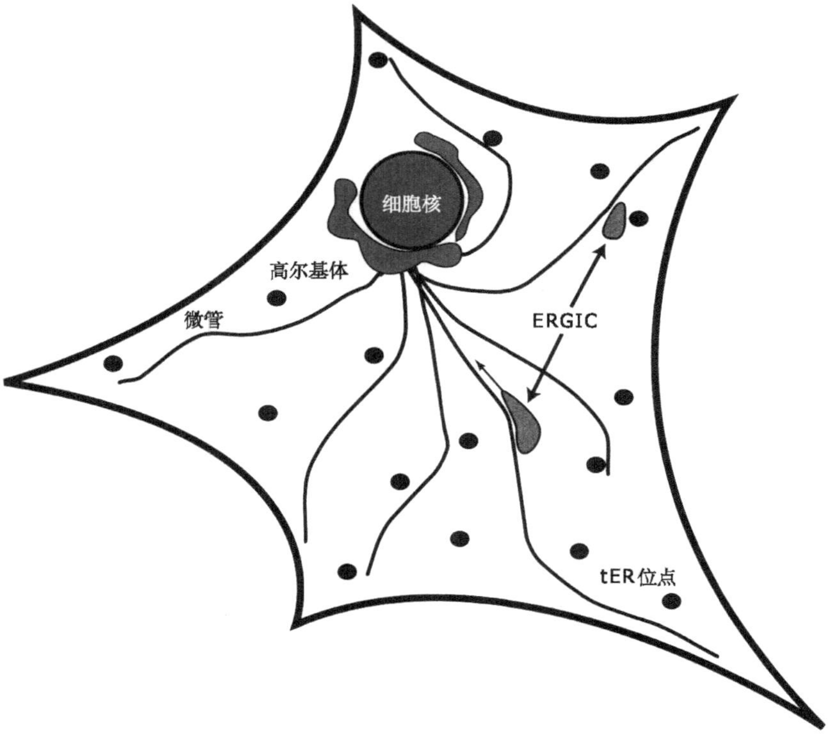

图 15.2 脊椎动物细胞 tER 位点、ERGIC 和高尔基体之间的相互关系。一个典型的脊椎动物细胞含有几百个 tER 位点，分布于整个内质网。ERGIC 在 tER 位点附近形成，之后沿微管转运到中心体。依赖于微管的转运在细胞核附近形成一条区带与高尔基体连结。

性地运输到内质网（Klumperman，2000；Barlowe，2000）。COPI 介导的循环使 ERGIC中分泌蛋白的浓度升高。

在许多单细胞真核生物中，高尔基囊泡紧邻 tER 位点，ERGIC 可能位于二者之间（Becker and Melkonian，1996；Rossanese et al.，1999）。在这些细胞中，ERGIC 与早期高尔基体很难区分。在脊椎动物中它们稍易被区分，高尔基体靠近细胞核的一侧形成带状，而 tER 位点位于外围胞质（图 15.2）。靠近外周 tER 位点产生的 ERGIC 沿微管转运到近核的高尔基体（见下文）。

在分泌途径中，ERGIC 代表了第一个后内质网区室，作为载体将分泌蛋白运送到高尔基体。如下文所述，理解高尔基体运输的概念框架有赖于对高尔基体运输方式的理解。

小结：蛋白质从内质网的输出

新合成的蛋白质在 COPII 运输囊泡中从内质网中出去，COPII 运输囊泡在内质网的无核糖体区域形成，这个区域被称为过渡内质网位点。

COPII 脱去包被后通过同型融合形成内质网-高尔基体中间区室（ERGIC）。ERGIC产生 COPI 运输囊泡，它们将诸如运输载体的蛋白质循环送往内质网。

15.3 通过高尔基体的转运

高尔基体具有精细的结构，由多个被称为膜囊的盘状膜结构组成。在多数类型的细胞中，这些囊形成有序的堆积。但高尔基体的形态在不同生物中变化非常大（Mollenhauer and Morré，1991）。一个典型的脊椎动物细胞含有几百个高尔基体堆，膜囊两侧由管状结构相连，在核附近形成带状物（Rambourg and Clermont，1997）。一个典型的植物细胞含有几百个高尔基体堆，但它们以单个形式分散于整个细胞质（Griffing，1991）。许多原生生物细胞只含有一个或几个高尔基体堆（Becket and Melkonian，1996）。每个堆所含有的膜囊数目在某些酵母中约为 4 个（Rossanese et al.，1999），在某些藻类中约为 30 个（Becket and Melkonian，1996）。在某些生物中，高尔基体潴泡不组织成堆栈，这在出芽酿酒酵母中最显著，潴泡分布于整个胞质（Preuss et al.，1992）。任何关于高尔基体功能的模型都必须将这种形态的显著多样性考虑在内。

不同的高尔基膜囊分别被称为顺面膜囊、中间膜囊或反面膜囊，以表明它们在分泌途径中的功能顺序。分泌蛋白先到达顺面膜囊，然后依次移动到中间膜囊和反面膜囊。在这个过程中，新合成的蛋白质和糖脂中的侧链被一系列驻留在高尔基体中的酶类进行广泛的修饰（Mellman and Simons，1992）。高尔基体的出口通常指高尔基体反面网状结构或 TGN，分泌蛋白被分选到各种类型的运输载体中，运输到胞内体/溶酶体/液泡系统（第 14 章）或质膜（Keller and Simons，1997）。

关于分泌蛋白通过高尔基体的机制已争论了 40 多年。图 15.3 表示了两种最有可能的机制（Glick，2000）。根据稳定区室模型（stable compartments model），高尔基体的每个膜囊都是实体，含高尔基体酶，分泌蛋白在囊泡中从一个膜囊移到下一个膜囊中

(图 15.3A)，进入到 ERGIC 中的成分与顺面膜囊融合。小的蛋白质之后从一个膜囊被运输到下一个 COPI 囊泡中，大的蛋白质则被运输到“巨型囊泡”（megavesicle）中(Rothman and Wieland，1996；Pelham and Rothman，2000)。在 TGN，各种蛋白质将被分隔到不同级别的囊泡中，运往胞内体或质膜。根据这种观点，当分泌蛋白被包裹到运输囊泡中时，高尔基体中的酶类仍保留在膜囊中。图 15.3B 表示的是另一种被称为“膜囊成熟”的模型。根据这个模型，每个高尔基体膜囊是一种暂时性的区室（Glick and Malhotra，1998)。新的膜囊通过 ERGIC 的同型融合在堆栈的顺面形成。之后这种膜囊进一步经过堆栈移到反面膜囊，并在这个过程中成熟。成熟过程受反向运动的 COPI囊泡的调节：一个膜囊把其中一套高尔基体酶输出到将要进入子代膜囊的囊泡中，同时接受囊泡中从老的膜囊中得到的一套不同的高尔基体酶。在 TGN 中，最终成熟的膜囊通过破碎成各种级别的运输载体而消失。根据这种观点，分泌蛋白在高尔基体中的酶类被包装到运输囊泡中时仍保留在成熟膜囊中。

还没有就这两种模型哪一个更准确形成一致意见，许多研究者相信，高尔基体的体内运输涉及两种机制，见图 15.3。存在争论的是，膜囊的成熟过程很慢，因此无法解释通过高尔基体堆的运输速度（Pelham and Rothman，2000)，也无实验支持这种观

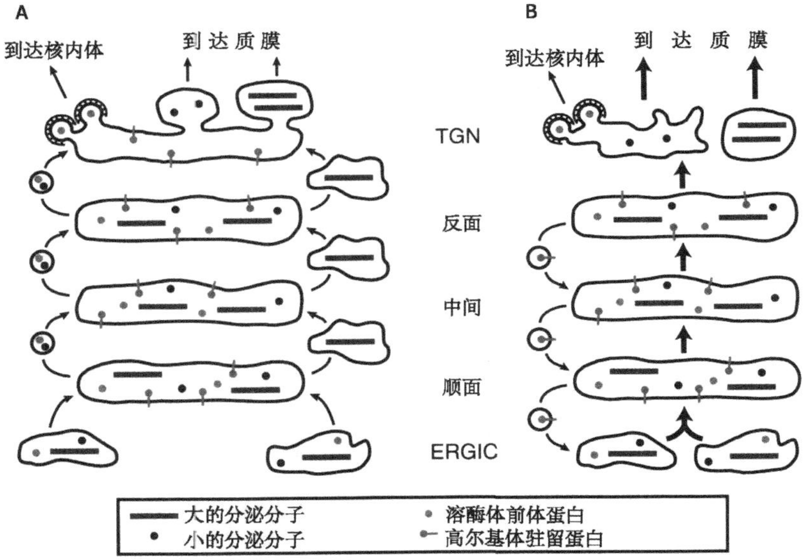

图 15.3　蛋白质通过高尔基体堆进行运输的两种模型：稳定区室模型（A）和膜囊成熟模型（B)。细箭头表示囊泡介导的运输，粗箭头表示成熟过程。一些研究者建议将这两种模型结合起来。(A) 囊泡介导的在稳定的高尔基体膜囊之间进行的运输。ERGIC 与预先存在的顺面膜囊融合。之后，分泌蛋白从一个高尔基体膜囊转运到下一个 COPI 囊泡和（或）巨大囊泡。在 TGN，分泌蛋白被分选进入网格蛋白包被的囊泡中，再被运送到质膜。(B) 高尔基体膜囊的成熟。ERGIC 与另一个 ERGIC 融合产生一个新的顺面膜囊。分泌蛋白仍留在这个膜囊中，由于 COPI 介导高尔基体驻留蛋白的循环，膜囊成熟。在 TGN，网格蛋白包被的囊泡携带某些分泌蛋白从 TGN 脱离，到达核内体，其余的分泌蛋白被分隔至分泌载体——膜囊残余物。经 Excerpta Medica Inc 许可，根据 *Current Opinion in Cell Biology*，**12**，Glick，B. S.，Organization of the Golgi apparatus，pp. 450-456，Copyright 2000 重新绘制。

点。也许未解决的重要问题是关于 COPI 囊泡的内含物和移动方向（第 16 章）。根据稳定区室模型，COPI 囊泡中应当含有分泌蛋白，并且向前移动，而根据成熟模型，COPI 中应当含高尔基体驻留蛋白，并且逆行移动。支持两方面的证据都有（Orci et al.，2000a；Lanoix et al.，1999）。由于发现高尔基体膜囊产生一种 COPI 囊泡，使得这种分析更为复杂（Orci et al.，2000b）。甚至还不清楚 COPI 囊泡是否以一种直接的方式通过高尔基体堆栈，或是否它们只简单地随机与膜囊融合，得到高尔基体中的全部内含物（Orci et al.，2000b）。显然，需要进行更多的研究，重点是高尔基体的运转方式。

另一个未知问题是控制高尔基体组织的机制。成熟模型也许能够解释高尔基体膜囊的堆积问题：如果一个新的膜囊在一个 tER 位点附近形成，并且之后另一个膜囊在第一个膜囊之后形成，如此下去这些膜囊将形成一个堆（Ghck，2000）。对于某些生物，如毕赤酵母属在紧邻 tER 位点处存在相对简单的高尔基体堆，这种机制是适用的（Rossanese et al.，1999）。而在脊椎动物和植物细胞中情况要复杂得多，堆栈中的蛋白质要分布到邻近的膜囊中（Linstedt，1999；Ladinsky et al.，1999）。高尔基体组织方面的另一个突出和普遍存在问题是膜囊边缘的管状化问题（Mollenhauer and Morré，1991）。脊椎动物高尔基体膜囊通过小管在两侧连接起来，这些小管可能是在 ERGIC 进行同型融合时顺面膜囊产生的延伸物（见上）。此外，在脊椎动物细胞的连续高尔基体堆和其他类型细胞的非连续高尔基体堆中都发现有小管突起（Mollenhauer and Morr& 1991；Ladinsky et al.，1999）。它们可能由脂代谢反应产生（de Figueiredo et al.，1999；Weigert et al.，1999）。在高尔基体小管功能未知的同时，这种现象可能反映出高尔基体膜囊进行了一种更普遍的分隔，形成不同的生物化学亚区（Weidman et al.，1993）。

高尔基体为什么要分为多个膜囊？在原理上，高尔基体中进行的糖加工和蛋白质分选可以在单独区室中进行。已提出了两种解释。“蒸馏塔”（distillation tower）模型认为，每个膜囊选择性地去除从内质网中脱出的驻留蛋白，使其重新返回内质网，留下分泌蛋白继续向前移动通过高尔基体（Rothman and Wieland，1996）。内质网蛋白的这种循环确实是一种重要的过程（Pelham，1995），但蒸馏假说解释不了在许多细胞中见到的大量高尔基体膜囊，因为内质网输出是高度选择性的，内质网驻留蛋白很少逃到高尔基体的顺面膜囊中。“延迟定时器”（delay timer）模型将高尔基体视为一条装配线，认为在高尔基体内发生的生物合成过程在不同类型细胞中需要的时间不同（Glick and Malhotra，1998）。因此，细胞产生的分泌产物越复杂，每个堆就需要有更多的膜囊，分泌产物在高尔基体中停留的时间越长。有证据支持这种观点，每个高尔基体堆中膜囊的数目可能与细胞合成分泌产物的复杂度密切相关（Becket and Melkonian，1996）。

小结：蛋白质通过高尔基体的转运

- 高尔基体由多个膜囊区室组成，膜囊经常表现为管状突起。在多数真核生物中膜囊形成有序的堆，可分开，也可相连。但某些出芽酵母含有非堆积式高尔基体膜囊。
- 分泌蛋白按照顺面膜囊→中间膜囊→反面膜囊→高尔基体反面网状结构的顺序通过高尔基体。高尔基体的区室性质便于对蛋白质进行多步加工。
- 蛋白质通过高尔基体可能涉及囊泡运输和（或）膜囊成熟。根据囊泡运输模型，高尔基体区室是稳定的实体，可通过囊泡进行物质交换。根据膜囊成熟模型，高尔基体区室是过渡结构，经历从头形成、成熟和最终消失过程。

15.4 蛋白质输出到 TGN 外

在蛋白质从高尔基体堆运出的过程中，TGN 作为分选位点（Keller and Simons，1997）。高分辨率电子显微镜显示，从顺面膜囊到反面膜囊形成的 COPI 囊泡在 TGN 中形成网格蛋白包被囊泡的过程中，高尔基体膜囊经历了一次功能突变（Ladinsky et al.，1999）。网格蛋白包被的囊泡将物质运输到胞内体/溶酶体/液泡系统中（第 14 章）。此外，TGN 产生分泌载体，包括组成型分泌囊泡和受调节的分泌颗粒。这些分选过程涉及将不同分泌蛋白和脂类分隔到 TGN 的不同亚区（Keller and Simons，1997；Brown et al.，2001）。在 TGN 进行的分选过程被详尽描述，但被理解的很少，它可能需要从胞质调集各种骨架蛋白和膜蛋白（Stow and Heimann，1998；Liljedahl et al.，2001；Brown et al.，2001）。

图 15.3 表示的两种模型暗示了分泌载体形成的不同机制。在稳定区室模型中（图 15.3A），分泌载体从相同的 TGN 区室重复地出芽产生。在成熟模型（图 15.3B）中，分泌载体通过 TGN 融合及最终成熟产生。与后一种模型一致，分泌载体的产生似乎不涉及经典包被驱使的出芽过程。相反，受调节的分泌颗粒经历一个渐进的成熟和浓缩过程（Arvan and Castle，1998），所谓的分泌囊泡实际上是大的、有多种形态的结构，似乎是 TGN 膜囊的残余物（Polishchuk et al.，2000）。因此，在 TGN 进行的分选可能涉及有包被囊泡的出芽、膜亚区的形成及区室成熟。

细胞骨架协助分泌蛋白运输到细胞表面（见下）。极性细胞含有多种级别的分泌囊泡，被运往质膜上一个或多个不同区域（Keller and Simons，1997；Pruyne and Bretscher，2000）。在出芽酵母中，一种被称为外囊的寡聚系留复合体与一种小的 GTP 酶结合，将分泌蛋白运输到极性化生长的位点（Guo et al.，1999）。在哺乳动物中，外囊将分泌蛋白运输到极性化上皮细胞的基底外侧的膜结构域（Mostov et al.，2000）。与细胞中其他囊泡运输过程一样（第 16 章），分泌囊泡的系留到质膜的过程伴随着一个蛋白质催化的融合反应。之后，可溶性分泌蛋白从细胞中释放出去，而膜结合蛋白整合到质膜中。

小结：蛋白质输出到 TGN 外

- 在 TGN，不同蛋白质被分选到不同运输载体，包括网格蛋白包被的囊泡和分泌载体。
- 分泌载体的形成可能包括从稳定 TGN 出芽或其他 TGN 膜囊的最终成熟。
- 专门的蛋白质调节分泌载体向质膜的定向及随后的融合。

15.5 蛋白质向内质网和高尔基体的定位

最初转运进入或穿过内质网膜囊的某些蛋白质并没有进入分泌途径或被运往胞内体/溶酶体/液泡系统，而是永久驻留在内质网。例如，内质网腔中含有高浓度的可溶性分子伴侣蛋白（第 7 章和第 9 章）。这些分子伴侣大多是从 COPII 囊泡出芽产生的（Barlowe，2000）。渗漏到内质网外的分子伴侣被一种定位在高尔基体上的跨膜受体捕获，该受体可识别分子伴侣最靠近 C 端的四肽 KDEL 或相关序列（Pelham，1995）。分子伴侣和 KDEL 受体之间的复合体被包装到 COPI 囊泡中再循环到内质网（Aoe et al.，1998）。一种类似的机制将从内质网脱离的膜蛋白重新转运回来，这些膜蛋白在其胞质 C 端含有一段 C 端 K(X)KXX 肽段（X 代表任何氨基酸）（Pelham，1995）。这段 K(X) KXX 信号直接结合到 COPI 包被上（Cosson and Letourneur，1997）。此外，定位在高尔基体的蛋白 Rer1 可使某些逃离的内质网膜蛋白重新循环，Rer1 即可与 COPI 结合，也可与逃离的内质网膜蛋白的跨膜序列结合（Sato et al.，2001）。在所有这些情况中，依赖于 COPI 的循环仅对偶尔从内质网“渗漏”出的那些蛋白质起作用。蛋白质定位到内质网的主要机制是通过将蛋白 COPII 从囊泡中排出，使之滞留在内质网中。

某些进入分泌途径的蛋白质离开内质网后永久驻留高尔基体。TGN 膜蛋白在胞内体和（或）质膜间循环，这种循环由 TGN 蛋白胞质尾部中的信号引发（Gleeson，1998）。因此，TGN 蛋白主要或只通过循环过程进行定位。对于驻留在顺面、中间和反面高尔基体膜囊中的蛋白质的定位过程了解还很少。多数驻留在高尔基体中的酶类属于 II 型膜蛋白，它们具有 N 端胞质尾巴，定位信号位于跨膜结构域和侧翼区域中（Gleeson，1998）。可是还不清楚这些定位信号是滞留信号还是循环信号。根据稳定区室模型（图 15.3A），驻留在高尔基体中的酶类应当位于膜囊中。在这种情况中，定位信号不知什么原因阻止高尔基体酶类进入前行的 COPI 囊泡中。根据成熟模型（图 15.3B），驻留在高尔基体中的酶类应当不断从成熟的膜囊中获得。在这种情况中，不知什么原因定位信号促使高尔基体酶包装进入逆行 COPI 囊泡。这些模型中的任何一种都可以解释利用特殊的伴侣蛋白引发对高尔基体定位信号的识别机制，或者将驻留在高尔基体的酶分配到特定的脂质亚空间的机制，或同时解释上述两种机制。

如前所述，即使是内膜系统蛋白质也要经过两个或多个区室，有些区室中的分级可发生变化，因此蛋白质“驻留”在某个分泌区室中是一个相当模糊的概念。尤其是成熟模型认为，高尔基体经常发生变化。这令人难以接受，因为我们惯于把细胞视为机器；可是尽管人们利用稳定的、明确的组分制造机器，细胞似乎却在使用不断变化的组分。如果我们接受这种观点，认为内膜系统中的某些组分是经常更新的，那么我们所面临的挑战就是如何对运输过程进行一个严格的、定量的描述。一种可行的方法就是建立动力学模型。例如，采用荧光漂白方法得到不同区室之间某种蛋白质的运动速率常数，这些数值可以整合到模型中，这些模型具有预测能力和解释功能（Hirschberg et al.，1998）。另一个例子是关于驻留在高尔基体中的酶类在高尔基体中的分布。多年来已知各种高尔基体酶集中在顺面膜囊、中间膜囊或反面膜囊中（Farquhar and Hauri，1997），但积累的证据表明，高尔基体酶在膜囊之间移动，一种特定的酶实际上出现在多种膜囊中（Harris and Waters，1996；Rabouille et al.，1995）。这些观察结果与成熟模型吻合，成熟模型认为高尔基体酶在膜囊成熟过程中不断在高尔基体中循环（图 15.3B）。可是，成熟过程如何在特定的膜囊中造成不同高尔基体酶形成一种极性化的稳定浓度状态还不清楚。为了解释这种高尔基体的极性，有人提出驻留在高尔基体中的酶类在包装进入逆行 COPI 囊泡的过程中是竞争关系（Glick et al.，1997）。最有力的竞争者最终将在顺面膜囊中被浓缩，而竞争中的弱者将进入到中间膜囊或反面膜囊中。利用计算机对这种观点进行模拟，结果肯定了竞争机制对于观察到的高尔基体酶的分布可能是起作用的（图 15.4）。当然，这个结果并不能证明竞争性成熟在高尔基体中确实发生了，后来的模拟已表明，其他机制也可对高尔基体的极性产生作用（Weiss and Nilsson，2000）。这些初步的研究表明，量化的动力学模型对于理解分泌作用的组织形式将是一种有用的工具。

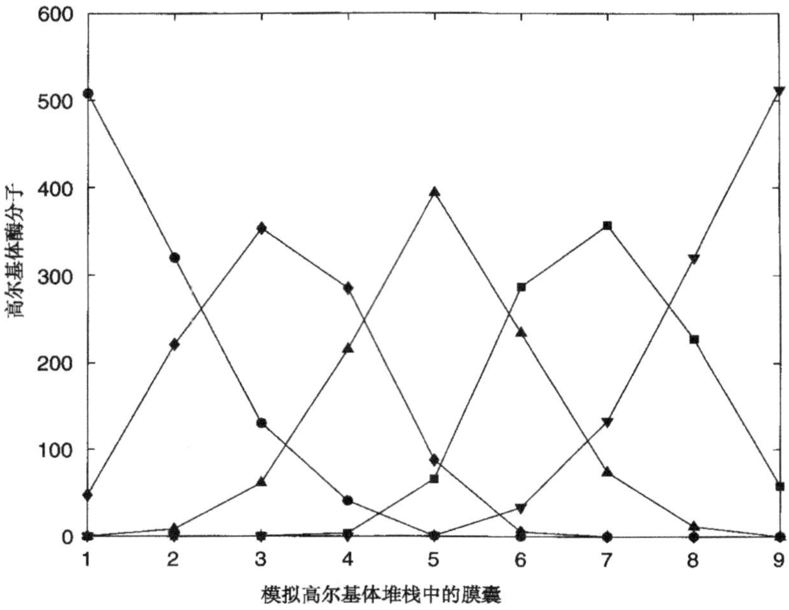

图 15.4　计算机模拟竞争成熟模型中高尔基体酶的分布。这个模型整合了一个由 9 个膜囊组成的堆栈中 5 种假设的高尔基体酶（标记为●、◆、▲、■、▼）。当每个膜囊成熟时，其高尔基体驻留酶以随机方式彼此竞争，包装到逆行 COPI 囊泡中，COPI 囊泡将其中的内含物运送到邻近的新生膜囊。●、◆、▲、■、▼系列中的每种酶似乎比此前整合到特定 COPI 囊泡中酶都大约增多了 12 倍。一旦最外侧的反面膜囊将高尔基体酶全部放出，残留的膜囊进一步发展，开始形成新的顺面膜囊。当这个系统达到稳定状态后，记录下每个膜囊中酶分子的平均数。结果这 5 种高尔基体酶在堆栈中表现出部分重叠的分布峰。这个模式类似于实验观察到的实际高尔基体堆栈中高尔基体驻留酶类的分布情况。经许可根据 Glick et al.（1997）重新绘制。

小结：蛋白质定位到内质网和高尔基体

- 内质网驻留蛋白大部分是由 COPII 运输囊泡中排出，而不是偶然逃逸出来的，这些蛋白质利用 COPI 囊泡进行循环。典型的内质网驻留蛋白循环信号包括 C 端的 KDEL 和 K（X）KXX。
- TGN 驻留蛋白从后面的区室返回后被定位。
- II 型高尔基体驻留蛋白在其跨膜结构域和侧翼区域中含有定位信号。还不知道这些定位信号是否调节蛋白质的滞留或循环。
- 内膜系统的多数蛋白质在多个区室间不停地循环。

15.6 细胞骨架在分泌途径发挥的功能和组织过程中的作用

细胞骨架对于基本的分泌功能，包括选择性地将物质包装到有包被囊泡中，囊泡向目的区室定向，以及囊泡与目标膜的融合可能是不必要的（第 16 章）。但是，所有真核细胞利用细胞骨架协助分泌途径中的某些步骤。受协助的步骤以及参与协助的细胞骨架成分在各种细胞类型中不同。

在脊椎动物细胞中，微管在分泌和高尔基体组织过程中起重要作用。脊椎动物高尔基体也与肌动蛋白（Valderrama et al.，1998）、某些血影蛋白异构体（De Matteis and Morrow，2000）和中间纤丝（Gao and Sztul，2001）相互作用，但与微管的相互作用可能最显著。在靠近外周 tER 位点产生的 ERGIC 成分沿微管运输到靠近细胞核的带状高尔基体（见图 15.2），这个过程需要胞质动力蛋白/动力蛋白激活蛋白复合体的参与（Burkhardt，1998）。ERGIC 组分向中心体的转运与带状高尔基体的装配有关。蛋白质从高尔基体到内质网的循环也依赖于微管，并且受驱动蛋白家族的马达蛋白调节（Lippincott-Schwartz，1998）。最后，驱动蛋白驱使沿微管的运输将分泌载体从 TGN 运送到质膜（Lippincott-Schwartz，1998）。带状高尔基体与中心体的结合可能有助于分泌载体的这种依赖于微管的运输。

在某些真核生物中，微管在分泌途径中似乎不起作用。例如，出芽酵母的微管在细胞分裂过程中将核物质分割，而不影响胞质中的细胞器（Botstein et al.，1997）。因此，当用诺考达唑对毕赤酵母属进行处理，去除微管的多聚化时，tER- Golgi 系统的组织形成不发生改变（Rossanese et al.，1999）（图 15.5）。而用诺考达唑对脊椎动物细胞处理则可以诱导带状高尔基体破碎，形成许多“微小堆栈”（ministacks）（Kreis et al.，1997）。这些微小堆栈位于 tER 位点附近（Cole et al.，1996；Hammond and Glick，2000）。换言之，就 tER 和高尔基体组织形式而言，经诺考达唑处理过的脊椎动物细胞类似于一个大的毕赤酵母属细胞（图 15.5）。这种相似性表明，高尔基体堆栈与 tER 位点的结合是一种进化保守现象，并且脊椎动物细胞依赖微管运输高尔基体组分已经又增添了一层复杂性。

加入诺考达唑后脊椎动物的带状高尔基体是如何破碎的呢？这个问题仍存在争议。多年来人们猜测，微管解体后，此前存在的带状高尔基体破碎成更小的单位，逐渐扩散到整个细胞质。这个破碎模型不断得到实验支持，它与高尔基体是一种稳定的独立细胞器的观点吻合（Shima et al.，1998；Pelletier et al.，2000）。最近，几个研究小组提出，阻止依赖于微管的 ERGIC 组分运输到带状高尔基体可导致在紧挨着 tER 位点的地方形成新的高尔基体堆栈，而此前已有的带状高尔基体则发生皱缩（Cole et al.，1996；Storrie et al.，1998）。从头形成模型与认为高尔基体是内质网的动态副产物的观点吻合。因此，关于高尔基体-细胞骨架的研究为回答有关高尔基体特性等基础问题带来了希望。

出芽酵母和植物细胞利用肌动蛋白纤丝来固定高尔基体组分（Rossanese et al.，2001；Nebenfuhr and Staehelin，2001）。而且，出芽酵母依靠肌动球蛋白驱使的运输将分泌载体从高尔基体运往质膜上适当的位置（Pruyne and Bretscher，2000）。当酿酒

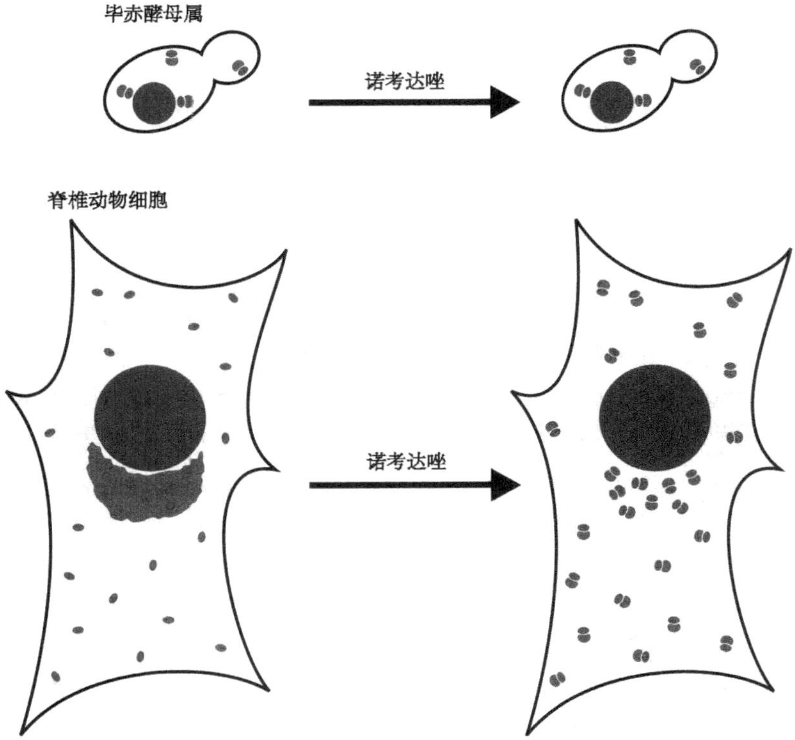

图 15.5　诺考达唑对两种代表性细胞类型中分泌途径组织形式的不同影响，tER 位点用红色表示，高尔基体组分用绿色表示。在出芽毕赤酵母属中，单个高尔基体堆栈位于紧邻 tER 位点处。利用诺考达唑破坏酵母的微管并不改变 tER-Golgi 系统。在脊椎动物细胞中，tER 位点遍布于细胞质，而高尔基体只在细胞核附近形成带状结构。用诺考达唑破坏脊椎动物细胞中的微管可阻止带状高尔基体的形成，并导致在邻近 tER 位点处出现分散的高尔基体堆栈。因此，从 tER-Golgi 系统的组织形式来看，经诺考达唑处理过的脊椎动物细胞类似于一个巨大的毕赤酵母属细胞，这表明 tER 和高尔基体之间紧密的相互关系在进化过程中是保守的。另见彩图。

酵母中肌动蛋白的功能遭到破坏时，分泌载体不再定向到极性化生长的位点，而与整个质膜融合。在极性化脊椎动物上皮细胞中也观察到类似的效果，微管的功能对于将分泌载体运送到质膜中不同的结构域是必需的（Lippincott-Schwartz，1998）。因此，细胞骨架为理解膜运输过程的特殊性提供了线索。

小结：细胞骨架在分泌途径发挥的功能和组织过程中的作用

- 细胞骨架对于分泌途径的基本功能并不重要，但帮助运输载体到达适当的位置。
- 在脊椎动物细胞中，微管引导 ERGIC 组分到达细胞核附近的高尔基体，并引导分泌载体从 TGN 到达质膜。破坏微管可导致脊椎动物的带状高尔基体破碎成“微小堆栈”。
- 在植物和出芽酵母中，肌动蛋白纤丝影响分泌和高尔基体组织。

15.7 展望

利用光学和电子显微镜最先对分泌途径进行阐述（Berger，1997）。过去 20 年间，遗传学和生物化学研究已拓展了早期的描述性研究，为囊泡运输提供了详细的分子信息（Duden and Schekman，1997；Farquhar and Hauri，1997）。现在，显微镜再次成为研究者们重新研究分泌途径的组织和动态变化的首选工具。视频荧光显微镜重点研究分泌途径中区室的巨大可塑性，而三维电子显微 X 射线断层摄影术以前所未有的分辨率给出这些细胞器的图像（Lippincott-Schwartz et al.，2001；Ladinsky et al.，1999）。

这个领域中的每项进展都强调了仍有许多知识需要了解。纵观分泌途径就可以说明这一点。例如，tER 位点是如何产生和保持的？ERGIC 是通过 COPII 囊泡的同型融合产生的吗？如果是这样，如何调节此过程呢？同样，ERGIC 组分经过融合形成新的顺面膜囊吗？如果是，细胞如何确定膜囊完全形成了？分泌载体是如何转运通过高尔基体的？是通过囊泡运输，还是膜囊成熟，或二者都有？COPI 囊泡的内含物是什么？这些囊泡如何被引导至目的地？是什么调节机制确保内质网到高尔基体的顺行运输与高尔基体到内质网的逆行运输保持平衡？高尔基体为什么被分割成多个膜囊？细胞如何调节高尔基体膜囊的大小和数目？不同级别的蛋白质是如何被分选到 TGN 不同的亚区域中的？分泌载体是从稳定的 TGN 出芽产生的吗？或者它们是成熟 TGN 膜囊的残余物？如果读者对这些问题感兴趣，请加入到这些研究中来，我们需要所有可以得到的帮助。

15.8 参考文献

Aoe，T.，Lee，A. J.，van Donselaar. E.，Peters. P. J. and Hsu. V. W. （1998）Modulation of intracellular transport by transported proteins：insights from regulation of COPI-mediated transport. *Proc Natl Acad Sci USA* **95**：1624-1629.

Arvan，P. and Castle，D. （1998）Sorting and storage during secretory granule biogenesis：looking backward and looking forward. *Biochem J* **332**：593--610.

Bannykh，S. I. and Balch，W. E. （1997）Membrane dynamics at the endoplasmic reticulum-Golgi interface. *J Cell Biol* **138**：1-4.

Barlowe，C. （2000）Traffic COPs of the early secretory pathway. *Traffic* **1**：371-377.

Becker，B. and Melkonian. M. （1996）The secretory pathway of protists：spatial and functional organization and evolution. *Microbiol Rev* **60**：697-721.

Berger，E. G. （1997）The Golgi apparatus：from discovery to contemporary studies. In：Berger，E. G. and Roth，J. （eds）*The GolgiApparatus*，pp. 1-35. Basel：Birkhäuser Verlag.

Botstein，D.，Amberg，D.，Mulholland. J.，Huffaker. T. et al. （1997）The yeast cytoskeleton. In：Pringle，J. R.，Broach. J. R. and Jones. E. W. （eds）*The Molecular and Cellular Biology of the Yeast Saccharomyces*. pp. 1-90. Cold Spring Harbor. NY：Cold Spring Harbor Laboratory Press.

Brown，D. L.，Heimann. K.，Lock. J. et al. （2001）The GRIP domain is a specific targeting sequence for a population of trans-Golgi network derived tubulo-vesicular carriers. *Traffic* **2**：336-344.

Burkhardt，J. K. （1998）The role of microtubule-based motor proteins in maintaining the structure and function of the Golgi complex. *Biochim Biophys Acta* **1404**：113-126.

Cole，N. B.，Sciaky，N.，Marotta. A.，Song. J. and Lippincott-Schwartz. J. （1996）Golgi dispersal during microtubule disruption: regeneration of Golgi stacks at peripheral endoplasmic reticulum exit sites. *Mol Biol Cell* **7**: 631-650.

Cosson, P. and Letourneur, F. (1997) Coatomer (COPI) -coated vesicles: role in intracellular transport and protein sorting. *Curr Opin Cell Biol* **9**: 484-487.

de Figueiredo, P, Polizotto. R. S., Drecktrah. D. and Brown. W. J. (1999) Membrane tubule-mediated reassembly and maintenance of the Golgi complex is disrupted by phospholipase A_2 antagonists. *Mol Biol Cell* **10**: 1763-1782.

De Matteis, M. A. and Morrow. J. S. (2000) Spectrin tethers and mesh in the biosynthetic pathway. *J Cell Sci* **113**: 2331-2343.

Duden, R. and Schekman, R. (1997) Insights into Golgi function through mutants in yeast and animal cells. In: Berger, E. G. and Roth, J. (eds) *The GolgiApparatus*. pp. 219-246. Basel: Birkhäuser Verlag.

Farquhar, M. G. and Hauri, H. -P. (1997) Protein sorting and vesicular traffic in the Golgi apparatus. In: Berger, E. G. and Roth, J. (eds) *The Golgi Apparatus*. pp. 63-129. Basel: Birkhäuser Verlag.

Gao, Y. and Sztul, E. (2001) A novel interaction of the Golgi complex with the vimentin intermediate filament cytoskeleton. *J Cell Biol* **152**: 877-894.

Gleeson, P. A. (1998) Targeting of proteins to the Golgi apparatus. *Histochem Cell Biol* **109**: 517-532.

Glick, B. S. (2000) Organization of the Golgi apparatus. *Curr Opin Cell Biol* **12**: 450-456.

Glick, B. S. and Malhotra, V. (1998) The curious status of the Golgi apparatus. *Cell* **95**: 883-889.

Glick, B. S., Elston, T. and Oster, G. (1997) A cisternal maturation mechanism can explain the asymmetry of the Golgi stack. *FEBS Lett* **414**: 177-181.

Griffing, L. R. (1991) Comparisons of Golgi structure and dynamics in plant and animal cells. *J Electron Microsc Tech* **17**: 179-199.

Guo, W., Roth, D., Walch-Solimena, C. and Novick, P. (1999) The exocyst is an effector for Sec4p, targeting secretory vesicles to sites of exocytosis. *EMBO J* **18**: 1071-1080.

Hammond, A. T and Glick, B. S. (2000) Dynamics of transitional endoplasmic reticulum sites in vertebrate cells. *Mol Biol Cell* **11**: 3013-3030.

Harris, S. L. and Waters, M. G. (1996) Localization of a yeast early Golgi mannosyl transferase, Ochlp, involves retrograde transport. *J Cell Biol* **132**: 985-998.

Helenius, A., Mellman, I., Wall, D. and Hubbard, A. (1983) Endosomes. *Trends Biochem Sci* **8**: 245-250.

Herrmann, J. M., Malkus, P. and Schekman, R. (1999) Out of the ER-outfitters, escorts and guides. *Trends Cell Biol* **9**: 5-7.

Hirschberg, K., Miller, C. M., Ellenberg, J. et al. (1998) Kinetic analysis of secretory protein traffic and characterization of Golgi to plasma membrane transport intermediates in living cells. *J Cell Biol* **143**: 1485-1503.

Keller, P. and Simons, K. (1997) Post-Golgi biosynthetic trafficking. *J Cell Sci* **110**: 3001-3009.

Klumperman, J. (2000) Transport between ER and Golgi. *Curr Opin Cell Biol* **12**: 445-449.

Kreis, T. E., Goodson, H. V., Perez, F. and Rönnholm, R. (1997) Golgi apparatus-cytoskeleton interactions. In: Berger, E. G. and Roth, J. (eds) *The GolgiApparatus*. pp. 179-193. Basel: Birkhäuser Verlag.

Ladinsky, M. S., Mastronarde, D. N., Mclntosh, J. R., Howell, K. E. and Staehelin. L. A. (1999) Golgi structure in three dimensions: functional insights from the normal rat kidney cell. *J Cell Biol* **144**: 1135-1149.

Lanoix, J., Ouwendijk, J., Lin, C. C. et al. (1999) GTP hydrolysis by arf-1 mediates sorting and concentration of Golgi resident enzymes into functional COPI vesicles. *EMBO J* **18**: 4935-4948.

Liljedahl, M., Maeda, Y., Colanzi, A. et al. (2001) Protein kinase D regulates the fission of cell surface destined transport carriers from the trans-Golgi network. *Cell* **104**: 409-420.

Linstedt, A. D. (1999) Stacking the cisternae. *Curr Biol* **9**: R893-R896.

Lippincott-Schwartz, J. (1998) Cytoskeletal proteins and Golgi dynamics. *Curr Opin Cell Biol* **10**: 52-59.

Lippincott-Schwartz, J., Snapp, E. and Kenworthy, A. (2001) Studying protein dynamics in living cells. *Nat Rev Mol Cell Biol* **2**: 444-456.

Mellman. I. and Simons, K. (1992) The Golgi complex: *in vitro* veritas? *Cell* **68**: 829-840.

Mollenhauer, H. H. and Morré, D. J. (1991) Perspectives on Golgi apparatus form and function. *J Electron Microsc Tech* **17**: 2-14.

Mostov, K. E., Verges, M. and Altschuler, Y. (2000) Membrane traffic in polarized epithelial cells. *Curr Opin Cell Biol* **12**: 483-490.

Munro, S. (1998) Localization of proteins to the Golgi apparatus. *Trends Cell Biol* **8**: 11-15.

Nebenfuhr, A. and Staehelin, L. A. (2001) Mobile factories: Golgi dynamics in plant cells. *Trends Plant Sci* **6**: 160-167.

Orci, L., Amherdt, M., Ravazzola, M., Perrelet, A. and Rothman, J. E. (2000a) Exclusion of Golgi residents from transport vesicles budding from Golgi cisternae in intact cells. *J Cell Biol* **150**: 1263-1270.

Orci, L., Ravazzola, M., Volchuk, A. et al. (2000b) Anterograde flow of cargo across the Golgi stack potentially mediated via bidirectional "percolating" COPI vesicles. *Proc Natl Acad Sci USA* **97**: 10400-10405.

Pelham, H. (1995) Sorting and retrieval between the endoplasmic reticulum and Golgi apparatus. *Curr Opin Cell Biol* **7**: 530-535.

Pelham, H. R. and Rothman, J. E. (2000) The debate about transport in the Golgi - two sides of the same coin? *Cell* **102**: 713-719.

Pelletier, L., Jokitalo, E. and Warren, G. (2000) The effect of Golgi depletion on exocytic transport. *Nat Cell Biol* **2**: 840-846.

Polishchuk. R. S.. Polishchuk, E. V., Marra, P. et al. (2000) Correlative light-electron microscopy reveals the tubular-saccular ultrastructure of carriers operating between the Golgi apparatus and plasma membrane. *J Cell Biol* **148**: 45-58.

Preuss, D., Mulholland, J., Franzusoff, A., Segev, N. and Botstein, D. (1992) Characterization of the *Saccharomyces* Golgi complex through the cell cycle by immunoelectron microscopy. *Mol Biol Cell* **3**: 789-803.

Pruyne, D. and Bretscher, A. (2000) Polarization of cell growth in yeast. II. The role of the cortical actin cytoskeleton. *J Cell Sci* **113**: 571-585.

Rabouille, C., Hui, N., Hunte, F. et al. (1995) Mapping the distribution of Golgi enzymes involved in the construction of complex oligosaccharides. *J Cell Sci* **108**: 1617-1627.

Rambourg, A. and Clermont, Y. (1997) Three-dimensional structure of the Golgi apparatus in mammalian cells. In: Berger, E. G. and Roth, J. (eds) *The Golgi Apparatus*, pp. 37~61. Basel: Birkhäuser Verlag.

Rossanese, O. W., Soderholm, J., Bevis, B. J. et al. (1999) Golgi structure correlates with transitional endoplasmic reticulum organization in *Pichia pastoris* and *Saccharomyces cerevisiae*. *J Cell Biol* **145**: 69-81.

Rossanese, O. W., Reinke, C. A., Bevis, B. J. et al. (2001) A role for actin, Cdclp and Myo2p in the inheritance of late Golgi elements in *Saccharomyces cerevisiae*. *J Cell Biol* **153**: 47-61.

Rothman, J. E. and Wieland, F. T. (1996) Protein sorting by transport vesicles. *Science* **272**: 227-234.

Sato, K., Sato, M. and Nakano, A. (2001) Rerlp, a retrieval receptor for endoplasmic reticulum membrane proteins, is dynamically localized to the Golgi apparatus by coatomer. *J Cell Biol* **152**: 935-944.

Shima, D. T., Cabrera-Poch, N., Pepperkok, R. and Warren, G. (1998) An ordered inheritance strategy for the Golgi apparatus: visualization of mitotic disassembly reveals a role for the mitotic spindle. *J Cell Biol* **141**: 955-966.

Stephens, D. J., Lin-Marq, N., Pagano, A., Pepperkok, R. and Paccaud. J.-P. (2000) COPI-coated ER-to-Golgi transport complexes segregate from COPII in close proximity to ER exit sites. *J Cell Sci* **113**: 2177-2185.

Storrie, B., White, J., Röttger, S. et al. (1998) Recycling of Golgi-resident glycosyl-transferases through the ER reveals a novel pathway and provides an explanation for nocodazole-induced Golgi scattering. *J Cell Biol* **143**: 1505-1521.

Stow, J. L. and Heimann, K. (1998) Vesicle budding on Golgi membranes: regulation by G proteins and myosin motors. *Biochim Biophys Acta* **1404**: 161-171.

Valderrama, F., Babia, T., Ayala, I. et al. (1998) Actin microfilaments are essential for the cytological positioning and morphology of the Golgi complex. *Eur J Cell Biol* **76**: 9-17.

Weidman, P., Roth, R. and Heuser, J. (1993) Golgi membrane dynamics imaged by freeze-etch electron microscopy: views of different membrane coatings involved in tubulation versus vesiculation. *Cell* **75**: 123-133.

Weigert, R., Silletta, M.G., Spanò, S. et al. (1999) CtBP/BARS induces fission of Golgi membranes by acylating lysophosphatidic acid. *Nature* **402**: 429-433.

Weiss, M. and Nilsson, T. (2000) Protein sorting in the Golgi apparatus: a consequence of maturation and triggered sorting. *FEBS Lett* **486**: 2-9.

16 囊泡转运

JOACHIM OSTERMANN，TOBIAS STAUBER 和 TOMMY NILSSON

16.1 引言

20 世纪五六十年代，Palade 和其他研究者们从亚显微结构水平揭示了蛋白质分泌过程中内质网和高尔基体的重要性，为我们今天对细胞内运输的认识奠定了基础。现在我们知道，定位到质膜上的蛋白质被输入到内质网，进行折叠、寡聚化、*N*-连接的糖基化，在通过囊泡从内质网输出之前，经过质量控制系统的检查（图 16.1）。这些囊泡中间物脱去包被，融合形成一种多向性膜结构，该膜结构由名为内质网-高尔基体中间

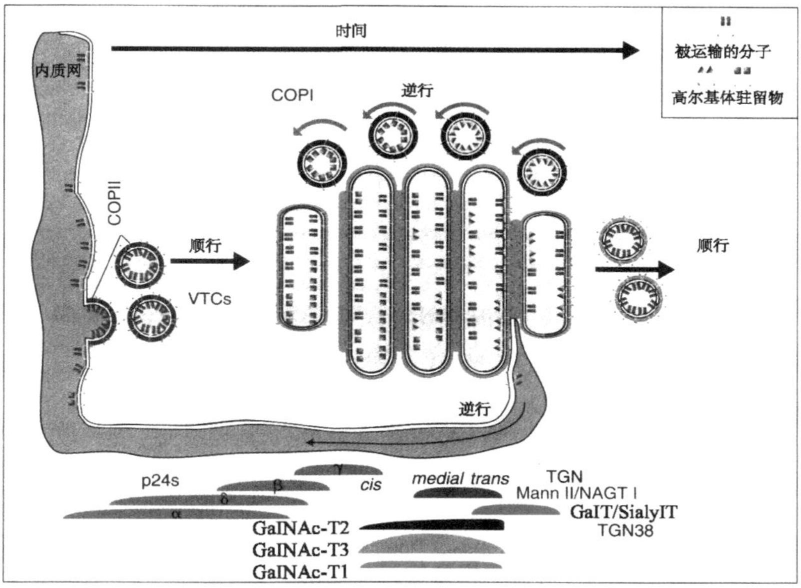

图 16.1 新合成的蛋白质通过 COPII 囊泡脱离内质网，COPII 囊泡是从内质网外周 100 多个位点上产生的。此后 COPII 囊泡移动到中央靠近核的高尔基体堆栈，这些堆栈的两侧彼此连接，被称为高尔基体。高尔基体中，新合成蛋白质在从顺面到达反面的过程受到修饰，如糖基化修饰。高尔基体蛋白和脂类的顺行运输和反向运输保持平衡，以保持高尔基体堆栈处于动态平衡中。通过不含包被的 COPI 和 COPII 囊泡在两侧方向的融合，膜囊载体进行装配。经过一段时间，膜囊载体接受驻留蛋白，如作用于被运输蛋白的糖基化酶。不久驻留蛋白被分选进入 COPI 囊泡，从而被运送到早期膜囊。在高尔基体反面，膜囊解离，将定位到质膜或内吞途径的蛋白质释放出来。其余的反面膜囊被内质网吸收，一些高尔基体驻留蛋白参与到非 COPI 依赖但 Rab6 依赖的循环中，在内质网直接接触到一些蛋白毒素，如 Shiga 毒素和 Shiga 样毒素（详见 Storrie et al.，2000）。注意每种驻留蛋白的梯度样分布。

载体（ERGIC）的有孔管状膜蛋白组成，之后该膜结构从 100 个左右不同的外周位点向中央高尔基体内移动（Saraste and Svensson，1991；Scales et al.，1997；Presley et al.，1997）。通过在微体上依赖于肌动蛋白和动力蛋白激活蛋白运输方式，许多 ERGIC 停靠到高尔基体平行向外扩展的顺面膜囊上，通过两侧连接形成新的顺面膜囊（Burkhardt et al.，1997；Ladinsky et al.，1999；Marsh et al.，2001）。新形成的膜囊将作为 ERGIC 停靠、平移的模板，再通过融合替换此前的反面膜囊。这个过程不停地重复，推动前面形成的膜囊带着蛋白质向反面移动，反面膜囊形成囊泡和管状结构，其中含有新合成的蛋白质，它们随囊泡和管状结构被进一步运输到质膜（见第 15 章）。其余的反面膜囊是如何被吸收的？可能与分散到高尔基体堆栈反面部分中的内质网进行了融合（Hermo et al.，1991；Ladinsky et al.，1999；Marsh et al.，2001；Storrie et al.，2000）。

这个分泌途径模型看起来相对简单。形成的膜向前移动，当释放出内含物后便被销毁（20 世纪 50 年代被形态学家所证实）。然而简单性只是这个模型的一个方面，其中还有一个复杂的机制来确保修饰酶和结构组分以相反的方向移动，这样才能保持它们存在于分泌途径中，而不丢失到质膜中。而且，由于各种酶发挥作用的早晚不同，酶在循环过程中不是以连续方式而是以重叠方式停留在分泌途径，将新合成的蛋白质分隔在囊膜运输过程中的不同阶段（图 16.1）。这需要一种循环系统，可识别分泌途径中的组成成分，并将它们与新合成蛋白分开。综合两个小组的研究结果，最初阐明了可执行这种功能的一种分子机器，第一个小组使用遗传学方法（Novick et al.，1980），第二个小组使用生物化学分级和互补方法（Fries and Rothman，1980；Baler et al.，1984）。

他们的工作以及其他研究者的工作已经确定了本章主要讲述的分泌途径中组成运输和循环系统的分子组分和囊泡运输中间体。最近，利用绿色荧光蛋白（GFP）也得到了有用信息，最重要的是使 ERGIC 由周围移动到高尔基体中央的过程可视化。运输囊泡在分泌途径中处于核心位置，我们将集中讨论它们在体外生化研究方面的作用，同时也会综述采用其他方法得到的重要发现。

16.2 转运囊泡——关于其是否存在引发的争论

转运囊泡存在于分泌途径的观点从未得到广泛的认同。最近对上述观点的反驳是基于在活细胞中，所有细胞器之间的运输步骤中都未观察到运输囊泡。通过构建 GFP 与顺行运输标记物之间的杂交分子，如水疱性口炎病毒的 G 蛋白（VSV-G）或已知参与循环途径中的蛋白质，可以观察到活细胞的运输过程。可是，在光学显微镜下没有观察到囊泡并不能说明它们不存在。来自形态学、分子生物学、遗传学和生物化学的研究支持运输囊泡的存在。对存在运输囊泡的否认已导致对其他假设运输机制的广泛思索。然而，在缺少关于非囊泡运输机制直接证据的情况下，只能借用西方哲学家 Occam（1287-1349）的名言“如无必要，勿增实体”（*entia non sunt multiplicanda sine necessitate*）了。这样也容易解释为什么在活细胞中还没有观察到运输囊泡。在使用 GFP 时，观察到的主要是长距离的移动。介于相邻高尔基体膜囊之间或离开内质网的囊泡移动总是紧靠大的和比 GFP 荧光更亮的膜结构，因此不可能被分辨出来。而且，循环的囊泡（见下文）从高尔基体到内质网的运输不必从中央高尔基体到达外周内质网出口位置。另外，由于内质网遍及整个细胞，囊泡可能直接停靠在内质网上并与之融合，因此总是紧靠高尔基体。高分辨率电子显微镜（EM）及三维（3D）重建已证明在高尔基体堆栈附近存在许多囊泡（例证见 Rambourg et al.，1981）。为了防止可能的管状结构形成均一大小的囊泡而造成的假象（囊泡自身有可能出现这种过程），已使用 EM 和 3D 高分辨 X 射线断层摄影术通过快速冷冻来保持它们的超微结构。与早期的形态学研究结果相符，在紧靠高尔基体膜囊处总看到多个囊泡和管状物聚集到膜上或彼此聚集在一起（Ladinsky et al.，1999；Marsh et al.，2001）。

16.3 COPI 和 COPII——包被蛋白在选择载体时的作用

通过囊泡包被选择载体的原理是由 Brown、Goldstein 和 Pearse 在 20 世纪 70 年代提出的。通过研究受体介导的内吞作用，他们证明，载体的选择和囊泡的形成是联合在一起的。典型的情况是，配体迅速地结合到受体的表面导致它们被分选并集中进入到由网格蛋白包被的凹陷内，此后内敛形成包被有网格蛋白的囊泡。网格蛋白是一种存在于胞质中的包被形成蛋白，通过被称为接头蛋白的连接蛋白结合到细胞表面受体的胞质结构域上。在分泌途径中发现，在接头蛋白和某些包被蛋白（COP）之间存在有同源物，这似乎表明，这些蛋白质源于共同的祖先基因，它们具有相同的功能（Scales et al.，2000）。在分泌途径中，两种不同类型的 COP——COPI 和 COPII 介导囊泡的运输步骤。COPI 囊泡大多紧靠高尔基体堆栈中形成芽的部位（Orci et al.，1986）。COPII 总是在内质网中被观察到（Barlowe et al.，1994）。两种囊泡包被在组成和形态方面有所不同，网格/接头包被在形态上表现为绒毛状或不规则（图 16.2）。

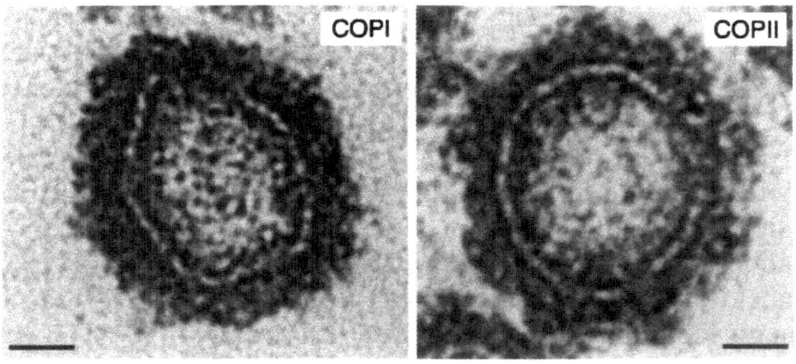

图 16.2　从酵母中纯化到的 COPI 和 COPII 转运囊泡（比例尺代表 20nm）（见 Schekman and Orci，1996）。图片由瑞士日内瓦大学 Lelio Orci 教授提供。

16.3.1 COPI

COPI 主要由两部分组成：外被体（coatomer），包括 7 个亚基［α、β、β′、γ、δ、ε；ζ（Waters et al.，1991)］；一个小的 GTPase——Arf-1（Serafini et al.，1991）。coatomer 的装配在胞质中进行，形成一个稳定的复合物，该复合物在 Arf-1 的帮助下重

新回到膜上。在某些体外条件下，coatomer 可解离成较小的复合体或单个亚基。采用这种方法已确定出亚基分子间，以及 Arf-1 与其他效应分子间的相互作用（Fauistich et aL. 1996；Lowe and Kreis，1996；Goldberg，1999；Eugster et al.，2000；Szafer et al.，2000）。Cosson 和 Letourneur（1994）在筛选可与 K（X）KXX 发生相互作用的分子时发现，COPI 可与膜蛋白的胞质结构域发生相互作用，K（X）KXX 是一种胞质循环模体，曾在几种内质网蛋白和位于内质网与高尔基体交界处的蛋白质中被发现（Nilsson et al.，1989；Jackson et al.，1990，1993）。

随后进行的酵母遗传学实验证实，这种相互作用的确与生理过程有关（Letourneur et al.，1994）。这项工作的重要性表现在两个方面。首先，发现了 COPI 的网格蛋白/接头是以载体选择的方式进行包被的，这个有效方法在 COPI 中都是相似的。其次，为 K（X）KXX 与 COPI 的关联提供实验证据，表明 COPI 囊泡参与了在分泌途径中进行的循环。

coatomer 结合到膜上需要 Arf-1 的参与。这种小的 GTP 酶以 GDP 的形式从胞质循环回到膜上，在膜上通过一种由 17 个氨基酸组成的两性螺旋与脂发生弱的结合，在两性螺旋的 N 端含有一个肉豆蔻酸。由 GDP 转换为 GTP 需要与膜发生更紧密的结合，这由一种鸟嘌呤转换因子（GEF）催化，GEF 与 Arf-1^{GDP} 紧密结合（Goldberg，1998；Mossessova et al.，1998；Cherfils et al.，1998）。核苷酸交换导致 Arf-1 的构象发生大的变化，导致 N 端螺旋的疏水残基暴露，使它可与膜紧密结合。寻找 Arf-1 GEF 是证明遗传学和生物化学之间具有协同作用的一个有趣例子。最终成功地发现在酵母和哺乳动物细胞中都存在 Arf-1 GEF。Sec7 首先被 Arf GEE，Novick、Field 和 Schekman 发现，（Novick et al.，1980）是在筛选分泌突变体时分离到不具有 GEF 的功能的 Sec7。

几乎 10 年后，人们才对真菌的代谢物布雷菲尔德菌素 A（brefeldin A，BFA）进行研究，BFA 可引起 coatomer 从高尔基体膜脱离、管状化，并随后与内质网融合。分级分离实验在高尔基体膜上鉴定出存在一种 BFA 敏感的 GEF 活性（Donaldson et al.，1992；Helms and Rothman，1992），但那时没有找到具体的分子。此后，Moss 和 Vaughan 从哺乳动物细胞（Morinaga et al.，1996）和酵母中部分地纯化出 p200/GEP，Jackson 在筛选显性的 Afl-2（功能与 Afl-l 相同）突变体抑制物时鉴定出 Gea1 和 Gea2 即为 Arf-1 GEF（Peyroche et al.，1996），Afl-2 突变体与 GTP 结合很弱。1997 年完成了 p200/GEP（也称为 BIG1）的克隆（Morinaga et al.，1997），就像 Gea1 和 Gea2 那样，p200/GEP 也对 BFA 敏感。尽管分子质量为 47 kDa，远远小于 Gea1、Gea2 或 p200/GEP，但 ARNO、ARNO3 和 cytohesin-1 都被鉴定与哺乳动物细胞中的 Arf GEF 相同。这些小分子质量的 GEF 不受 BFA 抑制。但 Chardin 及其合作者对 ARNO 的研究表明，Sec7 结构域（所有 Afl GEF 都有此结构域）催化 Arf 上的核苷酸转换（Chardin et al.，1996）。在近 20 年后的今天，一个大的 Arf-GEF 家族已被发现，这个家族通过 Sec7 结构域行使其催化作用。

由于 Afl-1GTP 牢固地结合到膜上，coatomer 便可被循环利用。在含有类似 K（X）KXX 模体的驻留蛋白存在时，这种结合被显著地加强（Bremser et al.，1999）。因此人们可以想象，当驻留蛋白存在时，coatomer 将与膜充分结合，以利于囊泡的形成。但这个过程似乎并不像看起来的那样直接发生。对于被分选进入到 COPI 囊泡的蛋白质，需要 Arf-1 对 GTP 进行水解（Lanoix et al.，1999）。但 Arf-1 对 GTP 进行水解导致 coatomer 从膜上释放以及 COPI 囊泡的去包被。我们证明，加入 GTPγS（一种非水解的 GTP 类似物）或 Arf-1 的 GTP 限制性突变物可阻断高尔基体蛋白进入 COPI 囊泡，继而去除已形成的囊泡的包被。需要水解 GTP 表明，正确的分选需要 coatomer 循环地与膜组合和分离。

图 16.3 描绘了这种循环的可能过程（基于文献 Lanoix et al.，1999，2001；Springer et al.，1999；Goldberg，2000）。Arf-1 介导的 GTP 水解需要一种 GTP 酶激活蛋白（GAP）（Randazzo and Kahn，1994；Makler et al.，1995）。缺少 GAP 时，Arf-1 催化 GTP 水解的速率降低 1000 倍。GAP 激活 Arf-1 介导的 GTP 水解受驻留蛋白的调节，驻留蛋白增多水解速率下降。只有充足的驻留蛋白存在时，coatomer 才能在膜上停留足够长的时间，保证囊泡的形成。coatomer 在膜上长时间停留使 coatomer 随后更有可能发生多聚化，在膜上形成斑点，coatomer 复合物与驻留蛋白结合，使驻留蛋白的浓度提高。在这个过程中，加入 GTPγS 可使 coatomer 稳定在膜上，因为 Arf-1 以类似于 GTP 的构象被固定。这抵消了对驻留蛋白的需求，下调了 GAP 的活性，从而在低驻留蛋白水平下也能形成有包被的囊泡。

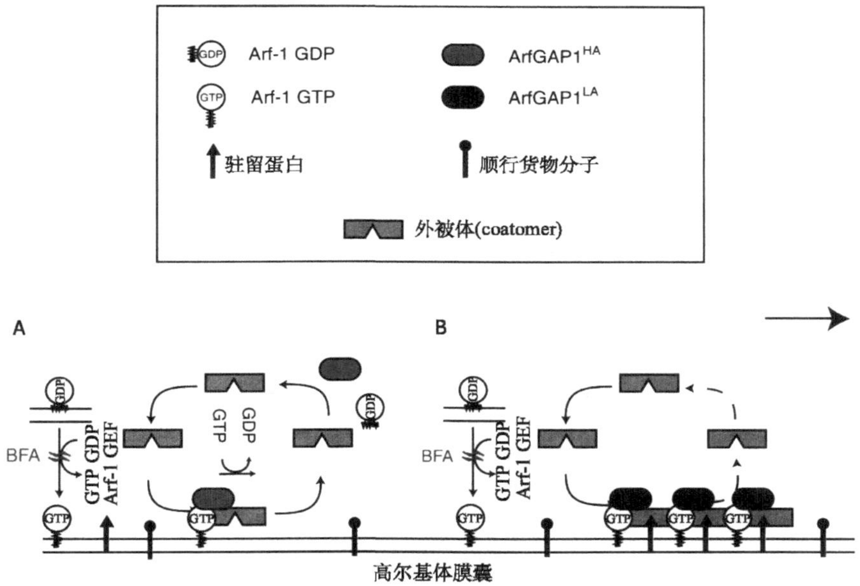

图 16.3　左图中外被体（coatomer）在顺面囊膜的胞质面与 $Arf\text{-}1^{GTP}$ 结合（A）。GAP 激活 Arf-1 使 GTP 发生水解（由 HA 提供高活性）将 coatomer 去除，之后 coatomer 游离，可与膜再结合。这种循环重复进行，但随着驻留蛋白的积累逐渐减慢（B）。对驻留蛋白的吸引被认为是它们通过胞质结构域直接与 coatomer 发生相互作用（Dominguez et al.，1998；Lanoix et al.，1999）。当驻留蛋白与 coatomer（B）和 GAP 发生相互作用时，GAP 激活 GTP 水解的能力降低（由 LA 造成低活性），保证囊泡形成时有充足的 coatomer（Springer et al.，1999；Goldberg，2000；Lanoix et al.，2001）。

16.3.2 COPII

还没有证明新合成的蛋白质在集中到 COPII 囊泡中时需要水解 GTP。在很长一段时间里人们认为，一旦内质网的质量控制系统被去除，新合成的蛋白质就无需经过集中而直接进入 COPII 囊泡。此种及其他观察导致分泌途径中无需分选和集中的“巨流”(bulk flow）假说的提出。与预测相反，后来发现，新合成的蛋白质聚集在 COPII 囊泡中（Mizuno and Singer，1993；Batch et al.，1994)，这表明存在一种潜在的分选途径。同 COPI 一样，已证明在载体和包被之间存在直接结合。

COPII 囊泡的包被蛋白由两个异源二聚体组成——Sec23/24 和 Sec13/31，以及小的 GTP 酶和 Sar1p（综述见 Barlowe 2000)。一种与膜结合的 GEF Sec12 蛋白是 Sar1p 进行 GDP 到 GTP 转换时所需的。$Sar1p^{GTP}$ 是 Sec23/24 及随后 Sec13/31 形成蛋白包被所必需的。如同 Afl-1，Sar1p 需要一分子 GAP 用于 GTP 的水解，这种活性是由 Sec23 提供的（Yoshihisa et al.，1993)。COPII 包被至少可以两种方式被装配到膜上。Sed4 是与膜结合的一种组分，与 Sec12 是同源物，但二者功能不同，Sed4 可与 Sec16 相互作用，Sec16 是一种与内质网外膜紧密结合的外周蛋白，Sed4 还参与 COPII 包被的形成（Espenshade et al.，1995；Gimeno et al.，1995)。ERGIC53、p24 蛋白、Bet1p 和 Bos1p 的胞质结构域介导 Sec23/24 和（或）Sar1p 的直接结合。这些蛋白质全都位于内质网与顺面高尔基体之间（Kappeler et al.，1997；Dominguez et al.，1998；Springer and Schekman，1998)。对于膜结合载体，已发现 Sar1p 直接与 VSV-G 的胞质结构域相互作用（Aridor et al.，2001)，而对于可溶性载体，选择和包装膜结合载体的受体，如 ERGIC53 和 p24 蛋白的介导（Kuehn et al.，1998；Appenzeller et al.，1999；Muniz et al.，2000)。已鉴定出 COPII 亚基的几种异构体。在酵母中，已发现 Sec24 的异构体指导专门的载体进入不同的囊泡中（Pagano et al.，1999；Peng et al.，2000；Shimoni et al. 2000；Kurihara et al.，2000)。这表明存在不同类型的 COPII 囊泡，各自满足不同载体的特殊需要。有些蛋白质在进入 COPII 时还需要专门的分子伴侣。例如，酵母氨基酸透性酶需要内质网整合膜蛋白 Shr3p 协助才能进入 COPII 囊泡并运出内质网（Kuehn et al.，1996)。Shr3p 缺失导致内质网中透明质酸酶的堆积。据推测，Shr3p 的包装伴侣样活性使其能与透明质酸酶结合，并汇集 COPII 组分形成囊泡。可是，Shr3p 不进入囊泡，而是仍存在于内质网中。尚不清楚此过程的实现过程。

16.3.3 小结：COPI 和 COPII 在包被蛋白载体选择中的作用

- 载体选择部分地由胞质包被蛋白介导。
- COPI 和 COPII 组分都直接与载体蛋白中的胞质结构域相互作用。
- COPI 囊泡介导循环过程，COPII 囊泡介导内质网到高尔基体的运输。
- 小 GTP 酶在处于 GTP 结合态时介导包被的组装（如 Arf-1 和 Sar1)。GEF 介导由 GDP 向 GTP 的转换。
- GAP 介导包被的解除。发生在小 GTP 酶上的这些作用使小 GTP 酶水解与它们结合的 GTP。
- 将高尔基体驻留蛋白分选进入 COPI 囊泡需要 Arf-1 水解 GTP。因此，Arf-1 在分选和囊泡形成中具有双重作用。

16.4 p24蛋白在囊泡形成中的作用

至此我们已经认识到，载体分子通过直接与包被蛋白相互作用在囊泡形成过程中发挥作用。但某些蛋白质可与包被蛋白更好地结合，使人们想到它们可能是包被受体。SNARE蛋白、ERGIC53和p24蛋白已显示与COPII结合，强烈提示它们可执行包被受体的功能。对于p24蛋白，这种观点已进一步演化成不同的p24蛋白可在两种类型的COPI囊泡（循环型COPI囊泡和顺行COPI囊泡）发生过程中起作用，顺行COPI囊泡将新合成的蛋白质向前运输。可是在酵母中这些假设的功能似乎并不重要，因为当全部8种p24蛋白缺失时，蛋白质的运输并没有受到抑制（Springer et al.，2000）。尽管如此，p24蛋白仍令人感兴趣，因为它们可同时与COPI和COPII高效地结合，这可能使它们在内质网和高尔基体顺面堆栈之间有效地进行循环。在哺乳动物细胞中至今已发现5个p24蛋白成员：p23（p24δ_1）、p24（p24β_1）、gp25（p24α_2）、p26（p24γ_4）和gp27（p24γ_3），并发现它们都位于内质网和高尔基体之间。已发现某些成员通过它们的K（X）KXX样模体（coatomer的β-亚基）直接与COPI结合，也可通过F/YXXXXF/Y模体（如果coatomer在结合之前被人工分解，p24蛋白的某些成员也可通过此模体结合到COP I的δ-亚基上）与COPII（Sec23/24）结合。

此后p24蛋白起什么作用呢？一个肯定的作用是以高可信度进行内质网的质量控制。线虫（*Caenorhabditis elegans*）中p24蛋白的一个突变可导致突变体中细胞表面受体增多，表明质量控制系统已受到破坏（Wen and Greenwald，1999）。观察发现，p24蛋白参与内质网出口位点的形成。在体外，gp25（p24α2）胞质结构域的抗体显示，内质网出口位点的形成也需要COPI（Lavoie et al.，1999）。考虑到它们的丰度，p24蛋白可能通过它们与包被蛋白的结合能力，确保从质量控制系统中释放出来的新合成蛋白在它们最终从内质网排出前被隔离并集中在一起。如果p24蛋白缺失，此过程将会受阻，导致突变的或错误折叠的蛋白质逃逸。内质网出口处是COPII囊泡出芽和ERGIC形成的场所，内质网出口处的形状说明其由高度管状化带孔的细胞膜斑组成，COPII和COPI可通过出口处循环往复，将新合成的蛋白质进行分选并隔离到ERGIC中（Stephens et al.，2000；Aridor et al.，2001）。对于COPII囊泡在这个过程中如何行使功能尚未完全了解清楚。正如Balch及其同事们的最近研究表明，对于COPII囊泡出芽、解除包被并融合形成一个多轮结构，此结构再与COPI一起演变成一个ERGIC的过程还不清楚；同样，对于COPII通过引起内质网膜管状化，在载体分选起始阶段和ERGIC形成过程中所起的积极作用也不清楚（Aridor et al.，2001）。进一步的研究要了解COPII囊泡在何处将新合成蛋白从内质网转运到ERGIC内。ERGIC一旦形成并从内质网出口处脱离，将向内移向中央高尔基体。COPI伴随此运输过程，并帮助将通路中的驻留蛋白与新合成蛋白分隔开，将ERGIC中的子域暴露出来，使新合成的蛋白质运向高尔基体堆栈（Shima et al.，1999）。还不清楚在ERGIC转移过程中是否形成COPI囊泡，但也伴随着结构重塑，每块膜表面新合成蛋白的浓度明显升高（Martinez-Menarguez et al.，1999）。因此，COPII发挥作用后，蛋白质运输进入起始阶段，CO-

PI 在将驻留蛋白与已经存在的新合成蛋白分隔过程中起核心作用。

小结：p24 蛋白在囊泡形成中的作用

- p24 蛋白是小但丰富的 I 型跨膜蛋白，在内质网和高尔基体顺面之间穿梭。
- p24 和其他循环蛋白能汇集 COPI 和 COPII 组分。
- p24 蛋白在酵母中为非必需蛋白质，不执行重要功能，如包被和载体受体。它们的功能尚待确定。

16.5 系留因子——RAB 蛋白和 SNARE 蛋白

基于高分辨 X 射线断层摄影技术，通常可以看到转运囊泡靠近膜，囊泡集中在膜处，有时离开膜囊，但随后总是彼此聚在一起（Ladinsky et al.，1999；Marsh et al.，2001）。囊泡通过特殊的蛋白质彼此接触或与膜囊接触，这些特殊的蛋白质被称为“系留蛋白”。它们通常是伸展的卷曲蛋白，它们在 Rab 蛋白帮助下从胞质被调集回来，Rab 蛋白是小的 GTP 酶，是转运囊泡进行最佳停靠和融合所必需的，也是膜结构彼此融合所必需的（最近的综述见 Zerial and McBride，2001）。目前已鉴定出许多系留蛋白，其中一些位于内质网和高尔基体的顺面，另外一些在高尔基体堆栈的中间或反面。其中许多属于高尔基体家族的成员，包括 230/245/256、golgin-97、GM130/golgin-95、golgin-160/MEA-2/GCP170 和 giantin/macrogolgin。golgin 通过其 GRIP 结构域（Kjer-Nielsen et al.，1999；Barr，1999；Munro and Nichols，1999）以一种依赖于 Rab^{GTP} 的方式被调集到膜上。同样，已发现 Rab1 可专门调集在内质网到高尔基体界面上发挥功能的 p115 和 GM130（Allan et al.，2000；Moyer et al.，2001；Weide et al.，2001）。在酵母中，ypt1 通过与 TRAPP 蛋白复合体结合被激活（见综述 Guo et al.，2000），TRAPP 蛋白复合体由多个蛋白质，如 bet3 和 bet5 组成，是一种高分子质量复合体，作为进入囊泡/膜的停靠处。此外，Sec34/35 和 p115 还协助囊泡的停靠，在哺乳动物细胞中，已发现 p115 以一种 $Rab1^{GTP}$ 特殊的方式被调集到内质网出口处（Allan et al.，2000）。不同的系留蛋白在哪个阶段发挥作用及其确切作用尚未明确，但有充足的证据表明，在系留/对接阶段，COPI 和 COPII 运输囊泡、可能还有进入的 ERGIC 帮助系留蛋白排列到高尔基体堆栈的顺面，以便产生一个新的膜囊。

一组被称为 SNARE 的蛋白质与汇集过程有着本质联系，已成为最近关注的焦点。这些膜蛋白经功能鉴定均为可溶性 NSF 附属蛋白（NSF attachment protein，NAP）的膜受体，在功能上与膜融合有关。第一批被鉴定出的 SNARE（SNAP 受体）是两个存在于质膜上的突触前蛋白 syntaxin1 和 SNAP-25（25 kDa 的突触体结合蛋白，与可溶性的 NSF 附属蛋白不同），以及存在于突触囊泡上的突触泡蛋白/VAMP（见综述 Mayer，1999）。

根据它们的定位，SNARE 最初被分为 v-SNARE（位于囊泡膜上）和 t-SNARE（位于靶膜上），但随着 SNARE 蛋白家族的增长，这种分类方法很快就不可行了。当把不同的 SNARE 蛋白进行比对以确定它们的相似程度时，其中存在的问题最明显。在 v-或 t-膜定位与同源性之间没有发现明显的相关性。相反，一种更为模糊的术语已被采用，根据SNARE蛋白的结构——Q-SNARE或R- SNARE，对它们进行分类（见综述Jahn and Südhof，1999）。所有SNARE蛋白都含有SNARE模体，它具有约60个氨基酸的保守结构域。多数SNARE蛋白［如突触融合蛋白、突触（小）泡蛋白、Bet1p和Bos1p］只含有一个SNARE模体、一段可变的N端序列和一段C端跨膜结构域，但有些SNARE蛋白，如SNAP-25和相关的SNARE，含有两个SNARE模体。其他含有一个SNARE模体的蛋白质可能缺少一段跨膜区（如Vam7p），但可能通过一个经脂修饰的C端锚定在膜上。SNAP-25通过棕榈酸与位于两个SNARE模体之间的两个半胱氨酸结合，从而附着到膜上。SNARE通过它们模体之间的相互作用形成一种稳定的复合体。突触三聚体复合物的核心部分的晶体结构显示，4个SNARE模体［两个来自SNAP-25，另外各有一个来自突触融合蛋白和突触（小）泡蛋白］形成一种平行的、长约12 nm的扭曲四螺旋束（Sutton et al.，1998）。该卷曲结构中的多数相互作用与其他螺旋束中的作用性质一样，是疏水性的。但在中央，以亮氨酸拉链为侧翼，一个带正电荷的精氨酸和三个极性谷氨酸形成一个离子层。精氨酸来自突触（小）泡蛋白，三个谷氨酸一个来自突触融合蛋白，另外两个分别来自两个SNAP-25的SNARE模体。在SNARE模体中心位置，所有SNARE蛋白或有一个谷氨酸（Q-SNARE）或有一个精氨酸（R-SNARE）。通过对酵母中氨基酸单点突变效应的研究，已证实SNARE复合体中3Q∶1R的比例对于SNARE在体内的功能是很重要的（Ossig et al.，2000；Katz and Brennwald，2000）。

CD光谱技术显示，SNARE蛋白在装配成一个复合体的过程中构象发生巨大改变（Fasshauser et al.，1997）。在未形成复合体时，SNARE模体表现出无组织性。只有在装配成一个复合体时它们才显现出螺旋构象。在能量上倾向于这种结构，因此SNARE一旦溶于非变性溶剂，便装配成复合体（Otto et al.，1997）。由于SNARE复合体非常稳定（Fasshauser et al.，1997；Hayashi et al.，1994），需要在融合前（Mayer et al.，1996）后（Swanton et al.，2000）将复合体分解。这样SNARE的顺式相互作用便可开始另一轮的反式相互作用，据推测这是膜融合的前提条件。复合物的分解以一种ATP依赖性水解的方式受NSF（*N*-乙基顺丁烯二酰亚胺敏感因子，在酵母中称为Sec18p）调节（Söllner et al.，1993）。在此过程中，3个α-SNAP分子（在酵母中称为Sec17p）需要结合到SNARE三聚体（称为7S复合体）上，然后，α-SNAP调集NSF以六聚体的形式构成20S复合体（Söllner et al.，1993）。在过去几年里，电子显微镜（Hanson et al.，1997）和晶体学（Lenzen et al.，1998；Yu et al.，1998）研究增进了对20S复合体组成和解体的了解。NSF六聚体围绕着SNARE核心复合体在其膜锚着点末端一侧形成两个环，更靠近末端的地方由D2和D1结构域组成。与α-SNAP相互作用的N结构域位于靠近SNARE膜锚着点的地方。由于D1结构域造成的ATP水解［D2结构域只有微弱的水解活性，负责NSF的寡聚化（Nagiec et al.，1995）］导致六聚体内部发生构象改变，导致20S和7S复合体分解。

已知NSF和α-SNAP参与细胞内的多数运输过程（Rothmam 1994）。但在某些情况下，需要其他AAA蛋白（ATP酶与各种细胞活性关联），如p97（酵母中的Cdc48p）。同型融合，如有丝分裂期之后高尔基体膜囊的重新装配（Rabouille et al.，1995；Acharya et al.，1995）以及核被的重新装配（Latterich et al.，1995）即属于这种情况。据推测，p97与其辅因子p47可能专门对重新装配过程中形成的Q-Q-SNARE复合体进行解体（Rabouille et al.，1998）。在融合的最后阶段，在两个膜之间形成一个SNARE反式复合体，它可能把两个膜拉到4nm以内（Jahn and Südhof，1999）。Weber等（1998）确实将含有SNARE的人工脂质体融合，并且发现这种SNARE依赖型融合是如何锚定到膜上的（McNew et al.，2000a），这表明SNAREpin在体外可驱动融合过程，尽管非常缓慢。

所有的SNARE都如此吗？Rothman及其同事们在20世纪90年代早期提出的SNARE假说的关键在于，SNARE蛋白可特异性地将运输囊泡正确定向到将发生融合的膜上。他们假定，只有在特定的转运步骤中"同源的"SNARE才可形成稳定复合体。但在1994年，Scheller及其同事们（Calakos et al.，1994）证明突触（小）泡蛋白-2结合到不同的突触融合蛋白上。酵母SNARE Sed5p和Vti1p可能在不止一个运输步骤中起作用（见综述Nichols and Pelham 1998）。在体外，只能以四种不同的SNARE形成复合体，一个R-和三个Q-SNARE。其中一个Q-SNARE属于突触融合蛋白亚家族，另外两个Q-SNARE分别是第一个亚家族同源物和SNAP-25的第二个SNARE模体的同源物。用这些亚家族中的特定SNARE进行替换不影响复合体的形成（Fasshauser et al.，1999）。Rothman及其同事们采用不同组合对脂质体融合中SNARE特异性进行了研究（McNew et al.，2000b），证明同源SNARE较非同源SNARE融合效果好。遗憾的是，他们没有验证同亚族（见上）中SNARE是否可以彼此替换。

SNAREpin假说存在很大问题。在其他系统中，例如采用一种NSF的ATP缺陷突变体在体外进行有丝分裂后期高尔基体膜装配实验时，与野生型（wt）NSF相比，突变体无法将SNARE复合体分解，说明在融合前后，SNARE的解体对于融合来说不是前提条件（Mtiller et al.，1999）。这种观点进一步得到支持，当加入过量的NSF和α-SNAP时，SNARE反式复合体停靠于膜后，就可被分解，但不影响融合的速率（Ungermann，1998）。而且，采用有别于Rothman及其同事们所使用的基于脂质体的方法，我们证明当NSF和p97分别与它们相应的辅助因子在一起时可在没有SNARE存在的情况下介导快速且有效的融合过程（Otter-Nilsson，1999）。与基于脂质体的SNARE方法相比，每次这样的融合比前者至少快100倍，所需的蛋白质量少100倍。Mayer及其同事们（Peters et al.，2001）最近为一种非常不同的融合机制提供了证据。他们的生物化学数据表明，起始的融合孔不是油脂的（如病毒融合时的情况）而是蛋白质的。根据他们的模型，当两个V0六聚体头对头结合在一起时，一个蛋白通道便形成了。V0六聚体来自囊泡膜，它们的结合需要Ypt7-GTP和钙调蛋白。反式相互作用需要提前形成反式SNARE复合体，使膜靠近，而V0反式复合体一旦形成，对于融合的起始，SNARE复合体就不再需要。当与钙结合的钙调节蛋白发出信号后，V0六聚体分开，脂类进入六聚体空间形成一个水质的融合孔后被扩大。总之，尽管SNAREpin假说得到广泛的支持，但仅有少数直接证据可以证明SNAREpin介导了融合过程。显然，在结束本章之前，需要更多的直接的实验证据来验证这个假说。

小结：系留因子——Rab蛋白和SNARE蛋白

- 系留因子在与GTP结合的状态下可被Rab蛋白调集。

- 系留因子是囊泡停靠所需的。
- SNARE 蛋白据认为介导停靠和（或）融合。
- AAA 蛋白，如 NSF 和 p97，作用于 SNARE 蛋白，可使顺式和反式 SNARE 复合体解体。
- 已在体外证明，除了 SNARE 蛋白，还有蛋白质可介导融合。

16.6 在体外重新构建囊泡转运

目前我们所知的关于囊泡转运的大部分知识来自体外实验。已建立了几种对于COPI和 COPII 的方法。最著名的方法是由 Rothman 及其同事们建立的体外方法（Fries and Rothman，1980；Balch et al.，1984）。利用从中国仓鼠卵巢细胞野生型细胞和被 VSV 感染导致 *N*-乙酰葡萄糖胺酰转移酶 I（GlcNAc-T1）酶活性缺失的突变 CHO 细胞中分离的高尔基体膜，他们证明 VSV-G 可以在膜融合，例如发生运输中间物融合时接受 *N*-乙酰葡糖胺（GlcNAc），后来证明发生融合的运输中间物即为 COPI 囊泡。当时人们关注更多的是 COPI 囊泡对 VSV-G 的运输，而不是包括 GlcNAc-T1 在内的驻留蛋白。尽管如此，体外方法被证明是非常成功的，它鉴定出几种运输因子的功能，这些因子构成了蛋白质运输系统的主要部分（综述 Rothman and Wieland 1996）。最近，这种方法已被改变，不再被用来测定通过囊泡运输中间物进行的运输，而用来检验两种 CHO 膜之间的同型融合（Happe and Weidman，1998）。发生同型融合，例如在体外有丝分裂的高尔基体碎片的融合，需要很高的膜浓度。而且囊泡融合反应的动力学分析表明，在高稀释条件下，这种体外方法不能实现更大且扩散更慢的高尔基体膜囊融合（Ostermann，2001）。

目前，几方面的证据均表明 Rothman 方法确实可以测定囊泡运输，但存在几个大的问题。这种方法不是通过 COPI 囊泡来监测 VSV-G 的转运，而是通过测定 GlcNAc-T1 从野生型膜转移到突变体膜来说明 VSV-G 发生了糖基化。而且，细胞匀浆中含有小的多态管状囊泡结构，它们可有效地向高尔基体膜提供 GlcNAc-T1 活性（Love et al.，1998）。由于它们易与早期形成的区室发生融合，它们容易代表逆行运输囊泡，如 COP1 囊泡。在体外，利用鼠肝高尔基体膜也可进行这些实验。实验表明鼠肝高尔基体膜中含有驻留蛋白，在囊泡形成之前，通过一种 Arf-1 依赖水解 GTP 的方式，这些驻留蛋白已被浓缩（Lanoix et al.，1999）。将这种囊泡停靠并融合到高尔基体膜，结果表明，每个膜囊只需要一个囊泡便可使 VSV-G 被完全糖基化，说明 COPI 囊泡运输糖基化酶具有高效性（Ostermann，2001）。采用这种方法，有可能阐明系留蛋白和其他因子，如 SNARE 蛋白，在将运输囊泡定向和停靠，并最终导致融合过程中所起的作用。

16.7 建模和模拟

动力学研究也可揭示复杂反应的机制。采用定量的方法测量反应中产生的时间依赖信号。然后与描述该过程的数学模型比较，后者含有可调整的参数，如反应常数或某事件的发生概率。但任何来自模型预测的结果都需要实验验证，并且要求二者有很好的一致性。

模型的总体质量可以通过将某种模型预测的数据或曲线形状与实验得到的实测数据相比较，经过调整参数后得到确定。模型的系统偏差，例如前一半实验数据都小于模型预测值，后一半数据都大于预测值，表明由于实际过程的复杂性导致模型失败。模型的随机偏差说明模型在现有的实验条件下可以有效地对过程进行描述。

利用活细胞视频显微镜，目前可以定量地测定蛋白质从内质网通过分泌途径的运输。

Lippincott-Schwartz 及其他人最近已采用动力学测量方法研究了分泌蛋白运输的机制（Hirschberg et al.，1998)。他们发现，在分泌蛋白从内质网通过高尔基体到达质膜的过程中，一个令人吃惊的简单过程对整体动力学产生了作用。一个简单的含有两个一级步骤的模型足以对数据进行解释，一个步骤用于解释蛋白质从内质网出来，另一个步骤解释蛋白质从高尔基体出来。他们认为，这表明分泌途径是连续的，在任何步骤中都不需要囊泡运输。相反，蛋白质一旦从内质网中释放出来，新合成的蛋白质在被运输到质膜之前将通过高尔基体“扩散”。换言之，两个排出速率常数可以分别看作是蛋白质从内质网排放到高尔基体或从高尔基体排放到质膜的概率。显然，这样一种简单的模型肯定低估了分泌途径的复杂程度。例如，蛋白质从内质网排出涉及多个步骤，如折叠(此研究中使用了错误折叠的突变蛋白)、运输中间物在内质网的装配、运输中间物从细胞周质向高尔基体的运动，以及这些中间物与高尔基体的融合。类似地，通过高尔基体的运输也涉及几个不同的步骤。同样地，这样的动力学实验不足以检测到它们对整体动力学的影响，不同步骤组合过程的动力学与只由一个限速步骤构成的过程的动力学是不同的。希望能消除这种批评，并采用最简单的假说与数据统一起来。动力学数据的最简单解释可能确实只需要两步蛋白质就可从内质网到达高尔基体，但也必须考虑其他数据。正如在蛋白质从内质网排出时所看到的例子，当考虑到从其他实验方法得到的信息时，很显然从动力学数据得到的最简单的假说是错误的。最简单假说与动力学数据一致是因为排除了已知的复杂性，这仅仅证明所采用方法具有局限性。

基于这项研究，我们下一个目标是对体外高尔基体运输问题进行动力学研究。目的不是为了验证关于蛋白质运输总体机制的不同假说，而是通过研究各种反应，利用动力学改进预测方法，通过可进行定量评价的实验提高预测准确性。我们发现，当把分离到的运输囊泡和高尔基体膜放在一起保温时，膜融合产生信号的时间过程可用两个速率常数来描述。第一个速率常数用于描述囊泡与高尔基体膜形成前融合中间物的速度快慢，此时停靠到膜上的囊泡还未与高尔基体膜发生融合。第二个常数描述双层膜的融合过程。需要说明的是，此方法中速率常数描述的是一个囊泡/高尔基体对在任何时间发生停靠或融合的概率。它们不表示停靠和融合过程中分子重排的时间过程。这种动力学信息只对单个融合事件的测量中得到，目前还不能从已有的实验系统中获得（Ostermanm，2001)。

建模对于证明和鉴定复杂系统中的临界参数也是有用的。因此，当每个单独参数的确切值未知时，可以将多个参数一起考虑，粗粒随机建模在这方面具有优势。作为一个好的例证，Glick、Elston 和 Oster 证明，如果不同的驻留蛋白之间存在不同程度的竞争，那么通过 COPI 囊泡在成熟的高尔基体堆栈中不断循环可产生梯度样分布（Gtick et al.，1997)。在这种模型中，顺面驻留蛋白比中部或反面驻留蛋白的竞争能力更强，因此具有发生再次循环的较高概率。已证明单个参数足以在跨堆栈范围内产生非对称梯度样分布。在一个优化的模型中，我们引入了一个环境诱导的分类诱发因素，产生一种更有效的系统，在这个系统中，竞争力的不同可以被限定在不同的生理参数内（Weiss and Nilsson，2000）。是否这就是蛋白质分选发生的机制还有待实验证实，但重要的是这些研究表明，简单的参数可以定义模型用来预测非对称分布，为解释分泌途径的运行方式提供线索。

小结：体外重建囊泡转运并进行建模和模拟

- 建模和模拟通过数学方法描述复杂系统（如体外转运、出芽和停靠/融合）。
- 利用数学模型可进行预测，之后再用实验验证。实验结果用于优化模型。
- 建模和模拟可识别的限速参数。在深入研究机制时，人们通常对他们十分感兴趣。

16.8 历史注释

历史注释 1

在筛选与钙联结蛋白结合的内质网蛋白时，Bergeron 及其同事们对 gp25L 糖蛋白进行了克隆和测序，gp25L 是 p24 蛋白家族中第一个被鉴定蛋白质（现在被称为 $p24\alpha_1$）（Wada et al.，1991）。此后，通过遗传筛选酵母内吞蛋白，鉴定出 emp24（$p24\beta_1$）（Singer Kruger et al.，1993）。几年后，确定 $p24\beta_1$ 在哺乳动物细胞中为 COPI 囊泡整合膜蛋白，在酵母细胞中为 COPII 囊泡整合膜蛋白（Stamnes et al.，1995；Schimmöller et al.，1995）。删除酵母 $p24\beta_1$ 蛋白可导致内质网蛋白输出部分受阻，表明 p24 是蛋白受体。与此同时，p24 家族成员还可通过其胞质结构域，直接与 COPI 的 coatomer 和 COPII 的 Sec23/24 结合（Dominguez et al.，1998 及其中的参考文献），说明 p24 蛋白是囊泡生成所需的包被受体。删除酵母中全部 8 个成员只导致活细胞在蛋白质运输方面发生轻微缺陷，这说明它们不具有重要功能，如包被或蛋白受体（Springer et al.，2000）。然而，p24 蛋白在蛋白质输出和（或）包被装配中可能作为调节者，但这些小膜蛋白的功能仍未确定。

16.9 参考文献

Acharya，U.，Jacobs，R.，Peters，J. M. et al.（1995）The formation of Golgi stacks from vesiculated Golgi membranes requires two distinct fusion events. *Cell* **82**：895-904.

Allan，B. B.，Moyer. B. D. and Balch. W. E.（2000）Rabl recruitment of p115 into a cis-SNARE complex：programming budding COPII vesicles for fusion. *Science* **289**：444-448.

Appenzeller，C.，Andersson. H.，Kappeler. F. et al.（1999）The lectin ERGIC-53 is a cargo transport receptor for glycoproteins，*Nat Cell Biol* **1**：330-334.

Aridor，M.，Fish，K. N.，Bannykh. S. et al.（2001）The Sarl GTPase coordinates biosynthetic cargo selection with endoplasmic reticulum export site assembly. *J Cell Biol* **152**：213-229.

Balch，W. E.，Dunphy，W. G.，Braell. W. A. et al.（1984）Reconstitution of the transport of protein between successive compartments of the Golgi measured by the coupled incorporation of *N*-acetylglucosamine. *Cell* **39**：

405-416.

Balch, W. E., McCaffery, J. M., Plutner. H. et al. (1994) Vesicular stomatitis virus glycoprotein is sorted and concentrated during export from the endoplasmic reticulum. *Cell* **76**: 841-852.

Barlowe, C. (2000) Traffic COPs of the early secretory pathway. *Traffic* **1**: 371-377.

Barlowe, C., Orci, L., Yeung. T. et al. (1994) COPII: a membrane coat formed by Sec proteins that drive vesicle budding from the endoplasmic reticulum. *Cell* **77**: 895-907.

Barr, F. A. (1999) A novel Rab6-interacting domain defines a family of Golgitargeted coiled-coil proteins. *Curr Biol* **9**: 381-384.

Bremser, M., Nickel, W., Schweikert. M. H. et al. (1999) Coupling of coat assembly and vesicle budding to packaging of putative cargo receptors. *Cell* **96**: 495-506.

Burkhardt, J. K., Echeverri. C. J., Nilsson, T. et al. (1997) Overexpression of the dynamitin (p50) subunit of the dynactin complex disrupts dynein-dependent maintenance of membrane organelle distribution. *J Cell Biol* **139**: 469-484.

Calakos, N., Bennett, M. K., Peterson. K. E. et al. (1994) Protein-protein interactions contributing to the specificity of intracellular vesicular trafficking. *Science* **263**: 1146-1149.

Chardin, P, Paris, S., Antonny. B. et al. (1996) A human exchange factor for ARF contains Sec7- and pleckstrin-homology domains. *Nature* **384**: 481-484.

Cherfils, J., Menetrey, J., Mathieu, M. et al. (1998) Structure of the Sec7 domain of the Arf exchange factor ARNO. *Nature* **392**: 101-105.

Cosson, P. and Letourneur, F. (1994) Coatomer interaction with di-lysine endoplasmic reticulum retention motifs. *Science* **263**: 1629-1631.

Dominguez, M., Dejgaard, K., Füllekrug, J. et al. (1998) gp25L/emp24/p24 protein family members of the cis-Golgi network bind both COP I and II coatomer. *J Cell Biol* **140**: 751-765.

Donaldson, J. G., Finazzi, D. and Klausner, R. D. (1992) Brefeldin A inhibits Golgi membrane-catalysed exchange of guanine nucleotide onto ARF protein. *Nature* **360**: 350-352.

Espenshade, P., Gimeno, R. E., Holzmacher, E. et al. (1995) Yeast SEC16 gene encodes a multidomain vesicle coat protein that interacts with Sec23p. *J Cell Biol* **131**: 311-324.

Eugster, A., Frigerio, G., Dale, M. et al. (2000) COP I domains required for coatomer integrity, and novel interactions with ARF and ARF-GAP. *EMBO J* **19**: 3905-3917.

Fasshauer, D., Bruns, D., Shen, B. et al. (1997) A structural change occurs upon binding of syntaxin to SNAP-25. *J Biol Chem* **272**: 4582-4590.

Fasshauer, D., Antonin, W., Margittai, M. et al. (1999) Mixed and non-cognate SNARE complexes. Characterization of assembly and biophysical properties. *J Biol Chem* **274**: 15440-15446.

Faulstich, D., Auerbach, S., Orci, L. et al. (1996) Architecture of coatomer: molecular characterization of delta-COP and protein interactions within the complex. *J Cell Biol* **135**: 53-61.

Fries, E. and Rothman, J. E. (1980) Transport of vesicular stomatitis virus glycoprotein in a cell-free extract. *Proc Natl Acad Sci USA* **77**: 3870-3874.

Gimeno, R. E., Espenshade, P. and Kaiser, C. A. (1995) SED4 encodes a yeast endoplasmic reticulum protein that binds Sec16p and participates in vesicle formation. *J Cell Biol* **131**: 325-338.

Glick, B. S., Elston, T and Oster, G. (1997) A cisternal maturation mechanism can explain the asymmetry of the Golgi stack. *FEBS Lett* **414**: 177-181.

Goldberg, J. (1998) Structural basis for activation of ARF GTPase: mechanisms of guanine nucleotide exchange and GTP-myristoyl switching. *Cell* **95**: 237-248.

Goldberg, J. (1999) Structural and functional analysis of the ARF1-ARFGAP complex reveals a role for coatomer in GTP hydrolysis. *Cell* **96**: 893-902.

Goldberg, J. (2000) Decoding of sorting signals by coatomer through a GTPase switch in the COPI coat complex. *Cell* **100**:

671-679.

Guo, W., Sacher, M., Barrowman, J. et al. (2000) Protein complexes in transport vesicle targeting. *Trends Cell Biol* **10**: 251-255.

Hanson, P. I., Roth, R., Morisaki, H. et al. (1997) Structure and conformational changes in NSF and its membrane receptor complexes visualized by quick-freeze/deep-etch electron microscopy. *Cell* **90**: 523-535.

Happe, S. and Weidman, P. (1998) Cell-free transport to distinct Golgi cisternae is compartment specific and ARF independent. *J Cell Biol* **140**: 511-523.

Hayashi, T., McMahon, H., Yamasaki, S. et al. (1994) Synaptic vesicle membrane fusion complex: action of clostridial neurotoxins on assembly. *EMBO J* **13**: 5051-5061.

Helms, J. B. and Rothman, J. E. (1992) Inhibition by brefeldin A of a Golgi membrane enzyme that catalyses exchange of guanine nucleotide bound to ARF. *Nature* **360**: 352-354.

Hermo, L., Green, H. and Clermont Y. (1991) Golgi apparatus of epithelial principal cells of the epididymal initial segment of the rat: structure, relationship with endoplasmic reticulum, and role in the formation of secretory vesicles. *Anat Rec* **229**: 159-176.

Hirschberg, K., Miller, C. M., Ellenberg, J. et al. (1998) Kinetic analysis of secretory protein traffic and characterization of golgi to plasma membrane transport intermediates in living cells. *J Cell Biol* **143**: 1485-1503.

Jackson, M. R., Nilsson, T. and Peterson, P. A. (1990) Identification of a consensus motif for retention of transmembrane proteins in the endoplasmic reticulum. *EMBO J* **9**: 3153-3162.

Jackson, M. R., Nilsson, T. and Peterson, P. A. (1993) Retrieval of transmembrane proteins to the endoplasmic reticulum. *J Cell Biol* **121**: 317-333.

Jahn, R. and Südhof, TC. (1999) Membrane fusion and exocytosis. *Annu Rev Biochem* **68**: 863-911.

Kappeler, F., Klopfenstein, D. R., Foguet, M. et al. (1997) The recycling of ERGIC-53 in the early secretory pathway. ERGIC-53 carries a cytosolic endoplasmic reticulum-exit determinant interacting with COPII. *J Biol Chem* **272**: 31801-31808.

Katz, L. and Brennwald, P. (2000) Testing the 3Q: 1R 'rule': mutational analysis of the ionic 'zero' layer in the yeast exocytic SNARE complex reveals no requirement for arginine. *Mol Biol Cell* **11**: 3849-3858.

Kjer-Nielsen, L., Teasdale, R. D., van Vliet, C. et al. (1999) A novel Golgi-localisation domain shared by a class of coiled-coil peripheral membrane proteins. *Curr Biol* **9**: 385-388.

Kuehn, M. J, Schekman, R. and Ljungdahl, P. O. (1996) Amino acid permeases require COPII components and the ER resident membrane protein Shr3p for packaging into transport vesicles in vitro. *J Cell Biol* **135**: 585-595.

Kuehn, M. J., Herrmann, J. M. and Schekman, R. (1998) COPII-cargo interactions direct protein sorting into ER-derived transport vesicles. *Nature* **391**: 187-190.

Kufihara, T., Hamamoto, S., Gimeno, R. E. et al. (2000) Sec24p and Isslp function interchangeably in transport vesicle formation from the endoplasmic reticulum in *Saccharomyces cerevisiae*. *Mol Biol Cell* **11**: 983-998.

Ladinsky, M. S., Mastronarde, D. N., McIntosh, J. R. et al. (1999) Golgi structure in three dimensions: functional insights from the normal rat kidney cell. *J Cell Biol* **144**: 1135-1149.

Lanoix, J., Ouwendijk, J., Lin, C. C. et al. (1999) GTP hydrolysis by arf-1 mediates sorting and concentration of Golgi resident enzymes into functional COPI vesicles. *EMBO J* **18**: 4935-4948.

Lanoix, J., Ouwendijk, J., Stark, A., Szafer, E., Cassel, D., Dejgaard, K., Weiss, M. and Nilsson. T. (2001) Sorting of Golgi resident proteins into different sub populations of COPI vesicles: a role for ArfGAP1. *J Cell Biol* **155**: 1199-1212.

Latterich, M., Frohlich, K. U. and Schekman, R. (1995) Membrane fusion and the cell cycle: Cdc48p participates in the fusion of ER membranes. *Cell* **82**: 885-893.

Lavoie, C., Paiement, J., Dominguez, M. et al. (1999) Roles for alpha (2) p24 and COPI in endoplasmic reticulum cargo exit site formation. *J Cell Biol* **146**: 285-299.

Lenzen, C. U., Steinmann, D., Whiteheart, S. W. et al. (1998) Crystal structure of the hexamerization domain of

N-ethylmaleimide-sensitive fusion protein. *Cell* **94**: 525-536.

Letourneur, F., Gaynor, E. C., Hennecke, S. et al. (1994) Coatomer is essential for retrieval of dilysine-tagged proteins to the endoplasmic reticulum. *Cell* **79**: 1199-1207.

Love, H. D., Lin, C. C., Short, C. S. et al. (1998) Isolation of functional Golgi-derived vesicles with a possible role in retrograde transport. *J Cell Biol* **140**: 541-551.

Lowe, M. and Kreis, T. E. (1996) In vivo assembly of coatomer, the COP-I coat precursor. *J Biol Chem* **271**: 30725-30730.

Makler, V., Cukierman, E., Rotman, M. et al. (1995) ADP-ribosylation factor-directed GTPase-activating protein. Purification and partial characterization. *J Biol Chem* **270**: 5232-5237.

Marsh, B. J., Mastronarde, D. N., Buttle, K. F. et al. (2001) Organellar relationships in the Golgi region of the pancreatic beta cell line, HIT-T15, visualized by high resolution electron tomography. *Proc Natl Acad Sci USA* **98**: 2399-2406.

Martinez-Menarguez, J. A., Geuze, H. J., Slot, J. W. et al. (1999) Vesicular tubular clusters between the ER and Golgi mediate concentration of soluble secretory proteins by exclusion from COPI-coated vesicles. *Cell* **98**: 81-90.

Mayer, A. (1999) Intracellular membrane fusion: SNAREs only? *Curr Opin Cell Biol* **11**: 447-452.

Mayer, A., Wickner, W. and Haas, A. (1996) Sec18p (NSF) -driven release of Sec17p (alpha-SNAP) can precede docking and fusion of yeast vacuoles. *Cell* **85**: 83-94.

McNew, J. A., Weber, T., Parlati, F. et al. (2000a) Close is not enough: SNARE-dependent membrane fusion requires an active mechanism that transduces force to membrane anchors. *J Cell Biol* **150**: 105-117.

McNew, J. A., Parlati, F., Fukuda, R. et al. (2000b) Compartmental specificity of cellular membrane fusion encoded in SNARE proteins. *Nature* **407**: 153-159.

Mizuno, M. and Singer, S. J. (1993) A soluble secretory protein is first concentrated in the endoplasmic reticulum before transfer to the Golgi apparatus. *Proc Natl Acad Sci USA* **90**: 5732-5736.

Morinaga, N., Tsai, S. C., Moss, J. et al. (1996) Isolation of a brefeldin A-inhibited guanine nucleotide-exchange protein for ADP ribosylation factor (ARF) 1 and ARF3 that contains a Sec7-like domain. *Proc Natl Acad Sci USA* **93**: 12856-12860.

Morinaga, N., Moss, J. and Vaughan, M. (1997) Cloning and expression of a cDNA encoding a bovine brain brefeldin A-sensitive guanine nucleotide-exchange protein for ADP-ribosylation factor. *Proc NatlAcad Sci USA* **94**: 12926-12931.

Mossessova, E., Gulbis, J. M. and Goldberg, J. (1998) Structure of the guanine nucleotide exchange factor Sec7 domain of human arno and analysis of the interaction with ARF GTPase. *Cell* **92**: 415-423.

Moyer, B. D., Allan, B. B. and Balch, W. E. (2001) Rab1 interaction with a GM130 effector complex regulates COPII vesicle *cis*-Golgi tethering. *Traffic* **2**: 268-276.

Müller, J. M., Rabouille, C., Newman, R. et al. (1999) An NSF function distinct from ATPase-dependent SNARE disassembly is essential for Golgi membrane fusion. *Nat Cell Biol* **1**: 335-340.

Muniz, M., Nuoffer, C., Hauri, H. P. et al. (2000) The Emp24 complex recruits a specific cargo molecule into endoplasmic reticulum-derived vesicles. *J Cell Biol* **148**: 925-930.

Munro, S. and Nichols, B. J. (1999) The GRIP domain - a novel Golgi-targeting domain found in several coiled-coil proteins. *Curr Biol* **9**: 377-380.

Nagiec, E. E., Bernstein, A. and Whiteheart, S. W. (1995) Each domain of the N-ethylmaleimide-sensitive fusion protein contributes to its transport activity. *J Biol Chem* **270**: 29182-29188.

Nichols, B. J. and Pelham, H. R. (1998) SNAREs and membrane fusion in the Golgi apparatus. *Biochim Biophys Acta* **1404**: 9-31.

Nilsson, T., Jackson, M. and Peterson, P. A. (1989) Short cytoplasmic sequences serve as retention signals for transmembrane proteins in the endoplasmic reticulum. *Cell* **58**: 707-718.

Novick, P., Field, C. and Schekman, R. (1980) Identification of 23 complementation groups required for post-translational events in the yeast secretory pathway. *Cell* **21**: 205-215.

Orci, L., Glick, B. S. and Rothman, J. E. (1986) A new type of coated vesicular carrier that appears not to contain clathrin: its possible role in protein transport within the Golgi stack. *Cell* **46**: 171-184.

Ossig, R., Schmitt, H. D., de Groot, B. et al. (2000) Exocytosis requires asymmetry in the central layer of the SNARE complex. *EMBO J* **19**: 6000-6010.

Ostermann, J. (2001) Stoichiometry and kinetics of transport vesicle fusion with Golgi membranes. *EMBO Rep* **2**: 324-329.

Otter-Nilsson, M., Hendriks, R., Pecheur-Huet, E. I. et al. (1999) Cytosolic ATPases, p97 and NSF. are sufficient to mediate rapid membrane fusion. *EMBO J* **18**: 2074-2083.

Otto, H., Hanson, P. I. and Jahn, R. (1997) Assembly and disassembly of a ternary complex of synaptobrevin, syntaxin, and SNAP-25 in the membrane of synaptic vesicles. *Proc Natl Acad Sci USA* **94**: 6197-6201.

Pagano, A., Letourneur, F, Garcia-Estefania, D. et al. (1999) Sec24 proteins and sorting at the endoplasmic reticulum. *J Biol Chem* **274**: 7833-7840.

Peng, R., De Antoni, A. and Gallwitz, D. (2000) Evidence for overlapping and distinct functions in protein transport of coat protein Sec24p family members. *J Biol Chem* **275**: 11521-11528.

Peters, C., Bayer, M. J., Buhler, S. et al. (2001) Trans-complex formation by proteolipid channels in the terminal phase of membrane fusion. *Nature* **409**: 581-588.

Peyroche, A., Paris, S. and Jackson, C. L. (1996) Nucleotide exchange on ARF mediated by yeast Geal protein. *Nature* **384**: 479-481.

Presley, J. F., Cole. N. B., Schroer, T. A. et al. (1997) ER-to-Golgi transport visualized in living cells. *Nature* **389**: 81-85.

Rabouille, C., Levine, T. P., Peters, J. M. et al. (1995) An NSF-like ATPase, p97, and NSF mediate cisternal regrowth from mitotic Golgi fragments. *Cell* **82**: 905-914.

Rabouille, C., Kondo, H., Newman, R. et al. (1998) Syntaxin 5 is a common component of the NSF- and p97-mediated reassembly pathways of Golgi cisternae from mitotic Golgi fragments in vitro. *Cell* **92**: 603-610.

Rambourg, A., Clermont, Y. and Hermo, L. (1981) Three-dimensional structure of the Golgi apparatus. *Methods Cell Biol* **23**: 155-166.

Randazzo, P. A. and Kahn, R. A. (1994) GTP hydrolysis by ADP-ribosylation factor is dependent on both an ADP-ribosylation factor GTPase-activating protein and acid phospholipids. *J Biol Chem* **269**: 10758-10763.

Rothman, J. E. (1994) Mechanisms of intracellular protein transport. *Nature* **372**: 55-63.

Rothman, J. E. and Wieland, F. T. (1996) Protein sorting by transport vesicle. *Science* **272**: 227-234.

Saraste, J. and Svensson, K. (1991) Distribution of the intermediate elements operating in ER to Golgi transport. *J Cell Sci* **100**: 415-430.

Scales, S. J., Pepperkok, R. and Kreis, T. E. (1997) Visualization of ER-to-Golgi transport in living cells reveals a sequential mode of action for COPII and COPI. *Cell* **90**: 1137-1148.

Scales, S. J., Gomez, M. and Kreis, T. E. (2000) Coat proteins regulating membrane traffic. *Int Rev Cyto* **195**: 67-144.

Schekman, R. and Orci, L. (1996) Coat proteins and vesicle budding. *Science* **271**: 1526-1533.

Schimmöller, F, Singer-Kruger, B., Schroder, S. et al. (1995) The absence of emp24p. a component of ER-derived COPII-coated vesicles, causes a defect in transport of selected proteins to the Golgi. *EMBO J* **14**: 1329-1339.

Serafini, T., Orci, L., Amherdt, M. et al. (1991) ADP-ribosylation factor is a subunit of the coat of Golgi-derived COP-coated vesicles: a novel role for a GTP-binding protein. *Cell* **67**: 239-253.

Shima, D. T., Scales, S. J., Kreis, T. E. et al. (1999) Segregation of COPI-rich and anterograde-cargo-rich domains in endoplasmic-reticulum-to-Golgi transport complexes. *Curr Biol* **9**: 821-824.

Shimoni, Y., Kurihara, T., Ravazzola, M. et al. (2000) Lst1p and Sec24p cooperate in sorting of the plasma membrane ATPase into COPII vesicles in *Saccharomyces cerevisiae*. *J Cell Biol* **151**: 973-984.

Singer-Kruger, B., Frank, R., Crausaz, F. et al. (1993) Partial purification and characterization of early and late endosomes from yeast. Identification of four novel proteins. *J Biol Chem* **268**: 14376-14386.

Söllner, T., Bennett, M. K., Whiteheart, S. W. et al. (1993) A protein assembly-disassembly pathway *in vitro* that may correspond to sequential steps of synaptic vesicle docking, activation, and fusion. *Cell* **75**: 409-418.

Springer, S. and Schekman, R. (1998) Nucleation of COPII vesicular coat complex by endoplasmic reticulum to Golgi vesicle SNAREs. *Science* **281**: 698-700.

Springer, S., Chen, E., Duden, R. et al. (2000) The p24 proteins are not essential for vesicular transport in *Saccharomyces cerevisiae*. *Proc Natl Acad Sci USA* **97**: 4034-4039.

Springer, S., Spang, A. and Schekman, R. (1999) A primer on vesicle budding. *Cell* **97**: 145-148.

Stamnes, M. A., Craighead, M. W., Hoe, M. H. et al. (1995) An integral membrane component of coatomer-coated transport vesicles defines a family of proteins involved in budding. *Proc Natl Acad Sci USA* **92**: 8011-8015.

Stephens, D. J., Lin-Marq, N., Pagano, A. et al. (2000) COPI-coated ER-to-Golgi transport complexes segregate from COPII in close proximity to ER exit sites. *J Cell Sci* **113**: 2177-2185.

Storrie, B., Pepperkok, R. and Nilsson, T. (2000) Breaking the COPI monopoly on Golgi recycling. *Trends Cell Biol* **10**: 385-390.

Sutton, R. B., Fasshauer, D., Jahn, R. et al. (1998) Crystal structure of a SNARE complex involved in synaptic exocytosis at 2.4 A resolution. *Nature* **395**: 347-353.

Swanton, E., Bishop, N., Sheehan, J. et al. (2000) Disassembly of membrane-associated NSF 20S complexes is slow relative to vesicle fusion and is Ca (2+) -independent. *J Cell Sci* **113**: 1783-1791.

Szafer, E., Pick, E., Rotman, M. et al. (2000) Role of coatomer and phospholipids in GTPase-activating protein-dependent hydrolysis of GTP by ADP-ribosylation factor-1. *J Biol Chem* **275**: 23615-23619.

Ungermann, C., Sato, K. and Wickner, W. (1998) Defining the functions of trans-SNARE pairs. *Nature* **396**: 543-548.

Wada, I., Rindress, D., Cameron, P. H. et al. (1991) SSR α and associated calnexin are major calcium binding proteins of the endoplasmic reticulum membrane. *J Biol Chem* **266**: 19599-19610.

Waters, M. G., Serafini, T. and Rothman, J. E. (1991) 'Coatomer': a cytosolic protein complex containing subunits of non-clathrin-coated Golgi transport vesicles. *Nature* **349**: 248-251.

Weber, T., Zemelman, B. V., McNew, J. A. et al. (1998) SNAREpins: minimal machinery for membrane fusion. *Cell* **92**: 759-772.

Weide, T., Bayer, M., Koster, M. et al. (2001) The Golgi matrix protein GM130: a specific interacting partner of the small GTPase rab1b. *EMBO Rep* **2**: 336-341.

Weiss, M. and Nilsson, T. (2000) Protein sorting in the Golgi apparatus: a consequence of maturation and triggered sorting. *FEBS Lett* **486**: 2-9.

Wen, C. and Greenwald, I. (1999) p24 proteins and quality control of LIN-12 and GLP-1 trafficking in *Caenorhabditis elegans*. *J Cell Biol* **145**: 1165-1175.

Wieland, F. T., Gleason, M. L., Serafini, T. A. et al. (1987) The rate of bulk flow from the endoplasmic reticulum to the cell surface. *Cell* **50**: 289-300.

Yoshihisa, T., Barlowe, C. and Schekman, R. (1993) Requirement for a GTPase-activating protein in vesicle budding from the endoplasmic reticulum. *Science* **259**: 1466-1468.

Yu, R. C., Hanson, P. I., Jahn, R. et al. (1998) Structure of the ATP-dependent oligomerization domain of Nethylmaleimide sensitive factor complexed with ATP. *Nat Struct Biol* **5**: 803-811.

Zerial, M. and McBride, H. (2001) Rab proteins as membrane organizers. *Nat Rev Mol Cell Biol* **2**: 107-117.

17 结论和展望

Ross E. Dalbey和 Gunnar Von Heijne

前面章节描述了蛋白质如何跨越细菌质膜、内质网膜、叶绿体类囊体膜而被运输，蛋白质如何被运输到线粒体、叶绿体、过氧化物酶体和细胞核。问题是亲水的蛋白质如何通过疏水的膜双分子层及细胞器的膜系统，目前已知存在多种不同的膜转运装置。在最后这章中，我们将对不同膜系统中的转运装置进行比较，突出它们的异同点。

在进化史上，内质网中的 Sec 途径、细菌质膜以及叶绿体类囊体膜同时具有保守性及各自的特征（图 17.1）。例如，内质网 Sec61 转运装置由 Sec61α、β 和 γ 亚基组成；Sec61α 和 Secγ 分别是细菌和叶绿体中 SecY 和 SecE 的同源物。定向到 Sec61/SecYEG 的信号序列是保守的。通过 Sec 途径的蛋白质以一种“未折叠状态”被转运。类囊体 Sec 系统相对于真核生物更类似于细菌 Sec 系统，因为叶绿体源于细菌祖先。细菌和叶绿体的 SecYE 转运系统都利用 SecA 分子，SecA 是一种分子马达，以水解 ATP 获得能量，通过插入和退出膜驱动蛋白通过膜。除了这些相似性，只有细菌使用 SecB 将蛋白质定向到膜。在内质网中，信号识别颗粒（SRP）将蛋白质运送到膜，SRP 可与新生蛋白质的信号序列和与膜结合的 SRP 受体发生相互作用。

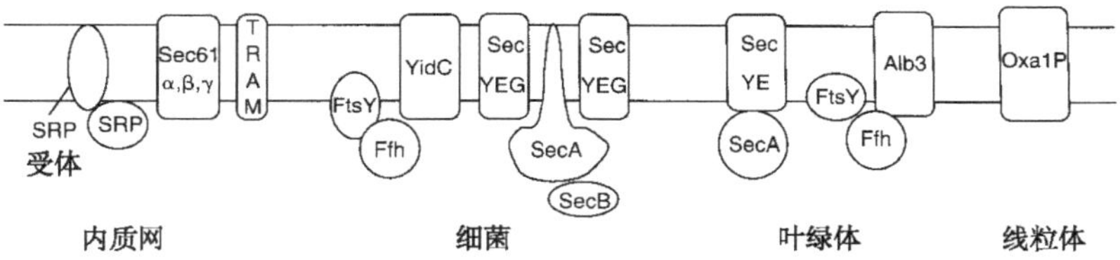

图 17.1　Sec 和 Oxa1p 转运系统。细菌：被输出的蛋白质通常由 SecB 定向到膜。蛋白质利用 SecA，异源三聚体 SecYEG 和 SecDFYajC 跨膜。膜蛋白的插入需要 Ffh 和 FtsY 来定向，插入膜需要 Sec 组分和 YidC。非 Sec 依赖的蛋白质需要借助 YidC 插入膜。内质网：蛋白质定向到膜需要 SRP 和 SRP 受体。共翻译转移需要 Sec61α、β 和 γ。TRAM 据认为协助膜蛋白的跨膜片段从水质的 Sec61 通道排出后进入脂双分子层。叶绿体：跨越类囊体膜的输出蛋白借助 SecA 和 SecYE 复合体被转运。利用 cpSRP、SRP43 和被称为 FtsY 的 SRP 受体，膜蛋白被定向到膜。某些膜蛋白的整合需要 Alb3。线粒体：从基质一侧插入到线粒体内膜的蛋白质需要利用 Oxa1p。

Sec 转运装置除了在蛋白质转运中起作用外，在蛋白质向膜的插入过程中也起重要作用。膜辅助组分 TRAM（转运与肽链结合的膜）协助内质网膜中蛋白质转运过程（图 17.1）。还没有完全搞清 TRAM 的功能，已知它与 Sec61 通道一起将膜蛋白的疏水片段从水质通道移入脂双分子层。细菌和类囊体系统中的 YidC 家族蛋白可能具有相似的作用（图 17.1）。对于某些膜蛋白，YidC 可能独立于 SecYE 转运装置之外也发挥作用。Alb3 是类囊体中 YidC 的同源物，它对于光采集类囊体蛋白（light harvesting chloroplast protein，LHCP）与膜的整合至关重要。Alb3 是否与 SecYE 共同起作用还不清楚。而酿酒酵母（*Saccharomyces cerevisiae*）线粒体蛋白 YidC 的同源物 Oxa1p 在没有 Sec 转运体存在的情况下仍可发挥作用，因为酿酒酵母线粒体中缺少 Sec 组分。Oxa1p 对于从基质一侧插入线粒体内膜的蛋白质来说起着重要作用。

以折叠方式通过叶绿体、细菌和过氧化物酶体膜的蛋白质采用完全不同的转运途径（图 17.2）。在叶绿体和细菌中，是通过双精氨酸转运体（Tat）来实现的，该转运体由 TatA、TatB、TatC 和 TatE 蛋白组成。Tat 系统在细菌质膜和叶绿体类囊体膜中都存在。有趣的是，至少在有些情况下，依赖于 Tat 的转运蛋白必须以折叠的状态进行转运。典型的情况是，细菌中 Tat 途径的功能是转运含有金属离子辅助因子的蛋白质，尤其是那些参与氧化/还原反应的蛋白质。这条蛋白质输出途径需要一段双精氨酸信号肽及质子动力。类似于 Tat 通路，折叠蛋白，甚至寡聚体也可进入过氧化物酶体，尽管过氧化物酶转运体组分与 Tat 组分在序列上没有相似性。此外，折叠蛋白向膜外的输出在革兰氏阴性细菌中可通过 II 型分泌系统完成。

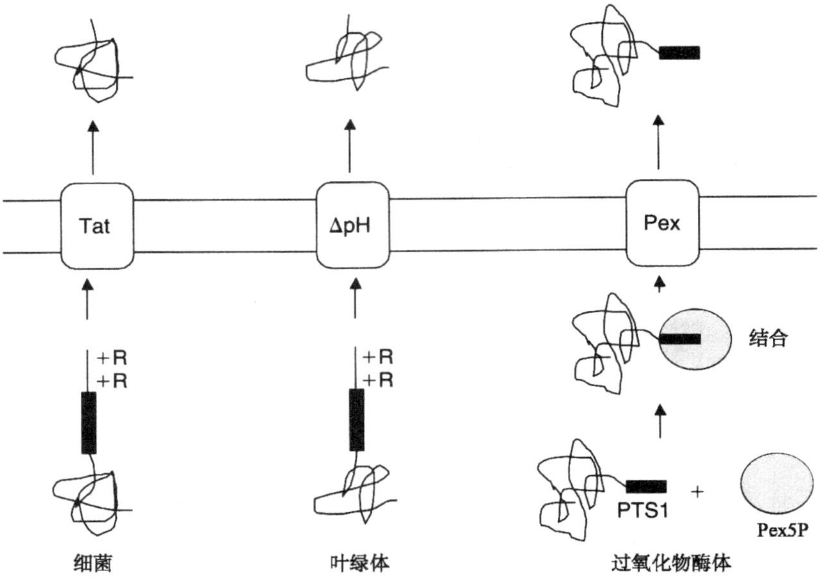

图 17.2　Tat 和过氧化物酶体途径。双精氨酸转移肽将输出蛋白定向到细菌和叶绿体中的 Tat 通路中。过氧化物酶体转移信号中含有 SKL（丝氨酸-赖氨酸-亮氨酸）模体，可将大多数蛋白质定向到过氧化物酶体。被称为 Pex5P 的 PTS1（过氧化物酶体定向信号 1）受体识别 C 端信号。当蛋白质停靠到膜上后，一个由 Pex10、Pex12 和 Pex2 组成的蛋白复合体将蛋白质转运通过膜。Tat 和过氧化物酶通路输出折叠蛋白的机制还不清楚。

Tom/Tim 和 Toc/Tic 转运体分别位于线粒体和叶绿体的外膜和内膜，其功能是穿过两层膜将蛋白质运输到细胞器。尽管线粒体和叶绿体的转运体在序列上不同源，但二者功能类似。Tom/Tim 复合体直接从胞质将蛋白质转运到线粒体基质中。Tom 复合体含有受体，可识别线粒体输入蛋白中的信号序列。蛋白质输入到细胞器需要 ATP 的水解和跨越内膜的膜电势。受 ATP 驱动的“马达”分子伴侣 Hsp70 位于基质中，可同时与进入的蛋白前体和Tim44转运体蛋白结合，促进蛋白质的输入。叶绿体中的Toc/Tic复合体也利用水解ATP产生的能量，催化蛋白质的输入。Toc受体在一个由GTP水解调节的步骤中识别叶绿体转移肽。这个受GTP调节的步骤使叶绿体系统区别于线粒体系统。

当蛋白质输入到叶绿体或线粒体后，一种细胞器内部的加工肽酶将转移肽切除。

质量控制机制确保蛋白质在进入内质网腔后正确地折叠。对于许多蛋白质，在内质网中正确折叠包括：与分子伴侣如BIP、钙联结蛋白的相互作用，被信号肽酶复合体加工，被寡糖转移酶糖基化，以及由蛋白质二硫键异构酶引入二硫键。分子伴侣和凝集素通过识别错误折叠蛋白并将它们滞留在内质网中而扮演中心角色。不能正确折叠经常诱发蛋白质解折叠反应，导致内质网中分子伴侣数量增多。被错误折叠的蛋白质由Sec61转运体运回细胞质，被泛素化后，由蛋白酶体降解。

将被运输的蛋白质包裹到由COPII包被的囊泡中，蛋白质从内质网运输到高尔基体。之后这些囊泡去掉COPII包被，融合成中间区室，再进一步形成顺面高尔基体。由高尔基体堆栈顺面向反面的运动可能由顺行囊泡的运动来完成。或者顺面高尔基体成熟后进入中间高尔基体，中间高尔基体成熟后进入反面高尔基体，如此进行下去。后面这种成熟模型中，蛋白质通过COPI包被的囊泡进行的顺行运动确保了膜囊的膜成分被保留下来，并且每个区室中保留了它自身独有的组成成分。在反面高尔基体中，蛋白质可被包装到分泌囊泡中。去往液泡/溶酶体的蛋白质也被包装到囊泡中，在被运往液泡之前先与成熟内含体融合。

蛋白质通过大的核孔复合体进出细胞核。该运输系统与在细菌、内质网、叶绿体、线粒体和过氧化物酶体中发现的运输系统不同。核孔是一个大的复合体，跨越两个单位膜，允许小的和中等大小的蛋白质自由扩散。对于较大的蛋白质和蛋白复合体的输入，需要这些蛋白质中含有包含碱性残基的核定位信号（NLS），NLS可被importin α/β复合体中的α亚基识别。当被运输蛋白/ importin复合体停靠到核孔复合体的细胞质表面后，它被转运到细胞核内一侧，其中的机制大部分未知。在核内侧，RanGTP与importin β结合导致输出蛋白从importin α上被释放。蛋白质从核内被输出受短的、富含亮氨酸的核输出信号调节。

对各种转运机制的进一步理解需要回答许多困难的问题。例如，SecAYEG复合体如何调节加快膜转运的？多肽依靠什么结构穿过膜？辅助蛋白YidC或TRAM是如何协助膜蛋白中的疏水区从Sec通道进入脂双分子层的？所有成员，如信号肽酶、寡糖转移酶、分子伴侣、蛋白质和二硫键异构酶在内质网中是如何协调配合，产生有生物学活性的蛋白质？蛋白质从内质网输出并进入膜囊泡，这个过程必须受蛋白质调节，而调节蛋白要能够感知被输出的蛋白质是否折叠正确。对内质网中错误折叠蛋白的识别是如何与逆转运协调起来的？最后，大的折叠蛋白是如何利用Tat或过氧化物酶体转运酶被转运通过双分子层，而又保持膜的通透屏障作用？

自从20世纪70年代早期Günter Blobel及其同事开创性的研究开始，蛋白质定向研究领域已走过一段很长的路。许多人对细胞内和细胞间蛋白质转运途径和机制进行了研究。但我们还不能认为对这个问题已经有全面、及在原子水平上的理解，甚至对某个单一的转运途径也是如此。肯定还会产生更多的知识！还会写出新书……

致谢

R. E. D. 感谢 Minyong Chen、Fenglei Jiang、Liang Yi 和 Rong Xu 最近对细菌膜蛋白生物合成研究工作的贡献。

索引

说明：中文在前，按汉语拼音排序；西文其次，按字母顺序排序；其余在后。